◎ 叶翠仙　陈月琴　谢敏芳　编著

家具与室内设计制图及识图

化学工业出版社

·北京·

内容简介

本书是根据艺术设计专业人才的能力与素质要求编写的，内容上力求将工程与艺术二者有机地结合起来。教材内容分成设计制图基本理论与图样识读两大部分，制图基本理论依据最新的制图标准（GB/T 14692—2008《技术制图投影法》和QB/T 1338—2012《家具制图标准》），结合现代工程与产品设计制图的新方法进行编写，具体包括制图基本知识、正投影理论、透视图画法及图样图形表达方法；图样识读部分包括家具设计、建筑设计、室内设计的图样绘制与识读方法，书中图例均以企业生产实践中的成套设计案例为主，具有可操作性。全书既根据艺术设计专业的需要选择内容，又考虑了学科的专业性及系统性。图例选择具有代表性，难易适中，条理分明，易于理解掌握，不仅适合作各高等院校的产品设计、室内设计、环境艺术设计及其相关专业的教材，也可供相关专业与行业的教学工作者、设计人员、工程技术人员及业余爱好者自主学习、参考。

图书在版编目（CIP）数据

家具与室内设计制图及识图/叶翠仙，陈月琴，谢敏芳编著. —2版. —北京：化学工业出版社，2023.8（2024.8重印）

ISBN 978-7-122-43796-9

Ⅰ.①家… Ⅱ.①叶… ②陈… ③谢… Ⅲ.①家具-制图②室内装饰设计-建筑制图 Ⅳ.①TS664②TU238

中国国家版本馆CIP数据核字（2023）第126384号

责任编辑：林 俐　　文字编辑：刘晓婷

责任校对：张茜越　　装帧设计：韩 飞

出版发行：化学工业出版社（北京市东城区青年湖南街13号　邮政编码100011）

印　　装：大厂聚鑫印刷有限责任公司

880mm×1230mm　1/16　印张15¼　字数442千字　2024年8月北京第2版第2次印刷

购书咨询：010-64518888　　售后服务：010-64518899

网　　址：http://www.cip.com.cn

凡购买本书，如有缺损质量问题，本社销售中心负责调换。

定　　价：59.00元

前言

本教材第一版的指导思想立足于设计类专业人才的图样表达能力与素质要求，内容上力求将艺术与工程二者有机地结合起来。一方面强化制图基础理论的表达方式，尽量用图解分析，做到条理清晰，通俗易懂，旨在降低学习难度，有利于读者自主学习；另一方面注重专业图样的示范性和典型性，书中图例涵盖家具设计、室内设计、建筑设计，而且均以生产实践中的成套设计案例为主，严格按照专业制图标准进行绘制、排版，可以满足不同专业读者的学习需要。书中专业案例强调启发性和引导性，注重培养学生的实践能力，做到教、学、做一体化，使读者知其然更知其所以然。出版以来的实践证明，该教材深受师生们的欢迎，其编著指导思想适宜且行之有效。该教材 2018 年被评为福建农林大学优秀教材。

本教材的第二版沿袭了第一版的指导思想，基础理论部分没有做太多改动，主要做了四方面的工作。一是把第一版的第九章“建筑与室内设计图样”分成建筑与室内两章。二是用最新工程案例替换旧有内容，案例图样遵循《总图制图标准》（GB/T 50103—2010）、《房屋建筑制图统一标准》（GB/T 50001—2017）、《建筑制图标准》（GB/T 50104—2010）及《民用建筑设计统一标准》（GB 50352—2019）等国家或行业规范。三是在第八章中加入了全屋定制家具的内容。四是对其他各章的图文做必要的梳理和润饰，同时补充了各章的学习目标和课后思考题，使之更有利于信息化教学和读者自学，适应新时代对设计人才的需求，贯彻落实党的二十大报告提出的“教育、科技、人才是全面建设社会主义现代化国家的基础性、战略性支撑”理念。

本教材由叶翠仙、陈月琴、谢敏芳共同完成，具体分工为：第二、三章由谢敏芳编写，第一、四、六、九、十章由陈月琴编写，第五、七、八章由叶翠仙编写。编写过程得到有关设计单位的大力支持并提供资料，福建农林大学风景园林与艺术学院的领导给予了支持与帮助，产品设计系教师参加大纲讨论，并提出了宝贵意见。同时本书得到福建农林大学教材出版基金的资助与化学工业出版社的大力支持，谨此一并表示衷心的感谢。

由于水平有限，本书难免存在不当和疏漏，恳请使用本书的教师、同学以及读者提出宝贵经验和意见，不吝指正。

编者

2023 年 5 月

第一版前言

《家具与室内设计制图及识图》是根据设计人员与工程施工人才的能力与素质要求编写的，内容上力求将工程与艺术二者有机地结合起来。本书内容分成设计制图基本理论与图样识读两大部分，制图基本理论依据最新的制图标准（GB/T 14692—2008《技术制图投影法》和 QB/T 1338—2012《家具制图标准》），结合现代工程与产品设计制图的新方法进行编写，具体包括制图基本知识、正投影理论、透视图画法及图样图形表达方法；图样识读部分包括家具设计和建筑室内设计两方面的图样绘制与识读方法，书中图例均以企业生产实践中的成套设计案例为主，具有较强的可操作性和参考价值。全书既根据设计人才的需要选择内容，又考虑了学科的专业性及系统性。图例选择具有代表性，难易适中，条理分明，易于理解掌握，不仅适合作各高等院校的家具设计、室内设计、工业设计及其相关专业的教材，也可供相关专业与行业的教学工作者、设计人员、工程技术人员及业余爱好者自主学习、参考。

目前市场上有大量设计制图、室内设计制图、家具设计制图及环境艺术设计制图书籍，内容基本都包括画法几何和专业图样，专业图样分别以建筑制图、建筑装饰制图、室内设计制图的图例为主，在家具设计、产品设计方面的图例较少、较简单，而且多数同类书籍在专业图样的编排上没有严格按相关专业制图标准进行设计、排版，大部分图例仅节选成套图纸中的部分内容进行分析，缺乏系统性与完整性，让读者在学习过程中易于忽略制图的规范性、严谨性，尤其容易给初学者对专业图样的理解带来偏差。

本书内容注重广泛性与典型性的有机结合，书中图例涵盖家具设计图、室内设计图，而且均以生产实践中的成套设计案例为主，严格按照专业制图标准进行绘制、排版，可以满足不同专业读者的需要。在表达书中制图基础理论的内容时，尽量用图解的形式分析，条理清晰，通俗易懂，旨在降低学习的难度，有利于读者自主学习。透视图实用画法与专业图样内容中，强调案例的启发和引导作用，使其具有系统性、知识性和适用性，使读者知其然更知其所以然。

本书编写成员由具有多年家具设计、室内设计及设计制图教学和实践经验的教师组成。全书由福建农林大学叶翠仙编写大纲，并进行统稿和修改。第一章、第五章至第八章由叶翠仙编写，第二章、第三章由福建农林大学谢敏芳编写，第四章及第九章由福建农林大学陈月琴编写。参加绘图工作的有：李静、朱淑萍、聂茹楠、赵超凡、刘立志。

在编写过程中，承有关设计单位大力支持并提供资料，产品设计系教师参加讨论，提供宝贵意见，以及化学工业出版社的大力支持，谨此表示感谢。同时，特别感谢谢敏芳、刘栋、徐通明老师对本书图稿的审定做了大量工作，以及陈庆瀛设计师为本书提供的资料。

由于水平有限，编写时间局促，本书难免存在不当和遗漏，恳请使用本书的教师、同学以及读者提出宝贵经验和意见，不吝指正。

编者

2014 年 2 月

目录

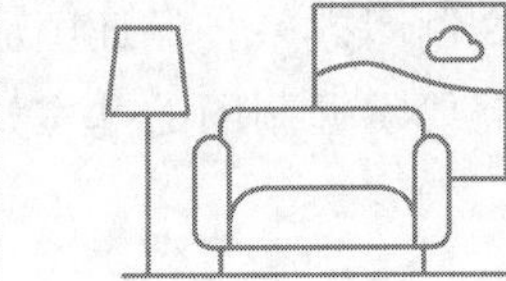

第一章 制图的基础知识

【学习目标】

知识目标

① 熟悉国家制图相关标准的具体规定和使用条件；
② 掌握常用绘图工具及其使用方法；
③ 熟悉工程中常用的投影图类型。

能力目标

① 知道课程的学习要求和方法，建立学习兴趣，并做好学习准备；
② 学会尺寸标注的相关规定，并能对平面图形进行尺寸分析；
③ 能正确使用绘制工具和仪器，并准确绘制平面图形。

素质目标

① 培养严格遵守制图标准各项规定的习惯，养成标准意识和规矩意识；
② 培养耐心细致、善于思考的工作作风和严谨、规范的思维习惯。

工程图样是现代化生产和技术交流的重要文件，是工程界通用的技术“语言”。为了使制图规格基本统一，图面清晰简明，提高制图效率，保证图面质量，符合设计、施工、存档的要求，适应国家工程建设的需要，设计人员需要掌握制图的基本知识，学会正确地使用绘图工具，掌握合理的绘图方法和步骤。

第一节 关于技术制图的国家标准

国家标准《技术制图》是工程技术语言最重要的组成部分，是绘制、阅读工程图样的准则和依据，也是国内外进行技术交流和经济贸易的重要工具，是所有工程人员在设计、施工、管理中必须严格执行的国家条例。我们从学习制图的第一天起，就应该严格地遵守国标中的规定，养成遵守国家条例的良好习惯。

一、图纸幅面及标题栏

图纸的幅面是指图纸本身的大小规格。图框是图纸上所供绘图的范围边线。图纸基本幅面的代号有 A0、A1、A2、A3、A4 五种，图纸的幅面和图框尺寸应符合表 1-1 的规定。从表中可知，A1 幅面是 A0 幅面的对裁，A2 幅面是 A1 幅面的对裁，依此类推，基本幅面如图 1-1 所示。

绘制技术图样时，应优先采用表 1-1 中的基本幅面，必要时，允许按规定加长幅面。

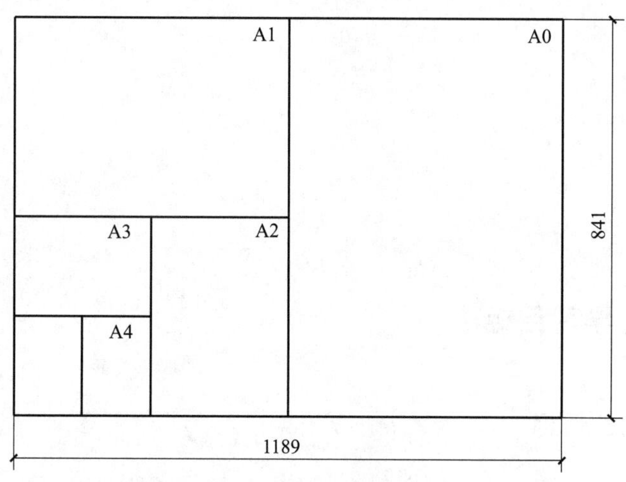

图 1-1　图纸幅面

表 1-1　基本幅面类别和图框尺寸　　单位：mm

<table>
<tr><th rowspan="2">幅面代号</th><th>幅面尺寸</th><th colspan="3">图框与幅面线间距尺寸</th></tr>
<tr><th>$B \times L$（宽×长）</th><th>a</th><th>c</th><th>e</th></tr>
<tr><td>A0</td><td>841×1189</td><td rowspan="5">25</td><td rowspan="3">10</td><td rowspan="2">20</td></tr>
<tr><td>A1</td><td>594×841</td></tr>
<tr><td>A2</td><td>420×594</td><td rowspan="3">10</td></tr>
<tr><td>A3</td><td>297×420</td><td rowspan="2">5</td></tr>
<tr><td>A4</td><td>210×297</td></tr>
</table>

图框有横式和立式两种，其格式分为有装订边（图 1-2）和无装订边（图 1-3）两种形式。在图纸上必须用粗实线画出图框，同一种新产品的图样只能采用一种格式。

每张图纸上必须画出标题栏，标题栏一般位于图纸的右下角，用于填写图名、比例、设计单位、设计者、审核者和图纸编号等内容。制图标准对标题栏的尺寸、格式和内容没有统一的规定，如图 1-4 所示是适合学校学生制图作业用的标题栏。

二、比例

图样的比例是指图中图形与实物相应要素的线性尺寸之比，分为三种：比值为 1 的称为原值比例；比值大于 1 的叫放大比例；比值小于 1 的叫缩小比例。需要按比例绘制图样时，应根据不同的行业选取适当的比例，优先选用“常用比例”。技术制图标准规定的绘图比例见表 1-2。

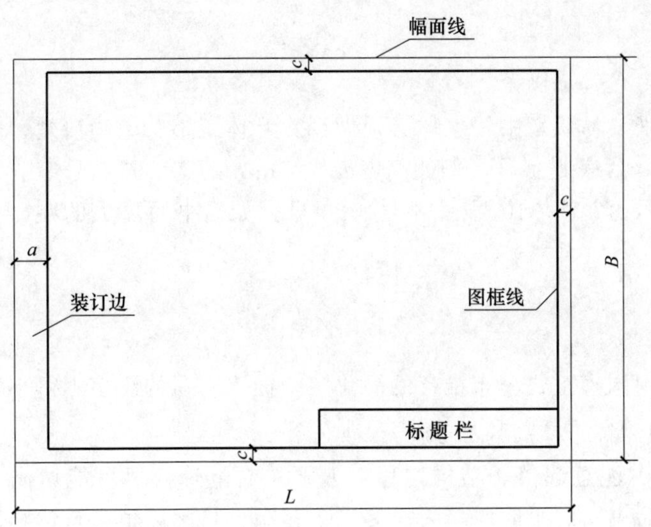

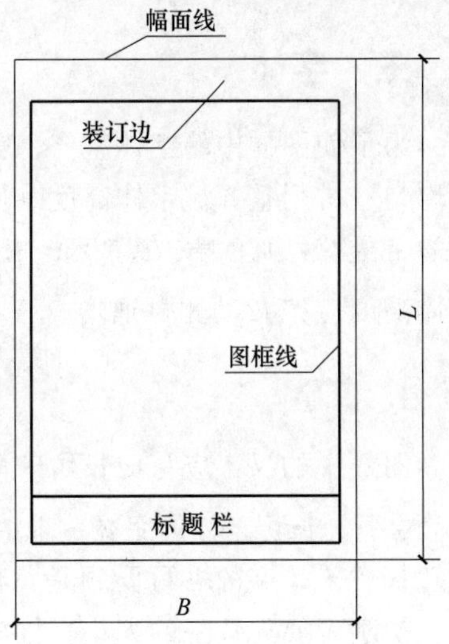

图 1-2　有装订边的图框格式

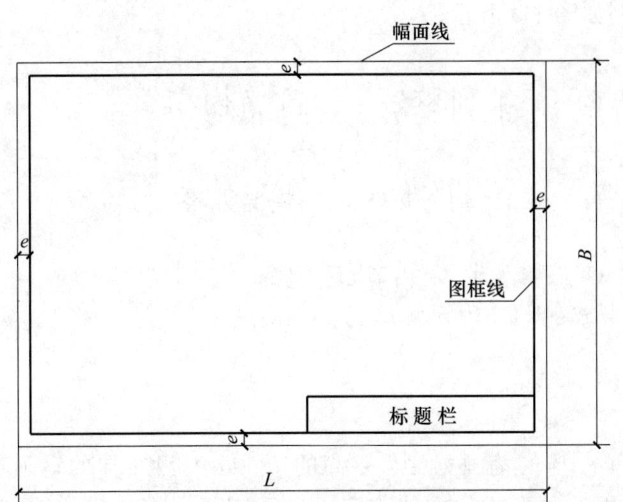

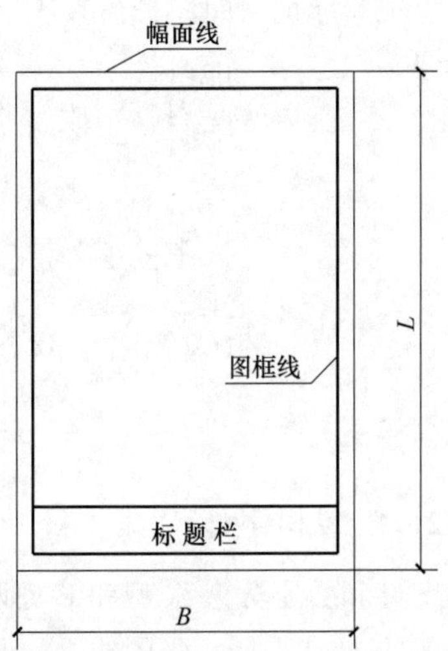

图 1-3　无装订边的图框格式

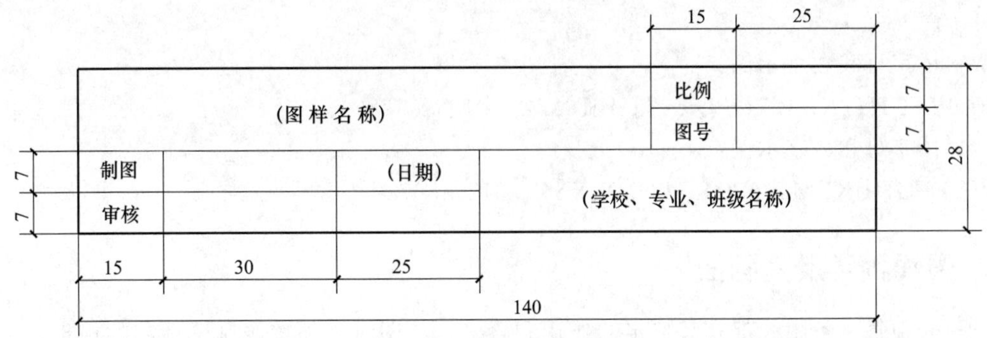

图 1-4　学生制图作业用标题栏

表 1-2　绘图比例

种类	常用比例	可用比例
原值比例	1∶1	
放大比例	5∶1　2∶1 5×10^n∶1　2×10^n∶1　1×10^n∶1	4∶1　2.5∶1 4×10^n∶1　2.5×10^n∶1
缩小比例	1∶2　1∶5　1∶10 1∶2×10^n　1∶5×10^n　1∶1×10^n	1∶1.5　1∶2.5　1∶3　1∶4　1∶6 1∶1.5×10^n　1∶2.5×10^n　1∶3×10^n　1∶4×10^n　1∶6×10^n

三、字体

为了使图样中的字体整齐、美观、清晰、易认，书写字体必须做到：字体工整、笔画清楚、间隔均匀、排列整齐。字体高度（用 h 表示）代表其字号，例如高度 h 为 5mm 的字就是 5 号字。常用的字号有：1.8 号、2.5 号、3.5 号、5 号、7 号、10 号、14 号、20 号。如需书写更大的字，其字体高度应按$\sqrt{2}$的比例递增。

1. 汉字

图样中的汉字应写成长仿宋体，并采用国家正式公布推行的简化字，徒手书写的汉字不得小于 3.5 号字，长仿宋体的字宽一般为$\sqrt{2}h$（即约等于字高的 2/3）。

长仿宋体字的书写要领是：横平竖直、注意起落、结构匀称，上下左右笔锋要尽可能填满字格。初学者要先按字的大小打好格子，然后书写。平时应多看、多摹、多写，持之以恒，自然熟能生巧。目前的计算机辅助设计绘图系统已经能够生成并输出各种字体和各种大小的汉字，可以节省大量手工写字的时间。长仿宋体字书写示例如图 1-5 所示。

10号字

字体工整　笔画清楚　排列整齐　间隔均匀

7号字

横平竖直　注意起落　结构匀称　填满方格

5号字

阿拉伯数字拉丁字母罗马数字和汉字并列书写时它们的字高比汉字高小

图 1-5　汉字长仿宋体示例

2. 数字和字母

字母和数字分为 A 型和 B 型两种，A 型字体的笔画宽度为字高的 1/14，B 型字体的笔画宽度为字高的 1/10。同一张图样上，只允许选用一种形式的字体。字母和数字可以写成斜体或直体，斜体字的字头向右倾斜，与水平基准线成 75°。手写字高 h 不宜小于 2.5mm，小写拉丁字母的高度应为大写字高 h 的 7/10。

A 型斜体字母和数字示例：

ABCDEFGHIJKLMNOPQRSTUVWXYZ　0123456789

A 型直体字母和数字示例：

ABCDEFGHIJKLMNOPQRSTUVWXYZ　0123456789

四、图线种类及其画法

工程图样中每一条图线都有其特定的作用和含义，绘图时必须按照制图标准的规定，正确使用不同的线型和不同宽度的图线。图线的线型有实线、虚线、点画线、折断线、波浪线等，表 1-3 为各类图线的线型、宽度及用途。

表 1-3　图线及其应用

名称	线　型	线宽	一般用途
粗实线	————————	b	主要可见轮廓线
中实线	————————	$0.5b$	可见轮廓线
细实线	————————	$0.35b$	可见轮廓线、图例线等

续表

名称	线型	线宽	一般用途
粗虚线		b	见有关专业制图标准
中虚线		0.5b	不可见轮廓线
细虚线		0.35b	不可见轮廓线、图例线等
粗单点长画线		b	见有关专业制图标准
中单点长画线		0.5b	见有关专业制图标准
细单点长画线		0.35b	中心线、对称线、定位轴线等
粗双点长画线		b	见有关专业制图标准
中双点长画线		0.5b	见有关专业制图标准
细双点长画线		0.35b	假想轮廓线、成型前原始轮廓线
双折线		0.35b	不需画全的断开界线
波浪线		0.35b	不需画全的断开界线

如图 1-6 所示为常用几种图线的应用举例，画图线时，应注意以下几个问题。

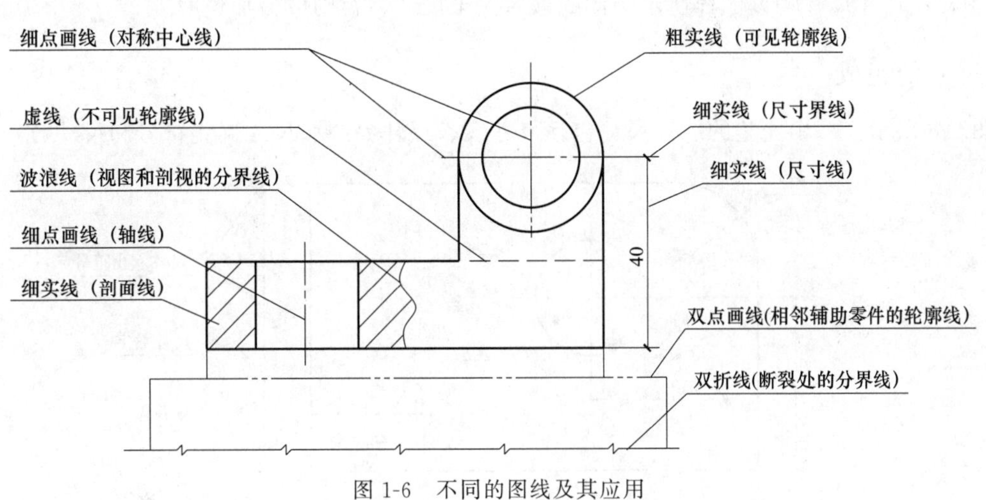

图 1-6 不同的图线及其应用

① 在同一图样中，同类图线的宽度应基本一致。虚线、点画线以及双点画线的线段长度和间隔应大致相等。

② 绘制圆的对称中心线时，圆心应为线段的交点。细点画线中的点为 1mm 左右的短画，不能画成圆点；画细点画线的首末端应是线段，且应超出轮廓线 2～5mm，画法如图 1-7 所示。

③ 在较小的图形上绘制点画线或双点画线有困难时，可用细实线代替。

④ 虚线在粗实线的延长线上时，应留有间隙，以示两种不同线型的分界。当虚线与虚线或虚线与粗实线相交时，应是线段相交，画法如图 1-7 所示。

⑤ 当图中的线段重合时，优先次序应为实线、虚线、点画线，只画出排序靠前的图线。

⑥ 相互平行的图线，其间隙不宜小于其中的粗线宽度，且不宜小于 0.7mm。

⑦ 图线不得与文字、数字或符号重叠、混淆，不可避免时，应首先保证文字等内容的清晰。

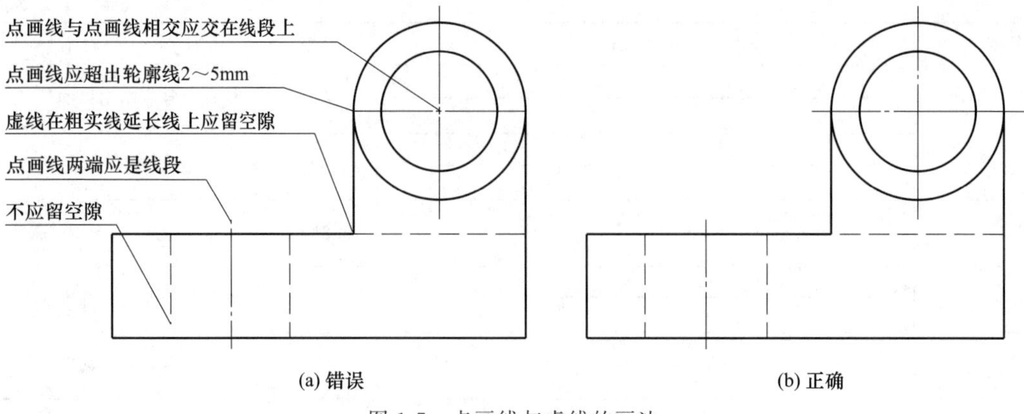

图 1-7　点画线与虚线的画法

五、尺寸注法

在图样中除了按比例正确地画出物体的图形外，还必须标注尺寸，尺寸的标注关系到加工方法和产品的质量，标注尺寸时，应符合国家标准有关规定，做到正确、完整、清晰、合理。

1. 一般规定

① 物体的真实大小应以图样上所注的尺寸数值为依据，与图形大小及绘图的准确程度无关。

② 图样中（包括技术要求和其他说明）的尺寸，以毫米（mm）为单位时，不需标注计量单位的代号或名称。如果采用其他单位时，必须注明相应计量单位的代号或名称。

③ 图样中所注尺寸为该图样所示物体的最后完工尺寸，否则应另加说明。

2. 尺寸的组成

如图 1-8 所示，一个完整的线性尺寸包括尺寸线、尺寸界线、尺寸起止符号和尺寸数字。

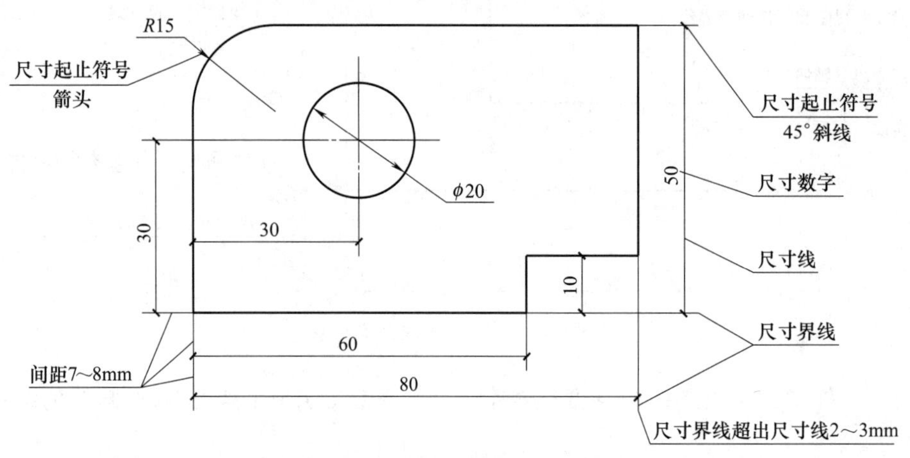

图 1-8　尺寸标注的基本形式与组成

① 尺寸线　用来表示尺寸度量的方向。用细实线单独绘制，不能用其他图线代替。标注线性尺寸时，尺寸线与所标注的线段平行，尺寸线与轮廓线以及两尺寸线的间距一般为 7～8mm。

② 尺寸界线　用来表示尺寸度量的范围。用细实线绘制，一般由图形的轮廓线、轴线或对称中心线处引出，必要时可以利用图形的轮廓线、轴线或对称中心线作尺寸界线。尺寸界线一般应与尺寸线垂直，并超出尺寸线终端 2～3mm。

③ 尺寸起止符号　有两种形式，箭头和 45°斜线。

箭头形式适用于各种类型的图样，箭头最宽处约为 1mm，长度约为 4mm；45°斜线用细实线

(建筑类用中粗线) 绘制，其倾斜方向应以尺寸线为准，逆时针旋转 45°，长度应为 2～3mm，如图 1-9 所示。

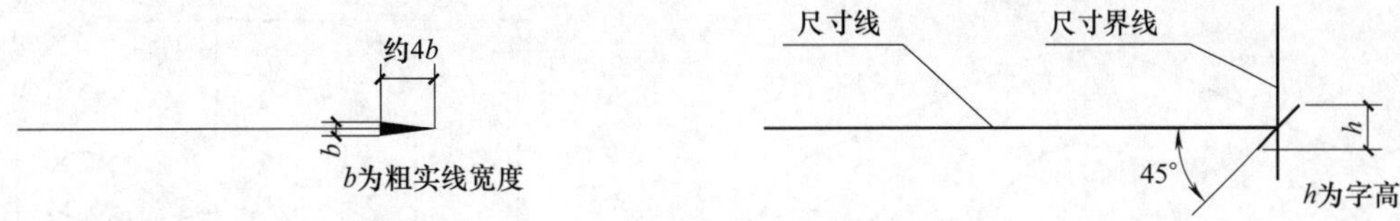

图 1-9 尺寸起止符号

④ 尺寸数字 表示尺寸的大小。线性尺寸的尺寸数字一般注写在尺寸线的中部。水平方向的尺寸，尺寸数字要写在尺寸线的上方，字头朝上；竖直方向的尺寸，尺寸数字应写在尺寸线的左方，字头朝左；倾斜方向，尺寸数字的字头有向上的趋势。尺寸数字不可被任何图线穿过，如无法避免必须将该图线断开。

3. 平面图形的尺寸分析

平面图形的大小及其各要素之间的相对位置由图中尺寸确定。按尺寸在平面图形中所起的作用，分为定形尺寸和定位尺寸。要想确定平面图形中各线段的相对位置关系，必须要先了解尺寸基准，也就是确定注写定位尺寸的起点。

① 尺寸基准 要标注定位尺寸，就应有一个尺寸基准。通常以图中的对称线、较大圆的中心线、轴线、较长的直线等作为尺寸基准。对于平面图形有水平及垂直两个方向的尺寸基准，水平和垂直方向上还可能有一个或几个辅助基准，如图 1-10 所示。

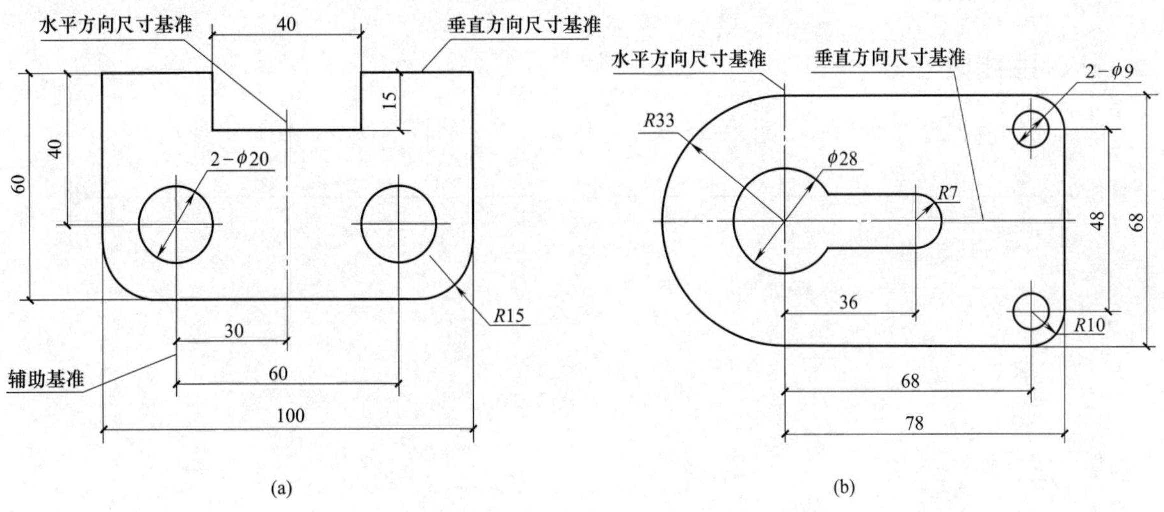

图 1-10 平面图形尺寸分析

② 定形尺寸 确定平面图形上几何要素大小的尺寸称为定形尺寸。例如直线的长短、圆或圆弧直径或半径的大小等。如图 1-10（a）所示的 60、100、2-ϕ20、R15、凹槽的 40 和 15 均为定形尺寸；图 1-10（b）所示的 68、R33、R7、R10、ϕ28、2-ϕ9 均为定形尺寸。

③ 定位尺寸 确定几何要素相对位置的尺寸称为定位尺寸。如图 1-10（a）所示的 40、30、60 为圆周中心的定位尺寸，凹槽的 40 和 15 既是定形尺寸，又是定位尺寸；图 1-10（b）所示的定位尺寸读者可自行分析。

4. 平面图形尺寸标注示例

如图 1-11 所示为平面图形的尺寸标注示例，读者可自行分析标注尺寸的方法。如图 1-11（b）所示角度尺寸的标注应注意：角度的尺寸线是以角的顶点为圆心画的圆弧；角度的数值一律水平书写，写在尺寸线的上方或中断处，也可引出标注；角度尺寸数值必须注出单位，如图 1-11（b）所示的 30°和 45°。

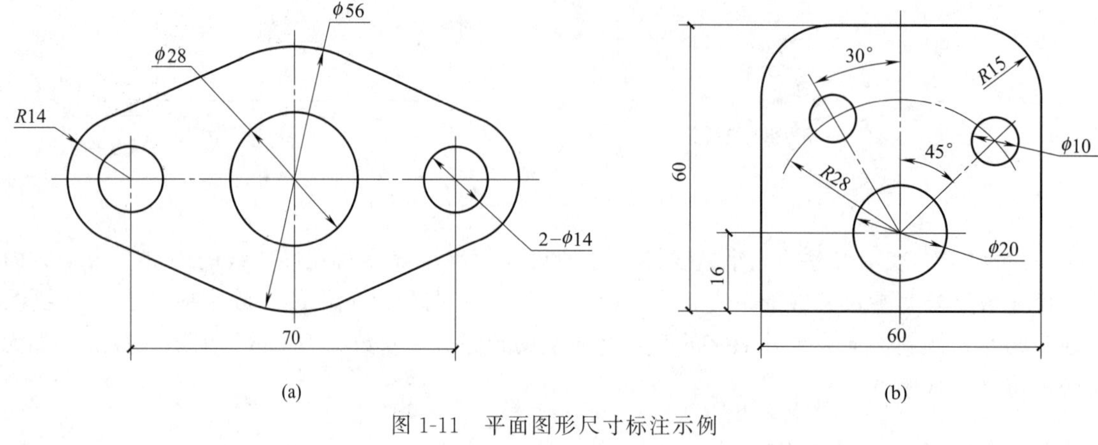

图 1-11　平面图形尺寸标注示例

第二节 几何作图

物体的轮廓形状是由不同的几何图形组成的，熟练掌握几何图形的正确画法，有利于提高作图的准确性和绘图速度。

一、直线段等分

通常用圆规、三角板等工具等分已知线段，例如五等分线段 AB，如图 1-12 所示。

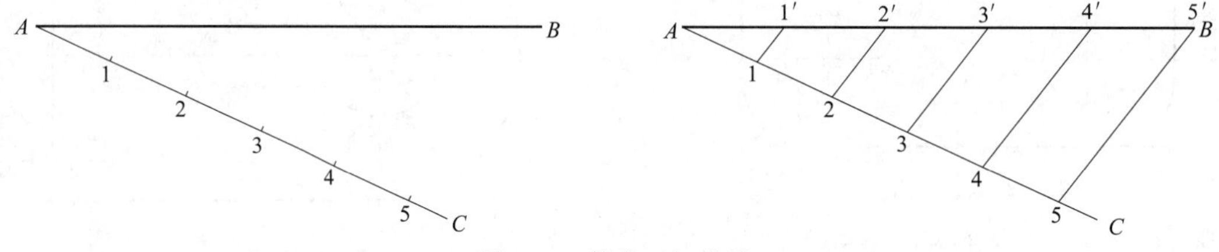

图 1-12　等分已知线段

作图步骤如下。

① 过端点 A 作任一直线 AC。

② 用分规以任意长度在 AC 上截取五等分，得点 1、2、3、4、5。

③ 连接 $5B$。

④ 过 1、2、3、4 等分点作 $5B$ 的平行线交 AB 于 $1'$、$2'$、$3'$、$4'$，即得五等分点。

以上方法适用于任意等分已知线段。

二、正多边形的画法

1. 正六边形画法

① 已知对角线长度 D，作正六边形　六边形的对角线长度即为其外接圆直径 D，圆的半径即为六边形的边长，以圆的半径等分圆周，并用三角板顺次连接等分点，就可得到正六边形，如图 1-13（a）所示。

也可利用丁字尺与30°、60°三角板配合画出，作图方法如图1-13（b）所示。

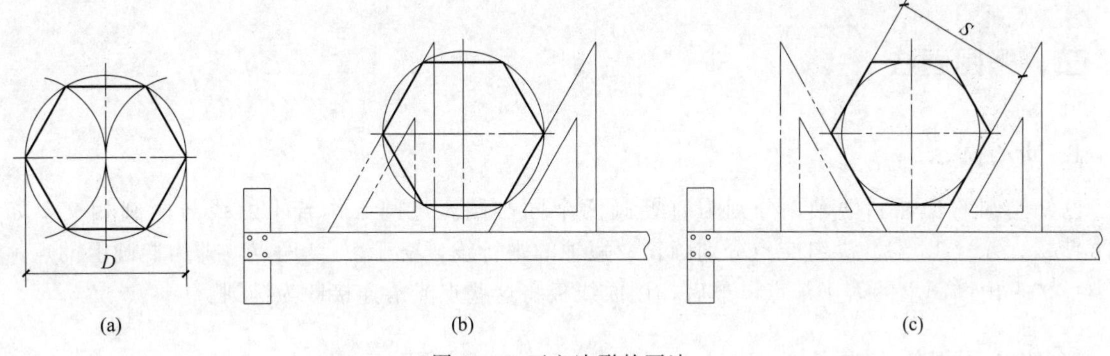

图1-13 正六边形的画法

② 已知对边距离 S，作正六边形 画法如图1-13（c）所示，根据对边距离 S 作出六边形的两条平行边，再用30°、60°三角板配合使用，即可作出正六边形。

2. 正五边形画法

如图1-14所示，已知正五边形外接圆直径，作正五边形的步骤如下。

① 二等分 OB，得中点 M。

② 在 AB 上截取 $MN=MC$，得点 N。

③ 以 CN 为边长等分圆周得正五边形顶点1、2、3、4、5，依次连接各点即得正五边形。

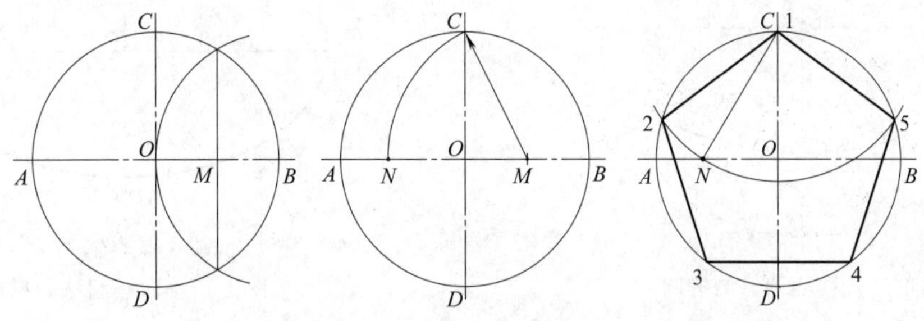

图1-14 正五边形的画法

3. 正 n 边形的画法

以作正七边形为例，以预定边数在已知圆垂直中心线上七等分直径，得1、2、3、4、5、6各点，以两端点 A 和 K 分别为圆心，圆的直径为半径画圆弧，两圆弧相交于 M 点，连 M 和2、4、6点，并延长与圆弧相交，即得 B、C、D 三个等分点，AB 即为正七边形的边长，其余即可作出，如图1-15所示。

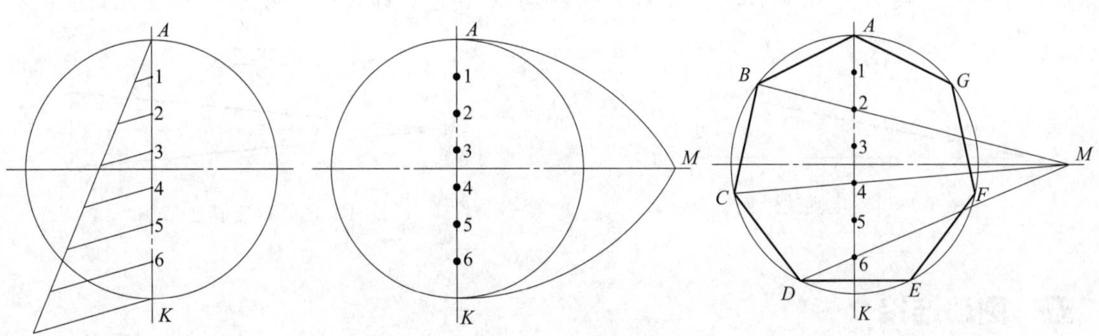

图1-15 正七边形的画法

该作图方法是近似法，其中以作正五边形、正七边形误差较小，边数大于 13 误差较大。对于一般常用的等分，此法比较方便易记，且已足够精确。

三、椭圆画法

1. 同心圆法

已知椭圆的长轴和短轴，分别为直径画两个同心圆。过圆心作若干射线与两圆相交，如图 1-16 所示，A、B、C、D 各交点分别画长、短轴的平行线，交于 1、2 两点，即为椭圆上的点，依此类推，求出椭圆上的若干个点，最后，用曲线板将这些点光滑连接即为椭圆。

2. 四心近似椭圆画法

如图 1-17 所示是制图中用得较多的由长、短轴画椭圆的一种近似画法：连长、短轴的端点 AC，取 $CN=CM=OA-OC$；然后作 AN 的垂直平分线与两轴相交得点 O_1、O_2，再取对称点 O_3、O_4；分别以 O_1、O_2、O_3、O_4 为圆心，O_1A、O_2C、O_3B、O_4D 为半径作弧，四段圆弧两两相切于两圆心连线上，即可画出四心近似椭圆。

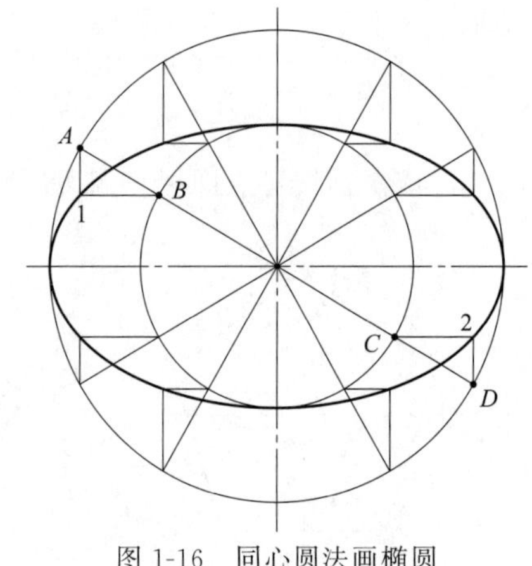

图 1-16　同心圆法画椭圆

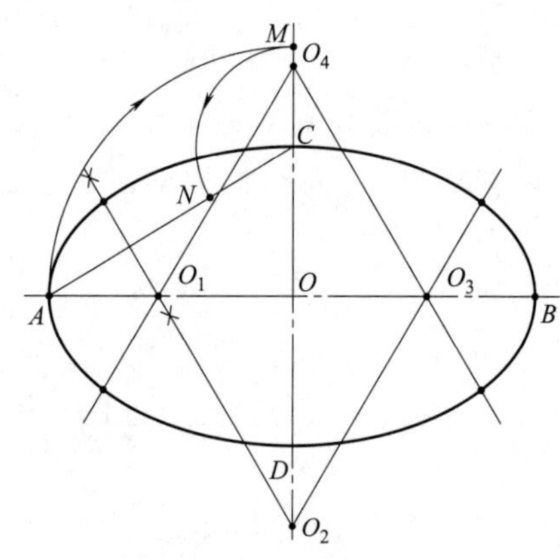

图 1-17　四心圆法画椭圆

四、斜度和锥度

斜度是指一直线对另一直线或一平面对另一平面的倾斜程度，在图样中以 $1:n$ 的形式标注。如图 1-18 所示为 $1:5$ 的画法：由 A 在水平线 AB 上取五个单位长度得 D，由 D 作 AB 的垂线 DC，取 DC 为一个单位长度，连 A 和 C，即得斜度为 $1:5$ 的直线。

锥度是指正圆锥的底圆直径与圆锥高度之比，在图样中常以 $1:n$ 的形式标注。如图 1-19 所示为锥度 $1:5$ 的画法：由 M 在水平线上取五个单位长度得 N，由 N 作 MN 的垂线，分别向上和向下量取半个单位长度，得 A 和 B，过 A 和 B 分别与 M 相连，即得锥度为 $1:5$ 的正圆锥。

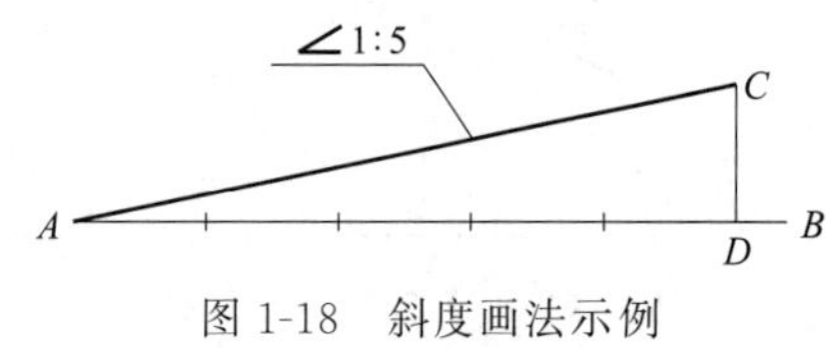

图 1-18　斜度画法示例

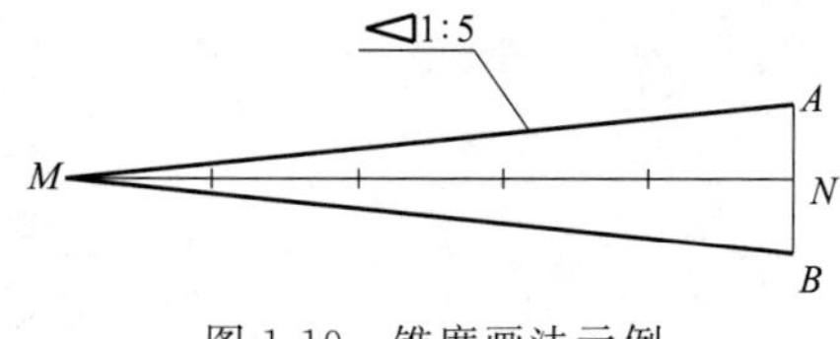

图 1-19　锥度画法示例

五、圆弧连接

用已知半径 R 的圆弧光滑连接（即相切）两已知圆弧或直线，称之为圆弧连接，要使圆弧或直线光滑连接，就是使圆弧与直线或圆弧与圆弧相切，连接点就是切点。圆弧连接作图方法可归结为：求连接圆弧的圆心和连接点（切点）的位置。

1. 圆弧连接的基本原理

① 圆弧与直线连接　如图 1-20（a）所示，当半径为 R 的圆弧与一已知直线相切时，其圆心轨迹是与已知直线相平行且相距为 R 的直线。自连接弧的圆心作已知直线的垂线，其垂足就是连接点（切点）。

② 圆弧与圆弧连接　如图 1-20（b）和图 1-20（c）所示，当半径为 R_2 的圆弧与已知圆弧（R_1）相切时，连接弧圆心的轨迹是已知圆弧（R_1）的同心圆。外切时轨迹圆的半径为两圆弧半径之和，$R=R_1+R_2$，内切时轨迹圆的半径为两圆弧半径之差，$R=R_1-R_2$，连接点（切点）是两圆弧圆心连线与已知圆弧的交点。

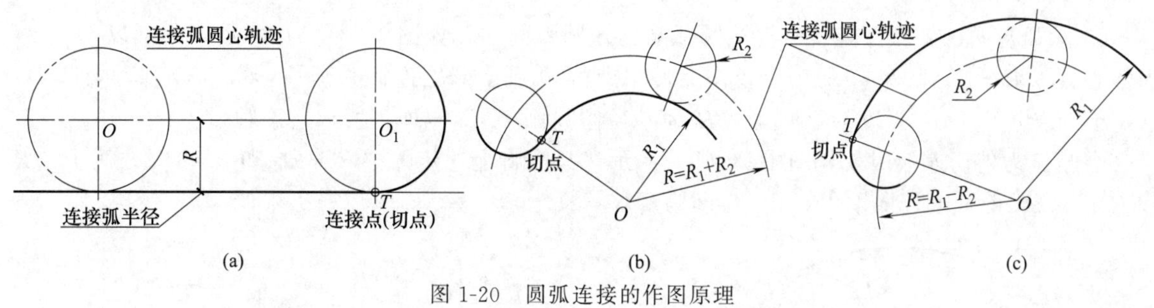

图 1-20　圆弧连接的作图原理

2. 圆弧连接的作图方法

① 圆弧与已知直线连接　圆弧连接两正交直线如图 1-21（a）所示，以两直线交点 a 为圆心，R 为半径作圆弧，与两直线的交点 T_1、T_2 为切点，再以这两切点分别为圆心，以 R 为半径作圆弧，两圆弧相交，交点即为连接圆弧的圆心 O。

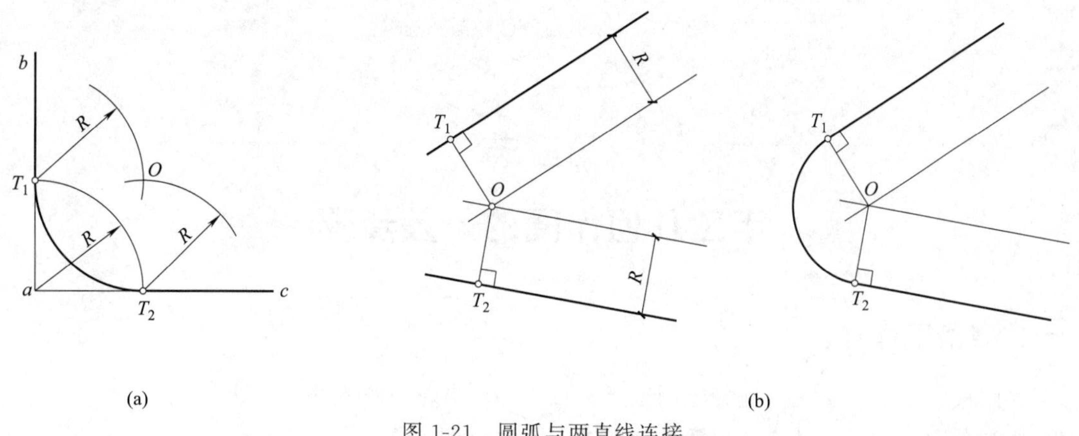

图 1-21　圆弧与两直线连接

如图 1-21（b）所示，以 R 为距离分别作两已知直线的平行线，交点 O 即为圆心。过圆心 O 分别向两条已知直线作垂线，垂足 T_1、T_2 即是连接点（切点），以 O 为圆心，以 T_1、T_2 为圆弧的起、止点画出连接圆弧。

② 圆弧连接已知直线和圆弧　如图 1-22（a）所示，作与已知直线 ab 相距为 R 的平行线；O_1 为圆心，以 $R-R_1$ 为半径作弧与平行线相交于 O，过点 O 向 ab 作垂线，得切点 T，连接 OO_1 并延长，与已知圆周相交，得切点 T_1，以 O 为圆心、R 为半径作圆弧连接 TT_1，即为所求的连接圆弧。

当所求的连接圆弧与圆 O_1 为外切连接时，只需将上述方法中的 $R-R_1$ 改为 $R+R_1$，由此得出的圆弧即为所求圆弧，见图 1-22（b）。

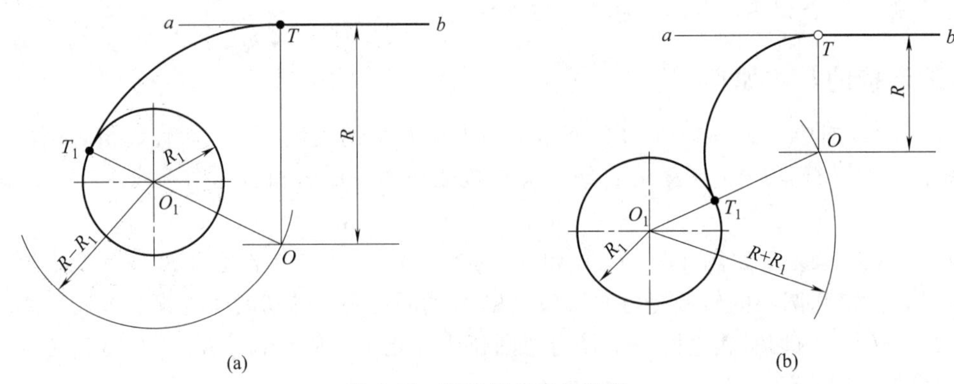

图 1-22　圆弧连接直线和圆

③ 圆弧与两已知圆弧连接　连接圆弧与已知圆弧内切，如图 1-23（a）所示，分别以 O_1、O_2 为圆心，以 $R-R_1$ 和 $R-R_2$ 为半径作弧，相交得 O 点。分别连接并延长 OO_1、OO_2，与圆 O_1、O_2 交于切点 T_1、T_2；以 O 为圆心，R 为半径作圆弧 T_1T_2，即为所求连接圆弧。

当圆弧为外切连接时，如图 1-23（b）所示，只需将上述步骤中 $R-R_1$ 和 $R-R_2$ 改为 $R+R_1$ 和 $R+R_2$ 即可，由此求出的 T_2T_1 弧即为所求。

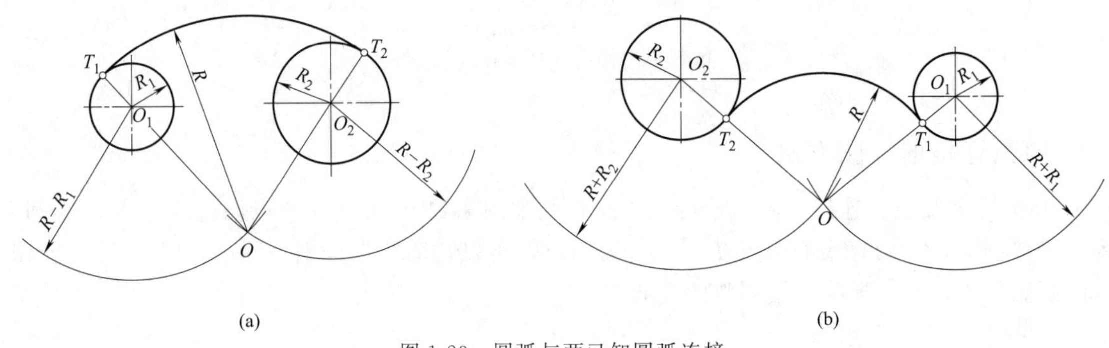

图 1-23　圆弧与两已知圆弧连接

第三节 手工几何作图的一般步骤

一、准备工作

① 将图板、丁字尺、三角板等绘图工具擦拭干净，并准备好铅笔。

② 按绘制图形的大小及复杂程度选择图纸幅面和绘图比例。

③ 将图纸用胶带纸固定在图板上，固定时应尽量使图纸的上、下边与丁字尺的工作边平行，而且图纸的幅面线与图板下端面的间距稍大于丁字尺尺身的宽度。

二、画底稿

底稿一般用 H 铅笔轻轻画出。

① 画出图幅线、图框线、标题栏外框线。

② 合理布图。图形布局应尽量匀称，用中心线、对称线、最外轮廓线等作为布图基线，画各图作图基线。

③ 打底稿。按正确的作图方法绘制，要求图线细而淡，并保留作图过程线。

④ 校核底稿。图形底稿完成后应检查，如发现错误，应及时修改。用圆规钢针保留重要位置点，擦去多余图线。

三、加深描粗图线，完成全图

① 加深描粗图线。用 B 或 2B 铅笔加深图线，描绘顺序宜先细后粗（如先加深点画线）、先曲后直、先横后竖、从上到下、从左到右，最后描倾斜线。

② 标注尺寸。为提高绘图速度，可分类完成。先标注线性尺寸的尺寸线、尺寸界线，再一起标注起止符号；然后标注非线性尺寸线，也可以一次性完成所有起止符号；最后一起书写尺寸数字。

③ 画标题栏格子线，填图名，填图标。标题栏格子线是细实线；文字应该按工程字要求写，图名 7 号字，图标 5 号字。

④ 加深图框和标题栏外框，裁纸完成全图。

四、评判作图质量的依据

作图准确、图线合格、连接圆滑、尺寸齐全、字体工整、布图匀称。还要达到图线粗细均匀统一，浓淡统一。

【思考与练习】

① 制图标准中规定的常用线型有几种？图线在绘制时应注意哪些问题？
② 试说明字号与字高、字宽的关系。汉字、数字和字母的写法有哪些要求？
③ 一个完整的尺寸标注应包括哪几个部分？每个部分各有哪些要求？
④ 何谓几何作图？连接圆弧的圆心和切点如何确定？圆弧连接如何做到流畅、光滑？
⑤ 试述几何作图的画图步骤。

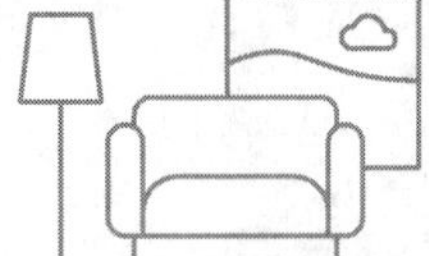

第二章 投影基础

【学习目标】

知识目标

① 熟悉中心投影和平行投影的基本特性，了解工程上常用的投影方法；
② 掌握三视图的形成及投影规律；
③ 熟练掌握点、直线和平面的三面投影规律及作图方法。

能力目标

① 能根据直线、平面的投影图判断其空间位置；
② 会分析特殊直线、平面的投影规律；
③ 能根据简单模型正确绘制三视图。

素质目标

① 积极培养空间想象力和绘图技能；
② 不断培养工程审美能力和动手能力。

本章主要介绍投影法，组成物体的基本几何元素点、直线、平面的投影特性及其相对位置关系，通过本章的学习，为以后掌握立体的投影、组合体的视图等内容打下必要的理论基础。

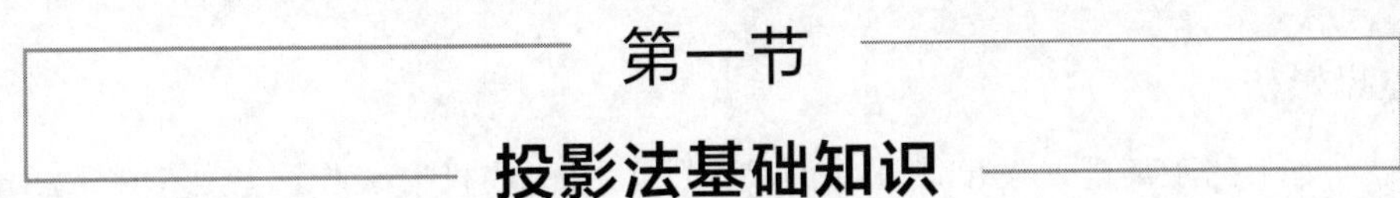

第一节 投影法基础知识

一、投影法的概念

我们生活在三维空间里，如何在一张只有长度和宽度的图纸上准确而全面地表达出具有长度、宽度和高度的物体的形状和大小呢？可以用投影的方法。

物体在阳光或灯光下会在地面或墙壁上产生一个灰黑的多边形的影，如图 2-1（a）所示，这是日常生活中经常见到的投影现象，这个影只反映出形体的轮廓，而表达不出形体各部分的形状。光源发出的光线，假设能够透过形体而将各个顶点和各条棱线一起投射到投影面，这些点和线的影将组成一个能够反映出形体各部分形状的图形，这个图形通常称为形体的投影，如图 2-1（b）所示。

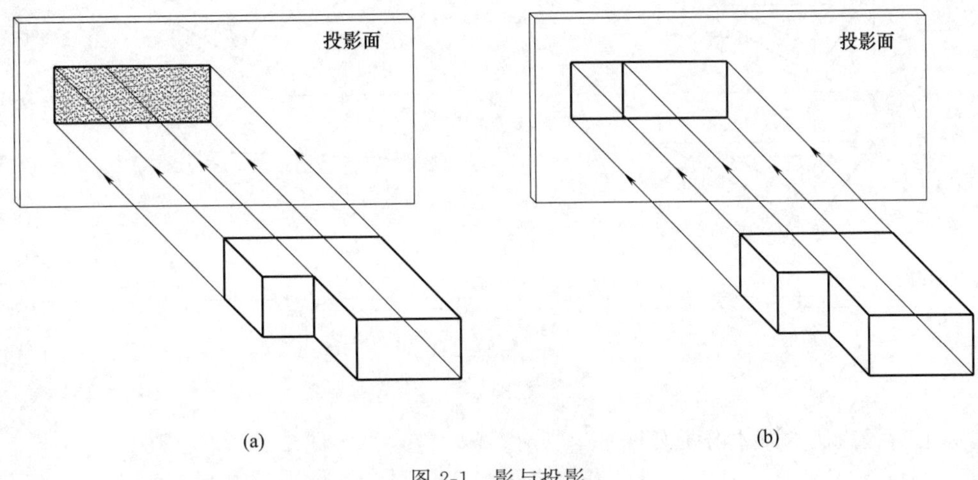

图 2-1 影与投影

在投影图中，我们把产生光线的光源称为投射中心，光线称为投射线；把获得投影的面称为投影面，物体在投影面上产生的影子称为物体的投影，如图 2-2 所示。因此，要产生投影必须具备三个条件：投射线、投影面和物体。

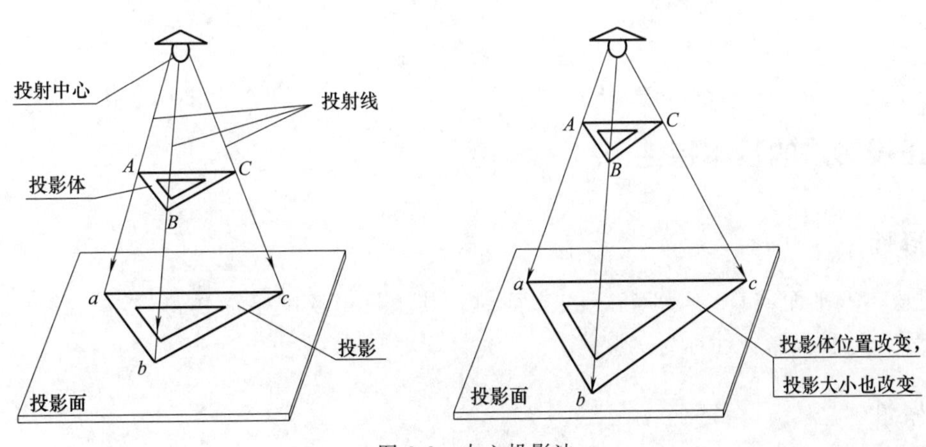

图 2-2 中心投影法

二、投影法分类

根据投射线的类型（平行或交汇），投影法可分为中心投影法和平行投影法。

1. 中心投影法

投影中心在有限的距离内，发出放射状的投射线，用这些投射线作出投影，称为中心投影法。如图 2-2 所示可知，中心投影法一般不反映物体的真实大小，度量性较差，作图复杂。但采用中心投影法所绘制的投影图具有较好的立体感，这种投影图也称透视图。

2. 平行投影法

当投影中心距离投影面为无限远时，所有的投影线均可看作互相平行，这种投影法称为平行投影法，如图 2-3 所示。根据投影线与投影面之间的倾角不同，平行投影法分为正投影法和斜投影法两种。投射线方向垂直于投影面时所做出的平行投影，称为正投影，如图 2-3（a）所示。投射线方向倾斜于投影面时所做出的平行投影称为斜投影，如图 2-3（b）所示。

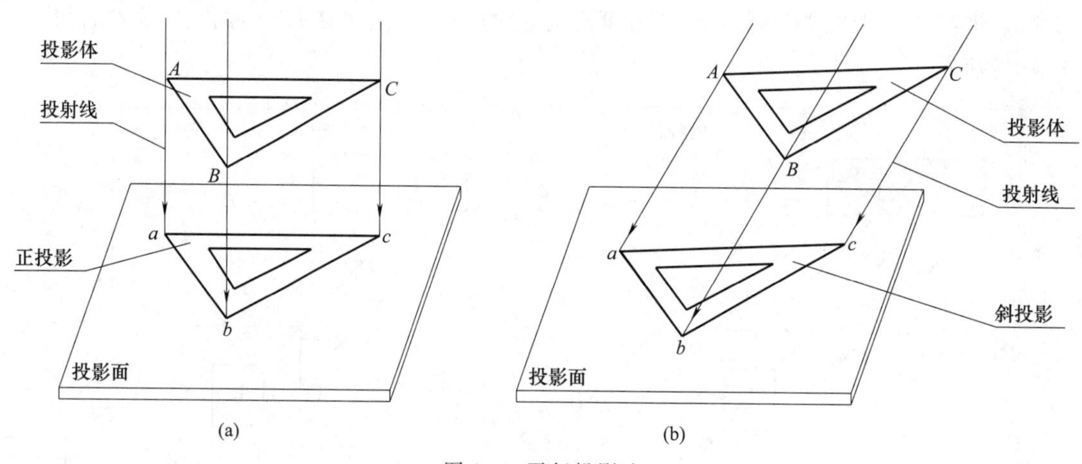

图 2-3　平行投影法

国家标准对投影法的基本分类如图 2-4 所示。

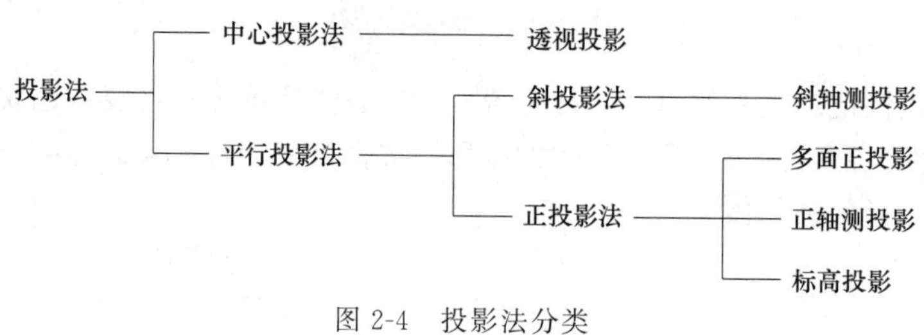

图 2-4　投影法分类

三、正投影法的基本特性

1. 实形性

当空间物体（平面或直线）平行于投影面时，其正投影反映平面实形（或直线实长），如图 2-5（a）所示，这种投影特性称为实形性。

2. 积聚性

当空间物体（平面或直线）垂直于投影面时，其正投影积聚为一条直线（或一个点），如图

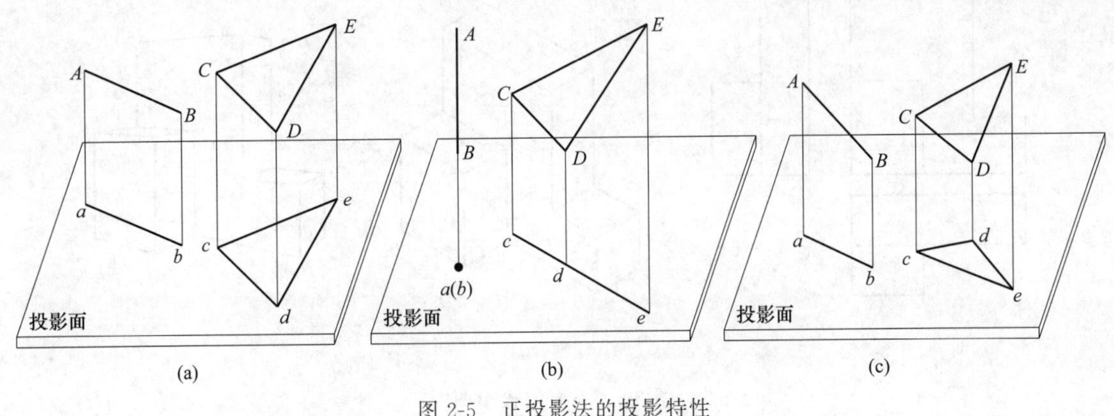

图 2-5 正投影法的投影特性

2-5（b）所示，这种投影特性称为积聚性。

3. 类似性

当空间物体（平面或直线）倾斜于投影面时，其正投影既不反映实形又不产生积聚，而是一个与原来平面边数相等、形状相类似的图形，如果是直线，投影还是直线，但比原长度短，如图 2-5（c）所示。

四、工程上常用的四种图示法

在不同情况下表达形体时可使用不同的投影方法，如要表达形体逼真的直观效果常用透视图（中心投影法）；工程上为了把工程对象的精确度表现清楚，便于加工，通常使用多面正投影图（正投影法）。投影法作图在工程中应用非常广泛，常用的投影图有：多面正投影图、轴测投影图、透视投影图和标高投影图。绘制技术图样时，应采用以正投影法为主，以轴测投影法及透视投影法为辅的准则。

1. 多面正投影图

把形体向两个或两个以上互相垂直的投影面进行正投影所得到的图样称为多面正投影，如图 2-6（a）所示即为多面投影的代表性图——三视图。该图能准确反映物体的实际形状和大小，度量性好，作图方便，在工程上应用广泛，但立体感差，需经过一定的训练才能看懂。

2. 轴测投影图

轴测投影是一种单面投影，它是采用平行投影法将空间几何元素或形体投影到单一投影面上所得到的具有立体感的三维图形。用斜投影法得到的轴测投影叫斜轴测图；用正投影法得到的轴测投影称为正轴测图，如图 2-6（b）所示为正轴测图，工程中常用作辅助图样。

3. 透视投影图

透视投影（透视图）是用中心投影的方法将空间几何形体摆放到适当位置，将物体投射到单一投影面上得到的具有逼真立体感的图形，如图 2-6（c）所示。透视图最接近眼睛观看物体的视觉映像，具有近大远小、近高远低的投影特点，但度量性差，作图复杂，主要用于表现方案效果图。

4. 标高投影图

标高投影也是一种单面投影，它具有正投影的某些特征。如图 2-7 所示，物体被一系列间隔相等的与投影面相平行的截平面所截，其交线即为等高线，将这些等高线投影到水平投影面上，并标注出各等高线的高度数值，所得的图形即为标高投影，适合于表达某处山地的地形。

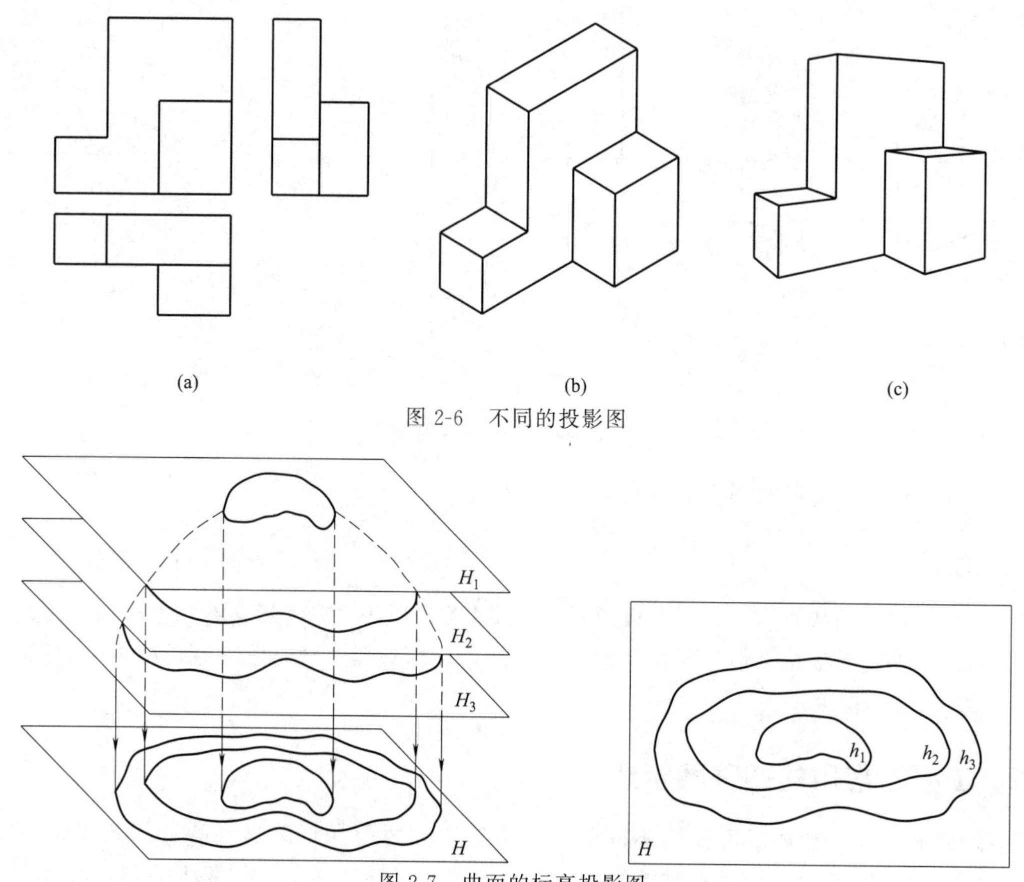

图 2-6　不同的投影图

图 2-7　曲面的标高投影图

第二节 三面投影的形成及其投影规律

投影的特性决定了它能十分方便地用正投影图来如实表达空间形体。正投影的图形简单、准确、度量性好，是工程中最常用和最基本的一种表达方式。如图 2-8 所示，物体正面平行于投影面，在这个投影面上只反映出该端面实形或类似形的投影，物体的厚度因积聚而不能得到体现，如图 2-8 所示，几个厚度和形状不同的物体可以得到相同的投影，因此用单面正投影不能确定物体的空间形体形状，要想完整地表达物体的形状和结构，必须建立一个投影体系。

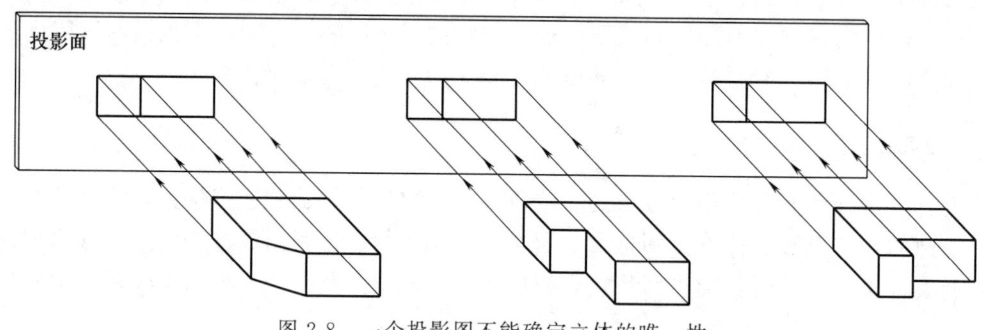

图 2-8　一个投影图不能确定立体的唯一性

一、三面投影体系的建立

大多数形体用两个投影也不能唯一确定空间形状，因此要建立三面投影体系。如图 2-9（a）所示，三个互相垂直的投影面分别是：正立投影面 V、水平投影面 H、侧立投影面 W，物体在这三个面上的投影分别称为正面投影（或 V 投影）、水平投影（或 H 投影）、侧面投影（或 W 投影），确定了 H、V、W 投影后投影体的形状和结构便是唯一的。H 面、V 面和 W 面共同组成一个三面投影体系，这三个投影面分别两两相交于三根投影轴：H 面和 V 面的交线为 X 轴；H 面和 W 面的交线为 Y 轴；V 面和 W 面的交线为 Z 轴。三轴线的交点 O 称为原点。

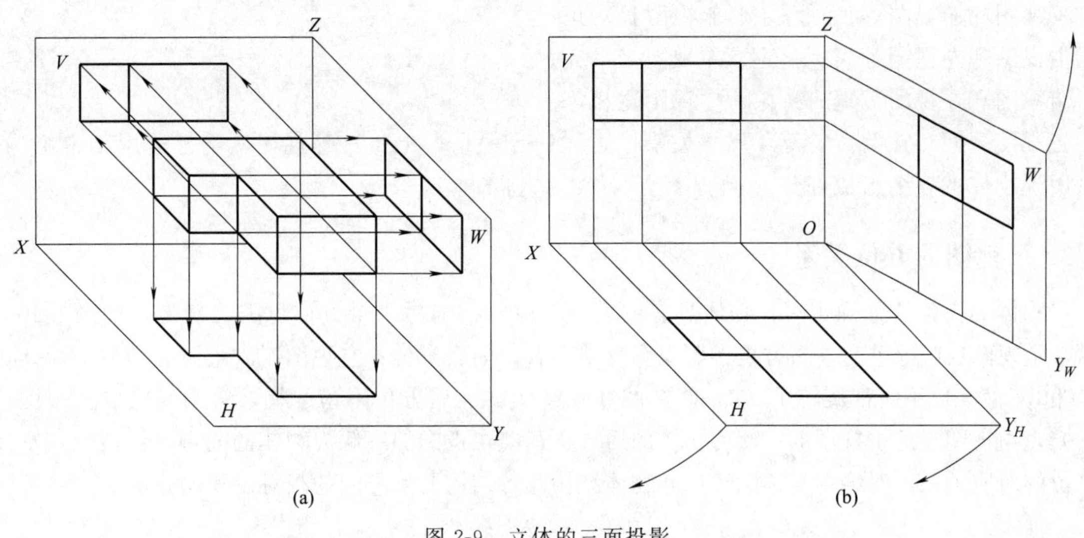

图 2-9 立体的三面投影

为了让三个投影面上的投影画在同一个平面上，就要把三个投影面展开。规定 V 面固定不动，H 面绕 X 轴向下旋转，W 面绕 Z 轴向右旋转，展平到与 V 面同在一个平面上，如图 2-9（b）所示。这时 Y 轴分为两根，分别是 Y_H 和 Y_W。

二、三面投影图的形成及投影规律

1. 三视图的形成

将物体置于三面投影体系中，分别向三个投影面进行正投影，所得的投影图形称为三面投影图。把三投影面按规定展平后获得的投影图叫三视图，如图 2-10（a）所示，V 面上的投影叫主视图、H 面上的投影叫俯视图、W 面上的投影叫左视图。由于投影面的大小和物体与投影面之间的距离与投影结果无关，画图时投影面的框和投影轴不必画出，只要画出视图即可，如图 2-10（b）所示。

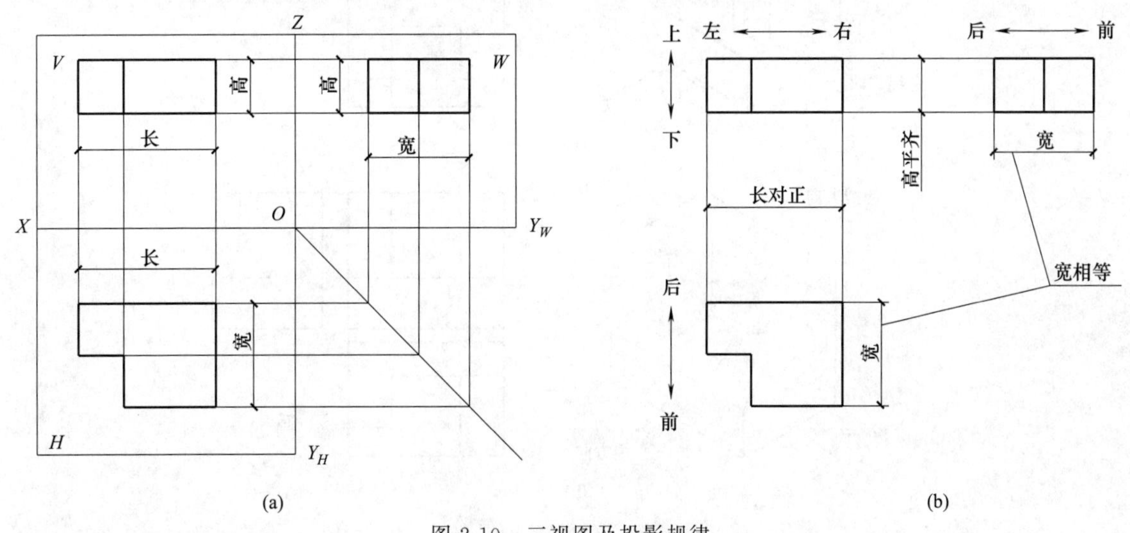

图 2-10 三视图及投影规律

2. 三视图的投影规律

如图 2-10 所示，形体的每一投影都是一个平面图形，即每个视图只反映了物体的两个方向尺寸，如主视图反映的是长度和高度方向尺寸；俯视图反映的是长度和宽度方向尺寸；左视图反映的是高度和宽度方向尺寸。相邻两个视图之间有一个方向尺寸相等，即三视图之间存在“三等”尺寸关系：

主视图和俯视图等长——主、俯视图长对正；

主视图和左视图等高——主、左视图高平齐；

俯视图和左视图等宽——俯、左视图宽相等。

三视图之间存在的“三等”尺寸关系，简称三等关系，也叫三等规律，不仅适用于整个物体，也适用于物体的各个组成部分。

3. 三视图的方位关系

当物体的投影位置确定后，物体具有的上下、左右、前后六个方位也随之确定。如图 2-10（b）所示，主视图反映上下、左右方位；俯视图反映左右、前后方位；左视图反映上下、前后方位。由于 H 面和 W 面在展平时都旋转了 90°，俯视图和左视图的前后方位不易掌握，看图时应以主视图为基准，俯、左视图靠近主视图的一侧为物体的后方，远离主视图的一侧为物体的前方。弄清楚三视图六个方位的对应关系，对绘图、读图、判断物体结构及各结构要素之间的相对位置十分重要。

4. 平面立体三视图的作图方法

画图时必须注意选好主视图。首先对形体进行分析，将物体自然摆放，并且处于稳定状态后，选择适当的方向作为主视图的投影方向，主视图一般要求能反映所画对象的主要形状特征，一般以最能反映物体形体特征的面作为主视图的投影方向。进行投影时，还要尽量使物体的主要平面与投影面平行，这样可以得到最多反映实形的面，并且利用积聚性作图。

平面立体的各个表面都是平面多边形，用三视图表示平面立体，可归结为画出围成立体的各个表面的投影，或者是画出立体上所有棱线的投影。为了清晰表达立体的形状，把可见的棱线画成粗实线，不可见的棱线画成虚线。如图 2-11 所示，主视图和俯视图都反映了立体的长度；主视图和

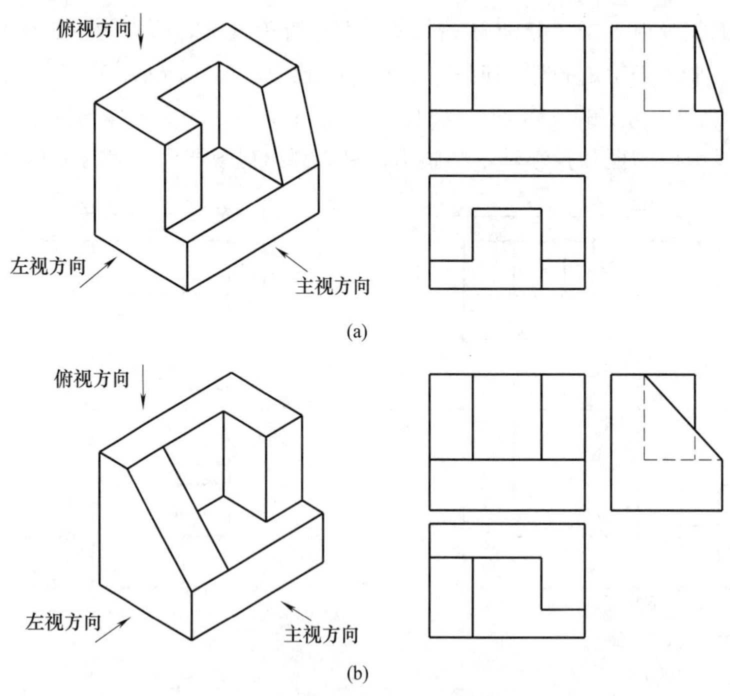

图 2-11　平面立体的三视图

左视图都反映了立体的高度；俯视图和左视图都反映了立体的宽度。因此，三等规律实际约束了视图之间的方位关系。

第三节　点、直线、平面的投影

一、点的投影

如图 2-12 所示，三棱锥是由四个侧面围成的，各侧面相交于棱线，各棱线相交于顶点 A、B、C、D。如果要表达三棱锥的各个投影面，只要把各顶点的投影画出来，再用直线将各点的投影连接起来，就可以做出该形体的投影。从分析的观点看，各形体都是由面和线围成的，而线是点的集合，所以，点是表达形体最基本的元素，点的投影规律是线、面、体投影的基础。

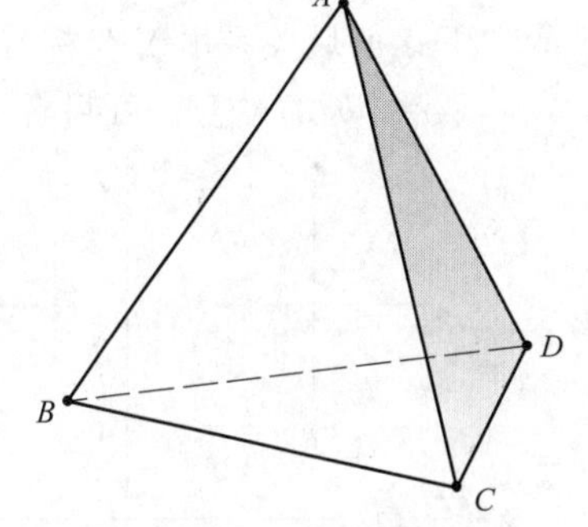

图 2-12　三棱锥直观图

1. 点在三面投影体系中的投影

如图 2-13（a）所示，假设在三面投影体系内有一立体的某一顶点 A，过 A 点分别往三个投影面引垂线，垂足就是 A 点在三个投影面上的投影：

点 A 在 H 面上的投影用 a 表示，称为 A 点的水平投影；

点 A 在 V 面上的投影用 a' 表示，称为 A 点的正面投影；

点 A 在 W 面上的投影用 a'' 表示，称为 A 点的侧面投影。

如图 2-13（b）、（c）所示点 A 的投影形成可知，点在三面投影体系中具有如下投影规律：

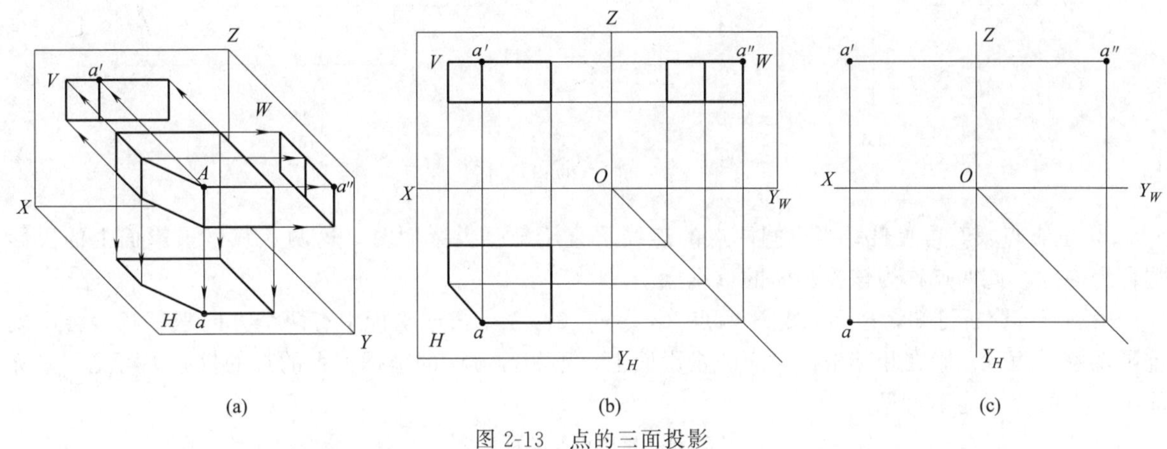

图 2-13　点的三面投影

点的正面投影与水平投影的连线垂直于 X 轴，也就是 $aa' \perp OX$，即长对正；

点的正面投影与侧面投影的连线垂直于 Z 轴，也就是 $a'a'' \perp OZ$，即高平齐；

点的水平投影到 X 轴的距离等于侧面投影到 Z 轴的距离，即宽相等。

任何一空间点都遵循“长对正、高平齐、宽相等”的三等规律。由于空间点的位置由（x，y，z）三个方向坐标确定，任一投影面的投影点都反映两个方向的坐标，任两投影面都反映出三个方向的坐标，因此，已知点的任意两个投影，就可以求出点的第三个投影。

点的投影中利用宽相等转移 Y 坐标的四种作图方法，分别是分规直接量取法［图 2-14（a）］、四分之一圆弧法［图 2-14（b）］、等腰直角三角形法［图 2-14（c）］和 45°斜线法［图 2-14（d）］。用分规直接量取法为最佳作图方法。

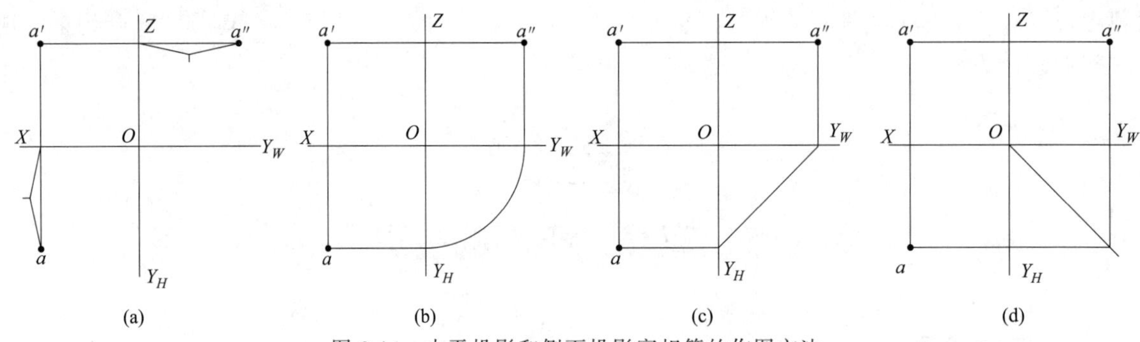

图 2-14　水平投影和侧面投影宽相等的作图方法

2. 两点的投影

① 两点的相对位置　根据两点的投影，可判断两点的相对位置。见图 2-15（a）可知：左右关系由 X 坐标确定，坐标大的在左，坐标小的在右；上下关系由 Z 坐标确定，坐标大的在上，坐标小的在下；前后关系由 Y 坐标确定，坐标大的在前，坐标小的在后。根据图 2-15（b）中点 a、b、a'、b'、a''、b''的位置，可判断出点 A 在点 B 的右、上、前。

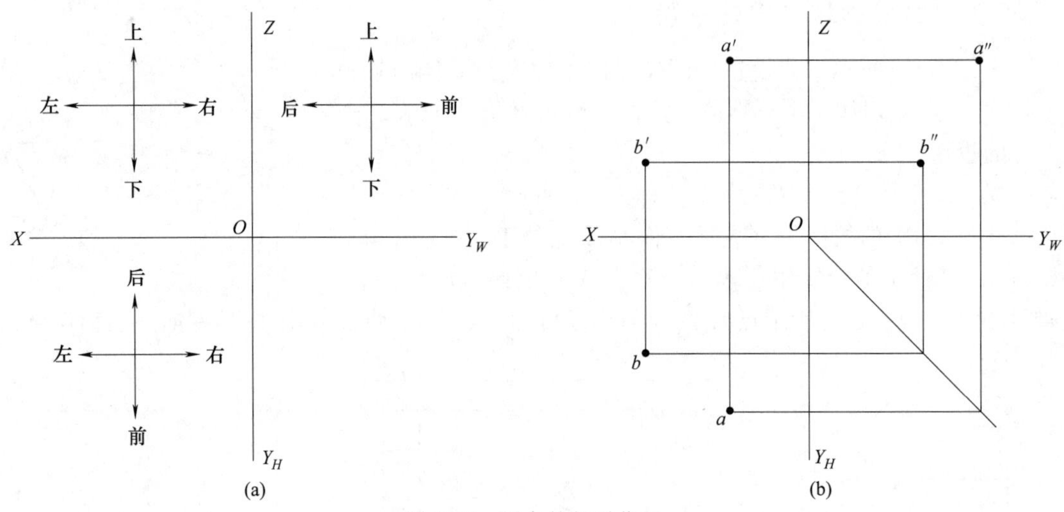

图 2-15　两点的相对位置

② 重影点及其可见性　当空间两点的连线垂直于某一投影面时，这两点在该投影面上的投影重合为一点，此两点称为该投影面的重影点。

由表 2-1 分析可知，空间 A、B 两点（x，y，z）三个方向坐标中有两个方向坐标相等会出现重影现象，而且重影在相等坐标对应的投影面上，不相等方向的坐标值大的点的投影为可见，坐标值小的点的投影为不可见。

表 2-1　重影点及其可见性

名称	H 面上的重影点	W 面上的重影点	V 面上的重影点
空间状况	V, Z, X, H, Y, W, a′, b′, A, B, a″, b″, a(b)	V, Z, X, H, Y, W, a′, b′, A, B, a″, (b″), a, b	V, Z, X, H, Y, W, a′(b′), B, A, b″, a″, b, a

续表

名称	H 面上的重影点	W 面上的重影点	V 面上的重影点
投影图	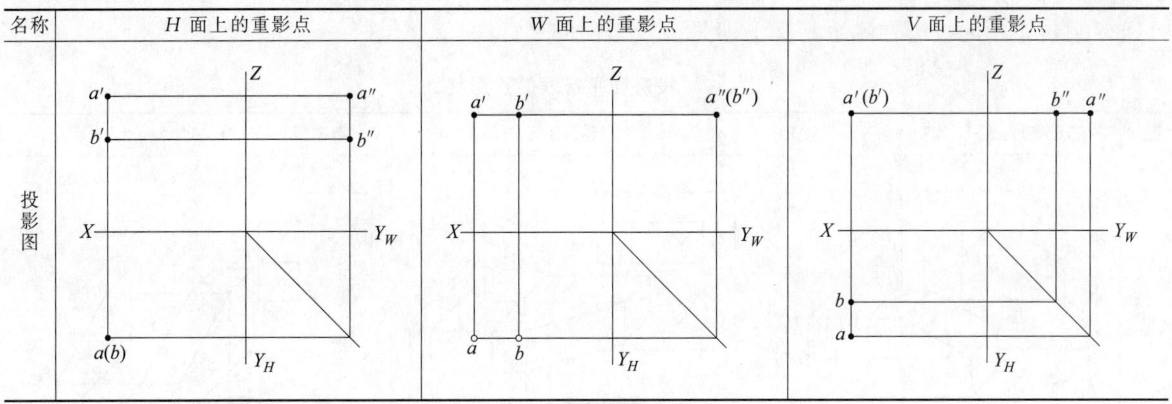		

二、直线的投影

直线的投影可由该直线上任意两点的投影确定。直线的投影一般仍是直线，特殊情况为一点。画直线的三面投影是先作该直线上任意两点的三面投影，再将其同面投影用直线相连即可。

在三面投影体系中，直线对投影面的相对位置有三类：一般位置直线、投影面的垂直线和投影面的平行线，其中后两类直线统称为特殊位置直线。

1. 一般位置直线

一般位置直线是指与三个投影面既不垂直也不平行的直线，如图 2-16（a）所示实例立体图及投影图中的棱线 SA、SB、SC 所示，它的三个投影都倾斜于投影轴。从图 2-16（b）、（c）可知，一般线 AB 上各点到同一投影面的距离都不等，所以一般线的三面投影均为倾斜线，且各投影长度小于直线段实长。

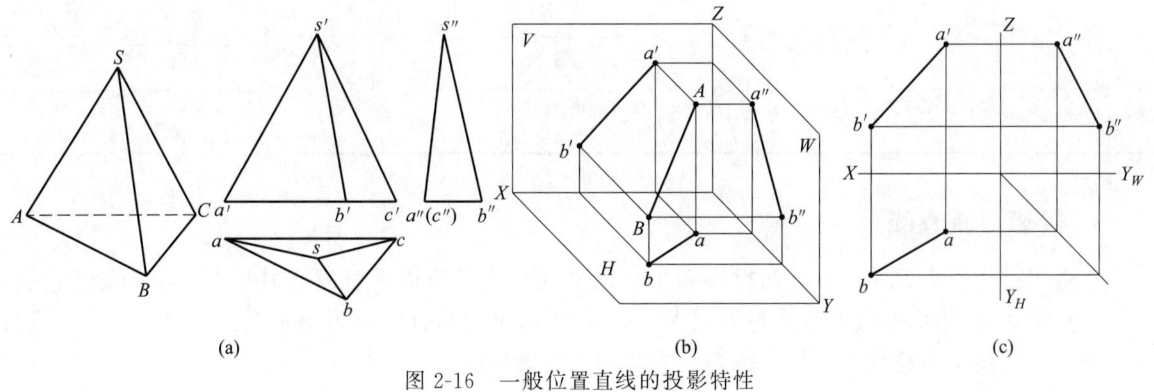

图 2-16　一般位置直线的投影特性

2. 投影面平行线

在三面投影体系中，平行于某一投影面，且倾斜于另两个投影面的直线，称为投影面平行线，简称平行线。与 V 面平行的直线称为正平线，与 H 面平行的直线称为水平线，与 W 面平行的直线称为侧平线。表 2-2 列出了三种投影面平行线的空间位置、实例三视图、投影图和投影特性。

以表 2-2 中的正平线 AB 为例，从 AB 在该立体上的三个投影可以看出，AB 线上任一点到 V 面的距离即 Y 坐标都相等，平行于 V 面，因此正面投影反映实长。而且反映该直线与 H、W 面的实际倾角。在投影图上其水平投影 ab 与 X 轴平行，侧面投影 $a''b''$ 与 Z 轴平行。

平行线的投影特性可概括为：在它所平行的投影面上的投影倾斜于轴，反映实长；这个实形投影与投影轴的夹角反映该投影面平行线与相应投影面的实际倾斜角，其余两个投影平行于相应的投影轴。由该特性可知，如果有一个投影平行于投影轴而另有一个投影倾斜于轴，它必然是投影面平行线，倾斜于轴的投影在哪个平面上即是该投影面的平行线。

表 2-2　投影面平行线的投影特性

名称	正平线（$AB/\!/V$，AB 倾斜于 H、W）	水平线（$AB/\!/H$，AB 倾斜于 V、W）	侧平线（$AB/\!/W$，AB 倾斜于 V、H）
空间位置			
实例三视图			
投影图			
特性	①$a'b'=AB$，反映 α、γ ②$ab/\!/OX$，$a''b''/\!/OZ$，小于实长	①$ab=AB$，反映 β、γ ②$a'b'/\!/OX$，$a''b''/\!/OY$，小于实长	①$a''b''=AB$，反映 α、β ②$ab/\!/OY$，$a'b'/\!/OZ$，小于实长

3. 投影面垂直线

垂直于一个投影面而与另外两投影面平行的直线称为投影面垂直线。其中与 V 面垂直的直线称为正垂线，与 H 面垂直的直线称为铅垂线，与 W 面垂直的直线称为侧垂线。表 2-3 列出了三种投影面垂直线的空间位置、实例三视图、投影图和投影特性。

表 2-3　投影面垂直线的投影特性

名称	正垂线（$AB\perp V$，$AB/\!/H$，$AB/\!/W$）	铅垂线（$AB\perp H$，$AB/\!/V$，$AB/\!/W$）	侧垂线（$AB\perp W$，$AB/\!/V$，$AB/\!/H$）

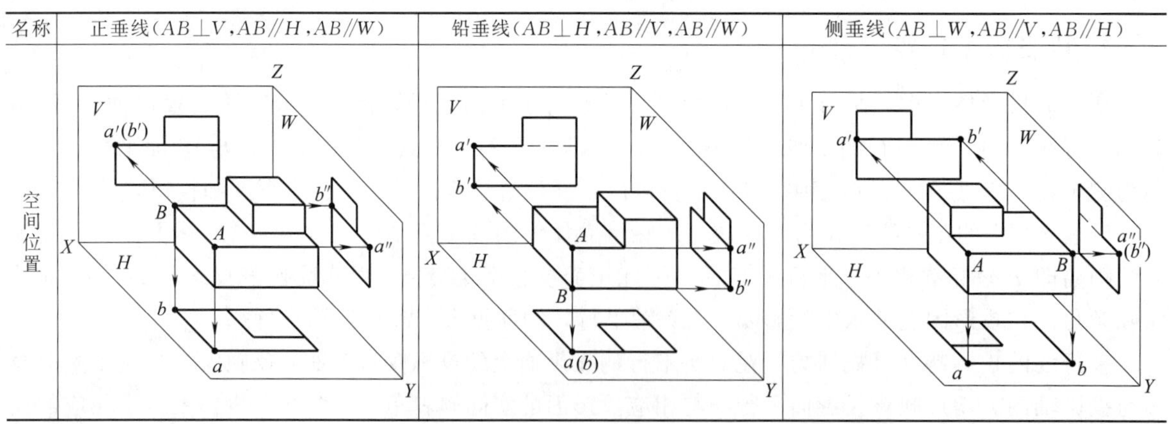

续表

名称	正垂线（$AB\perp V$，$AB /\!/ H$，$AB /\!/ W$）	铅垂线（$AB\perp H$，$AB /\!/ V$，$AB /\!/ W$）	侧垂线（$AB\perp W$，$AB /\!/ V$，$AB /\!/ H$）
实例三视图	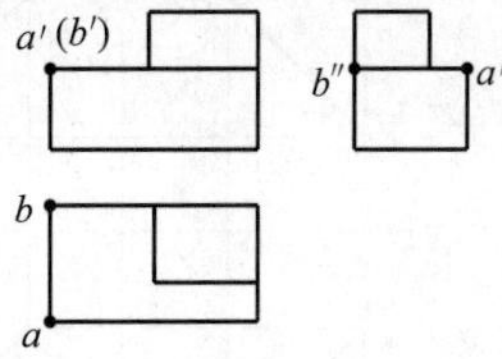	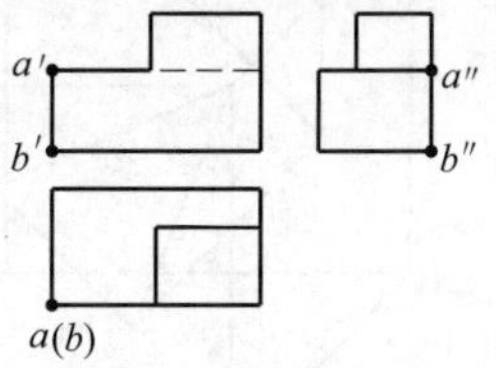	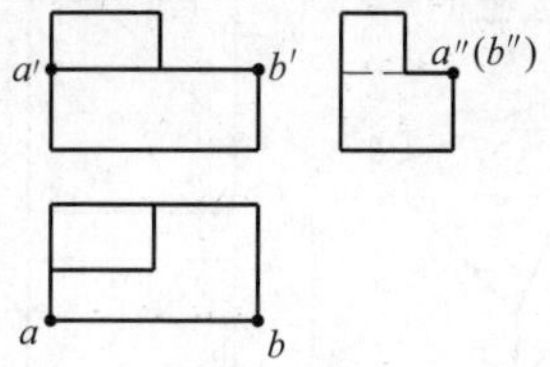
投影图	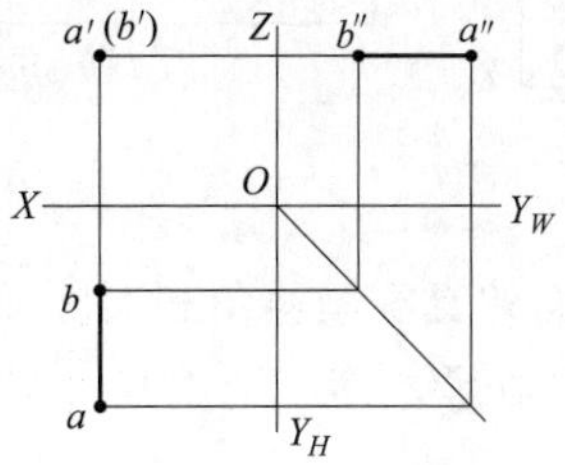	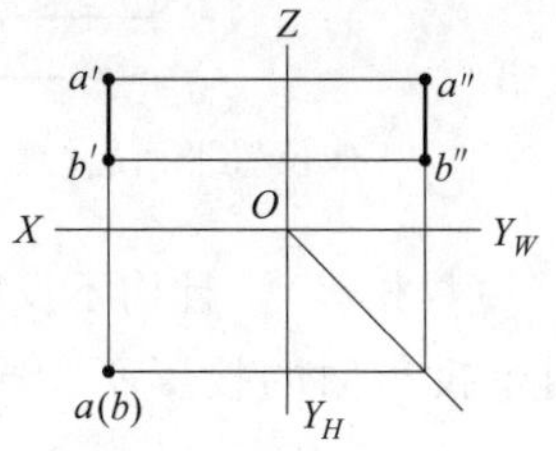	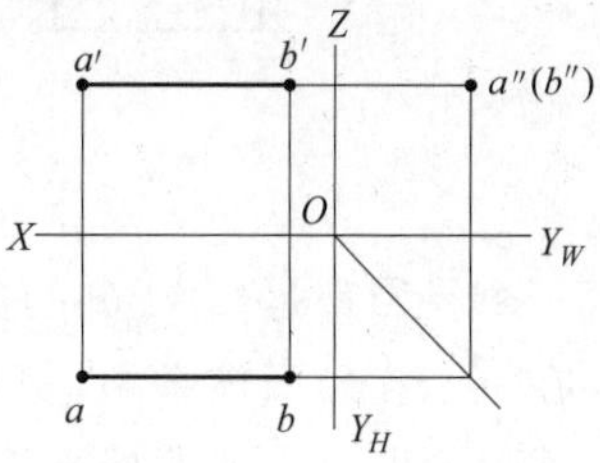
特性	①$a'b'$积聚成点 ②$ab\perp OX$，$a''b''\perp OZ$；$ab=a''b''=AB$	①ab积聚成点 ②$a'b'\perp OX$，$a''b''\perp OY$；$a'b'=a''b''=AB$	①$a''b''$积聚成点 ②$ab\perp OY$，$a'b'\perp OZ$；$ab=a'b'=AB$

以表2-3中的正垂线AB为例，由于垂直于V面，V面上投影积聚成一个点，同时，AB必然平行于另两个投影面H和W，它的水平投影和侧面投影分别垂直于OX和OZ轴，因此这两个投影都反映AB线实长。

垂直线的投影特性可概括为：在直线所垂直的投影面上的投影，积聚成一点；另外两个投影面上的投影，垂直于相应的投影轴并反映实长。由该特性可知，一直线只要有一个投影积聚为一点，它必是一根垂直线，积聚在哪个投影面上，就是哪个投影面的垂直线。

三、平面的投影

平面通常由确定该平面的点、直线和平面图形等几何元素的投影来表示。如图2-17所示，分别用不在同一直线上的三个点［图2-17（a）］、一直线与该直线外的一个点［图2-17（b）］、相交两直线［图2-17（c）］、平行两直线［图2-17（d）］、任意平面图形［图2-17（e）］五种方式表示一个平面。这五组平面表示形式虽然不同，但表示的是同一个平面，它们之间可以从其中一组形式转换为另一组形式。

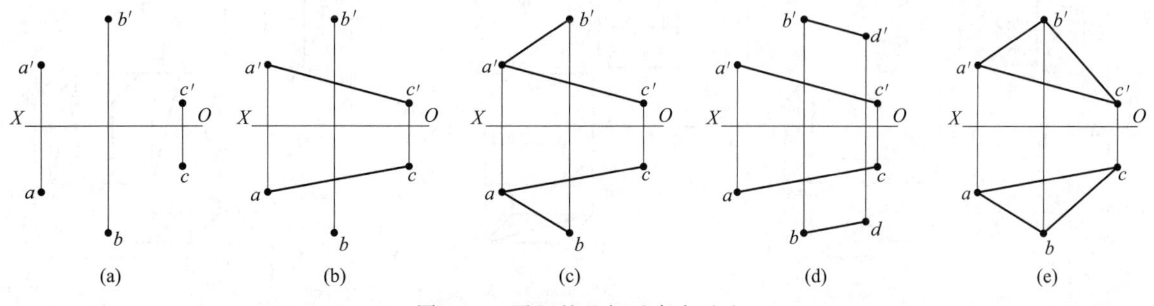

图2-17　平面的几何元素表示法

在三面投影体系中，平面对投影面的相对位置有三类：即一般位置平面、投影面的平行面、投影面的垂直面。其中后两类统称为特殊位置平面。

1. 一般位置平面

一般位置平面是指对三个投影面均倾斜的平面。如图2-18所示，$\triangle ABC$倾斜于H、V、W

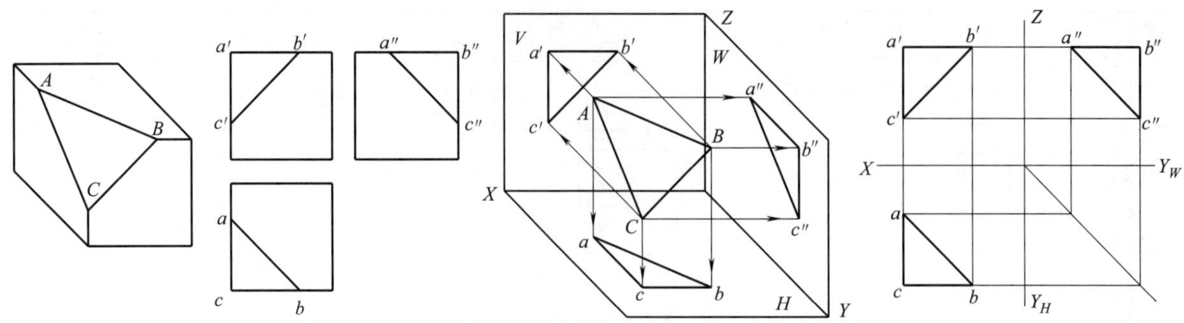

图 2-18　一般位置平面的投影特性

面，三个投影都是△ABC 的类似形（边数相等），且均不反映该平面的真实倾斜角和实际面积。

在三个投影面体系中，只要任两个投影面的投影不积聚，是类似形，第三个投影一定是类似形，即可判断是一般位置平面。

2. 投影面的平行面

投影面的平行面是指仅平行于某一投影面的平面。平行于 H 面的平面称为水平面；平行于 V 面的平面称为正平面；平行于 W 面的平面称为侧平面。

在三面投影体系中，投影面的平行面必然同时垂直于另两个投影面。因此这类平面的投影具有反映该平面实形和有积聚性的特点。表 2-4 列出了三种投影面平行面的空间位置、实例三视图、投影图和投影特性。

以表 2-4 中的正平面为例，由于平行于 V 面，V 面上的投影反映实形，△ABC 同时垂直于 H、W 面，这两个面上的投影积聚成线，并且水平面投影平行于 X 轴，侧面投影平行于 Z 轴。

平行面的投影特性可概括为：平行于某一投影面，这个投影面的投影反映实形；另外两个投影面上的投影，积聚成线并且平行于相应的投影轴。由该特性可知，一平面只要有一个投影积聚成线，并且平行于轴，它必是一个平行面，哪个投影面反映实形，就是哪个投影面的平行面。

表 2-4　平行面的投影特性

名称	正平面（△ABC//V，△$ABC\perp H$、W）	水平面（△ABC//H，△$ABC\perp V$、W）	侧平面（△ABC//W，△$ABC\perp V$、H）
空间位置	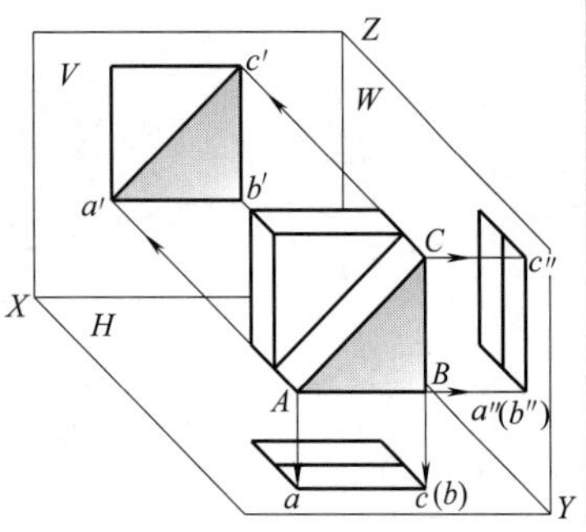	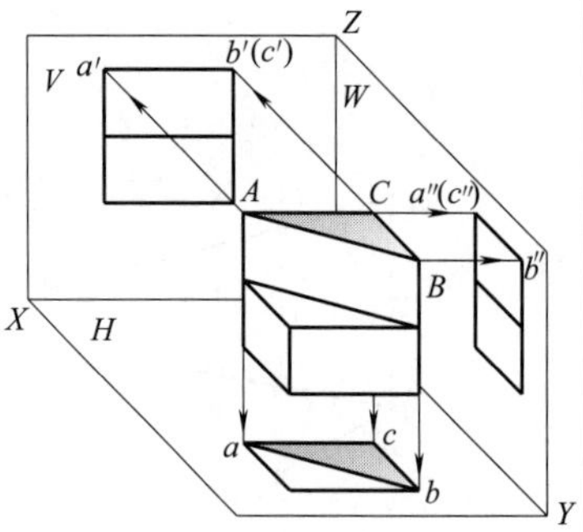	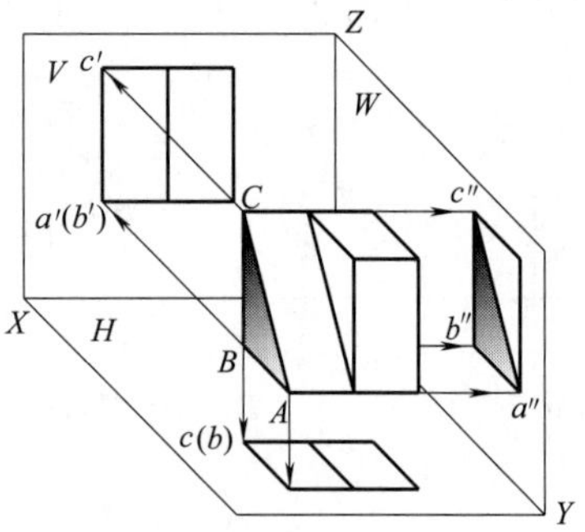
实例三视图	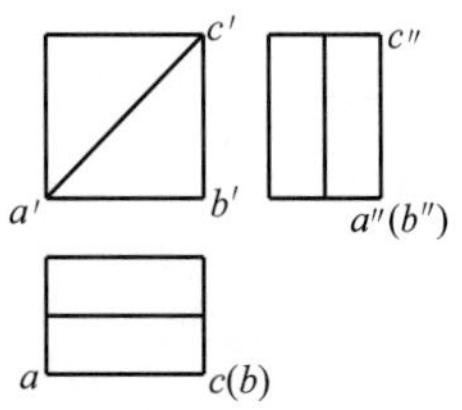	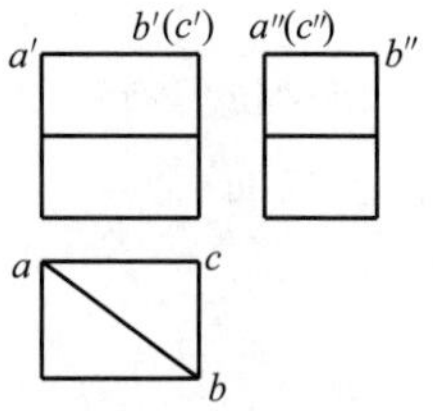	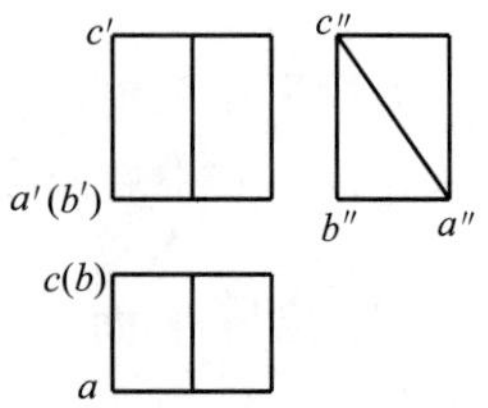

续表

名称	正平面(△ABC//V,△ABC⊥H、W)	水平面(△ABC//H,△ABC⊥V、W)	侧平面(△ABC//W,△ABC⊥V、H)
投影图	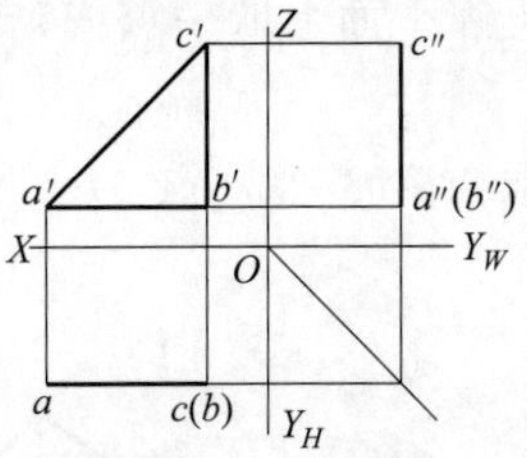	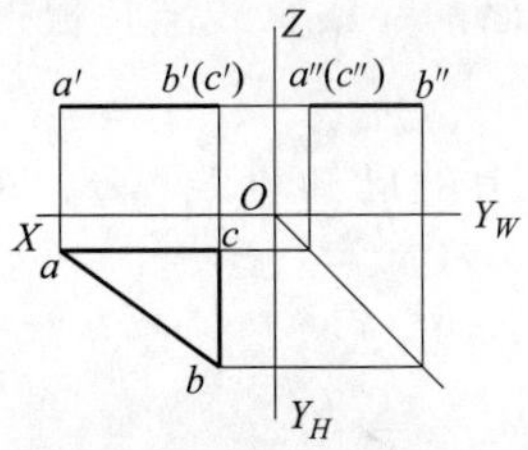	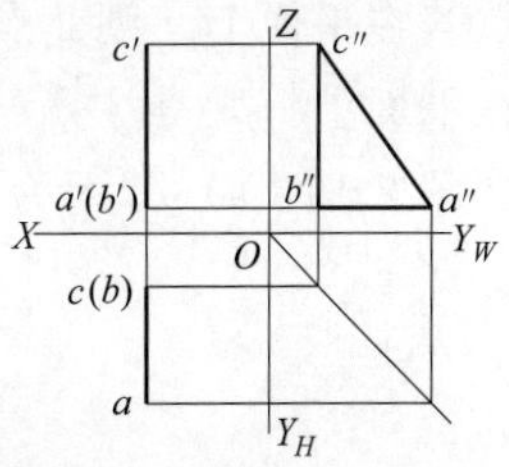
特性	①正面投影反映实形 ②水平投影//OX,积聚成直线 ③侧面投影//OZ,积聚成直线	①水平投影反映实形 ②正平投影//OX,积聚成直线 ③侧面投影//OY,积聚成直线	①侧面投影反映实形 ②正平投影//OZ,积聚成直线 ③水平投影//OY,积聚成直线

3. 投影面的垂直面

投影面的垂直面是指只垂直于某一投影面的平面。垂直于 H 面的平面称为铅垂面，垂直于 V 面的平面称为正垂面，垂直于 W 面的平面称为侧垂面。表 2-5 列出了三种投影面垂直面的空间位置、实例三视图、投影图和投影特性。

以表 2-5 中的正垂面为例，由于正垂面 $P\perp V$ 面，同时倾斜于 H 面、W 面，所以 V 面投影 p' 积聚为倾斜线，H 面投影 p、W 面投影 p'' 仍为四边形，且不反映平面 P 实形。

垂直面的投影特性可概括为：某一平面垂直于某一投影面，这个投影面的投影积聚成线并且倾斜于轴；另外两个投影面上的投影，为边数相等的类似形。由该特性可知，一平面只要有一个投影积聚成倾斜线，它必是垂直面，积聚在哪个投影面上，就是哪个投影面的垂直面。

表 2-5　垂直面的投影特性

名称	正垂面(P⊥V,P 倾斜于 H、W)	铅垂面(Q⊥H,Q 倾斜于 V、W)	侧垂面(R⊥W,R 倾斜于 V、H)
空间位置	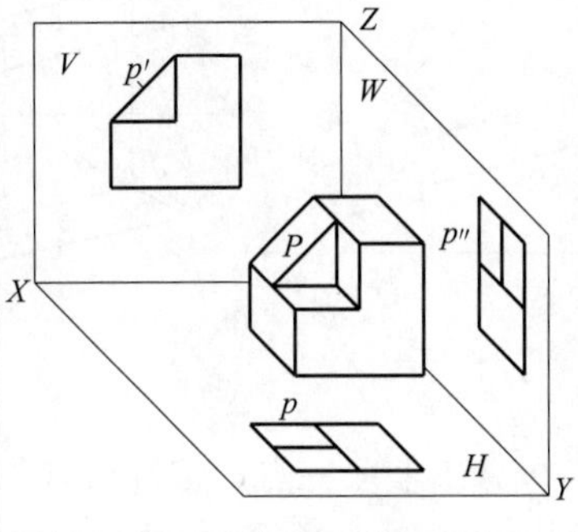	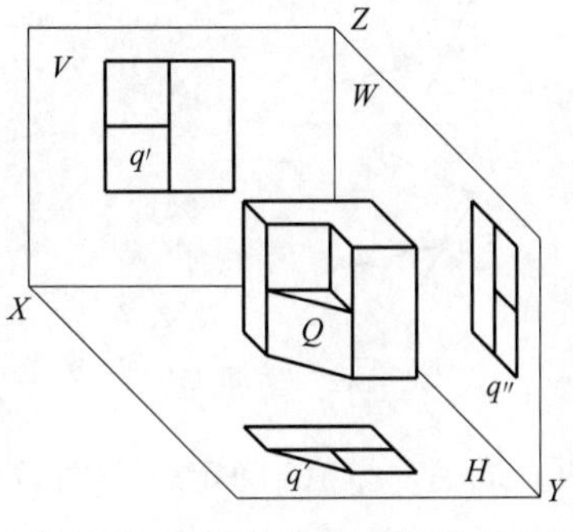	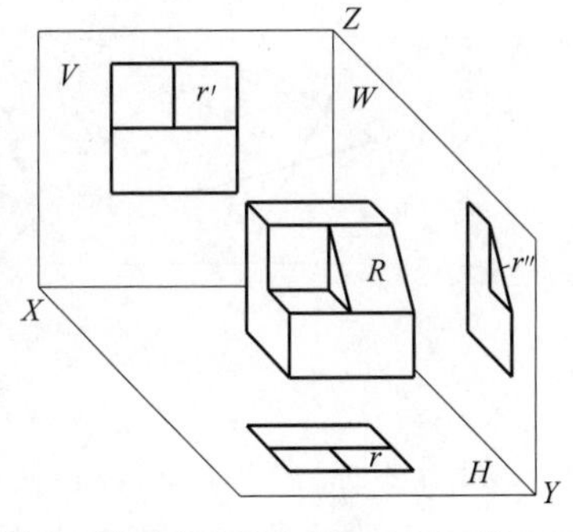
实例三视图	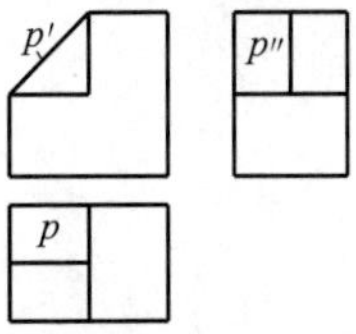	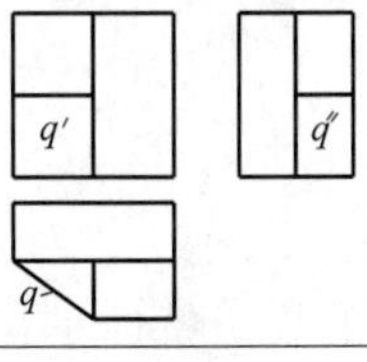	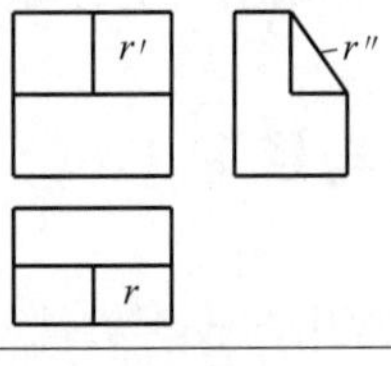
投影图	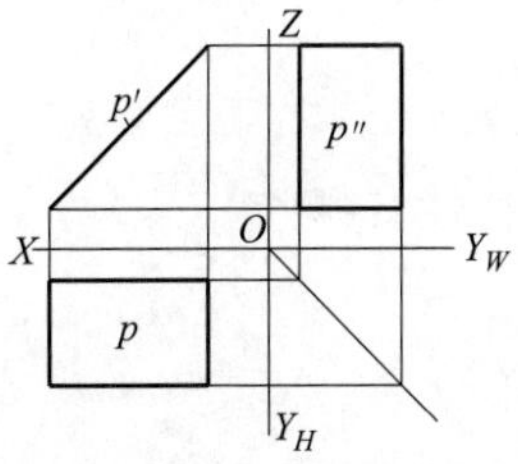	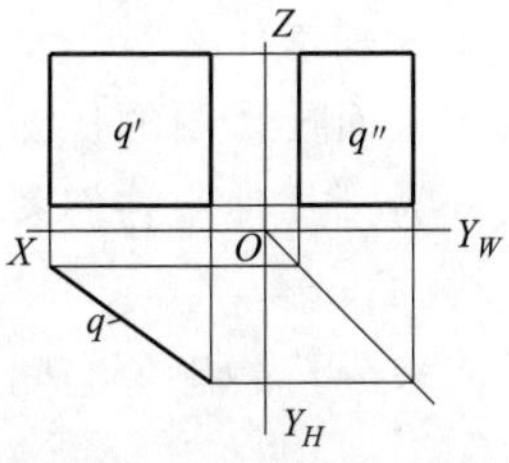	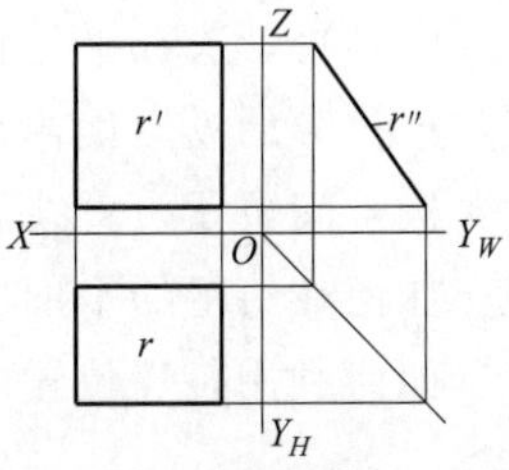
特性	正面投影积聚成倾斜线	水平面投影积聚成倾斜线	侧面投影积聚成倾斜线
	其余两投影为同边数平面图形,均不反映实形		

4. 平面上的点和直线

点若在平面上，则此点必在该平面的一条直线上。根据此规律可在平面上取一点或判断已知点是否在平面上。

如图 2-19（a）所示为在平面 R 上的已知直线 AB、AC 线上取点 M、N，点 M、N 在该平面上。

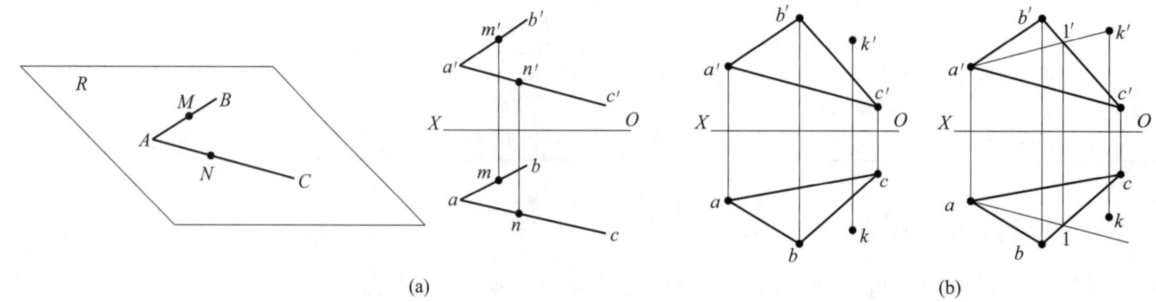

图 2-19　平面上的点

如图 2-19（b）所示，判断点 K 是否在$\triangle ABC$ 平面上。过 k'点作平面上的直线 $A1$ 的正面投影 $a'1'$，并求出其水平投影 $a1$ 并延长，由于 k 点不在 $a1$ 上，说明 K 点不在该平面上。

直线在平面上的几何条件是：①若直线通过平面上的两个已知点，则此直线必在该平面上；②若直线通过平面上一个已知点，且平行于该平面上的另一直线，则此直线必在该平面上。

如图 2-20（a）所示，相交两直线 AB、AC 确定一平面 P，在该两直线上分别取点 E、F，连接此两点的直线 EF 必在平面 P 上。

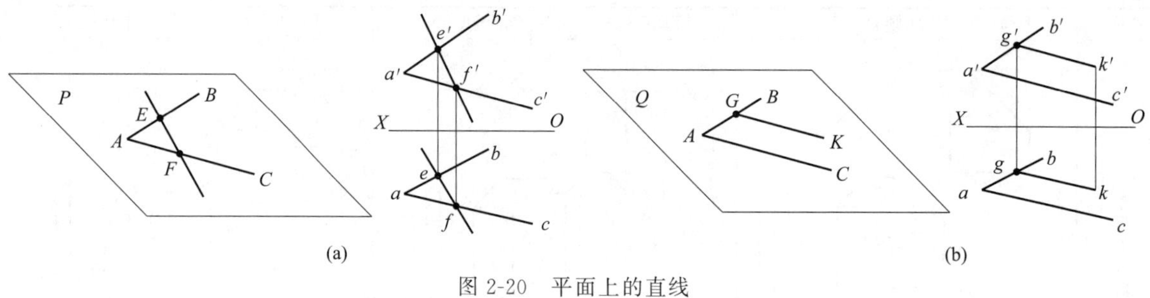

图 2-20　平面上的直线

如图 2-20（b）所示，相交两直线 AB、AC 确定一平面 Q，在 AB 上取一点 G，过该点作直线 $GK /\!/ AC$，则直线 GK 必在平面 Q 上。

【思考与练习】

① 常用的投影方法有哪些？正投影的投影特性是什么？

② 中心投影法和平行投影法的主要区别是什么？

③ 正投影的投影规律是什么？试述三面投影图的作图方法和步骤。

④ 按空间位置，直线和平面可以分为哪几种？它们各自的投影特性有哪些？

⑤ 如何在给定的平面内作点和直线的投影？

⑥ 如何利用特殊位置的直线和平面来分析并想象空间物体形状？

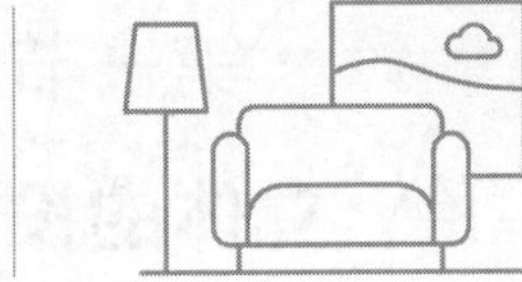

第三章 正投影

【学习目标】

知识目标

① 熟悉棱柱、棱锥、圆柱等基本几何体的投影特性和作图方法，以及求取其表面定点、定线的方法；

② 掌握两个平面立体相交、平面立体与回转体相交、两个回转体相交相贯线的基本作图方法；

③ 熟练掌握组合体投影图的识读方法。

能力目标

① 会运用形体分析法快速读懂形体各部分结构及相互关系，综合以上想象空间形体结构；

② 会画平面体和常用曲面体的投影图；

③ 能够正确、完整地阅读组合体投影图样，知道其视图的画法及尺寸标注方法。

素质目标

① 培养学生独立思考、细致分析问题的专业素养；

② 树立严谨求实、勤于实践的学习态度。

第一节
立体的投影

立体由围成它的各个表面确定范围及形状。根据围合表面的不同，主体可分为两类：表面都是平面的平面立体、表面是曲面或曲面和平面组合的曲面立体。若曲面立体的表面是回转曲面则称为回转体，如圆柱、圆锥、圆球和圆环等。

一、平面立体的投影

平面立体的表面由平面多边形围成，因此，平面立体的投影就是它表面上所有多边形的投影，绘制平面立体的投影也就是绘制各表面的交线（棱线）及各顶点（棱线的交点）的投影。将可见棱线的投影画成实线；不可见棱线的投影画成虚线；当实线与虚线重合时，画实线。

1. 平面立体的投影特性

(1) 棱柱

如图 3-1（a）所示为一正六棱柱，顶面和底面均为水平面，其 H 面投影反映实形，V 面和 W 面投影积聚成线段；棱面中的前后两面为正平面，其 V 面投影反映实形，H 面和 W 面投影积聚成线段；六棱柱的另外四个面为铅垂面，其 H 面投影分别积聚成线段，与六边形的边重合，V 面和 W 面投影均为比实形小的类似形。

由图 3-1（b）可知，立体距投影面的距离只影响各投影图之间的间距，而不影响各投影图的形状以及它们之间的相互位置关系，因此不用画出相应投影轴。取消投影轴后的三视图要保持“长对正、高平齐、宽相等”的投影规律，如图 3-1（c）所示。

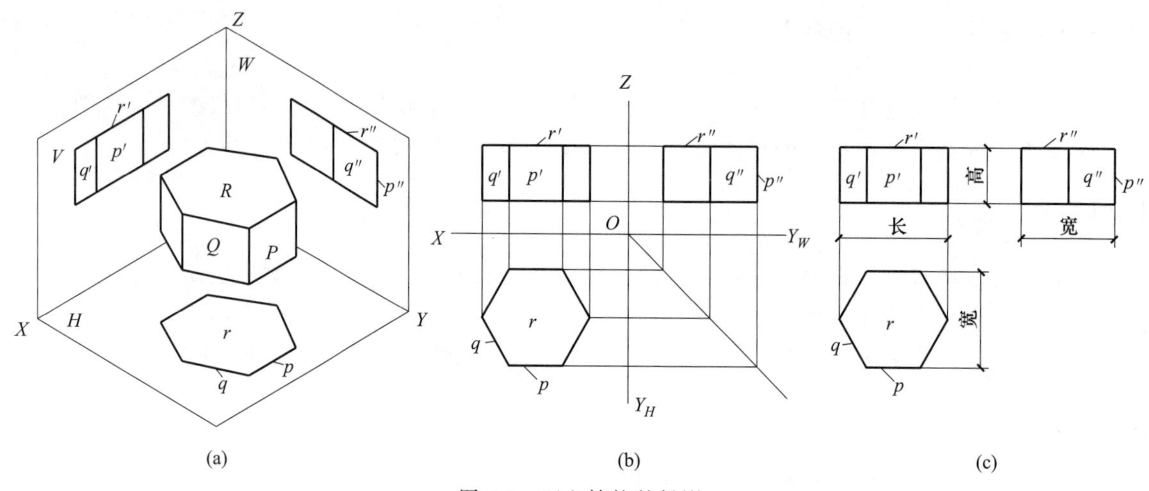

图 3-1 正六棱柱的投影

(2) 棱锥

棱锥由一个底面和几个棱面组成。棱锥的底面为多边形，棱锥的各棱面为若干具有公共顶点的三角形。如图 3-2 所示，将三棱锥的底面放置成水平面，要画出各个棱面、棱线和底面的投影，实质上只要确定各顶点的投影，再连接各顶点的同面投影，即可画出三棱锥的投影图。为了画图迅速，应先分析各棱面、棱线与投影面的位置关系。

三棱锥的底△ABC 为一水平面，其 H 面投影反映实形，V 面和 W 面投影积聚成线；△SAC 为侧垂面，W 面投影积聚成线，V 面和 H 面投影为类似形；△SAB 和△SBC 为一般位置平面，

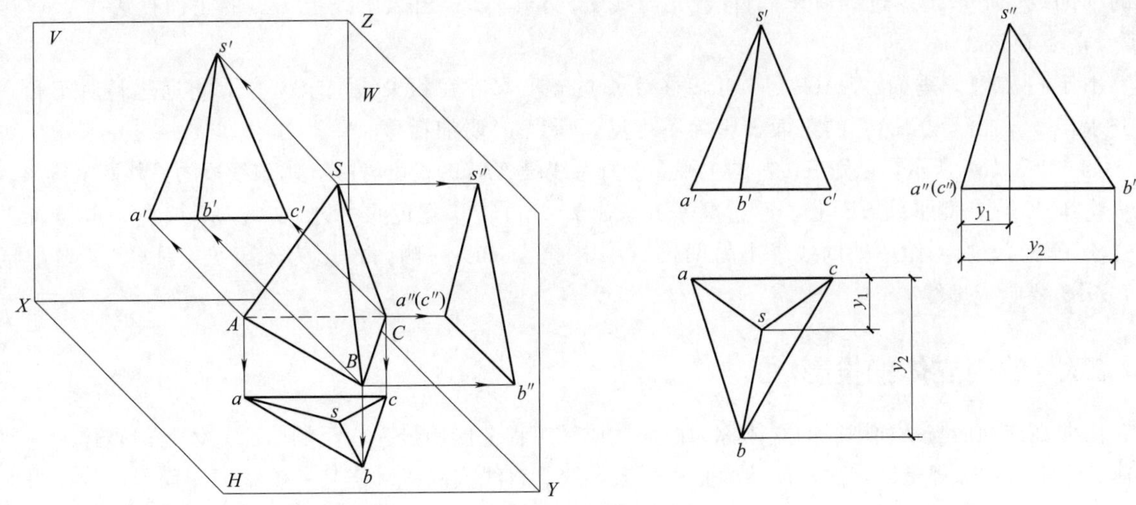

图 3-2 三棱锥的投影

三个投影都是不反映实形的类似形。根据分析，应先画出 H 面的实形投影△abc，利用“三等规律”求出另两个投影，再根据顶点 S 的坐标画出相应投影，同面投影各顶点连成线即可画出三棱锥的投影图。注意各部分宽相等的转移过程。

2. 平面立体表面上的点和线

平面立体表面上取点和线实质就是在平面上取点和线。由于平面立体由若干个平面围成，所以在确定平面体上的点和线时，要先判断点和线在哪个平面上，并且投影为可见的表面上的点和线亦为可见，在不可见的表面上的点和线则必不可见。

(1) 棱柱

如图 3-3 (a) 所示，已知五棱柱侧棱面上有 A、B 点的 V 面投影 $a'(b')$ 和上顶面上 N 点的 H 面投影 n，求这些点的另两个投影。

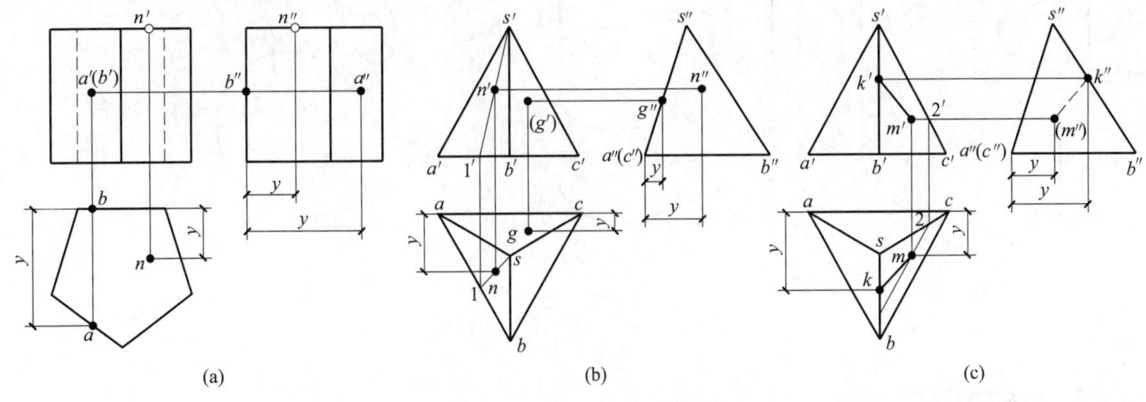

图 3-3 平面立体表面取点

因为 a' 为可见，说明 A 点在前面看得见的棱面上；b' 为不可见，说明 B 点在看不见的后端正平面上。由于五个侧棱面在俯视图上都积聚成线段，利用长对正辅助线与积聚性线段相交求出 a 和 b。左视图上的 b'' 可利用高平齐直接在积聚性线上求取，a'' 可通过“三等规律”转移宽相等尺寸求取。

由于 n 为可见，说明点 N 在上顶水平面上。可以利用积聚性和转移宽相等尺寸求取另两个投影。

(2) 棱锥

如图 3-3 (b) 所示，已知三棱锥的俯视图上有 N 和 G 点的投影 n 和 g，求这两点的另外两个投影。由于 N 点在一般位置平面△SAB 上，按照点在平面上的几何条件，只要过 N 点作一条该面上的辅助线即可求出。过锥顶作一直线 sn 与线 ab 交于 1，求出 AB 线上 1 点的正面投影 $1'$，连接 $s'1'$，n'点在该线上。

由于 G 点在侧垂面△SAC 上，可转移 G 点的宽度尺寸在积聚线上求出 g''，再通过长对正和高平齐求出 g'，由于△SAC 的正面投影为不可见，所以 g'要加括号。

如图 3-3（c）所示，已知三棱锥的主视图上有一线段 KM 的投影 $k'm'$，求该线段的另外两个投影。

由于 K 点在侧平线 SB 上，通过高平齐求出 k''，再转移宽度尺寸求出 k。M 点在一般位置平面△SBC 上，过 m'作一辅助线求出另两投影。由于△SBC 的侧面投影为不可见，所以 m''要加括号，$m''k''$要画成虚线。

二、 曲面立体的投影

由曲面或曲面与平面围成的立体称为曲面立体。工程上应用最为广泛的曲面立体是回转体，这些立体表面上的曲面都是回转面，回转面是由一条母线（直线或曲线）绕某一轴线回转而形成的，母线在回转过程中的任意位置称为素线；母线上各点运动轨迹皆为垂直于回转轴线的纬圆。由于回转面是光滑曲面，因此，画投影图时，仅画回转面上可见与不可见的分界线的投影，这样的分界线称为转向轮廓线。本节仅介绍圆柱、圆锥和圆球的形成，投影图上的表示法及其表面上取点、取线等。

1. 圆柱

(1) 圆柱的形成

如图 3-4（a）所示，圆柱面是由直母线 AA_1 绕与母线平行的轴线 OO_1 回转而形成。母线的每一位置都称为素线，轴线 OO_1 称为旋转轴（回转轴）。

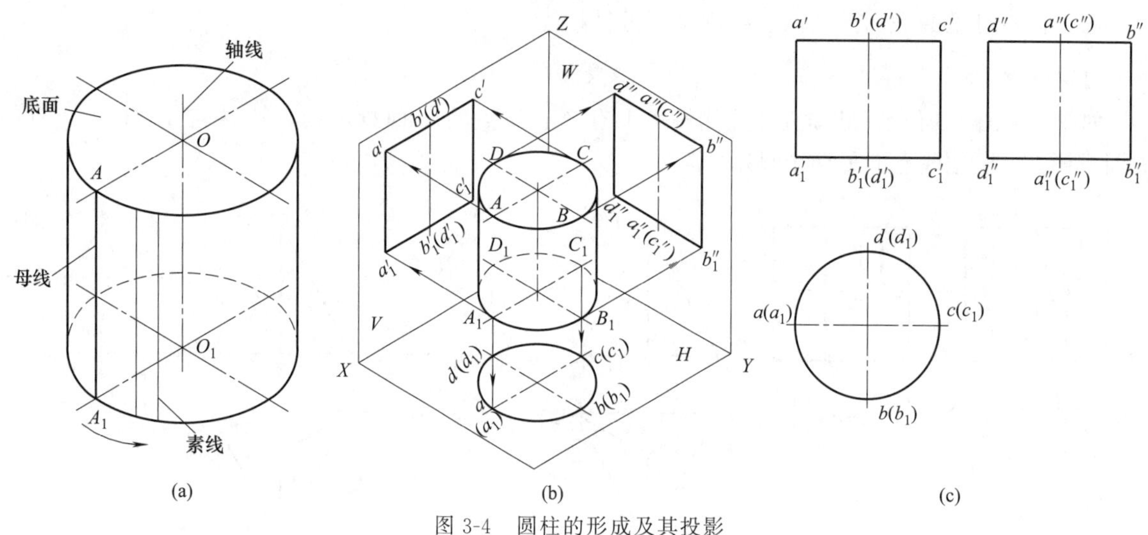

图 3-4 圆柱的形成及其投影

(2) 圆柱的投影

由圆柱面和两端底圆组成的圆柱，其投影需画出旋转轴、两底圆和处于轮廓位置的素线的投影。

如图 3-4（b）所示，图中圆柱的轴线垂直于 H 面，圆柱面的水平投影积聚为一个圆，圆柱面上所有点、线的投影都落在这个圆周上，该圆同时也是两底面的实形投影。圆柱的正面投影和侧面投影都是带点画线的矩形，矩形的上下边分别是圆柱两底面的积聚性投影。圆柱面的 V 和 W 投影要分别画出决定其范围的投影轮廓线，该线也是圆柱面上可见与不可见的分界线，也称为转向素线。圆柱面最左端的 AA_1 素线和最右端的 CC_1 素线是处于正面投影方向外形轮廓位置的，其 V 面的投影 $a'a_1'$、$c'c_1'$为矩形的左右轮廓线；圆柱的 W 面投影中，矩形的前后两边 $b''b_1''$和 $d''d_1''$分别是圆柱面上的最前素线 BB_1 和最后素线 DD_1 的投影，称为圆柱面对 W 面投影的轮廓线。

作图时，先用点画线画出圆的对称中心线和轴线的各个投影，再画出水平投影的圆，最后完成圆柱的其他投影，如图 3-4（c）所示。

(3) 圆柱表面上取点、线

如图 3-5（a）所示，已知圆柱上 A、B、C 三点的 V 面投影 a'、H 面投影 c 和 W 面投影 (b'')，求其另外两个投影。

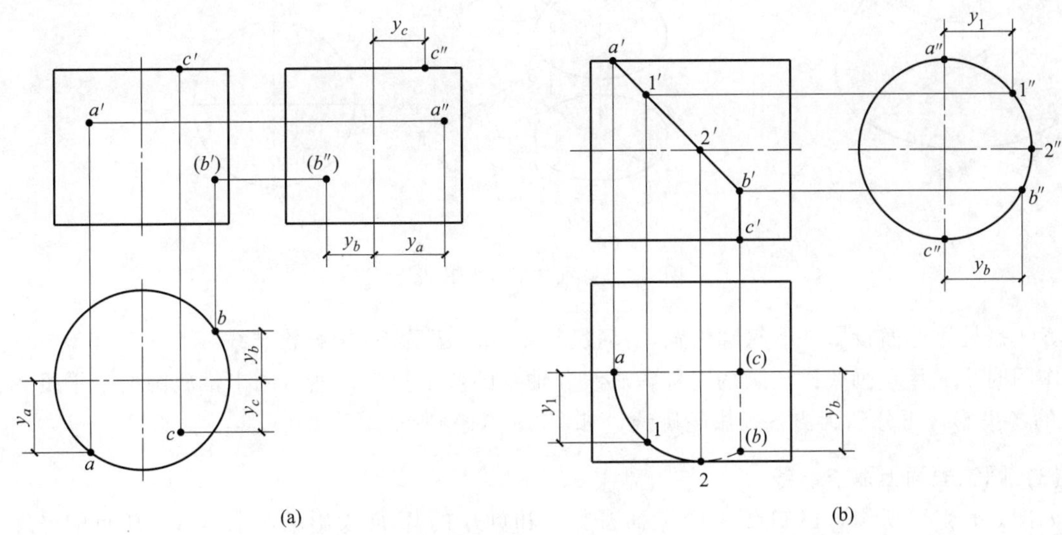

图 3-5 圆柱表面上取点、线

由于圆柱面的水平投影积聚为圆周，因此 A、B 两点的水平投影也积聚在该圆周上，过 a' 往下引垂线可求出 A 点的水平投影，因为 a' 可见，所以 a 点在前半圆柱面上。由于 b'' 看不见，说明 B 点在圆柱面的右后部，转移 y_b 坐标到俯视图，可求出 b，再根据“知二求三”求出 A、B 点的第三个投影，注意可见性判断。

因为圆柱上、下底面处在水平位置，V、W 面投影都积聚成线。由于水平投影 c 可见，说明 C 点在上底面上，过 C 点往上引垂线可求出 C 点的正面投影，再通过量取 y_c 求出 c''。

在圆柱表面上取线，可先取端点和属于线上的特殊点，特殊点即曲面转向素线和轴线上的点，再取属于线上的一般点，判断可见性后，再按顺序连接所求出的投影。如图 3-5（b）所示，已知圆柱表面上的曲线 AB 和 BC 的正面投影 $a'b'$ 和 $b'c'$，求出另外两个投影。作图时，除了曲线端点外，应增加轴线上的交点 $2'$，并在 $A2$ 线中间再选取 $1'$ 点，分别按图 3-5（a）点的求取法求出五个点的另外两个投影。W 面上的投影 $a''1''2''b''c''$ 与有积聚性的圆周重合。在连接各点的水平投影时，必须判断可见性，2 点是可见与不可见的分界点。曲线 $A12$ 位于上半圆柱面上，水平投影 $a12$ 为可见，用粗实线光滑连接；$2B$ 和 BC 位于下半圆柱面上，水平投影不可见，用虚线连接。

2. 圆锥

(1) 圆锥的形成

圆锥是由圆锥面和底面所围成的立体。圆锥面是由直母线绕与之相交的轴线旋转而形成的，如图 3-6（a）所示，直母线上的点在旋转过程中会形成不等径纬圆，圆锥面的素线都是过锥顶的直线。

(2) 圆锥的投影

如图 3-6（b）所示是一正圆锥，锥轴线为铅垂线，在水平投影上反映底圆实形，锥底圆的 V、W 投影积聚成长度与底圆直径相等的直线。底圆的水平投影包含了锥面上所有的点，与圆柱体的水平投影不同，圆柱面上的点都落在圆周上，而圆锥面上的点都落在圆内。圆锥面要分别画出决定其投影范围的轮廓线，也是圆锥面上可见与不可见的分界线。圆锥面上最左素线 SA 和最右素线 SC 处于正面投影外形轮廓位置，其投影 $s'a'$ 和 $s'c'$ 为圆锥面 V 投影轮廓线；而最前素线 SB 和最后

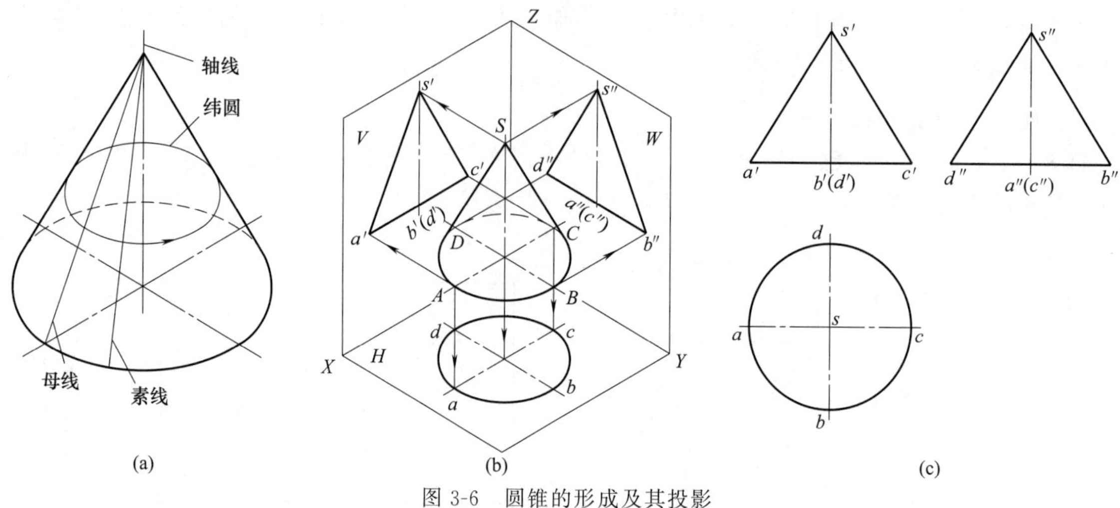

图 3-6 圆锥的形成及其投影

素线 SD 是处于侧面投影外形轮廓位置，其投影 $s''b''$ 和 $s''d''$ 为 W 投影轮廓线。

作图时，先用点画线画出圆的对称中心线和轴线的各个投影，然后画出锥底圆的水平投影、锥顶 S 的各投影，再分别画出各投影轮廓线，如图 3-6（c）所示。

(3) 圆锥表面上取点、线

如图 3-7（a）所示，已知点 A 的 V 面投影 a' 和点 B 的 W 面投影 b''，求出 A、B 点的另外两个投影。圆锥面各投影均无积聚性，要借助辅助线求取。

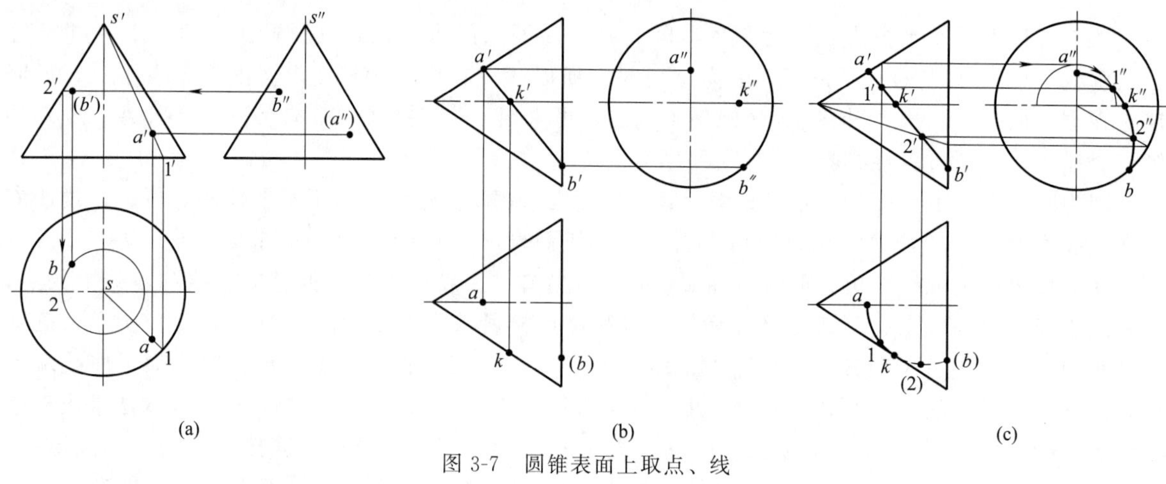

图 3-7 圆锥表面上取点、线

① 辅助素线法。过锥顶 S 和点 A 作一辅助素线 $S1$，根据已知条件可以确定 $S1$ 的 V 面投影 $s'1'$，并且求出 H 面投影 $s1$，根据点在线上的投影规律求出 a，再由 a 和 a' 求出 a''，因为点 A 在后半圆锥，W 面投影为不可见。

② 辅助圆法。过 B 点作一平行于底面的水平辅助圆，其 V 投影为过 b'' 画一水平线与素线相交的直线段，作出此圆的水平投影后，b 必在该圆周上，通过量取 b'' 的 y 坐标求出 b。再由 b 和 b''，求出 b'，注意判断可见性。

在圆锥面上取线，可先取属于线上的特殊点，再取属于线上的一般点，经判别可见性后，再光滑连接各点的同面投影。如图 3-7（b）所示，已知圆锥面上 AB 线的正面投影 $a'b'$，求出另外两个投影。解题时，应先求特殊点，如点 A、B、K，点 A 在最上素线上，点 B 在底圆周上，与轴线相交的点 K 在最前素线上，它们都可直接求出另外一个投影，再根据“三等规律”求出第三个投影。应增加两个一般位置点 1 和 2，如图 3-7（c）所示，作图方法与图 3-7（a）一致。

在连线时，要先判断可见性。AB 线的侧面投影各点都可见，应画成粗实线。由于曲线 $A1K$ 在上半圆锥上，俯视图为可见，所以 $a1k$ 连成粗实线；曲线 $K2B$ 在下半圆锥上，$k2b$ 连成虚线。

3. 圆球

(1) 球面的形成

如图 3-8（a）所示，以圆周为母线，并以它的一条直径为轴线旋转形成的曲面称为圆球面。

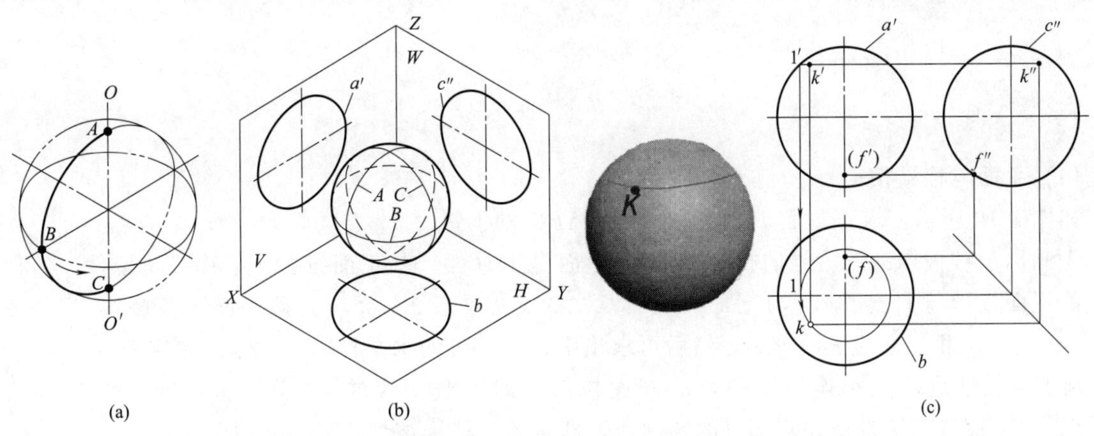

(a) (b) (c)

图 3-8 球的投影及其表面取点

(2) 圆球的投影

圆球无论从哪个方向进行正投影，它的投影轮廓都是一个大小相同的圆，其直径等于球的直径，如图 3-8（b）所示。但三个投影面上的圆是球面上三个不同方向外形轮廓素线的投影。正面投影圆是球面上平行于 V 面的最大圆 A 的投影；水平投影圆是球面上平行于 H 面的最大圆 B 的投影；侧面投影圆是球面上平行于 W 面的最大圆 C 的投影。

作图时，先用点画线画出三个投影的对称中心线，再画出与球等直径的圆，如图 3-8（c）所示。

(3) 球面上取点

由于球的三个投影均无积聚性，所以在球面上取点、线，除特殊点可直接求出外，其余点均需用辅助圆法作图，并标明可见性。

如图 3-8（c）所示，已知球面上 F 点的 W 面投影 f''和 K 点的 V 面投影 k'，求出 F、K 点的另外两个投影。

根据圆周上的 f''可确定点 F 在球面的左右转向线上，可直接求出投影点 f'和 f，由于 F 点在下半球面的后半部，V、H 面投影为不可见，注意要加括号。

由于 k'可见，说明点 K 在上半球面的左前部。过 K 点作一水平辅助线，在轮廓线内的线段长度是球面上过 K 点的水平圆的直径，根据该直径作反映辅助圆实形的水平投影，由 k'向下引投影连线，求得 k，再由 k、k'求得 k''。

三、平面与立体相交

平面与立体相交，该平面称为截平面，截平面与立体表面的交线称为截交线，截交线是截平面与立体表面的共有线，截交线上的点是截平面与立体表面的共有点。这些共有点的连线就是截交线。当立体被平面截切时，由于物体都有一定的大小和范围，所以截交线一般是封闭的平面图形，如图 3-9 所示。

1. 平面立体的截交线

平面与平面立体相交，截交线是平面多边形。多边形的各条边是平面立体相应的棱面与截平面的交线，其各顶点是平面立体的棱线与截平面的交点或两条截交线的交点。因此，求平面立体的截交线可以归结为求两平面的交线和求直线与平面的交线。

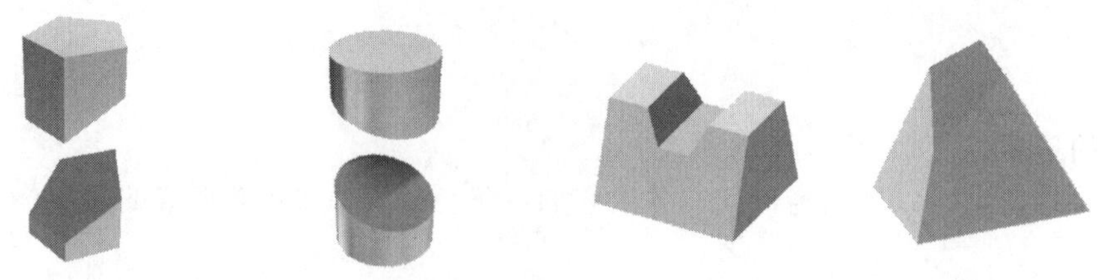

图 3-9　立体表面的截交线

(1) 平面与棱锥相交

如图 3-10 所示，求正垂面 P 截切三棱锥 $SABC$ 的投影。

先画出没被截切的三棱锥的投影，由于 P 面是正垂面，其正面投影 P_v 具有积聚性，所以截交线的正面投影与 P_v 重影。与 $s'a'$、$s'b'$、$s'c'$的交点 1′、2′、3′，为截平面与各棱线 SA、SB、SC 的交点Ⅰ、Ⅱ、Ⅲ的正面投影，然后可求出Ⅰ、Ⅱ、Ⅲ的水平投影 1、2、3 和侧面投影 1″、2″、3″，判别可见性后，依次连接各顶点的同面投影，即得截交线的 H 面投影△123 和 W 面投影△1″2″3″。去掉该三棱锥被切割部分的轮廓线，即得该三棱锥被切割后的三视图。

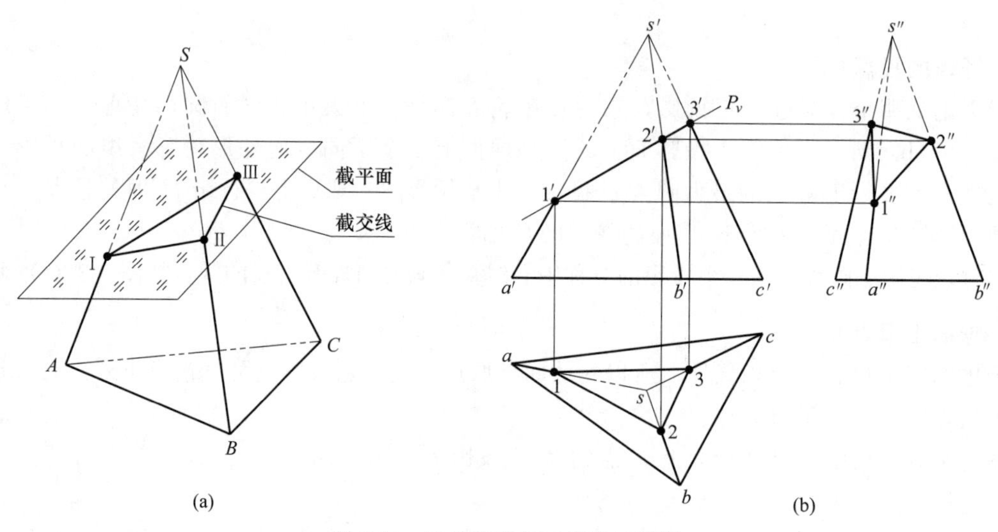

图 3-10　正垂面截切三棱锥的投影

(2) 平面与棱柱相交

如图 3-11 所示，已知正面投影和水平面投影，求其侧面投影图。

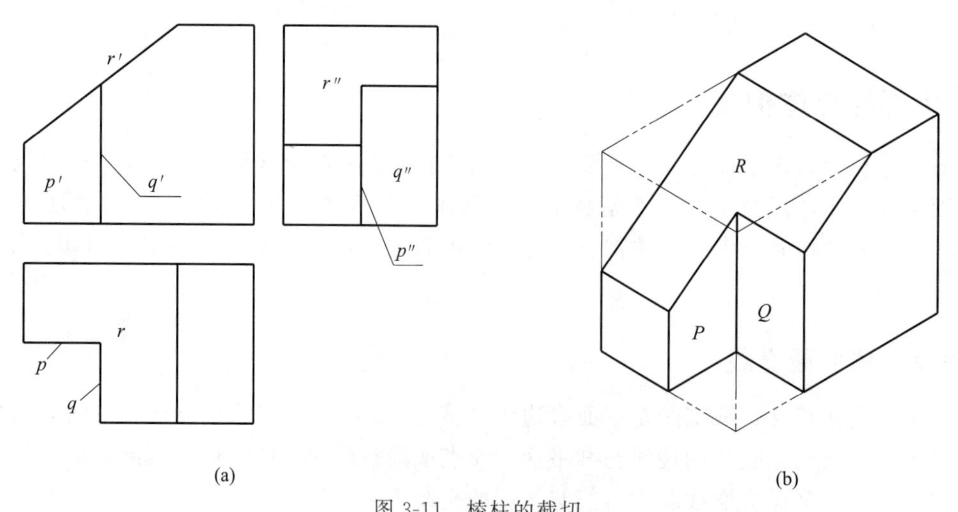

图 3-11　棱柱的截切

由已知的两面投影可以看出，该立体相当于一四棱柱被正垂面 R 截切后，再被一正平面 P 和侧平面 Q 按特定位置截切而成，如图 3-11（b）所示。如图 3-11（a）所示，平面 R 的水平投影是一个五边形线框，根据投影关系在正面投影中找不到与它对应的类似线框，只有端点一致的线段 r' 与其对应。所以 R 面为正垂面，其侧面投影必定是与水平投影类似的五边形线框。平面 P 的正面投影 p' 是一个四边形投影，对应的水平投影为水平直线段 p，因而 P 平面为正平面，其侧面投影应积聚为一线段；立体上其他各表面均为投影面平行面，其中 Q 面为侧平面，左视图上 q'' 反映实形。根据立体上各表面的主视图和俯视图可求出左视图，作图时要注意“长对正、高平齐、宽相等”规律的应用。

2. 曲面立体的截交线

平面与曲面立体相交时，交线一般是由曲线、直线围成的封闭平面图形。截交线的形状取决于曲面立体几何形状及其与截平面的相对位置。截交线是截平面和曲面立体表面的共有线，求截交线上的点可归结为求曲面上的素线与截平面的交点。

(1) 圆柱的截交线

根据截平面与圆柱轴线的相对位置不同，圆柱面的截交线有三种不同的形状，见表 3-1。截平面垂直于圆柱轴线，截交线为圆；截平面平行于圆柱轴线，截交线是矩形；截平面倾斜于圆柱轴线，截交线为椭圆。下面举例说明圆柱截交线投影的作图方法。

表 3-1　圆柱的截交线

名称	截平面垂直于轴线	截平面平行于轴线	截平面倾斜于轴线
立体图	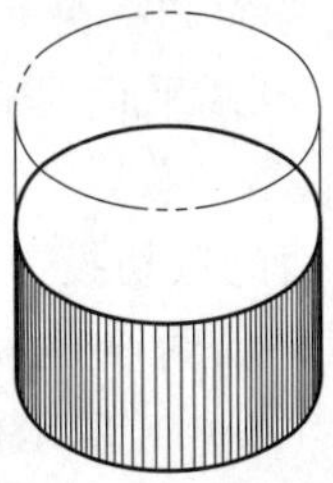	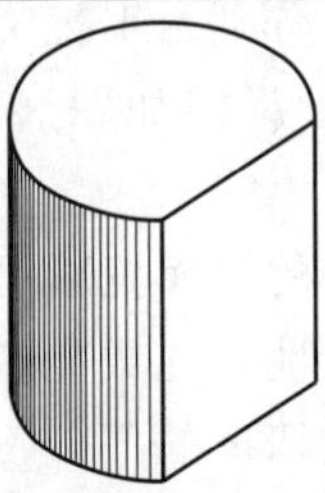	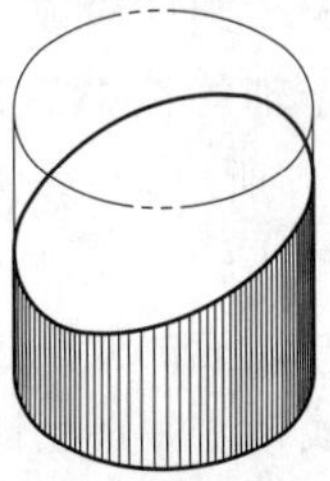
投影图	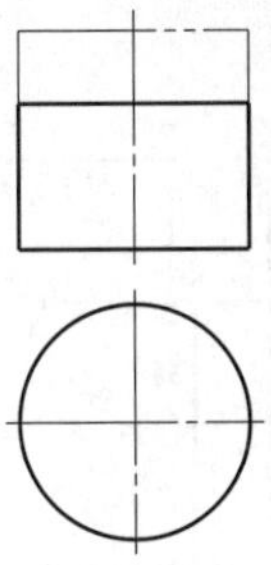	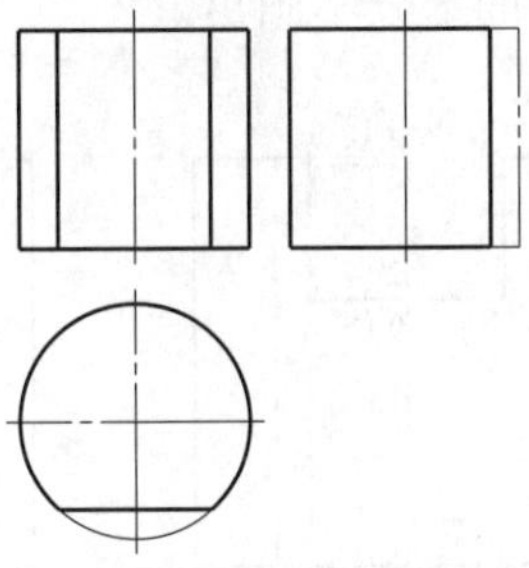	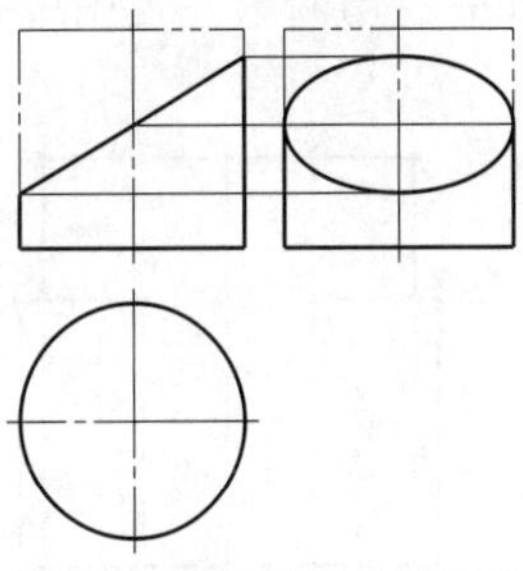
截交线	圆	矩形	椭圆

例： 已知一轴线为铅垂线的圆柱被一正垂面截切后的正面投影和水平投影，求该切割圆柱的侧面投影，如图 3-12（a）所示。

分析：截平面为与圆柱轴线倾斜的正垂面，其截交线为一椭圆。椭圆的正面投影积聚为一直线，水平投影与圆柱面有积聚性的圆周投影相重合。椭圆的侧面投影一般情况下仍为椭圆，当截平面与轴线成 45°时，椭圆的侧面投影的长轴等于短轴，表现为圆，如图 3-12（b）所示。

作图步骤如下。

① 求特殊点的投影。先画出完整圆柱的侧面投影，求椭圆长、短轴端点Ⅰ、Ⅱ、Ⅲ、Ⅳ的投影，它们分别是轮廓素线上的点，在正面投影中标出 $1'$、$2'$、$3'$、$4'$，根据投影规律求得水平投影 1、2、3、4 和侧面投影 $1''$、$2''$、$3''$、$4''$。

② 求一般点的投影。为了便于连线，还应在特殊点之间作出适量一般位置点 A、B、C、D，

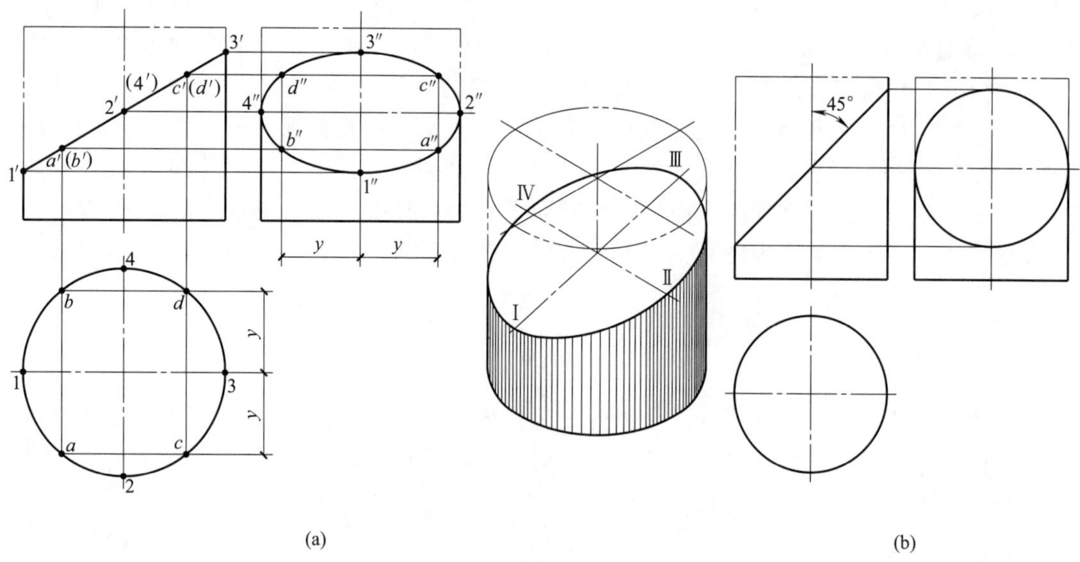

(a) (b)

图 3-12 正垂面截切圆柱的投影

作出它们的水平投影和正面投影，并根据投影规律求得其侧面投影 a''、b''、c''、d''。

③ 光滑连接曲线。将各点的侧面投影判别可见性后，按照水平投影上各点的顺序，依次光滑连接成粗实线，即求得截交线的侧面投影，并加深描粗轮廓线，结果如图 3-12（a）所示。

例： 如图 3-13 所示，求圆柱筒开槽后的投影。

分析：圆柱筒被三个平面截切，分别是平行于轴线的两个截平面和一个垂直于轴线的水平面。当平行于轴的截平面是正平面时，投影图如图 3-13（a）所示；当截平面是侧平面时，投影如图 3-13（b）所示。

作图步骤：先画出完整的圆柱筒的三面投影图，再画出水平面的截切投影，按投影关系作出正面投影和相应的侧面投影，判别可见性后连成相应的图线。注意，如图 3-13（a）所示的最左、最右转向线被水平面切断，主视图中被切掉的部分不画出；如图 3-13（b）所示的最前、最后转向线被水平面切断，左视图中被切掉的部分不画出。

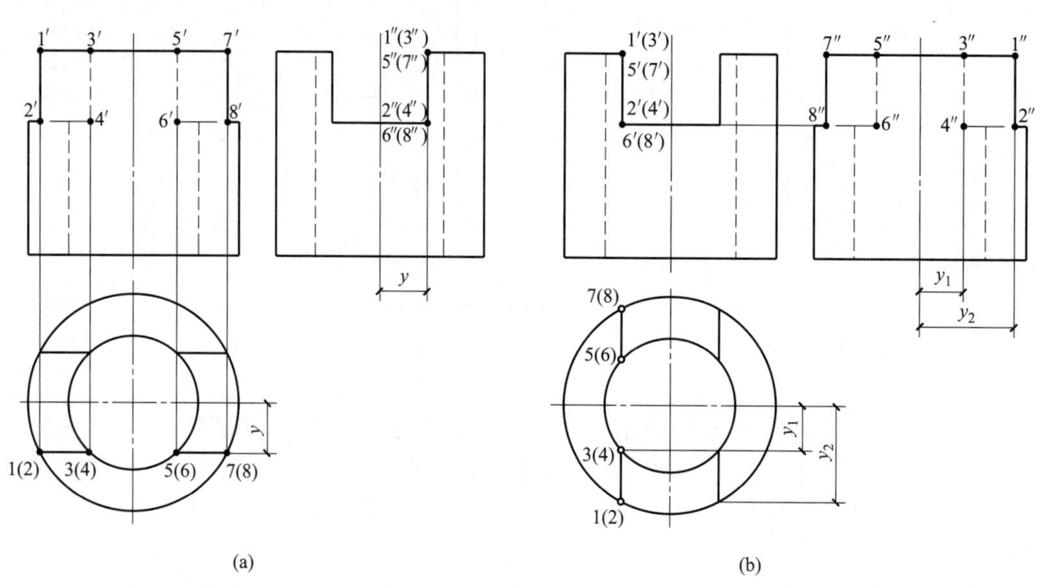

(a) (b)

图 3-13 开槽圆柱筒的投影

(2) 圆锥的截交线

圆锥被平面截切，由于截平面与圆锥的相对位置不同，截交线有五种不同的情况，见表 3-2。

表 3-2 中 θ 为截平面与圆锥轴线夹角，α 为圆锥半顶角。由于圆锥面的投影没有积聚性，求解截交线的投影时，可采用素线法或纬圆法作图。

表 3-2 圆锥的截交线

名称	截平面垂直于轴线	截平面倾斜于轴线			
		过锥顶	$\theta>\alpha$	$\theta=\alpha$	$\theta=0$
立体图					
投影图					
截交线	圆	等腰三角形	椭圆	抛物线	双曲线

例：已知圆锥被正垂面截切后截交线的正面投影，求其水平和侧面投影，如图 3-14（a）所示。

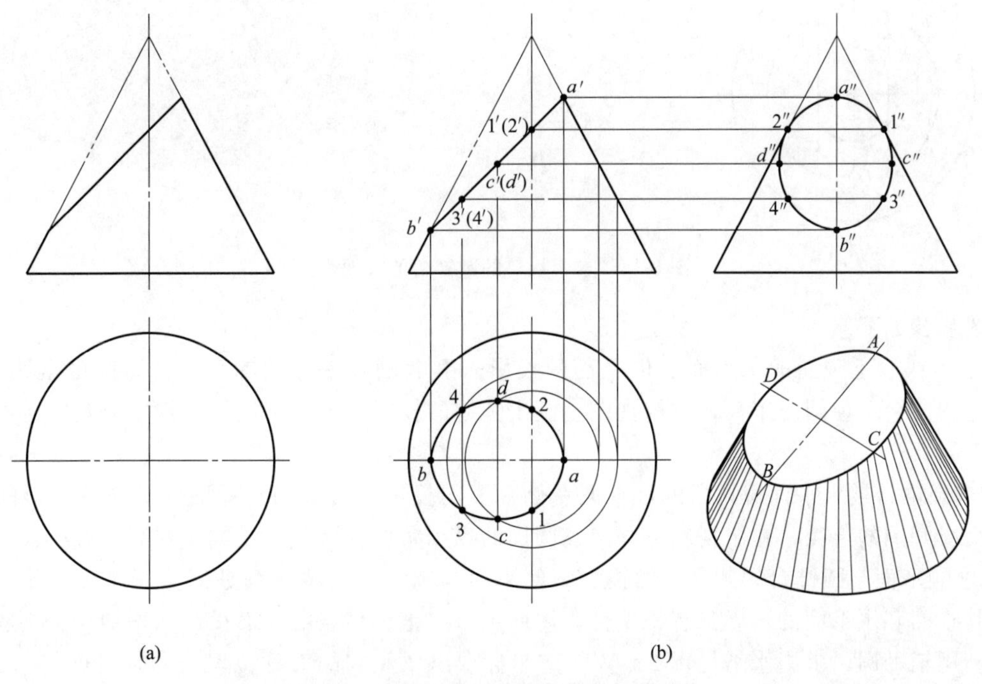

图 3-14 求圆锥被正垂面截切后的截交线

分析：圆锥被正垂面截切，截交线为椭圆，其正面投影积聚成直线，另外两面投影是椭圆，均不反映实形。可应用在圆锥表面上取点的方法，求出椭圆上各点的水平投影和侧面投影，然后将它们依次光滑连接。

作图步骤如下。

① 求特殊点的投影。A、B 为椭圆长轴的端点，也是圆锥最左和最右转向素线上的点，它们的水平投影 a、b 和侧面投影 a''、b''可直接求出。椭圆短轴端点 C、D 的正面投影 $c'(d')$ 重合在 $a'b'$的中点处，可利用纬圆法求出它们的水平投影 c、d 和侧面投影 c''、d''。圆锥最前素线上点Ⅰ和最后素线上点Ⅱ的侧面投影可直接求得，再根据投影规律求得水平投影 1、2。

② 求一般点的投影。在椭圆积聚性图线上找出一般点Ⅲ、Ⅳ，利用纬圆法求出水平投影 3、4，根据投影规律求出侧面投影 3″、4″。

③ 光滑连接曲线。判别可见性后依次光滑连接各点，作出截交线的水平和侧面投影。

④ 整理轮廓线。侧面投影中最前、最后转向素线在Ⅰ、Ⅱ以上被截切，不应画出相应轮廓线的投影。

例：如图 3-15 所示，求圆锥台切口后的投影。

分析：图中圆锥台的切口由水平面和侧平面组成，它们与圆锥面的截交线分别是一部分圆和两段双曲线。双曲线的正面、水平面投影有积聚性，侧面投影反映实形；水平截交线正面及侧面投影有积聚性，水平投影反映圆弧实形。利用圆锥表面取点的方法求得水平投影和侧面投影，然后再求出截平面交线的投影。

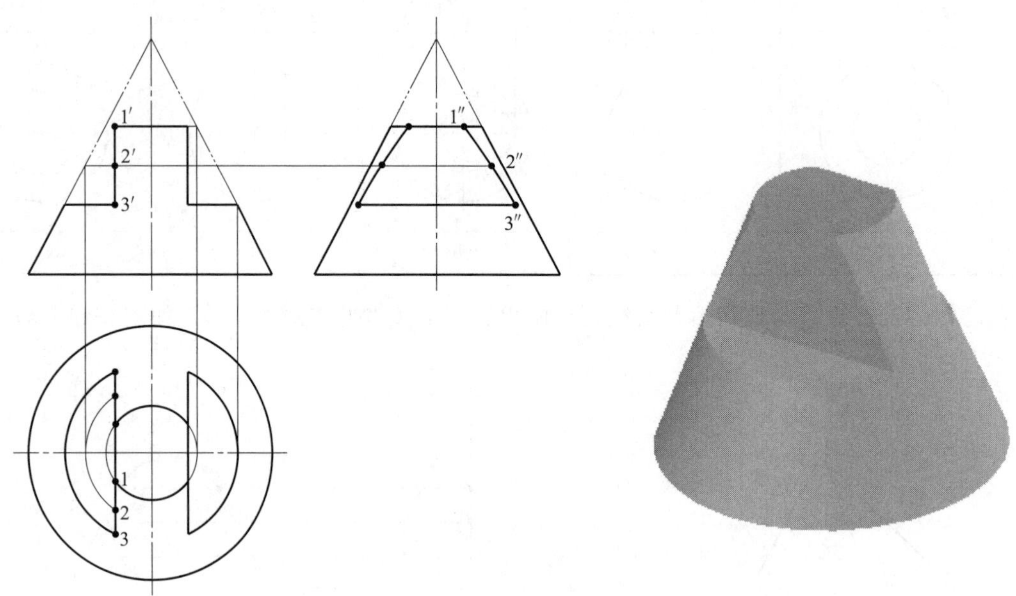

图 3-15　求带切口的圆锥台的表面交线

作图步骤如下。

① 求圆锥台上顶面的水平面和侧平面的投影。由 1′画高平齐的辅助线，与圆锥素线有交点，即可确定圆锥台上顶圆的半径，在俯视图上画出圆周的投影实形。利用积聚性求出圆锥台上顶面的侧面投影。

② 求圆锥台被水平面截切后的水平面和侧平面的投影。由截切水平面在主视图投影的积聚性可知截交线圆周的半径，在俯视图上画出该圆周的投影实形，该截交线在左视图上有积聚性。

③ 求侧平面与圆锥台的截交线的投影。侧平面与圆锥台的截交线是部分双曲线，并且与轴线对称。其正面和水平面的投影都有积聚性，因此可求出Ⅰ、Ⅲ点的三面投影。增加一个一般位置点Ⅱ，可利用辅助圆，求出水平投影 2，转移 y 坐标求出 2″和它的对称位置。分别将点 1″、2″、3″光滑连接成曲线。

④ 整理轮廓线。正面投影和侧面投影中被截平面切去的轮廓线不应画出。

3. 圆球的截交线

球被任何位置的平面截切，其截交线的实形都是圆。圆的直径随截平面距球心的距离不同而改变。截平面与投影面位置关系不同，截交线圆的投影也不同，当截平面与某投影面平行时，截交线在该投影面上的投影反映实形，另两投影有积聚性，如图 3-16（a）所示；截平面垂直于某投影面时，截交线在该投影面上积聚成线，另外两个投影为椭圆，如图 3-16（b）所示。

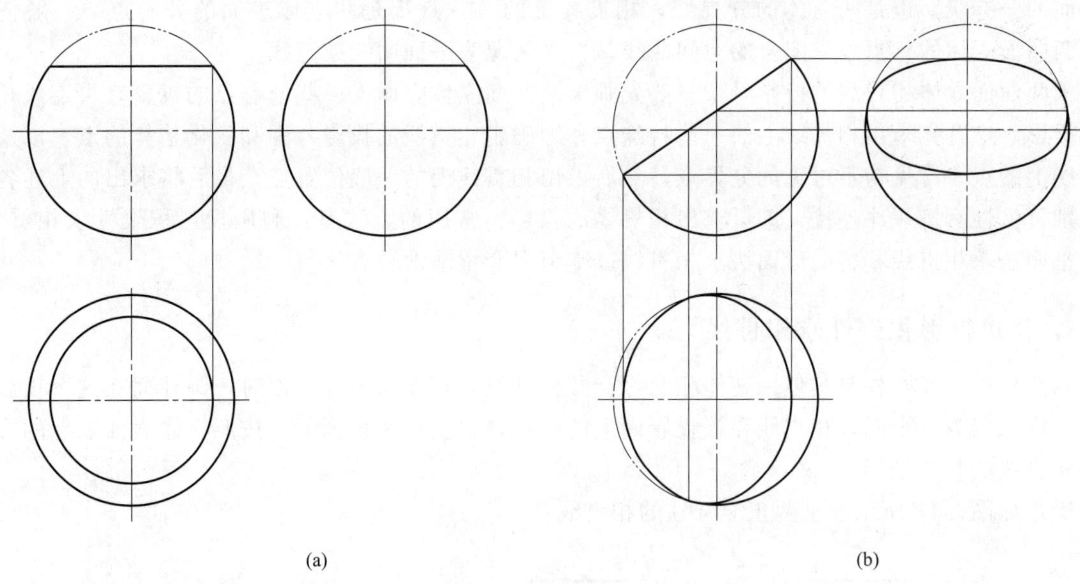

图 3-16　圆球的截切

例：如图 3-17 所示，求开槽半圆球的投影。

分析：半圆球被两个对称侧平面和一个水平面切出一个凹槽，截平面的正面投影都积聚成直线段。水平面与半球相交得前、后两段圆弧，与两侧平面的积聚性图线构成一平面图形，水平投影反映实形。两侧平面与半球相交得左右对称的两段圆弧，侧面投影反映实形且重影在一起。

作图步骤如下。

① 求水平面与半圆球截交线的投影。水平面与半圆球截交线的侧面投影积聚为 $a''b''$ 直线段，水平投影反映直径为 ab 的圆周实形。

② 求侧平面与半圆球截交线的投影。两个侧平面与半圆球截交线的侧面投影重影在一起，圆弧半径为 $3'$ 到底平面的距离，水平投影是直线段 12。

③ 求截平面交线的投影。交线是正垂线ⅠⅡ，其水平投影已求出，侧面投影为不可见，$1''2''$ 应画成虚线，而 $1''a''$ 和 $2''b''$ 应画成粗实线。

④ 整理轮廓线。半圆球的侧面投影轮廓线自 $a''b''$ 以上被切去，不应画出其投影。

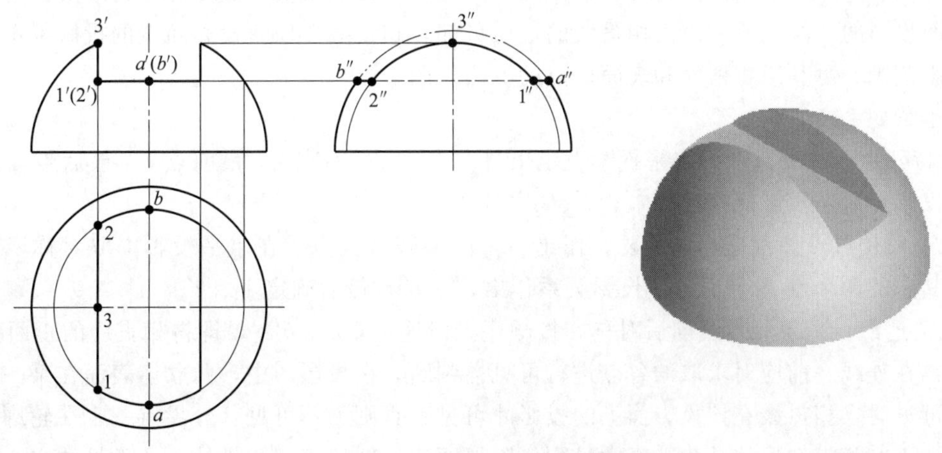

图 3-17　半圆球切槽的投影

四、两曲面立体相交

立体与立体相交所产生的表面交线称为相贯线，两相交的立体称为相贯体。相贯线是两相交立体表面的公有线，也是两立体的分界线，相贯线上的每一点都是两立体表面的公有点。一般情况下，两曲面立体的相贯线是闭合的空间曲线，特殊情况为平面曲线或直线。

求两曲面立体相贯线的投影时，一般先画出两曲面立体表面上一些公有点的投影，再连成相贯线的投影。应首先求出相贯线上的一些特殊点，即确定相贯线的投影范围和变化趋势的点，以及轮廓素线上的点，可见与不可见的分界点，然后求出相贯线上的一般位置点，最后将求出的上述各点在判别可见性后按顺序连接，即可求出相贯线的投影。常用的方法有：利用投影积聚性求相贯线、辅助平面法求相贯线和辅助球面法求相贯线。本节只介绍前两种方法。

1. 利用投影积聚性求相贯线

两圆柱相交或圆柱与其他回转体相交，当圆柱轴线垂直于某一投影面时，圆柱面在这个投影面上的投影积聚为一个圆，相贯线在该投影面上的投影，也重影在该圆上，按照立体表面取点的方法求出相贯线的其他投影。

例：如图 3-18 所示，求两正交圆柱的相贯线。

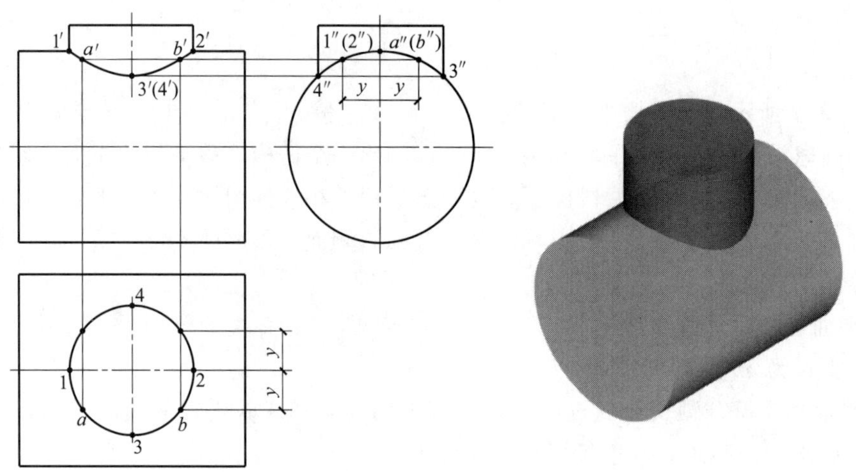

图 3-18　两正交圆柱的相贯线

分析：两圆柱轴线正交，相贯线是一条封闭的空间曲线，且有对称性。由于两圆柱的轴线分别垂直于 H 面和 W 面，因此，相贯线的水平投影积聚在小圆柱的水平投影上，侧面投影则积聚在大圆柱的侧面投影的一段圆弧上。由相贯线的性质可知，相贯线在任何投影面上的投影都不应超出小圆柱的投影范围，可利用积聚性和表面取点的方法作图。

作图步骤如下。

① 求特殊点。在相贯线的水平投影上定出最左点 1、最右点 2、最前点 3、最后点 4 的水平投影和侧面投影，通过投影规律求得 1′、2′、3′、4′。

② 求一般位置点。根据连线需要，作出适量的一般位置点，在水平投影中取对称于圆心的四个点，如其中的两个点 A 和 B，按投影关系作出 a''、b''，最后确定 1′、2′。

③ 光滑连线。由于相贯线前后对称，按顺序光滑连接 $1'a'3'b'2'$，即得相贯线的正面投影。

注意：在连线之前应对求取的各点进行可见性判断，在投影图中，两立体表面在某一投影面上的投影均可见时，相贯线在该投影面上的投影才可见；否则为不可见。分界点一定在轮廓线上。

两圆柱正交相贯在形体结构上经常见到，除了两实心圆柱正交相贯外，还常见两空心圆柱正交相贯，如图 3-19 所示，作图方法与实心圆柱正交相贯相同，但应注意可见性的判断。

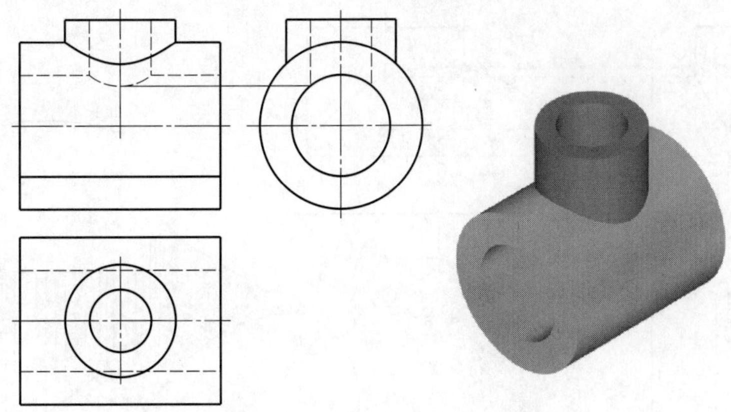

图 3-19 两空心圆柱正交相贯

当两圆柱正交，其一直径相对变化时，相贯线的形状也随之变化。直径不相等的两正交圆柱的相贯线是封闭的空间曲线，其投影总是向大圆柱的投影内弯曲，如图 3-20（a）、图 3-20（c）所示；直径相等的两正交圆柱的相贯线是平面曲线——椭圆，当椭圆处于垂直面位置时，投影积聚成直线，如图 3-20（b）所示。

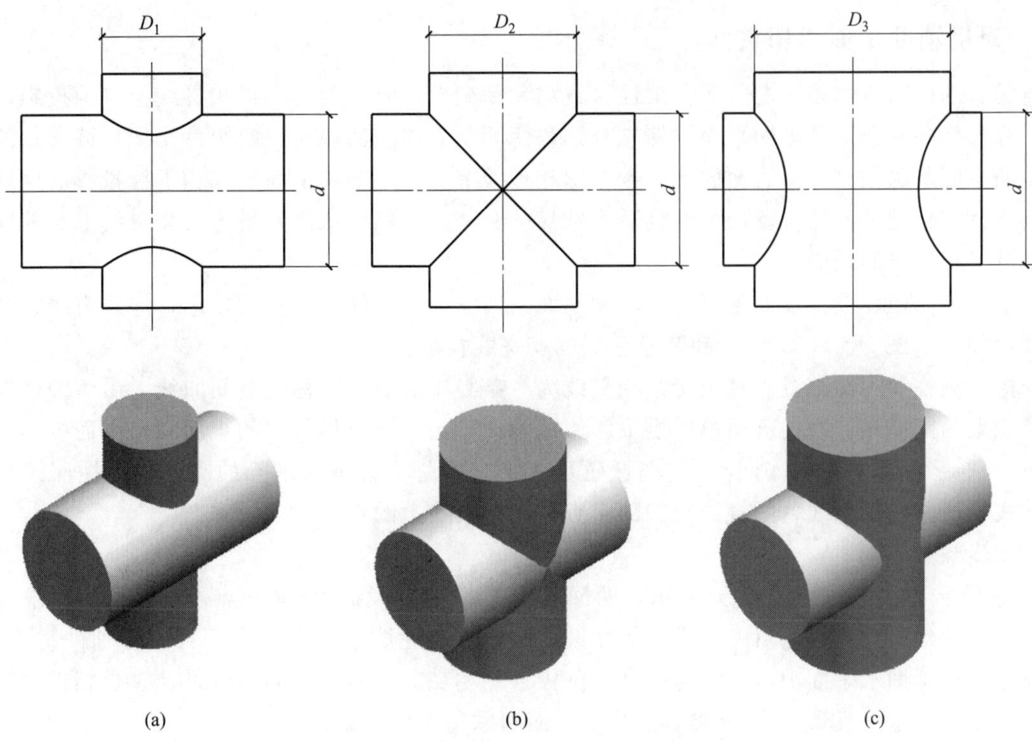

图 3-20 直径相对变化对相贯线的影响

例：如图 3-21 所示，求两偏交圆柱的相贯线。

分析：由于两圆柱面分别垂直于 H 面和 W 面，故 H 面、W 面投影分别积聚为投影圆周，相贯线也重影在该圆周上，因此仅需求出相贯线的 V 面投影。由于前后偏交，故前后相贯线的 V 面投影不重影，且两圆柱对 V 面的空间外形素线不相交，位于两圆柱的 V 面投影外形线上相贯点的投影不是同一个点，小圆柱的轮廓素线要连至 $3'$ 和 $4'$，而大圆柱的轮廓素线要从大小圆柱轮廓素线重影点处用虚线连至 $1'$ 和 $2'$。

相贯线的画法请自行分析。应注意小圆柱偏前，小圆柱的前半部分相贯线对 V 面投影为可见，按顺序光滑连接 $3'a'5'b'4'$ 成粗实线，而 $3'1'6'2'4'$ 应连成虚线。

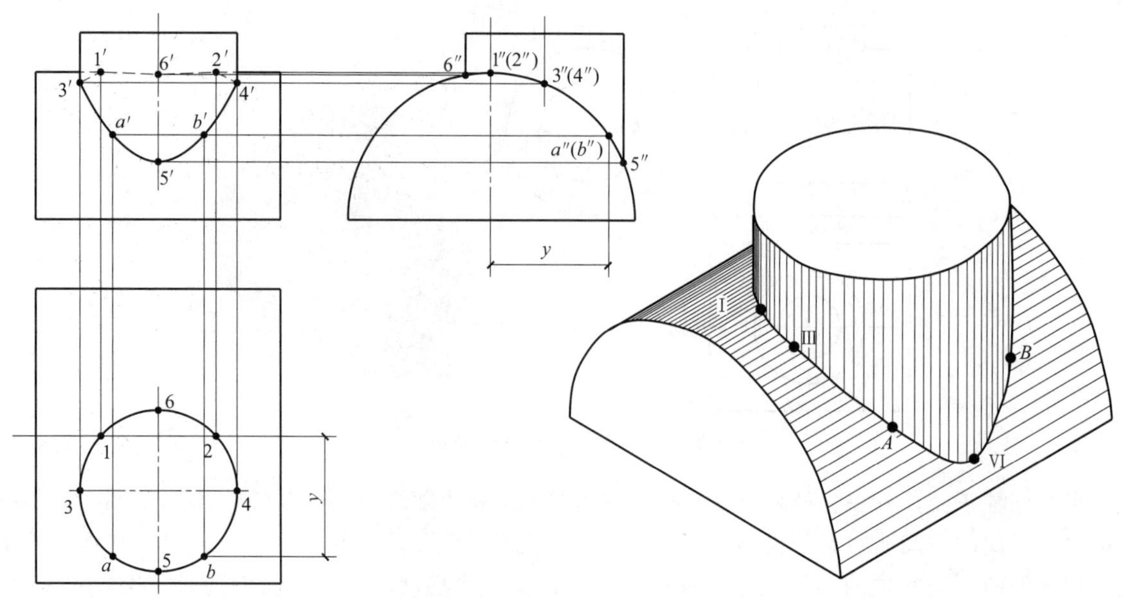

图 3-21 两偏交圆柱的相贯线

2. 利用辅助平面求相贯线

当相交的两回转体表面之一无积聚性（或均无积聚性）时，为了求得相贯线上点的投影，可在适当位置选择一个合适的辅助平面，使它分别与两相交立体表面截交得两组截交线，截交线的交点就是辅助平面与两相交立体表面的共有点，即相贯线上点。用辅助平面法求相贯线投影的原理是三面共点。改变辅助平面的位置，可得到适当数量的共有点，然后依次光滑连接相贯线上点的同面投影，则可得相贯线的投影。

为了作图简便，选择辅助平面时，辅助平面与两立体表面的截交线的投影，应是直线或圆。

例：如图 3-22 所示，求圆柱和圆锥正交的相贯线投影。

分析：圆柱和圆锥轴线垂直正交，相贯线为一条封闭的前后对称的空间曲线。由于圆柱面的侧面投影积聚为圆，相贯线的侧面投影也重影于该圆周上，应求出相贯线的正面和水平面投影。选择水平面 P_1、P_2、P_3 为辅助平面，它与圆锥面的截交线是平行于水平面的圆，与圆柱面的截交线是与轴线平行的两条直线，两直线与圆的交点即是相贯线上的点。

作图步骤如下。

① 求特殊点。如图 3-22（c）所示，两回转体正面投影轮廓素线的交点Ⅰ、Ⅱ可直接求得，它们是相贯线的最高点和最低点；点Ⅲ、Ⅳ是圆柱水平投影轮廓素线上的点，可利用辅助平面求得。过圆柱轴线作辅助水平面 P_2，P_2 与圆柱、圆锥分别相交，其截交线的交点Ⅲ、Ⅳ是相贯线的最前点和最后点，由水平投影 3、4 和侧面投影 3″、4″可求得正面投影 3′、4′。

② 求一般位置点。如图 3-22（d）所示，在特殊点之间的适当位置作辅助水平面 P_1 求得相贯线上 A、B 点；作辅助水平面 P_3 求得相贯线上的 C、D 点。

③ 判别可见性并依次光滑连接各点。由于相贯体前后对称，正面投影前后重合，只需按顺序用粗实线光滑连接前面可见部分各点的投影；相贯线的水平投影Ⅰ、A、B、Ⅲ、Ⅳ点同时位于两立体可见的表面上，故水平投影 $3a1b4$ 用粗实线光滑连接；点Ⅲ、Ⅳ为可见与不可见的分界点，分界点以下部分在不可见的下半圆柱面上，水平投影 $3c2d4$ 连成虚线。

④ 整理轮廓线。圆柱的水平投影轮廓线应分别画至 3、4。

3. 相贯线的特殊形式

两曲面立体相交的相贯线，一般情况下是空间曲线，在特殊情况下，也可能是平面曲线或直线。

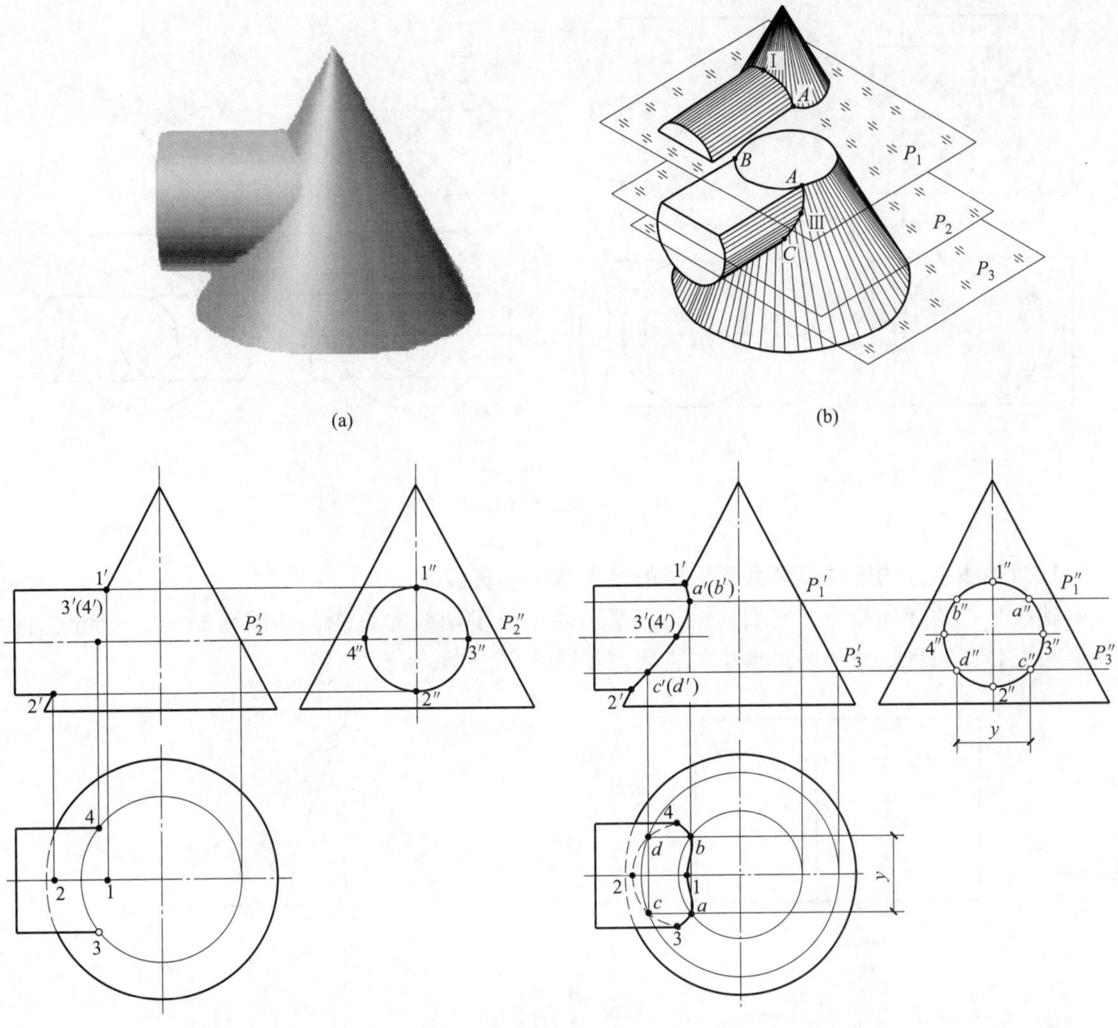

(a)　(b)

(c)　(d)

图 3-22　圆柱和圆锥正交的相贯线投影

(1) 两同轴回转体的相贯线——圆

两同轴回转体相交，它们的相贯线是垂直于轴线的圆。若轴线垂直于某一投影面，相贯线在该投影面上的投影反映实形圆，其他两投影积聚为与轴线垂直的直线段。如图 3-23 所示。

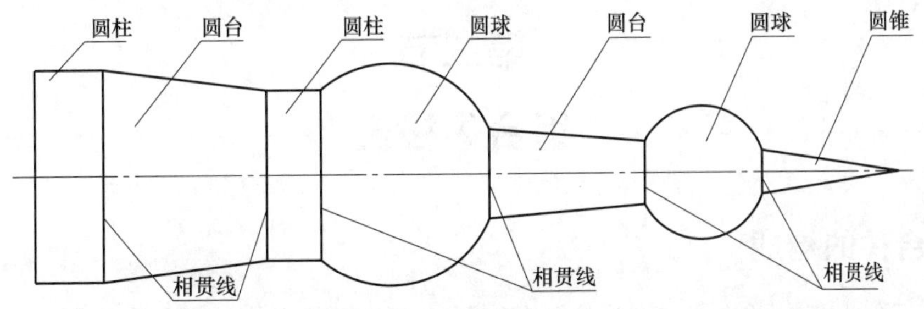

图 3-23　同轴回转体的相贯线

(2) 两个外切于同一圆球面的回转体的相贯线——平面曲线

轴线相交的等径圆柱或圆柱和圆锥相贯，若它们公切于一个球面时（投影轮廓公切于一个圆），则其相贯线空间形状为垂直于该投影面的椭圆，在该投影面上的投影积聚成直线。如图 3-24 所示。

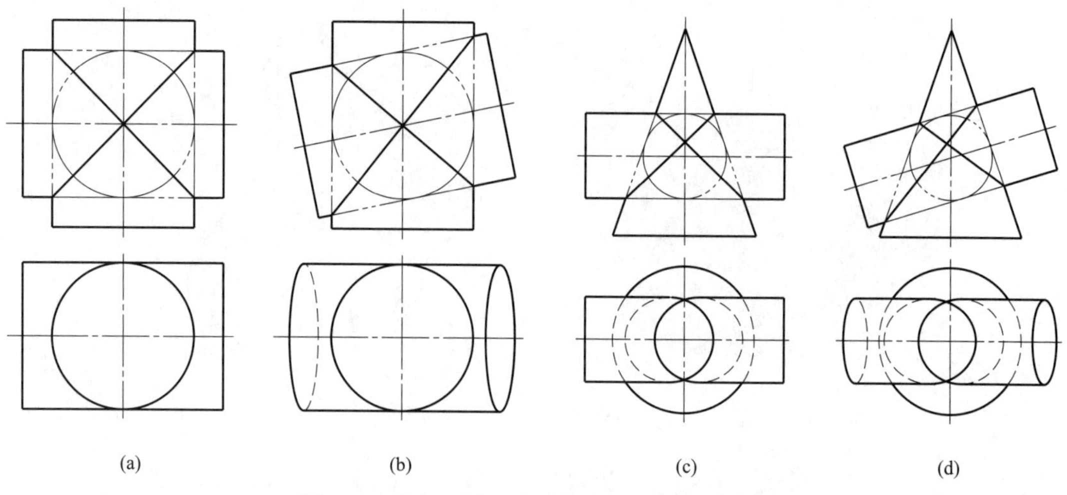

图 3-24 外切于同一球面的两回转体的相贯线

(3) 两轴线平行的圆柱及两共顶圆锥的相贯线——直线

两轴线平行的圆柱相交，它们的相贯线是两条平行于轴线的直线，如图 3-25（a）所示。两共顶圆锥相交，其相贯线是两条过锥顶的直线，如图 3-25（b）所示。

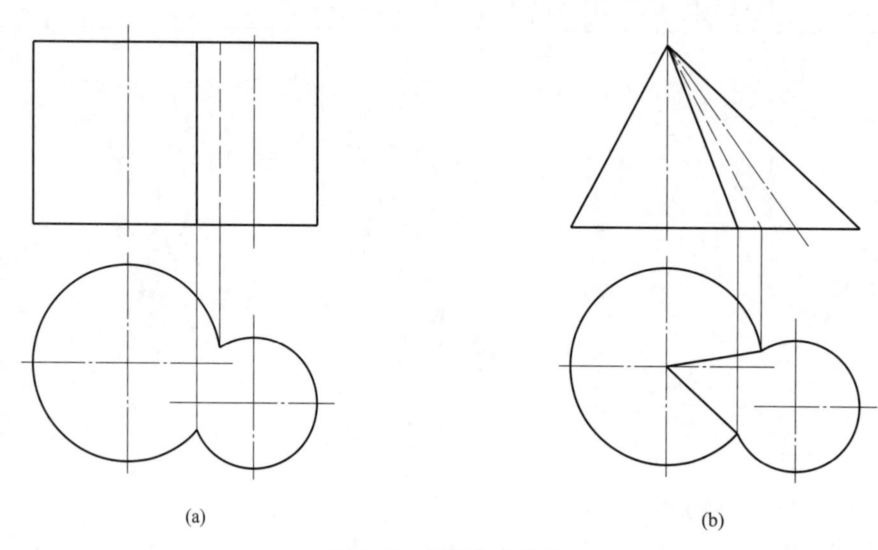

图 3-25 相贯线为直线

第二节 组合体投影

一、组合体的构成

空间形体可分为基本形体和组合形体。基本形体简称为基本体，由基本体按一定方式组合而成的较为复杂的形体，称为组合形体，简称为组合体。

1. 组合体的组合方式

组合体的组合方式有叠加、切割和综合三种形式。

① 叠加　是指把几个简单形体按一定的相对位置叠加在一起，如图 3-26（a）所示。

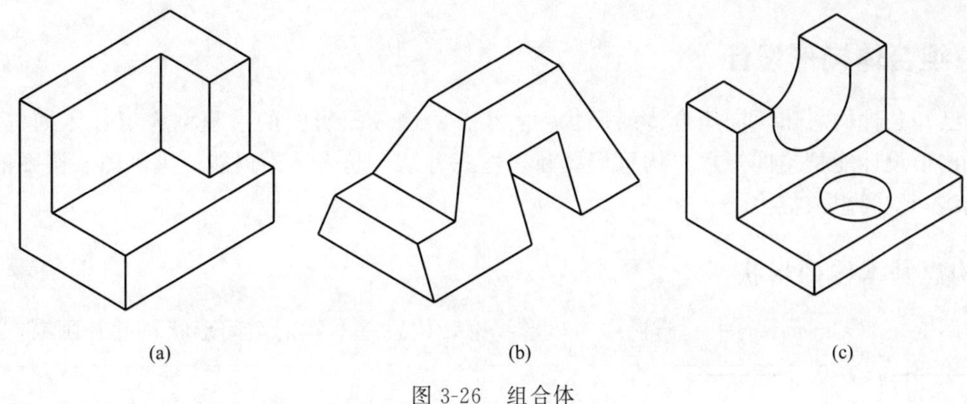

(a)　　(b)　　(c)

图 3-26　组合体

② 切割　是指从基本几何体上去掉一部分实体，包括开槽与穿孔，如图 3-26（b）所示。

③ 综合　是指组合体的组合方式中既有叠加，又有切割，如图 3-26（c）所示。

2. 各组成部分之间表面的连接关系及连接处的画法

简单形体构成组合体时，由于组合方式和各部分间相对位置不同，它们相邻表面的连接有叠加、共面、相切、相交几种情况。

① 叠加　两个形体以平面方式如积木般相互叠合，在其结合处会产生一定数量的分界线，如图 3-27（a）所示的形体Ⅰ和形体Ⅱ，画图时不能漏画分界线。

② 共面　两个形体表面位于同一平面上，它们之间无分界线，如图 3-27（b）所示。图 3-27（c）的前表面共面，后表面不共面，应有虚线。因形体分析法是一种假想的分析方法，画图时可分别画出各基本体的投影图，再擦除共面的两面间不存在的分界线，即可得到组合体的视图。

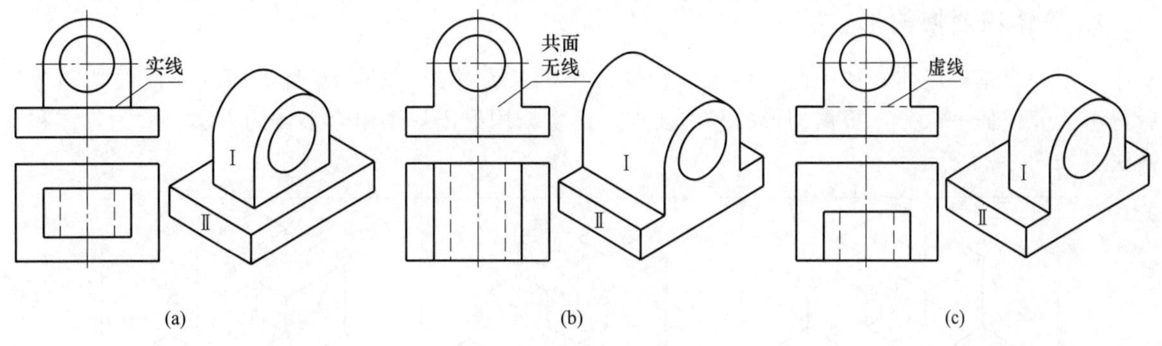

(a)　　(b)　　(c)

图 3-27　叠加、共面的画法

③ 相切　两个形体表面结合处呈光滑过渡，如图 3-28（a）所示，画图时切线不应画出。

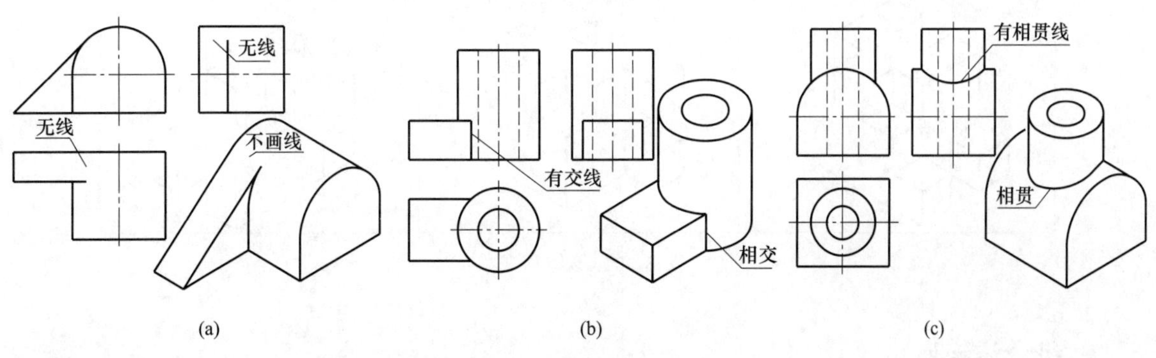

(a)　　(b)　　(c)

图 3-28　相切、相交的画法

④ 相交　当两个基本体的表面相交时，在形体表面将产生交线，如截交线、相贯线，它是两表面的分界线，应将它们画出来，如图 3-28（b）、（c）所示。

二、组合体构形设计

根据已知条件构思出不同组合体的形状、大小并绘制成投影图的过程称为组合体的构形设计，组合体的构形设计能把空间想象、构思形体和表达三者结合起来，不仅能促进画图、读图能力的提高，还能培养空间想象能力。

1. 构思基本体的形状

根据图 3-29（a）所示的主、俯视图为矩形线框，构思基本体的空间形状，并补画第三视图。

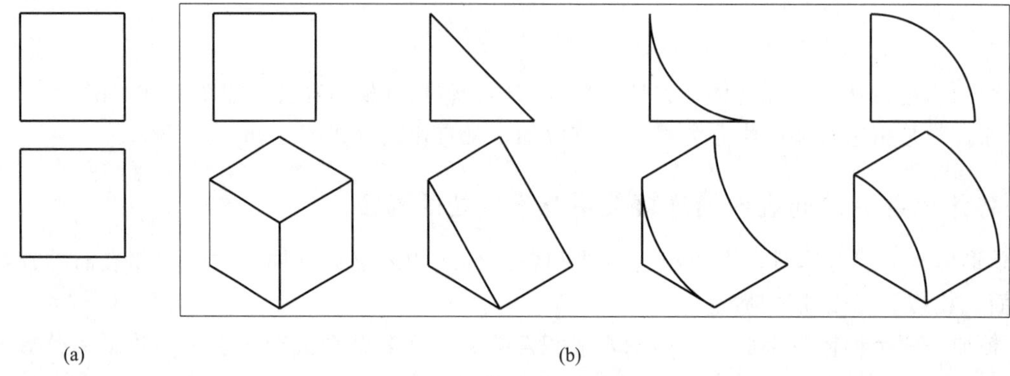

图 3-29　构思基本体形状

由已知条件可知，形状比较规则的、两面投影为矩形的立体主要有四种情形，如图 3-29（b）所示，可见，根据已知条件构想出的形体通常不止一个。

2. 等体积变换构形

给定一个基本形体，如平面立体或曲面立体中的长方体或圆柱，经过平面或曲面的切割分解后，不丢弃任何一部分，根据构形的基本要求，再重新构形出一个组合形体的方法，称为等体积变换法，如图 3-30 所示。

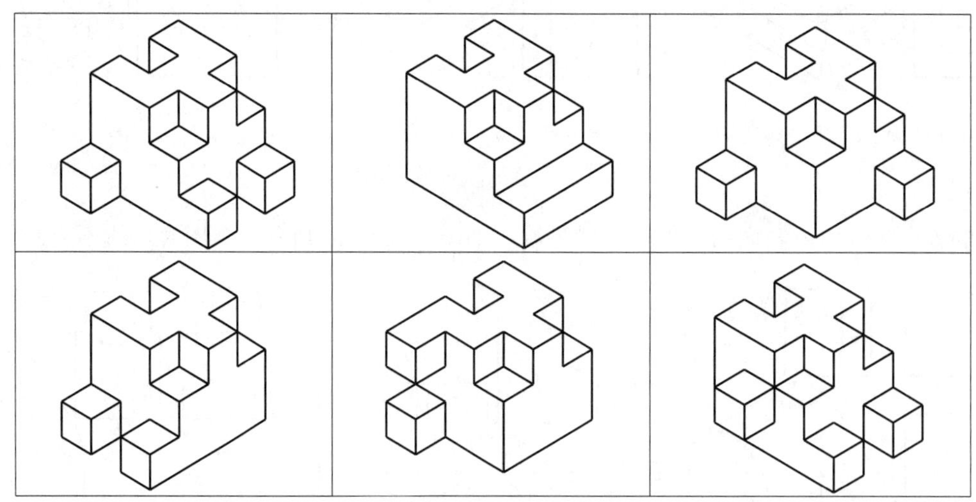

图 3-30　等体积变换

3. 组合体构形

(1) 叠加构形

组合体可以由多个基本体通过叠加方式构成。如图 3-31（a）所示，给定主视图和俯视图，形

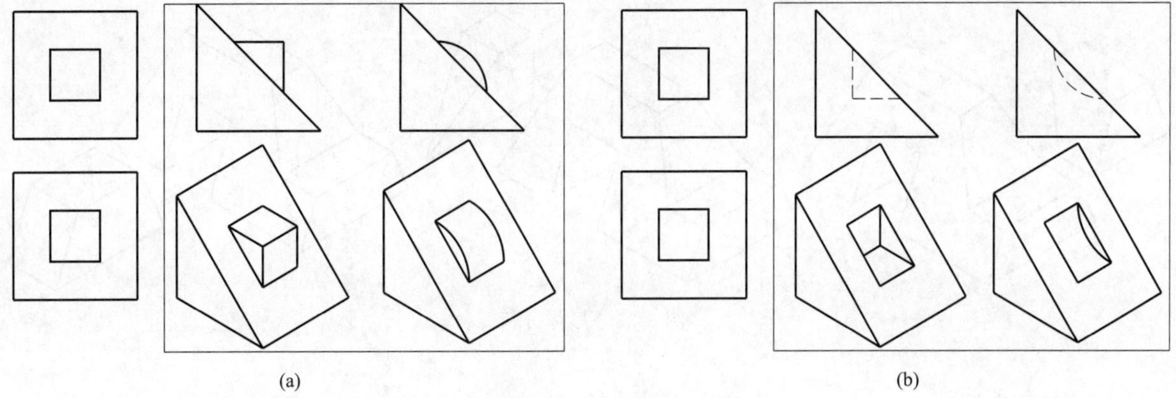

图 3-31　叠加、挖切构形的组合体

体可以有不同的形状。

(2) 挖切构形

与叠加构形相同的主、俯视图，形体也可以由基本体通过挖切方式构成，如图 3-31（b）所示。

(3) 综合构形

综合构形是构思组合体的常用方法，指同时运用叠加和挖切等构形方法构思组合体的方法，如图 3-32 所示。

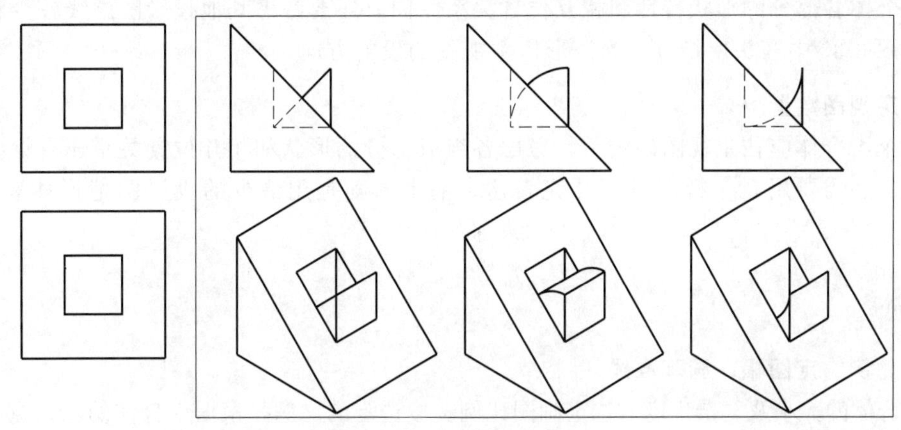

图 3-32　综合构形的组合体

第三节 组合体的画图与读图

一、组合体视图的画法

画组合体视图时，一般按照形体分析、视图选择、画图三个步骤进行。

1. 形体分析

形体分析的概念是把一个较复杂的形体假想分解为若干较简单的组成部分，然后逐一弄清它们的形状、大小、相对位置及其组合方式，以便能顺利地进行绘制和阅读组合体的投影图。形体分析的目的是将一个复杂形体转化为若干个简单形体来处理，以达到化繁为简、化难为易的效果。图 3-33 所示组合体可看成由正截面为梯形的四棱柱经过三次截切而成的组合体。

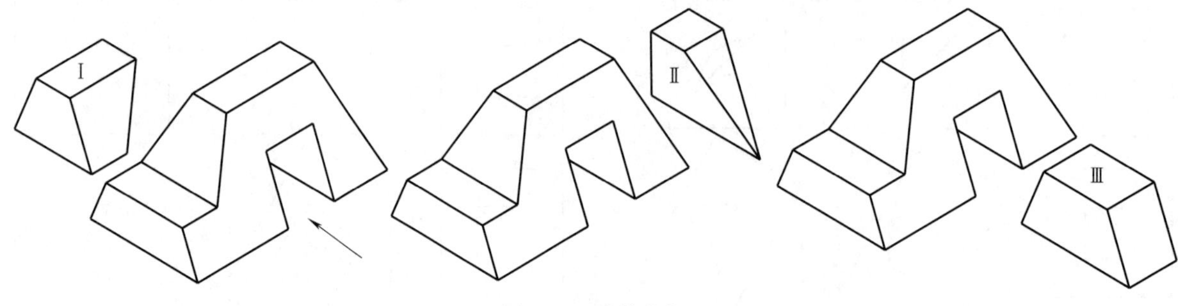

图 3-33 形体分析

2. 视图选择

视图选择就是选择形体的表达方案，如何用较少的视图把形体完整、清晰地表达出来。因此视图选择应包括三个方面，即形体的放置位置、选择主视图及确定视图数量。

(1) 形体的放置位置

应将组合体放正，大多取自然位置，并尽可能使其主要表面或主要轴线平行或垂直于投影面。

(2) 选择主视图

主视图是表达形体形状、结构的主要视图，选择主视图就是确定主视图的投射方向，一般选择最能反映组合体各部分的形状特性和相互位置关系，同时还要考虑其他投影图虚线较少和图幅的合理应用。如图 3-33 中箭头所指方向为该形体主视图的投射方向。

(3) 确定视图数量

表达一个组合体应在主视图确定后，考虑各组成部分的形状和相互位置关系还有哪些没有表达清楚，以确定还需要用几个视图进行补充表达。基本原则是用最少的投影图把形体表达得清楚、完整。

3. 画图

(1) 选比例、定图幅、画基准线

根据组合体的大小及复杂程度，选定画图比例。按选定的比例，根据组合体的长、宽、高，大致估算各视图所占面积大小。各视图之间应留出适当的间距，还应留出画标题栏的位置，这样即可确定合适的画图幅面。开始画图前应先画出各视图的主要画图基准线，以确定各视图在图面上的准确位置。布置视图的原则应匀称美观，一般常用对称线、主要轴线和较大平面的积聚投影线作为基准线。

(2) 画出各视图

按形体分析法所分解的各基本体及其相对位置，逐个画出它们的视图，如图 3-34（a）～(e) 所示。一般的画图顺序是先主体、后细节，先叠加、后截切，先形体、后交线。对每个形体的作图，往往是从反映该形体形状特征的那个视图画起，然后逐步完成三视图。

(3) 检查、加深

底稿完成后，应仔细检查有无错误和遗漏。在改正错误和补充遗漏后，应擦去多余的作图线，确认无误后，再按规定线型加深全图。

二、组合体读图分析

读图是由已知的视图依据投影规律，通过运用形体分析法和线面分析法，想象出物体的空间形状和大小。读图是画图的逆过程，画图是读图的基础，而读图是提高空间形象思维能力和投影分析能力的重要方法。

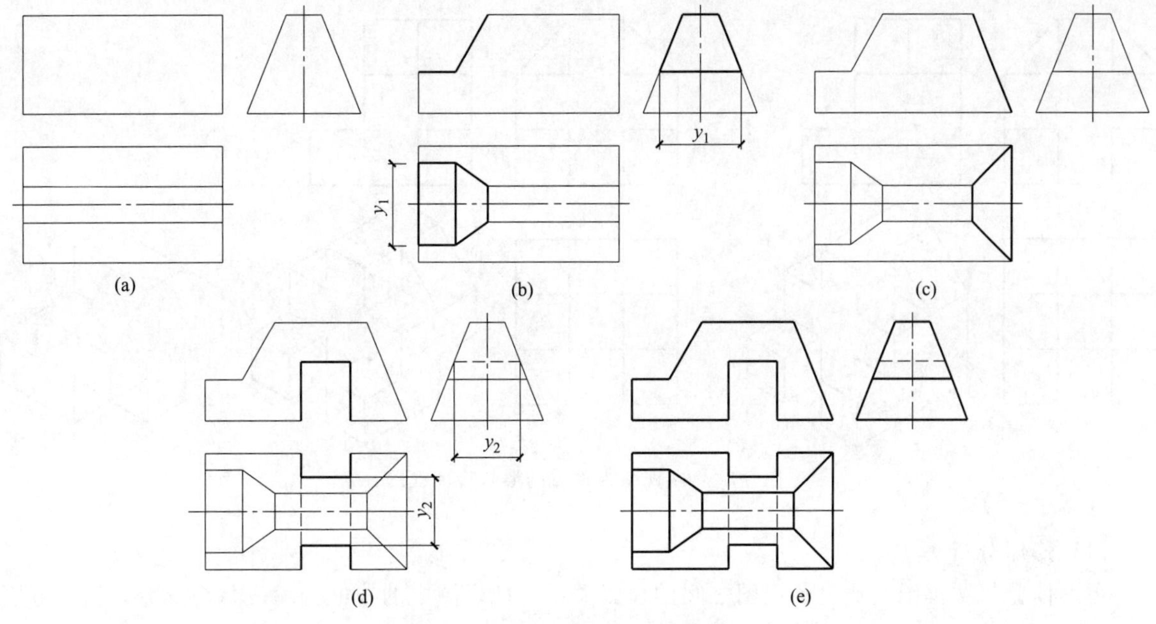

图 3-34 画组合体三视图的步骤

1. 应将一组视图联系起来读

物体的一个视图通常不能确定它的空间形状，如图 3-35（a）、（b）所示，主、左视图相同，俯视图不同，它们的空间形状完全不同。因此读图时，要将几个视图联系起来互相对照分析。

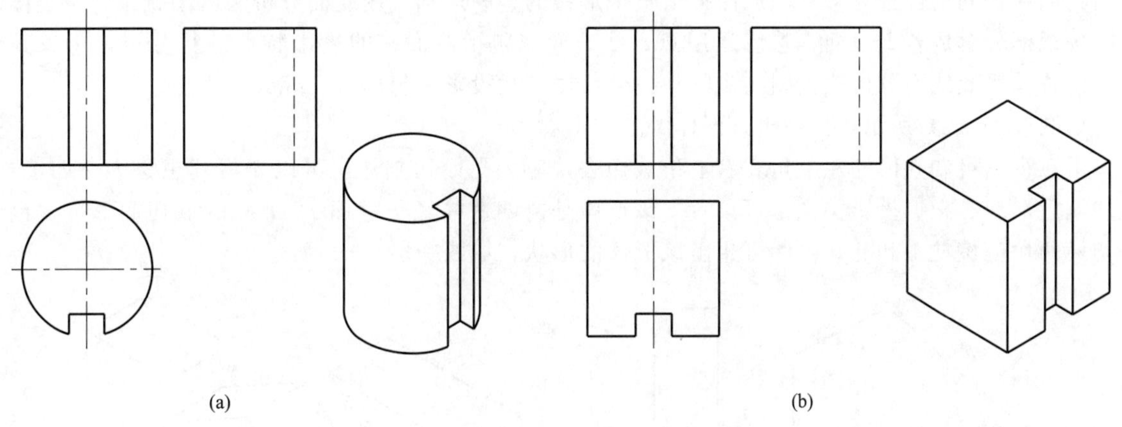

图 3-35 俯视图不同，两个立体截然不同

2. 善于抓住特征视图

形状特征视图是指最能反映物体形状特征的那个视图，位置特征视图是指最能反映物体位置特征的那个视图。一般而言，主视图较多地反映了组合体的形状特征和位置特征，所以读图时应从主视图看起。但是，组合体各组成部分的形状特征和位置特征不一定都集中在主视图上，如图 3-36 所示，主视图反映位置特征，而左视图明显地反映了形状特征。因此读图时，要找出能反映其形状及位置特征的视图，再与其他视图联系起来，便能较快地想象出组合体的真实形状。

3. 读图的基本方法

读图的基本方法也是形体分析法，对于复杂的局部结构可采用线面分析法，两种方法读图的思路基本上都是分解、识读、综合，但分析的着重点却不同。形体分析法着重于形体，线面分析法着重于包围形体的各个表面。

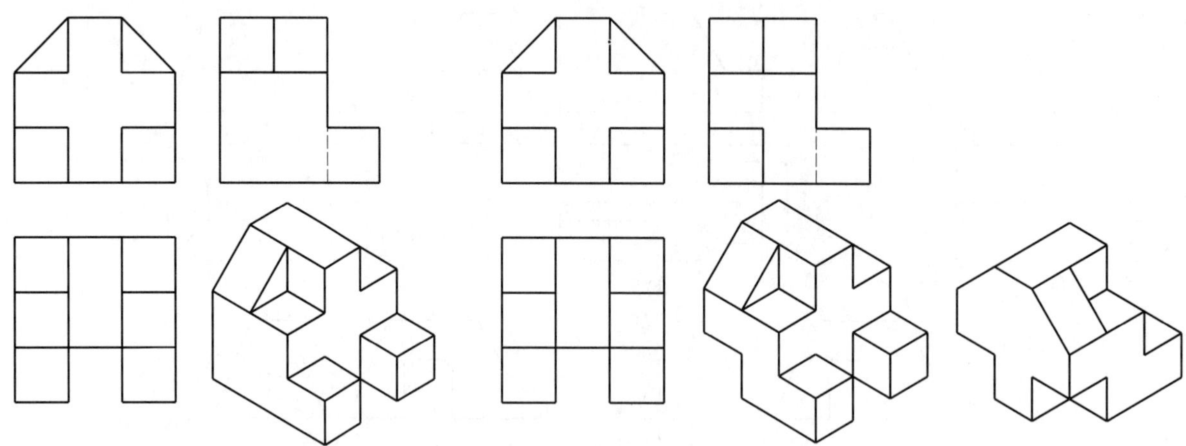

图 3-36 左视图为物体的形状特征视图

(1) 形体分析法

用形体分析法读图是通过各视图之间的投影关系，把视图中的线框分解成几个部分，然后分别想出它们的形状、相对位置以及组合方式，最后综合想象出组合体的整体形状。如何快速从视图中找出代表各形体投影的线框，并将组合体分解成若干部分，是形体分析法读图的关键。除了掌握读图的基础知识外，基本几何体或由其演变而成的简单立体的投影特点是读图必须具备的知识。

(2) 线面分析法

线面分析法是形体分析法的补充读图方法，是根据围成形体的一些表面及棱线的投影特征，分析出它们在空间的位置与形状，从而得出整个形体的空间形状。用线面分析法读图就是将组合体的视图按线框分解成若干表面，熟练运用点、线、面（包括曲面）的投影特点进行分析，想象其形状、位置。因此线面分析法读图的步骤是：分线框，找投影，想形状，综合起来想整体。

如图 3-37（a）所示，试想出该形体的空间形状。

由三视图可知立体的左上角和右上角被切去，应为平面切割体，可以先将其想象为一四棱柱，经切割后形成。根据投影关系，可以看出该形体是由四棱柱经正垂面 P 和 R 的截切而形成，也就是切掉两块三棱柱Ⅰ和Ⅱ，由此可想出该形体的形状，如图 3-37（b）所示。

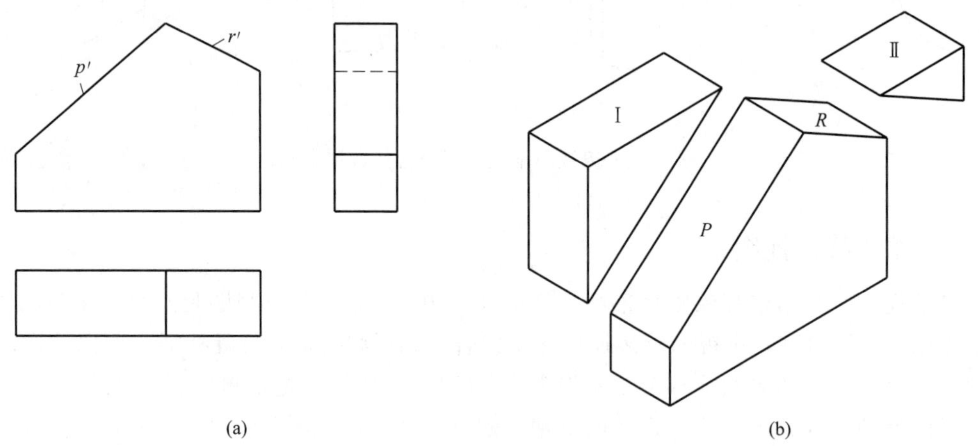

图 3-37 线面分析法读图

如图 3-38（a）所示，试想出该形体的空间形状。

结合三视图，用形体分析法可把物体分为上部和下部，下部形体是棱柱（基础），在正面投影中有一个三角形线框 a'，在水平、侧面投影中都有对应的三角形线框 a 和 a''，可以肯定它们是一个一般位置平面的三面投影，由此可以想象出下部形体的空间形状，如图 3-38（b）所示。

从正面投影可以看出，上部形体又分左、右两部分，按照三视图，左侧形体如图 3-38（c）所示；右侧形体也是棱柱，根据左视图，结合另外两个视图，可判断被一侧垂面所切，空间形状如图 3-38（d）所示，由此可想象出该组合体的空间形状，如图 3-38（e）所示。

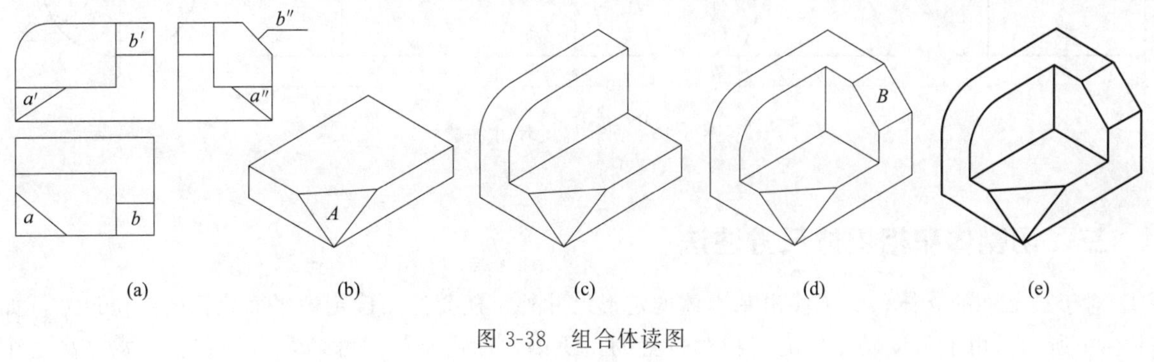

图 3-38 组合体读图

第四节 组合体的尺寸标注方法

一、尺寸标注的基本要求

物体的形状可以用一组投影图来表达，而物体各部分的真实大小及相对位置必须根据投影图上的尺寸来确定。组合体尺寸标注的基本要求是：正确、完整、清晰。“正确”是所注写的尺寸不仅数值正确，而且要符合国家标准中有关尺寸标注法的规定；“完整”是尺寸必须标注齐全，不要遗漏，也不重复；“清晰”是尺寸布置要整齐、清晰，尽量标注在最明显的地方，以方便读图。

二、基本立体的尺寸标注

由于组合体是由基本体经过叠加、切割等组合方式组合而成，要学习组合体的尺寸标注，必须先熟悉和掌握基本体的尺寸标注方法。确定基本立体形状大小的尺寸称为定形尺寸，基本立体是由长、宽、高三个方向的尺寸来确定，每个尺寸只标注一次。但并非每个基本体都需标注出三个方向的尺寸。如球的一个视图中注出“$S\phi$”就可表示球，因为它可表示三个方向的尺寸；圆柱、圆锥在非圆视图上注出直径“ϕ”，还可省略投影为圆的视图。常见基本体的定形尺寸标注方法如图 3-39 和图 3-40 所示。

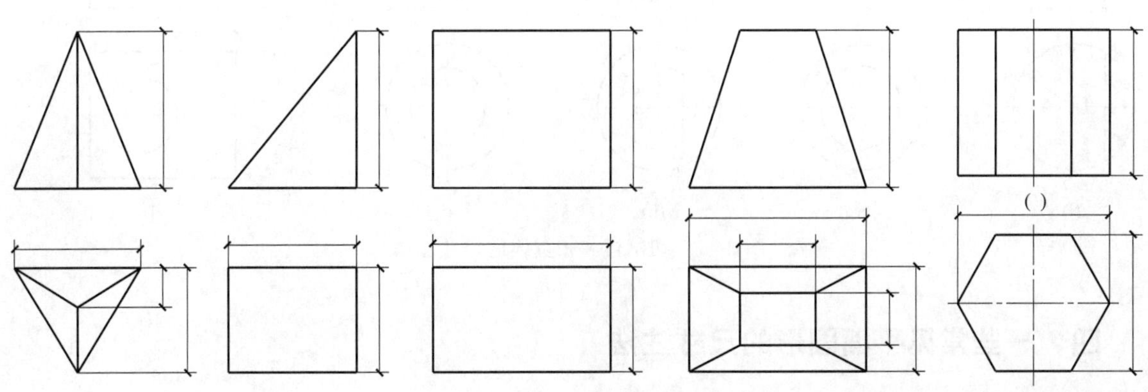

图 3-39 平面立体的尺寸注法

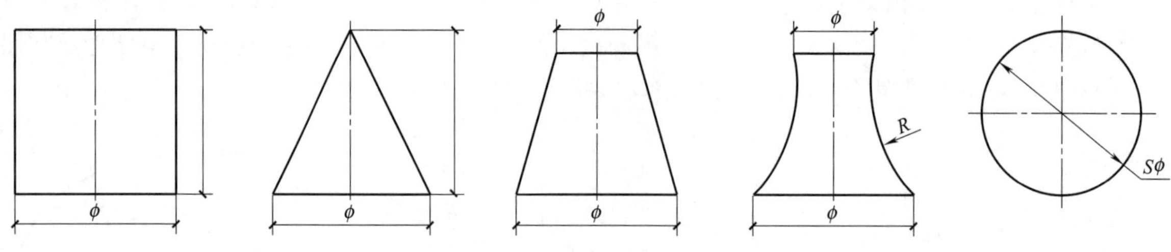

图 3-40　回转体的尺寸注法

三、切割体和相贯体尺寸注法

对于被截切的立体，除了注出基本体的定形尺寸外，还要注出确定截平面位置的定位尺寸，如图 3-41 所示。由于定位尺寸是确定相对位置的，所以，标注定位尺寸时，必须在长、宽、高三个方向分别选出尺寸基准。每个方向都应有一个尺寸基准，以便确定各基本形体在各方向的相对位置。通常选择组合体的大的底面、重要端面、对称平面以及主要回转体的轴线等作为尺寸基准。截平面的位置确定之后，立体表面的截交线通过几何作图可以确定，因此，截交线上不必标注尺寸。对于相贯体，只需标注出各基本立体的尺寸，以及两者之间的定位尺寸，在相贯线上不标注尺寸，如图 3-41 所示。

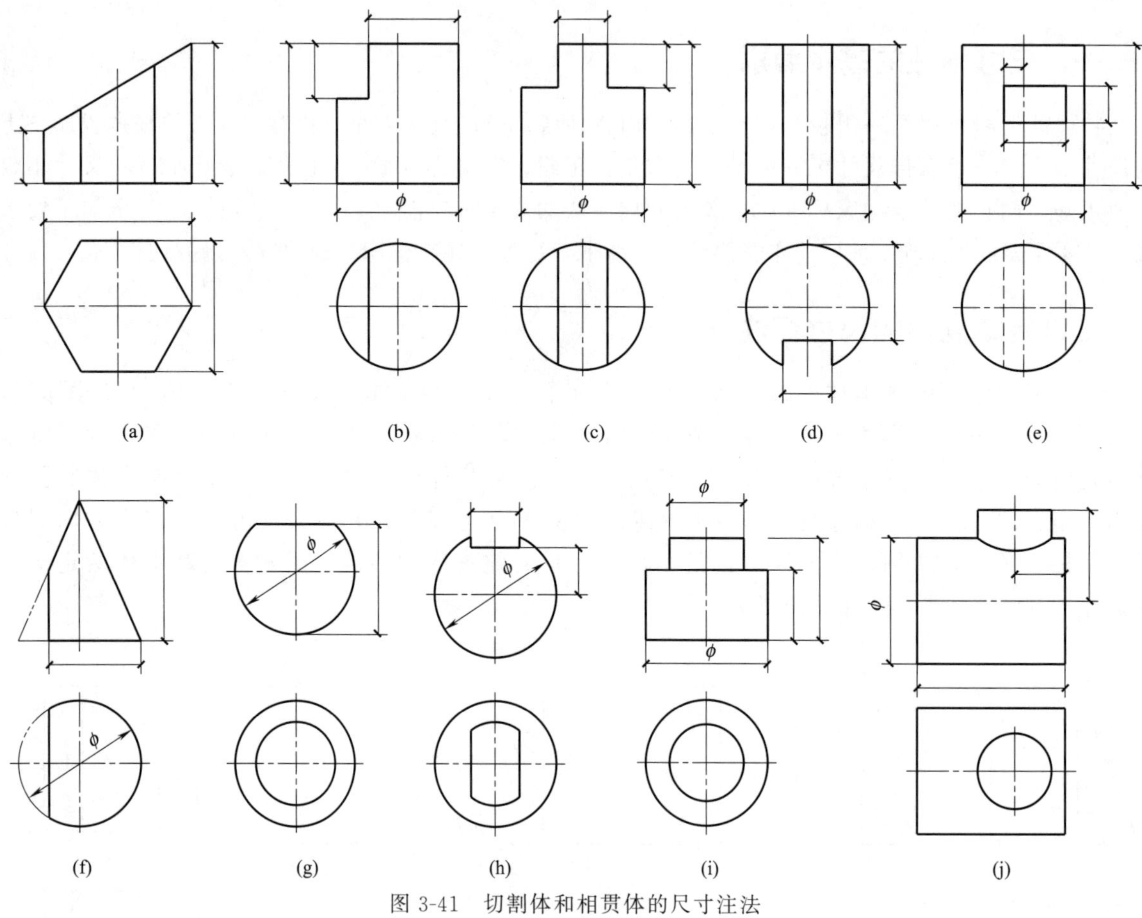

图 3-41　切割体和相贯体的尺寸注法

四、一些常见平面图形的尺寸注法

常见平面图形的尺寸标注如图 3-42 所示，标注时应注意以下几点。

① 对称图形的尺寸，一般应按对称要求标注，它们的尺寸基准是对称线，要直接标注互相对称的两要素之间的距离，如图 3-42 所示。

② 应避免标注封闭尺寸。总体尺寸是确定组合体总长、总宽和总高的尺寸，应注意当组合体一端为回转面时，该方向一般不标注总体尺寸。在图 3-42（c）、（d）中，当端面为圆弧时，必须标注圆弧中心的定位尺寸和圆弧半径，不应标注总长尺寸，否则尺寸将形成封闭。

③ 图中有相同的圆孔时，只需标注一个圆孔的定形尺寸，但需在“ϕ”前注明圆孔数量，如图 3-42 所示。若孔的圆心分布在圆周上时，孔的定位尺寸为圆周的直径及孔之间的角度，若圆孔均匀分布时，角度可省略。图中有相同的圆角（或圆弧）时，只需标注一个“R”，而且在 R 前不要注数量。

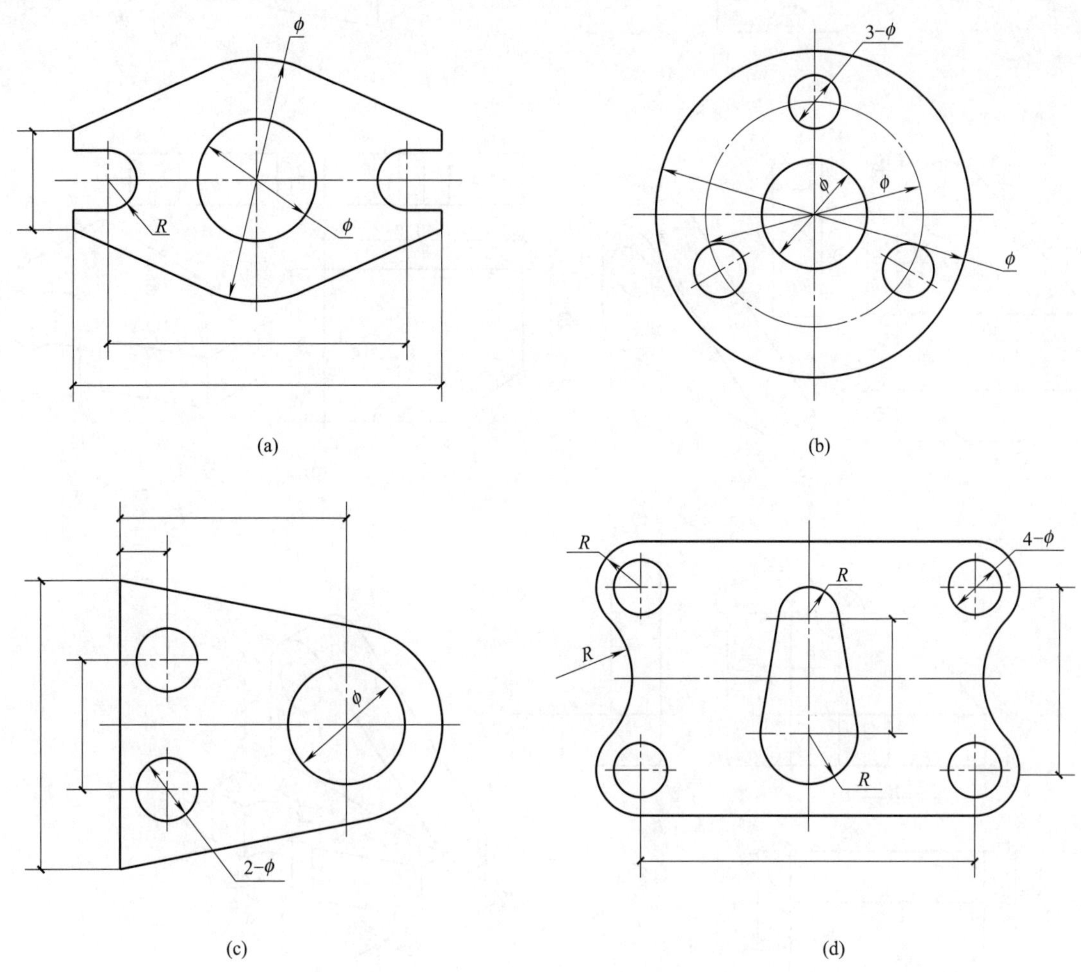

图 3-42　常见平面图形的尺寸注法

五、组合体尺寸标注的综合举例

为使组合体尺寸标注完整，既不遗漏又不重复，必须运用形体分析方法标注尺寸。先将物体或视图进行形体分析，逐个标注出每一个立体的定形尺寸和相对于基准的定位尺寸、切割体的截平面定位尺寸、相贯体相互位置的定位尺寸，再对整体进行综合分析，标注出必要的总体尺寸。

下面以图 3-43（a）所示组合体视图为例，说明标注组合体尺寸的步骤。

① 形体分析。根据已知组合体的视图，可以将其分解成两个单一形体：背板和底板。背板有通孔，底板有半圆柱切槽，如图 3-43（b）所示。

② 标注定形尺寸，如图 3-43（c）、（d）所示。

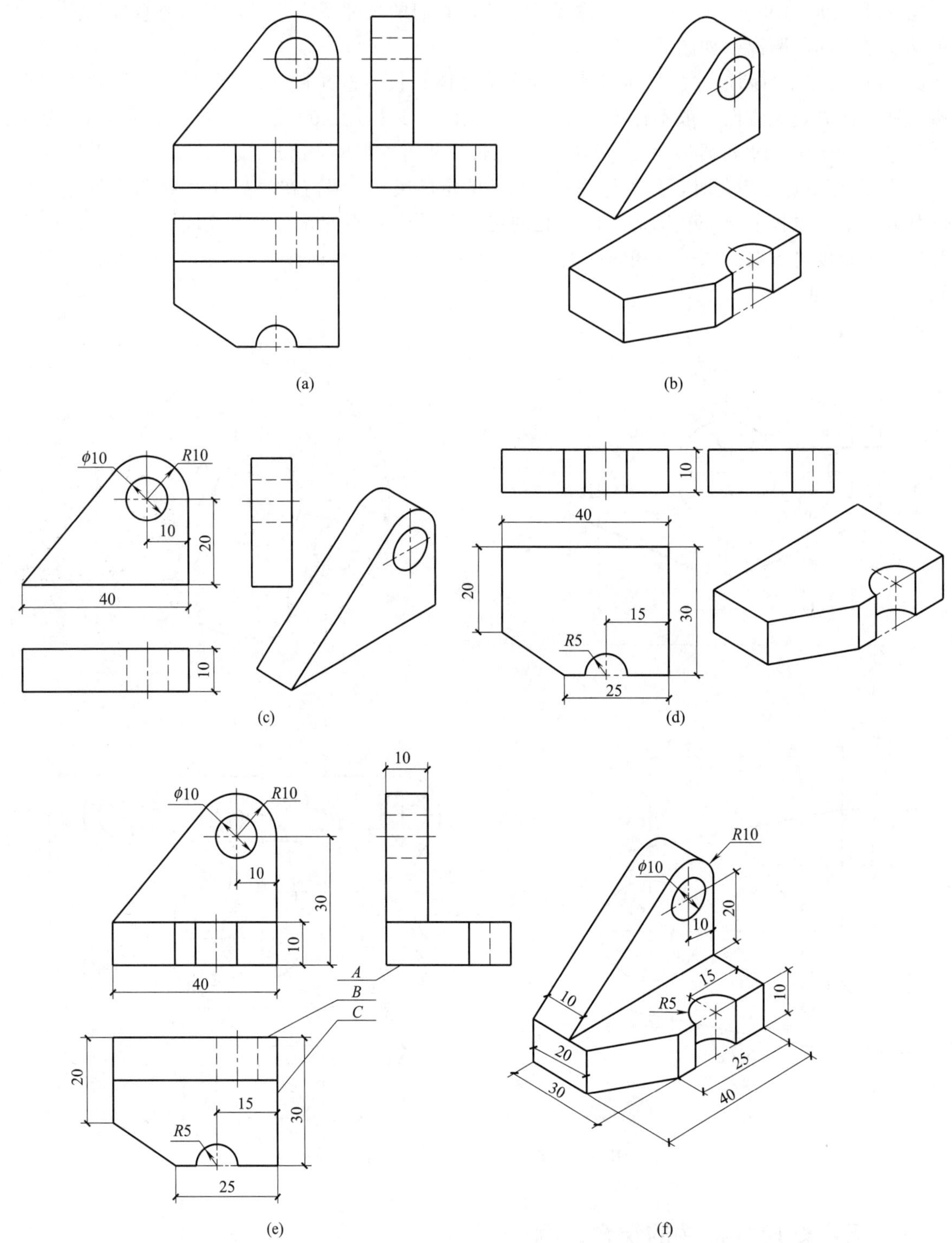

图 3-43　组合体尺寸标注示例

背板的定形尺寸有 $R10$、40、10，其中通孔的定形尺寸为 $\phi10$。

底板的定形尺寸有 20、25、30、40、10，其中半圆柱切槽的定形尺寸为 $R5$。

③ 选择尺寸基准并标注定位尺寸。尺寸基准是标注定位尺寸的起点，长、宽、高三个方向都应有尺寸基准，如图 3-43（e）所示，组合体长度方向的尺寸基准选取右端面 C；宽度方向的尺寸基准选取后端面 B；高度方向尺寸基准选取底平面 A。分析各形体之间的相对位置，标注出各个方向的定位尺寸。

④ 标注总体尺寸。一般应标注组合体总长、总宽、总高。但有些结构某一方向的总体尺寸不

应标注，如高度方向因已经注出背板圆弧的半径和圆孔轴线距底面的定位尺寸，不应标注总高。如图 3-43（f）所示，总长和总宽尺寸分别是 40 和 30。

【思考与练习】

① 截交线的性质是什么？如何判别截交线的可见性？
② 平面截切各曲面立体时截交线的特点是什么？如何判断曲面立体轮廓线的投影？
③ 组合体的组合方式有哪些？组合体读图的基本方法有哪些？
④ 什么是形体分析法和线面分析法？
⑤ 用形体分析法读组合体视图有哪些步骤？在什么情况下需要用线面分析法帮助读图？
⑥ 组合体画图的方法、步骤各有哪些？

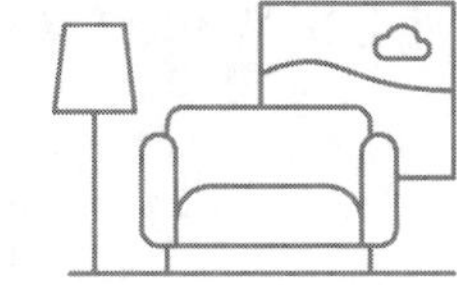

第四章 轴测图

【学习目标】

知识目标

① 熟悉轴测图的形成、特性及分类；
② 掌握正等测图和斜二测图的画法。

能力目标

① 会根据轴测投影的特性画基本体的正等轴测图；
② 能根据不同物体表达的要求选择合适的轴测图类型，快速、准确地将平面图转化为立体图；
③ 掌握轴测图的绘制方法和步骤，逐步建立空间感。

素质目标

① 培养思考与分析问题的能力，能够应用所学知识准确、清晰地表达复杂的形体；
② 培养与时俱进的理念，能徒手勾画设计构思。

正投影图能够完整、准确地表达形体各部分的形状和大小，而且作图方便，是工程常用图样。但投影图缺乏立体感，必须具备一定读图能力的人才能看懂。为了帮助看图，还经常用一种立体图直观地表达物体多个棱面的三维关系，即轴测图。轴测图是形体在平行投影下形成的一种单面投影图，它不仅能反映出形体长、宽、高三个方向的尺度，而且富有立体感，度量性较好。但轴测投影图不能确切表达形体的原有形状与大小，而且作图较为复杂，因此在工程上一般作为辅助图样。

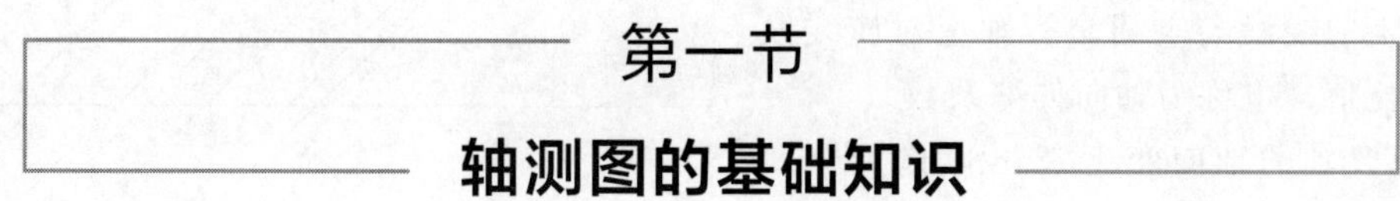

第一节 轴测图的基础知识

一、轴测图的形成

正投影图是将物体放在 2 个或 3 个相互垂直的投影面之间，用分别垂直于投影面的平行投射线进行投影而得到，如图 4-1（a）所示。轴测投影图则是将物体连同确定其空间位置的直角坐标系，沿不平行于任一坐标平面的方向，用平行投影法将其投射在单一投影面上所得到的具有立体感的图形，简称轴测图，如图 4-1（b）所示。

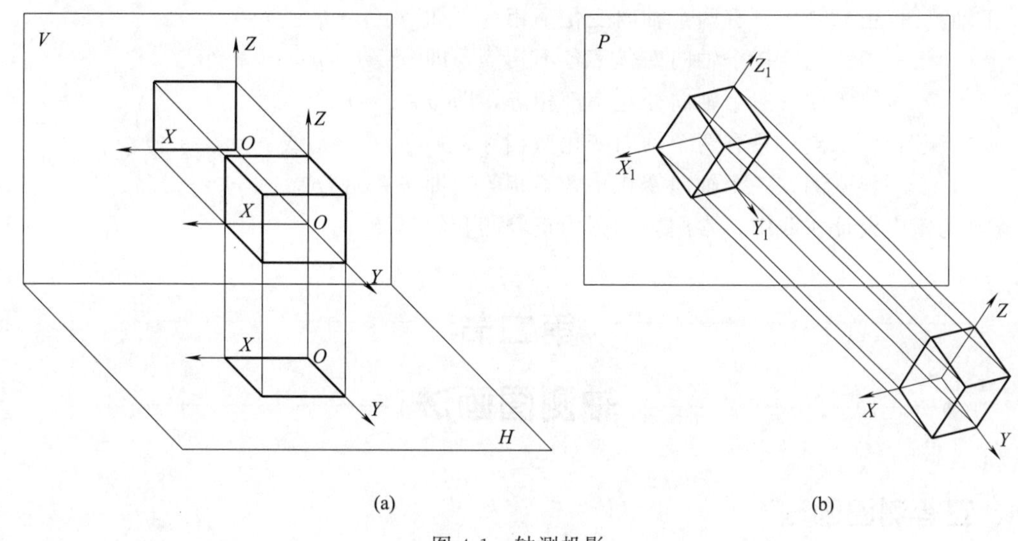

(a) (b)

图 4-1 轴测投影

轴测投影属于平行投影，因此，也具有平行投影的基本性质。

① 平行性 物体上相互平行的线段在轴测图上仍然彼此平行；物体上平行于坐标轴的直线段，其轴测投影与相应轴测轴保持平行。

② 定比性 物体上相互平行的两线段或一直线上两线段长度的比值在轴测图上仍不变。

③ 实形性 平行于轴测投影面的直线与平面，其轴测投影反映该直线的实长和平面的实形。

④ 可量性 轴测图的线段长度可测量，空间平行于坐标轴的线段，其轴测投影的变化率与该坐标轴的变化率相等。

二、轴测图的基本术语

1. 轴测投影轴

确定空间物体的坐标轴 OX、OY、OZ 在 P 面上的投影 O_1X_1、O_1Y_1、O_1Z_1 简称轴测轴。如图 4-2 所示。

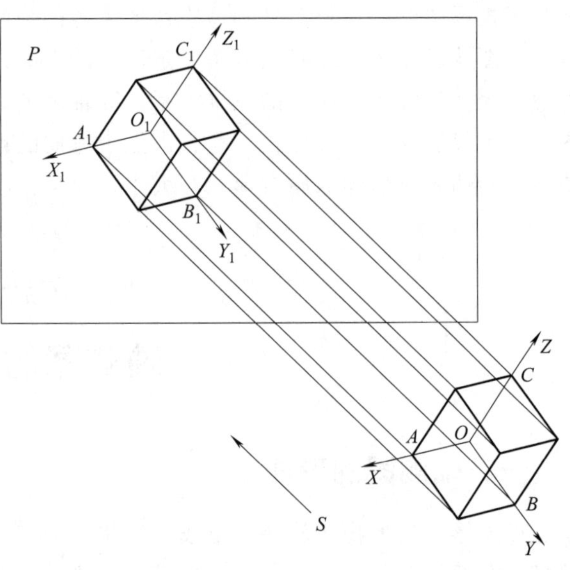

图 4-2　轴测投影图的形成

2. 轴间角

每两个轴测轴之间的夹角，$\angle X_1O_1Y_1$、$\angle Y_1O_1Z_1$、$\angle Z_1O_1X_1$ 称为轴间角。

3. 轴向变化率

轴测轴上的线段与空间坐标轴上对应线段实际长度的比值，也称为轴向伸缩系数。

X、Y、Z 轴的轴向变化率分别用字母 p、q、r 表示，即

X 轴轴向变化率 p　　$p=O_1A_1/OA$

Y 轴轴向变化率 q　　$q=O_1B_1/OB$

Z 轴轴向变化率 r　　$r=O_1C_1/OC$

三、轴测图的分类

轴测图
- 正轴测图
  - 正等测　三个轴向变化率都相等，即 $p=q=r$。
  - 正二测　只有两个轴向变化率相等，如 $p=r\neq q$ 或 $p=q\neq r$。
  - 正三测　三个轴向变化率各不相等，即 $p\neq q$，$p\neq r$，$r\neq q$。
- 斜轴测图
  - 斜等测　三个轴向变化率都相等，即 $p=q=r$。
  - 斜二测　只有两个轴向变化率相等，如 $p=r\neq q$ 或 $p=q\neq r$。
  - 斜三测　三个轴向变化率各不相等，即 $p\neq q$，$p\neq r$，$r\neq q$。

在家具与室内设计实践中，常用轴测图为正等测和斜二测。

第二节 轴测图画法

一、正等测图画法

正等测图是正轴测图中的一种特殊情况，取轴测图的投射方向 S 与轴测投影面 P 垂直，并令空间直角坐标系中的三坐标轴与投影面 P 具有相同的倾角时，则三坐标轴的轴向变化率相等，该条件下形成的轴测投影即为正等轴测投影，简称“正等测”。

1. 轴间角和轴向变化率

根据理论分析，由于投射方向 S 垂直于投影面 P，且各坐标轴与投影面 P 具有相同的倾角，所以各轴测轴之间夹角的大小是固定不变且相等的，均为 120°，即正等测的轴间角 $\angle X_1OY_1=\angle X_1OZ_1=\angle Y_1OZ_1=120°$。作图时，一般使 OZ_1 轴处于垂直位置，则 OX_1 轴和 OY_1 轴与水平线夹角为 30°，作图时可利用 30°三角板绘制。如图 4-3 所示。

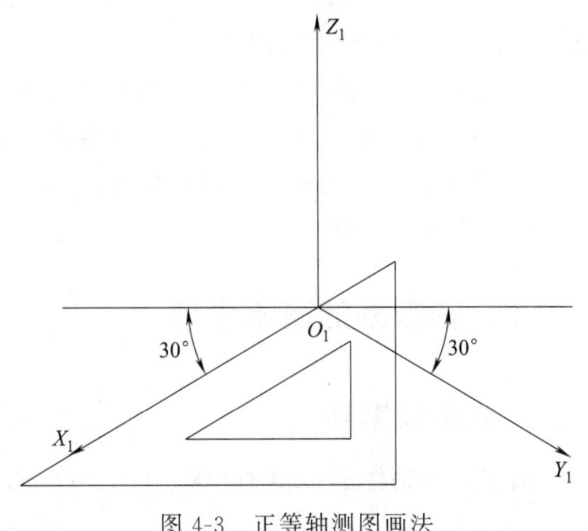

图 4-3　正等轴测图画法

由于空间直角坐标系各轴均与投影面 P 倾斜成

同一倾斜角，所以三坐标轴以正投影方式投射到轴测投影面上的长度一样，即三轴的轴向变化率相等，可以证明 $p=q=r\approx0.82$，但在实际作图时，按上述轴向变化率计算尺寸相当麻烦。为方便作图，通常采用一组简化轴向变化率，取 $p=q=r=1$。

2. 平面体正等测图画法

轴测图一般只画出可见部分，必要时才画出不可见部分。

为使轴测图画图工作简便、快捷，作图准确，应熟练掌握轴测投影的基本原理，同时根据形体结构特点采用不同的绘图方法。

平面立体正等测图的画法有坐标法、切割法和叠加法。

坐标法就是根据立体表面上的每个顶点的坐标，连接相应点，画出它们的轴测投影。切割法是对于某些组合体，可先画出其基本体的轴测图，然后用形体分析法根据形体形成的过程逐一切去多余部分，最后得到所画组合体轴测图的方法。叠加法是利用形体分析法将组合体分解成若干个基本体，然后逐个画出基本体的轴测图，再根据基本体邻接表面之间的相对位置关系擦去多余的图线而得到组合体轴测图的方法。在实际应用中，绝大多数情况是将以上三种方法综合应用，称之为“综合法”。

下面结合实例介绍绘制正等测图的几种方法。

(1) 坐标法

根据形体的形状特点选定适当的坐标轴，然后将形体上各点的坐标关系转移到轴测图上，以定出形体上各点的轴测投影，从而作出形体的轴测图。

例：画三棱锥的正等测图

三棱锥各棱线为倾斜线段，不与坐标轴平行。因此，作三棱锥的正等测图时，首先求三棱锥各顶点的轴测投影，再连接相应点，画出棱线，即可完成三棱锥正等测图。作图步骤如下。

① 选定坐标原点，建立正等测坐标系。为作图方便，令三棱锥底面与 X_1OY_1 坐标面重合，并使 C 点与 O 点重合，则 A 点落在 X_1 轴上，如图 4-4（a）所示。

② 画轴测轴，根据三棱锥各顶点在直角坐标系中的坐标，求出它们的轴测投影，如图 4-4（b）所示。

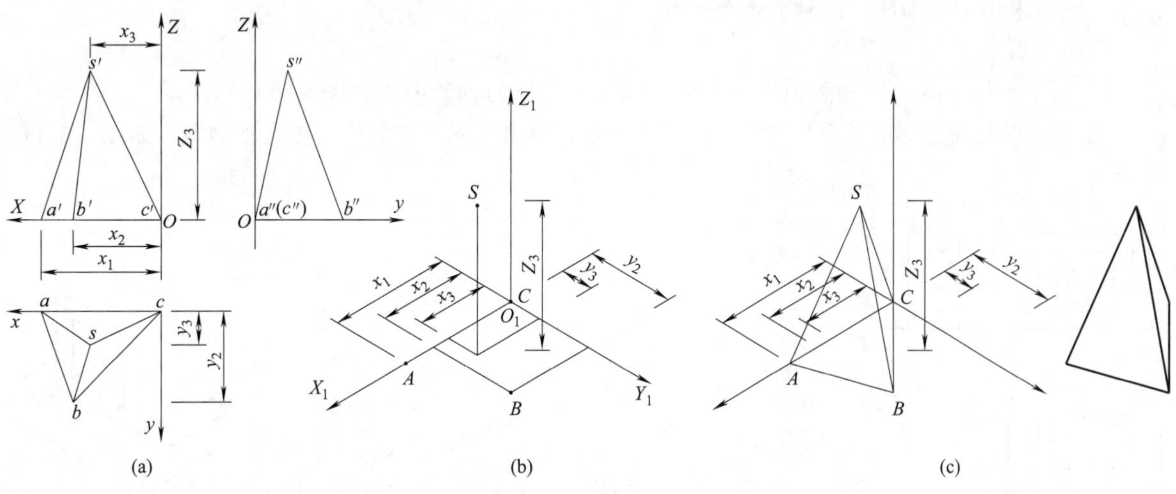

图 4-4　坐标法画三棱锥正等测图

③ 连接各顶点，擦掉多余的线条，加深轮廓，完成轴测图，如图 4-4（c）所示。

为方便作图，在画图过程可对形体顶点进行编号，再求出编号对应的轴测投影，这样可以避免混乱，减少错误，加快作图速度。

(2) 切割法

例：画图 4-5 所示组合体的正等测图

由组合体三视图可知，该组合体是由四棱柱截切而成，可采用“切割法”绘制轴测图。

作图步骤如下。

① 选定坐标原点，画轴测轴，画出截切前完整四棱柱的轴测图，如图 4-5（a）所示。

② 四棱柱左上部被一正垂面截切，截平面与形体棱线相交得到 1、2、3、4 点，在四棱柱轴测图的相关表面、棱线上确定这些交点、交线的轴测投影，如图 4-5（b）所示。

③ 根据三视图的相关尺寸画出形体下侧方型凹槽的轴测投影，如图 4-5（c）所示。

④ 整理图形，加深轮廓线，完成轴测图。

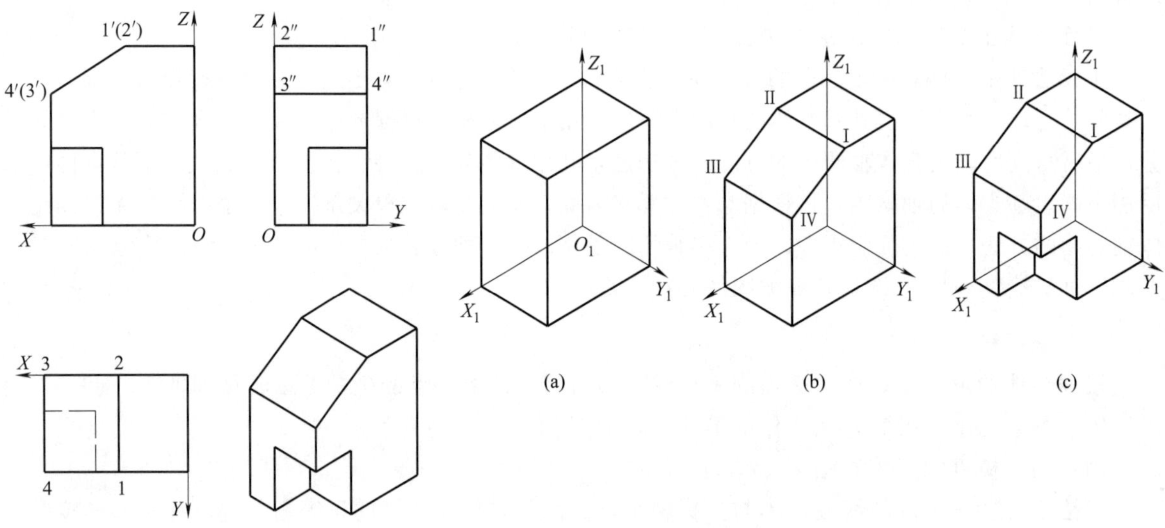

图 4-5　切割法画组合体正等测图

(3) 叠加法

例：画图 4-6 所示组合体的正等轴测图

由组合体三视图可知，该组合体是由两部分叠加而成，底座部分是长方体，上面部分为中空长方体。该例采用“叠加法”画轴测图更方便。

作图步骤如下。

① 选定坐标原点，画轴测轴，画出底座部分长方体的轴测图，如图 4-6（a）所示。

② 根据叠加在上部的长方体与底座的尺寸关系，画出上部叠加的长方体的轴测图，如图 4-6（b）所示。

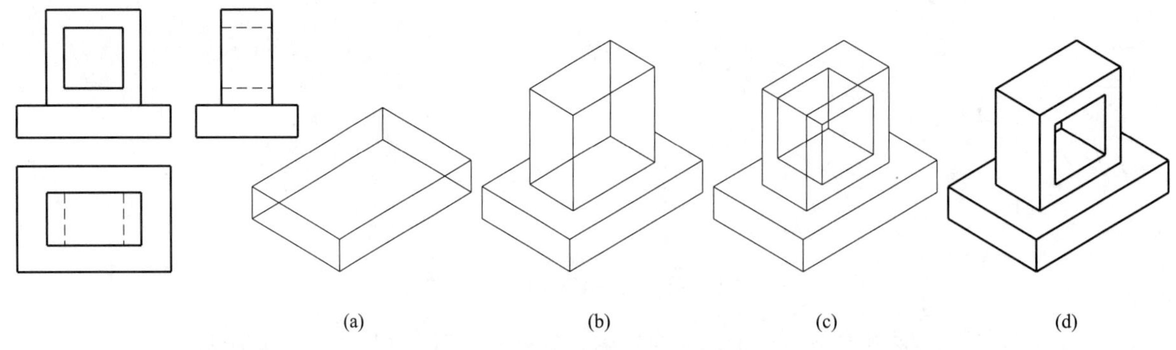

图 4-6　叠加法画组合体正等测图

③ 根据中部挖切长方体与外部长方体的尺寸关系，画出挖切后的轴测图，如图 4-6（c）所示。

④ 整理图形，加深轮廓线，完成轴测图，如图 4-6（d）所示。

实际作图中应根据形体的结构特点选用不同的画图方法，或几种方法结合使用。

二、圆的画法

工程中的曲面立体多由圆柱、圆锥等回转面构成，绘制这类形体的轴测投影，主要涉及圆的轴测投影画法。

在特殊情况下，即当圆所在的平面与投影面平行时，圆的轴测投影为反映实形的圆；而当圆所在的平面垂直于投影面时，其投影积聚为一直线。除此之外，圆的轴测投影均为椭圆。在不同条件下，椭圆的长短轴方向及其长度各不相同。接下来介绍平行于坐标面的圆的轴测投影画法。

如图 4-7 所示，平行于 X_1OY_1、X_1OZ_1 及 Y_1OZ_1 坐标面的圆的轴测投影是形状相同的椭圆，但长短轴方向各不相同。三个椭圆的长短轴分别与相应的轴测轴平行或垂直，如 X_1OY_1 坐标面及其平行平面上的圆，在正等测图中的椭圆长轴垂直于 O_1Z_1 轴，短轴则与 O_1Z_1 轴平行。

1. 坐标面平行圆的正等测图

为画图方便，一般用四心近似椭圆代替正等测图中的椭圆。四心近似法是一种近似画法，它是用四段圆弧构成椭圆。

立方体三个面上的圆的正等测图是大小相同的椭圆，作图方法也一样。现以平行于水平面的圆为例，其作图步骤如下。

① 在视图中画圆的外切四边形 $ABCD$，如图 4-8（a）所示。

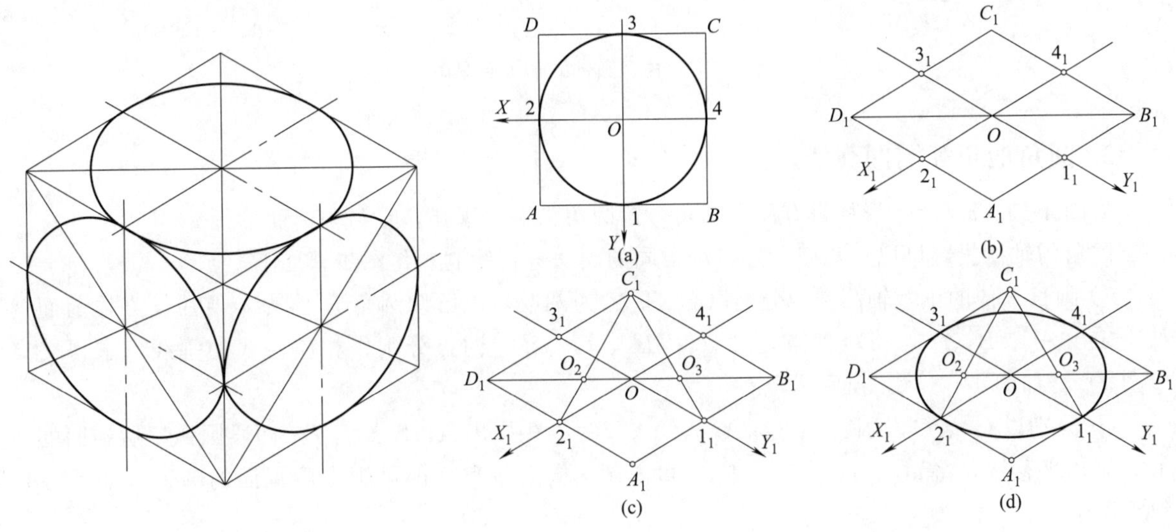

图 4-7　圆的正等测图

图 4-8　四心圆法画椭圆

② 画出轴测轴 X_1OY_1，以 O 为圆心、以空间圆半径为半径画圆交轴测轴于 1_1、2_1、3_1、4_1 点。过 1_1、2_1、3_1、4_1 点作与轴测轴平行的直线得到菱形 $A_1B_1C_1D_1$，该菱形即圆的外切四边形 $ABCD$ 的轴测投影，如图 4-8（b）所示。

③ 连接菱形对角线 D_1B_1，即椭圆的长轴线，连接 C_12_1 与对角线 D_1B_1 交于 O_2，连接 C_11_1 与对角线 D_1B_1 交于 O_3，如图 4-8（c）所示。

④ 分别以 A_1 为圆心，以 A_13_1 为半径画出 3_14_1 段圆弧；以 C_1 为圆心，以 C_11_1 为半径画出 1_12_1 段圆弧；同理，分别以 O_2 为圆心，以 O_22_1 为半径画出 2_13_1 段圆弧；以 O_3 为圆心，以 O_31_1 为半径画出 1_14_1 段圆弧。如图 4-8（d）所示。

四心近似法画椭圆可以用圆规绘制曲线，比手工绘制曲线更方便，所绘制的曲线也更光滑、美观。此法只适用于画平行于坐标面的圆。

2. 圆柱、圆锥的正等测图画法

掌握了圆的轴测投影，就不难画出回转体以及带有回转曲面的组合体的轴测投影。

回转体正等测图的画法是首先画出形体端面圆或圆弧的轴测投影，再用公切线连接椭圆弧即可。以圆柱为例，先画出圆柱两端圆的轴测投影，再用平行于圆柱轴线的公切线连接，如图 4-9（a）所示。对于圆锥，只要画出底圆的轴测投影和锥顶的轴测投影，再用过锥顶且与底椭圆相切的直线作为圆锥的轮廓转向线，如图 4-9（b）所示。

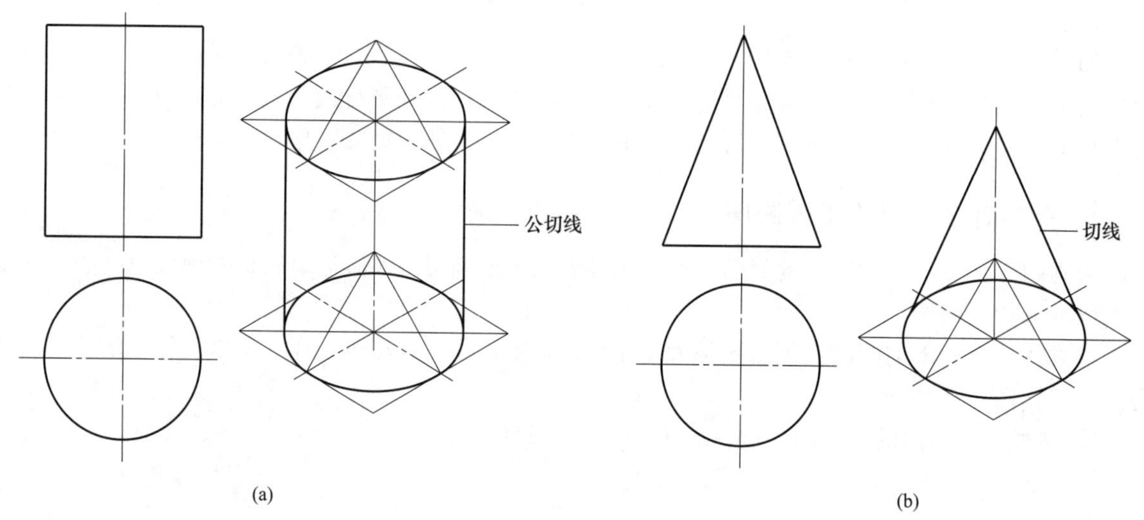

图 4-9　圆柱、圆锥的正等测图画法

3. 圆角的正等测图画法

如图 4-10（a）所示形体带有两个圆角，该圆角为 1/4 圆弧，且与坐标面平行。

圆角的轴测投影可以用与四心近似法类同的画法进行绘制。作图步骤如下。

① 画长方体的正等轴测图，分别以 1_1 和 2_1 为圆心，以已知圆角 R 值为半径在长方体前面棱线上定出 A_1、B_1、C_1、D_1 四点，过 A_1、B_1、C_1、D_1 四点分别作相应棱线的垂线，求得交点 O_1、O_2，如图 4-10（b）所示。

② 分别以 O_1、O_2 为圆心，O_1A_1、O_2C_1 为半径画出 A_1B_1、C_1D_1 两段圆弧；后端面的圆心，采用平移法，将 A_1、B_1、C_1、D_1、O_1、O_2 向后平移，即可画出后端面的圆弧，如图 4-10（c）所示。

③ 右侧圆角的轴测投影因前后两段圆弧不美观，应该用一条公切线相连，如图 4-10（d）所示。

④ 擦除多余线，加深轮廓线，完成圆角轴测投影，如图 4-10（e）所示。

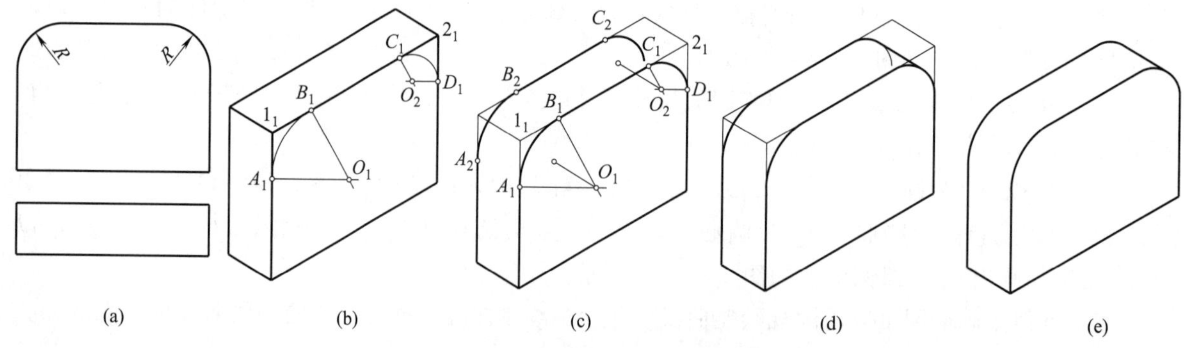

图 4-10　圆角的正等测图画法

三、斜轴测图画法

当形体的一个坐标面平行于轴测投影面，用斜投影得到的轴测图称为斜二等轴测图，简称斜二测。

斜轴测投影中使用较多的是用正平面和水平面作为投影面，所得到的斜轴测投影简称为正面斜二测和水平斜二测。斜轴测图的特点是形体上有一个表面在轴测图上反映实形，当形体正平面或水平面上有圆或圆弧时，画图较简单。

1. 正面斜二测图画法

正面斜二测投影时，空间坐标系的 XOZ 坐标面与投影面 P 平行，因此，坐标轴 OX、OZ 在 P 平面上的投影保持不变，即轴间角 $\angle X_1O_1Z_1=90°$，O_1X_1 和 O_1Z_1 的轴向变化率均为 1（$p=r=1$）。OY 轴与轴测投影面 P 垂直，它在投影面 P 上的投影会随着投射方向的不同而发生变化，常用 $\angle X_1O_1Y_1=\angle Y_1O_1Z_1=135°$，轴向变化率 $q=0.5$。

例： 画图 4-11 组合体的正面斜二测图。

该组合体在 XOZ 平行面上具有较复杂的轮廓，上部形体仅在中间部分，立体前后、左右对称。作图步骤如下。

① 选定上部形体前面中点为坐标原点，画出底板的轴测图，如图 4-11（a）所示。

② 画出上部形体的轴测图，如图 4-11（b）所示。

③ 判断可见性，将不可见轮廓线省去，最后将轮廓线加深，如图 4-11（c）所示。

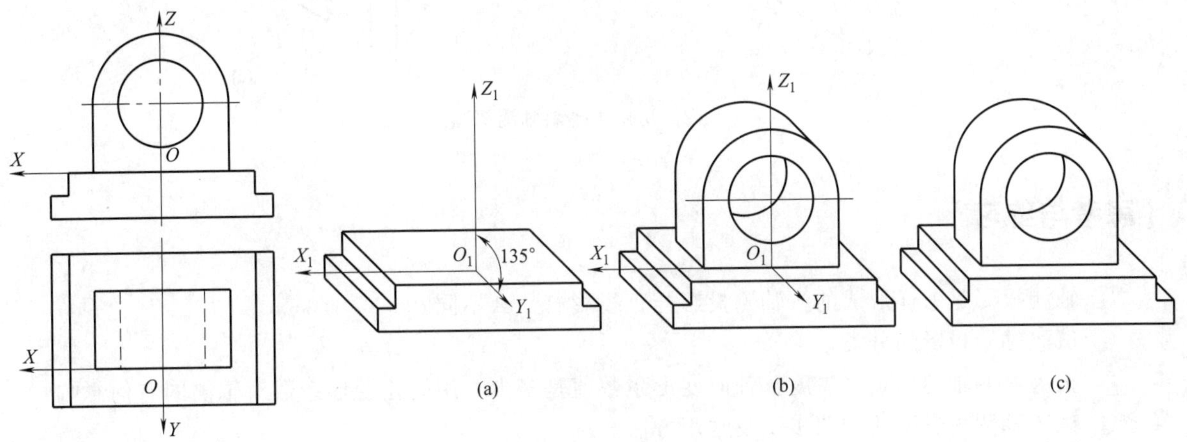

图 4-11　组合体正面斜二测图画法

2. 水平斜二测图画法

水平斜二测投影与正面斜二测投影相似，形体水平面在轴测图上反映实形，即轴间角 $\angle X_1O_1Y_1=90°$，轴向变化率 $p=q=1$，Z 轴的轴向变化率取 0.8。习惯上，为便于作图，Z 轴的轴向变化率可取 1。画图时将 O_1Z_1 画成铅垂方向，O_1X_1 和 O_1Y_1 分别与水平线成 30°和 60°角。

例： 如图 4-12 所示，已知房屋的形状和高度，画水平斜轴测图。

作图步骤如下。

① 画出建筑水平的斜轴测投影，如图 4-12（a）所示。

② 画出房屋墙体高度方向的轮廓线，将不可见轮廓线省去，如图 4-12（b）所示。

③ 画出房屋墙体上的门、窗，最后将轮廓线加深，如图 4-12（c）所示。

轴测图是用轴测投影的方法画出的一种富有立体感的图形，在生产和学习中常用它作为辅助图样，帮助人们想象和构思。画轴测图的关键有两点：一是利用平行性作图；二是沿对应轴度量尺寸。

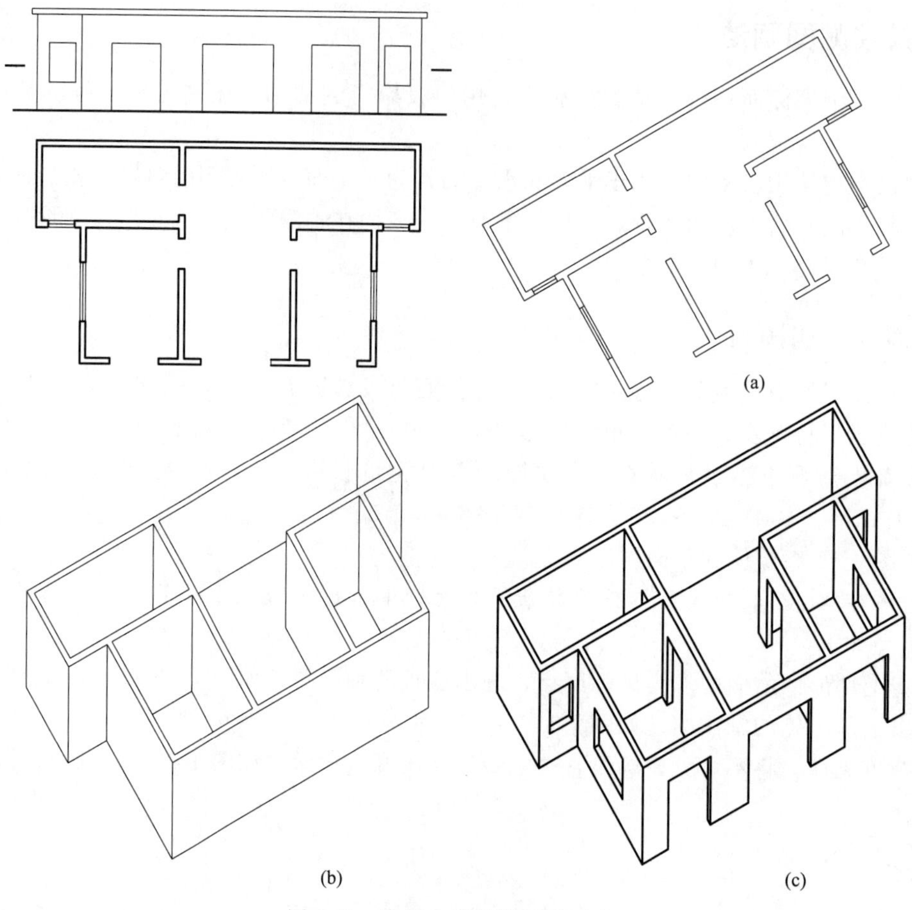

图 4-12 房屋水平斜轴测图画法

【思考与练习】

① 轴测投影是怎样形成的？轴测投影与正投影有什么不同？
② 试述轴测投影的分类。
③ 正等测的轴间角是多少度？轴向变形系数值是多少？用简化变形系数对轴测图有何影响？
④ 试述轴测投影图的作图步骤及常用方法。

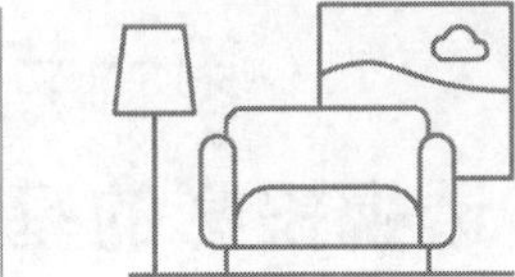

第五章 透视图基本画法

【学习目标】

知识目标

① 熟悉透视投影的形成及点、直线、平面的透视投影特性；

② 掌握一点透视和两点透视的作图方法及适用对象；

③ 熟练掌握透视图实用画法中的理想角度画法。

能力目标

① 能熟练运用一点透视和两点透视绘制组合体的透视图；

② 理解透视参数的选择与透视效果的关系，并能正确应用；

③ 能运用所学知识正确表现家具、室内，为后续的设计专业课打好基础。

素质目标

① 培养学生的空间思维能力，为将来的专业设计表现打好基础；

② 培养细心、耐心的工作作风，提高应用技术语言的沟通表达能力。

第一节 透视投影的基础知识

在各类工程与产品的设计过程中，尤其在初步设计阶段，往往需要绘画大量直观、逼真的透视图，用以展示设计方案的空间造型、立面处理等外观设计，通过对各种方案的比较、交流、修改，以确定最佳设计。对于任何一位从事艺术设计的人来说，透视图都是很重要的一种表达方式。透视图能将三维空间的形体绘制在二维空间的画面中，能真实地再现设计师的创意与思维，但如果绘制失真，各部分比例失调，就无法表达设计构思的真实性与美观性，并给设计者和使用者造成错觉。

常画透视图的人，不一定完全忠实于透视画法的作图过程，大多用简便方法画，不但省时，还能提高视觉效果，但这需要经过绘画和透视技法的训练后才能达到，需要对立体造型的环境、建筑、室内空间及家具等产品有深入的理解和把握，是建立在完整的透视投影原理与画法的基础之上的。

一、透视投影的形成

“透视”一词来自拉丁文“Perspicere”，意为“透而视之”。即在画者与物体之间竖立一块透明平板，三维的物体形状通过聚向画者眼睛的锥形视线束映现于二维的透明板上，即为透视图形，如图 5-1 所示。犹如人们站在玻璃窗前用一只眼睛观看房屋时，眼睛与房屋各顶点之间的无数条视线将与玻璃窗相交，把各交点依次连接起来的图形称为透视图，如图 5-2 所示。透视图的形成过程相当于：以人的眼睛为投影中心，视线为投影线，透明平面为投影面的中心投影，所以也称为透视投影，简称透视。

图 5-1 丢勒《画家画瓶饰》（木版画，1538 年）
（引自殷光宇《透视》）

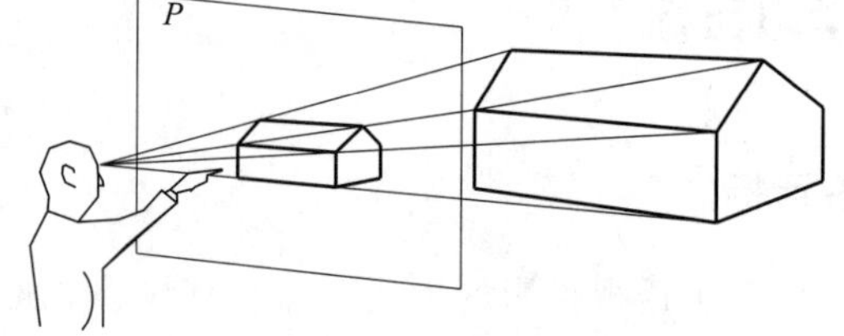

图 5-2 透视的形成

透视图是对人眼自然成像的模仿，如图 5-3 所示，两个大小相同的物体 A 和 B，经过晶状体折射后在视网膜上形成对应图像 A°和 B°，与凸镜成像规律一致，距离眼睛较近的物体 B 呈现的像较远处的 A 像大。透视图中，因投影线不是互相平行而是集中于视点的（将眼睛所在位置抽象成一点），如图 5-4 所示，等高、等大排列的电杆，在画面上的透视大小并非实际的尺寸，而是具有近大远小、近高远低、近疏远密的特点，符合人们的视觉印象，富有空间感和立体感。绘制透视图是建筑设计、景观设计、室内设计、产品设计中表达设计者构思与方案的重要手段，也是设计师必须具备的一项基本技能。

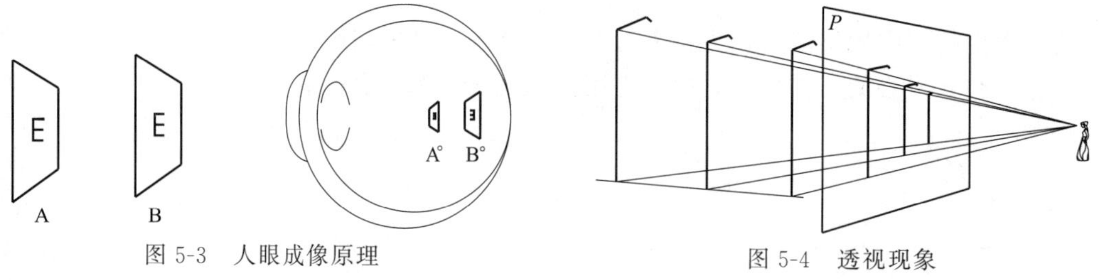

图 5-3 人眼成像原理

图 5-4 透视现象

二、透视的基本术语

透视投影（中心投影）与平行投影一样，要得到所需要的透视图形，必须具备视点（投影中心）、画面和物体三要素，三者缺一不可。同时还应借助承载人和物体的地面，通常人和物体均垂直于地面，画面有时垂直于地面，有时与地面成任意角度，前者多用，后者只在斜透视中应用。视点、画面和物体构成的投影体系中，有许多与透视图画法有关的基本术语，如图 5-5 所示，它们都有其固定的含义与标记符号，只有理解这些基本术语才能更好地掌握透视图的画法与应用。

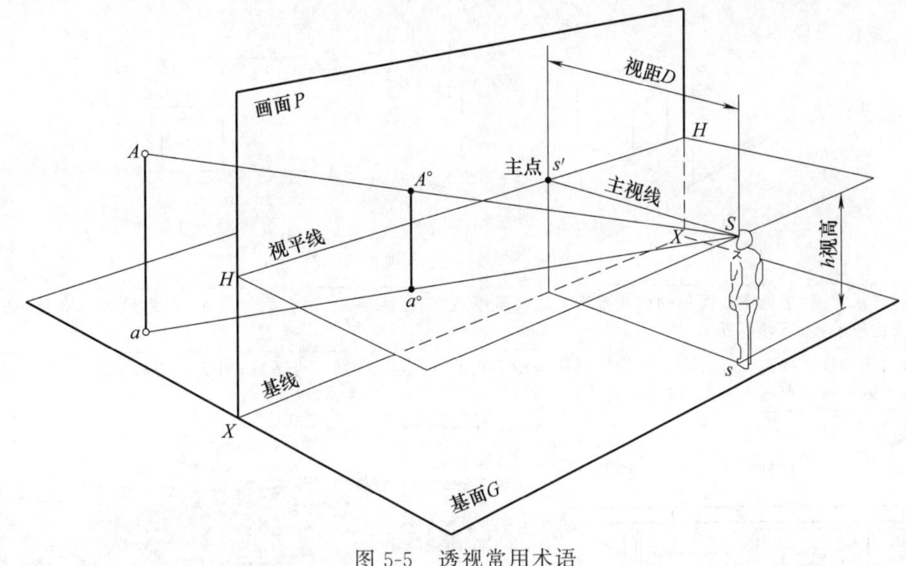

图 5-5 透视常用术语

① 基面 G 画者立点和承载物体的水平面，相当于水平投影面，一般情况下即地平面。

② 画面 P 垂直于基面 G 的假设透明平面（斜透视除外），用来承载透视图像，相当于正投影面。

③ 基线 XX 画面 P 与基面 G 的交线，是透视投影时确定视平线高度和物体位置远近的基准线。

④ 视点 S 透视投影中心，也是视线聚集点，相当于人眼所在的空间位置。

⑤ 主点 s' 又称心点，是视点 S 在画面 P 上的正投影，在画面上标志着视点的位置，视点移动，主点也随之改变。

⑥ 站点 s 又称立点，是视点 S 在基面 G 上的水平投影。

⑦ 视平面 SHH 过视点所作的平面，视平面与画面 P 无论在什么情况下都互相垂直。

⑧ 视平线 HH 视平面与画面 P 的交线，也是画面上过主点的一条水平线，平行于基线 XX。

⑨ 视高 h 视点 S 离基面 G 的距离，在画面上表现为视平线 HH 与基线 XX 之间的距离。

⑩ 主视线 Ss' 过视点垂直于画面的直线，即视点与主点的连线。

⑪ 视距 D 视点 S 到画面 P 的距离，即主视线 Ss' 的长度。

⑫ 视线 视点和空间某点的连线。如图 5-5 所示，视点 S 与空间点 A 的连线即为视线，它与画面 P 的交点 A° 即为空间点 A 的透视投影，简称透视。A 的水平投影 a 的透视 a° 称为空间点 A 的次透视或基透视。

还有一些透视基本术语将在后续章节内容中详细介绍。

三、透视图的类型

当视点、画面和物体的相对位置发生变化时，物体的长度、宽度和高度方向的轮廓线与画面的角度也随之改变，物体的透视图将呈现不同的形状，从而产生了各种形式的透视图。这些透视图的使用情况以及所采用的作图方法都不尽相同，从而出现了不同类型的透视图。

习惯上，按透视图中主视向灭点的多少来分类和命名，透视图可分为以下三类。

1. 一点透视（也称平行透视）

见表 5-1。

2. 两点透视（也称成角透视）

见表 5-2。

表 5-1　一点透视

形成	物体上有两组线平行于画面，相当于物体的主要面与画面平行，如图 5-6 所示
图例	图 5-6　一点透视的形成
特点	一点透视最常用，是画法较简单的透视投影。表现范围较广，纵深感强，适合表现庄重、严肃效果的对象；缺点是表现单体产品时比较呆板，不够逼真
适用范围	对于建筑与室内空间，为表现其主要特征面或表现空间的进深感，常用一点透视；对于主要特征集中在一个到两个面上的产品，可以采用一点透视画法，将特征面放在与画面平行的位置，如图 5-7 所示
应用图例	与画面平行　与画面垂直 图 5-7　一点透视实例

表 5-2　两点透视

形成	物体只有一组线平行于画面，相当于物体上的两组面与画面均有夹角，如图 5-8 所示
图例	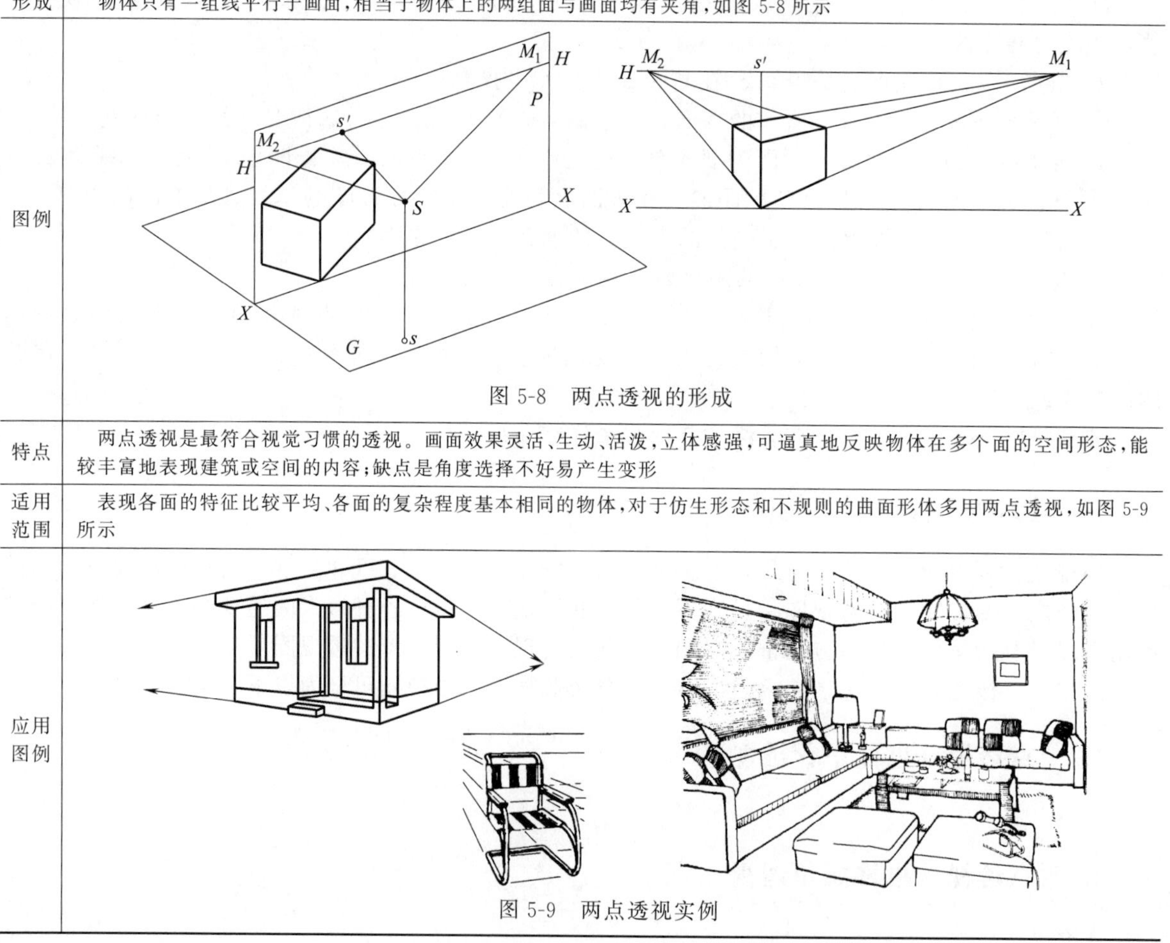 图 5-8　两点透视的形成
特点	两点透视是最符合视觉习惯的透视。画面效果灵活、生动、活泼，立体感强，可逼真地反映物体在多个面的空间形态，能较丰富地表现建筑或空间的内容；缺点是角度选择不好易产生变形
适用范围	表现各面的特征比较平均、各面的复杂程度基本相同的物体，对于仿生形态和不规则的曲面形体多用两点透视，如图 5-9 所示
应用图例	图 5-9　两点透视实例

3. 三点透视

物体的三组线均与画面成一角度，三组线消失于三个灭点，如图 5-10（a）所示，也称斜角透视。三点透视绘制过程较复杂，竖直方向产生透视变形，仰视高耸挺拔，而俯视可表现大面积场景，所以多用于高层建筑、广场规划、景观设计及系列化产品的表达，如图 5-10（b）、图 5-10（c）所示。

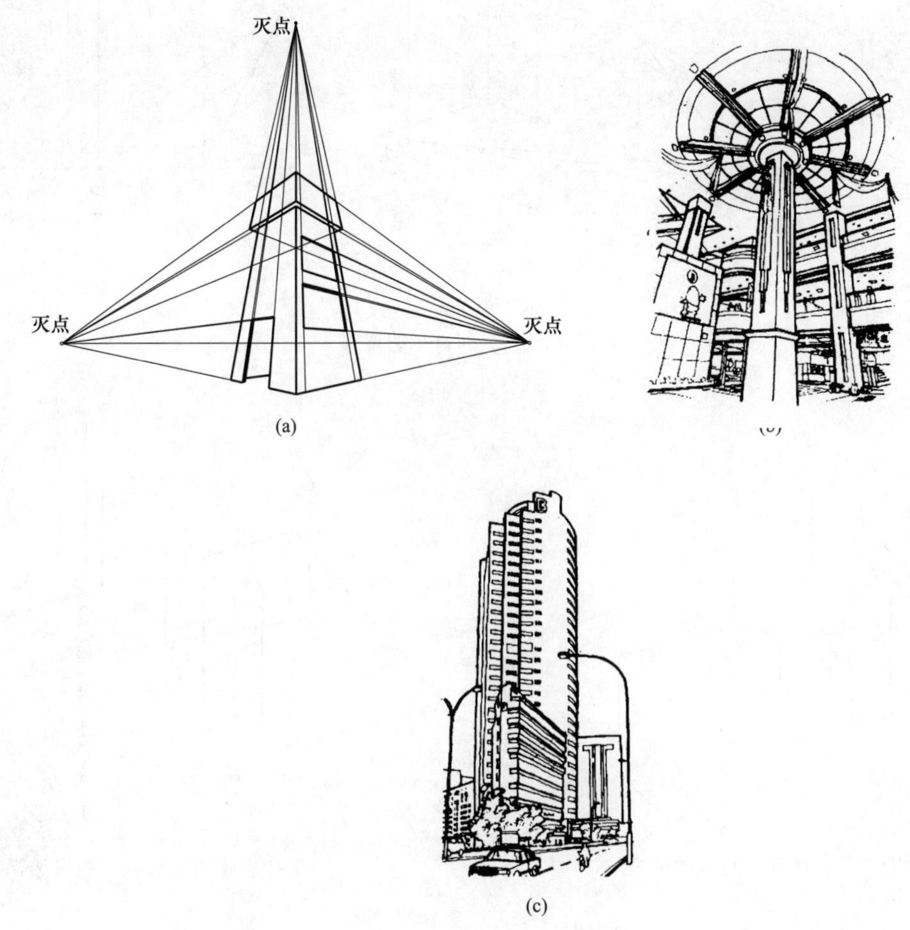

(a)
(b)
(c)

图 5-10 三点透视及实例

四、透视图的基本规律

① 点的透视仍为一个点，直线的透视一般仍为直线，直线上一点的透视，必在该直线的透视上。如图 5-11 所示，空间点 B 在直线 AC 线上，则 B 点的透视 B°仍在直线 AC 的透视 $A^{\circ}C^{\circ}$上。

② 凡是和画面平行的直线，其透视仍和原直线平行。凡和画面平行且等长的直线，透视也等长。如图 5-12 所示，空间中直线 AA_1、BB_1 平行于画面，则 $A^{\circ}A_1^{\circ}/\!/AA_1$，$B^{\circ}B_1^{\circ}/\!/BB_1$；另外，因 $AA_1/\!/BB_1$，且 $AA_1=BB_1$，则 $A^{\circ}A_1^{\circ}=B^{\circ}B_1^{\circ}$。

③ 凡在画面上的点、直线的透视长度是其本身，直线等于实长。在画面上的铅垂线称为真高线，如图 5-13 所示，AA_1 在画面上，其透视是本身，即等于实长；同时 CC_1、BB_1 和 AA_1 的透视之间具有如下特点：$C^{\circ}C_1^{\circ}<B^{\circ}B_1^{\circ}<AA_1$（$A^{\circ}A_1^{\circ}$），表现出近高远低的透视规律。

④ 和画面不平行的直线透视延长后消失于一点（即灭点），和画面不平行的相互平行的直线透视消失到同一灭点，水平线灭点必在视平线上。如图 5-14 所示，$AB/\!/CD$，过 S 点作已知直线 AB 或 CD 的平行线，交视平线的点均为灭点 M，M 即为直线 AB 和 CD 的共同灭点。

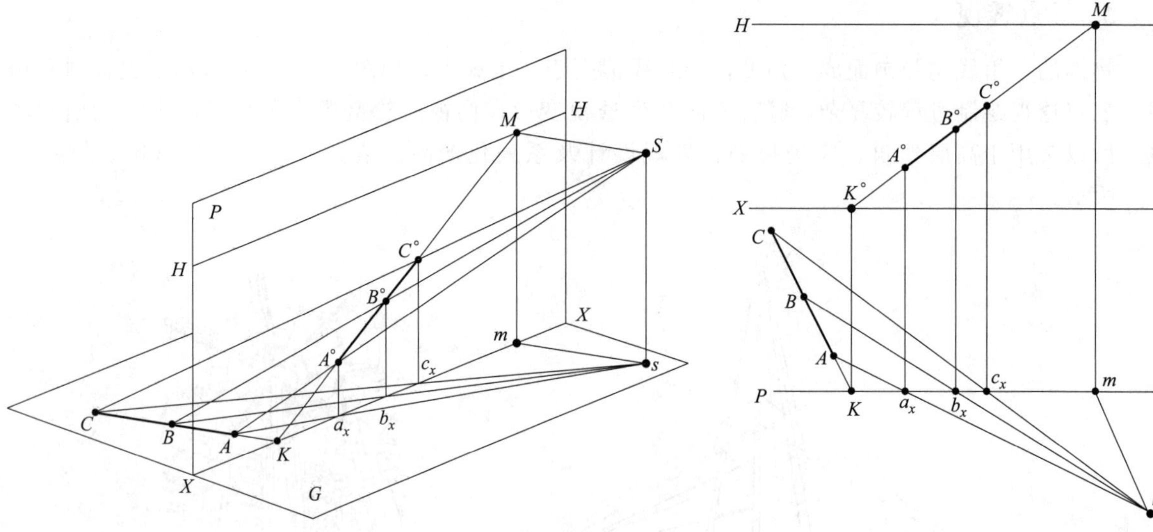

图 5-11　点和直线的透视

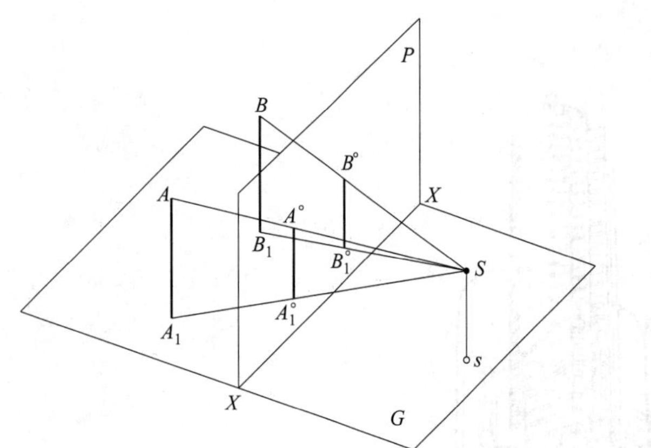

图 5-12　画面平行线的透视

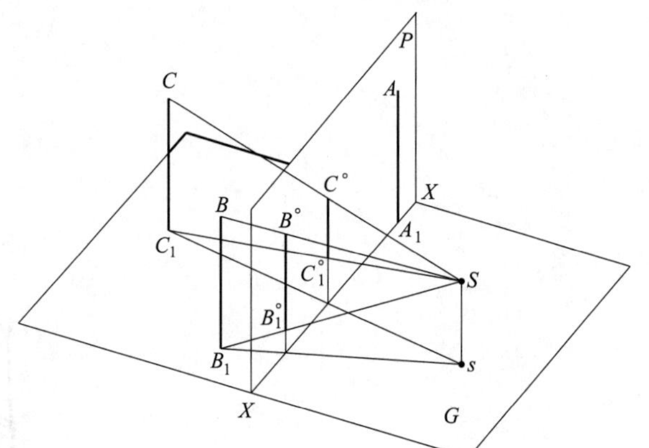

图 5-13　画面上的点与线段透视

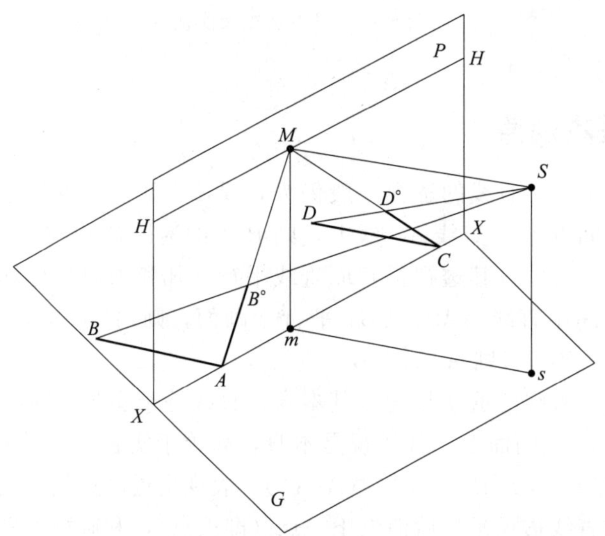

图 5-14　与画面不平行直线的透视

第二节 透视图画法

一、透视图基本画法

根据透视的形成原理，视点与物体上可见点的连线（称为视线），与画面的交点依次相连即获得物体的透视图。视线法就是根据这一原理来作图的，透视图归根结底就是求直线与平面的交点问题。

1. 点的透视基本画法

点的透视即为通过该点的视线与画面的交点。如果点在画面上，则透视为其本身。

如图 5-15（a）所示为点的透视直观图作法。

已知基面、画面及视点，画面后基面上有一点 A 及其在画面上的正投影 a'，s、s' 分别为站点和主点。由于 A 在基面上，即高度为 0，则 A 点在基面的投影仍为本身，记为 a，A 点的正投影 a' 在基线 XX 上。SA 视线与画面 P 相交点 A°，A° 即为点 A 的透视。在基面上连接 sa，连线与基线 XX 相交于 a_x 点，那么 $A^{\circ}a_x$ 必垂直于基线 XX（因为 $\triangle SsA$ 与 P 均垂直于基面 G，其交线 $A^{\circ}a_x$ 必垂直于基面）。

现将画面与基面画在同一平面上，如图 5-15（b）所示，视平线 HH 与基线 XX 构成画面 P，基面上的 pp 线是画面线（即画面在基面上的积聚线），也可以把画面放下面，基面放上方，作图时一般不画外框线，如图 5-15（c）所示。求基面上点 A 的透视 A° 的步骤为：先在基面上连接 sa（视线 SA 在基面上的水平投影），sa 与画面线 pp 相交于 a_x 点，然后在画面上连 $s'a'$（即视线 SA 在画面上的投影），再由 a_x 作垂直线与 $s'a'$ 相交于 A°，A° 即为点 A 的透视。

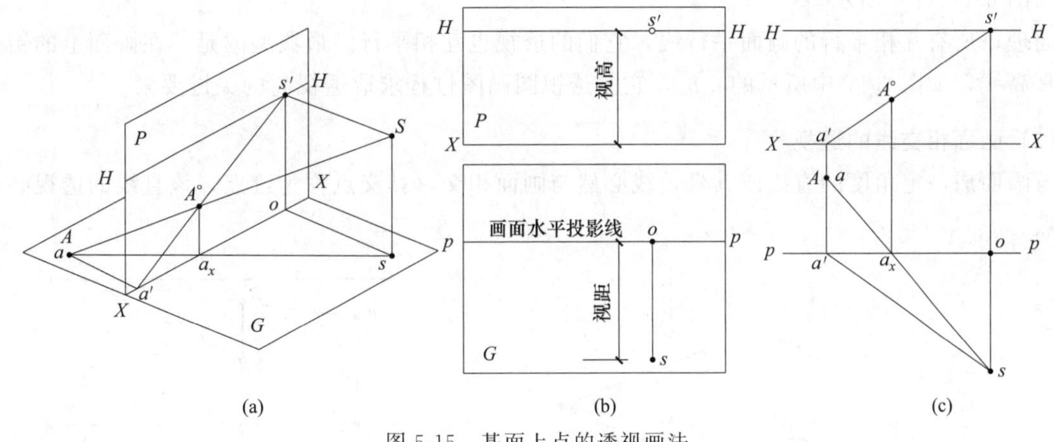

图 5-15　基面上点的透视画法

下面以不在基面上的空间点 B 的透视画法为例说明点的透视作图步骤。如图 5-16（a）所示，已知基面、画面、视点 S 及画面后方空间点 B 的相对位置直观图，求点 B 的透视。

如图 5-16 所示，作图步骤如下。

① 确定画面线 pp、基线 XX 及视平线 HH。

② 确定心点 s' 和站点 s，求 B 在地面上的投影 b。

③ 过 B 点往画面引垂线，垂足为 b'，由于 $Bb' /\!/ Ss'$，它们组成的平面与画面 P 的相交线为 $s'b'$，B 点的透视一定在该交线 $s'b'$ 上。

④ 过 B 点往基面引垂线，垂足为 b，平面 $SsBb$ 是铅垂面，与画面 P 的交线是铅垂线，B 点的透视一定在该交线 b_x1 上。

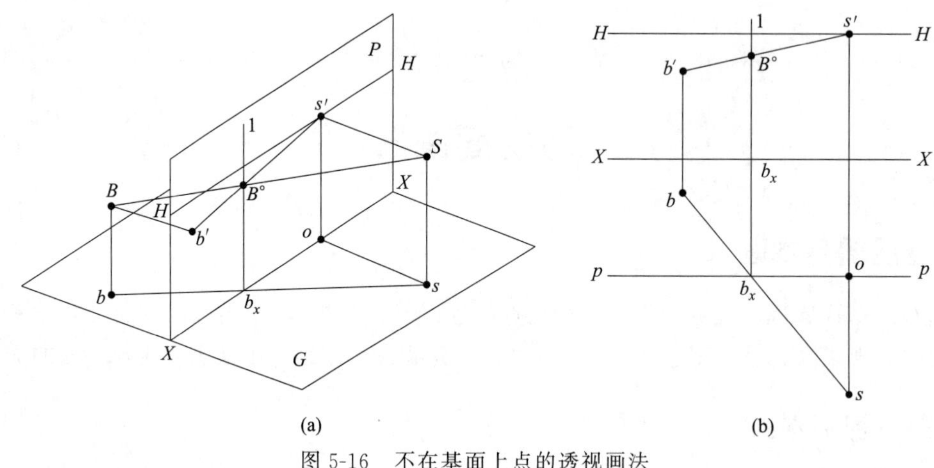

(a) (b)

图 5-16 不在基面上点的透视画法

⑤ 线 $s'b'$ 与线 b_x1 是同面线，相交于点 $B°$，即为空间点 B 的透视。

2. 直线的透视基本画法

直线的透视为直线上各点的透视集合。直线的透视一般情况下仍为直线；当直线通过视点时，其透视仅为一点；当直线在画面上时，其透视即为本身，反映实长。总之，与画面成不同角度的直线，其透视有所不同。

(1) 画面平行线的透视

如图 5-17（a）所示，设空间直线 AB 平行于画面，即垂直于基面，且 A 点在基面上。同样用求点的透视的方法可以求出 B 点的透视 $B°$，连接 $A°B°$ 即为直线 AB 的透视。可见，$A°B°/\!/AB$，即验证了“和画面平行的直线，其透视仍和原直线平行”的投影规律。基面垂直线 AB 的透视作图过程如图 5-17（b）所示。

同理，所有互相平行的画面平行线，它们的透视也互相平行。最典型的是：在画面上的铅垂线称为真高线，如图 5-17 中所示的 $a'b'$，它是透视图画图过程求取透视高的关键要素。

(2) 画面相交线的透视

与画面成一定角度的直线或其延长线必然与画面相交，其交点称为迹点，该直线的透视必然通过迹点。

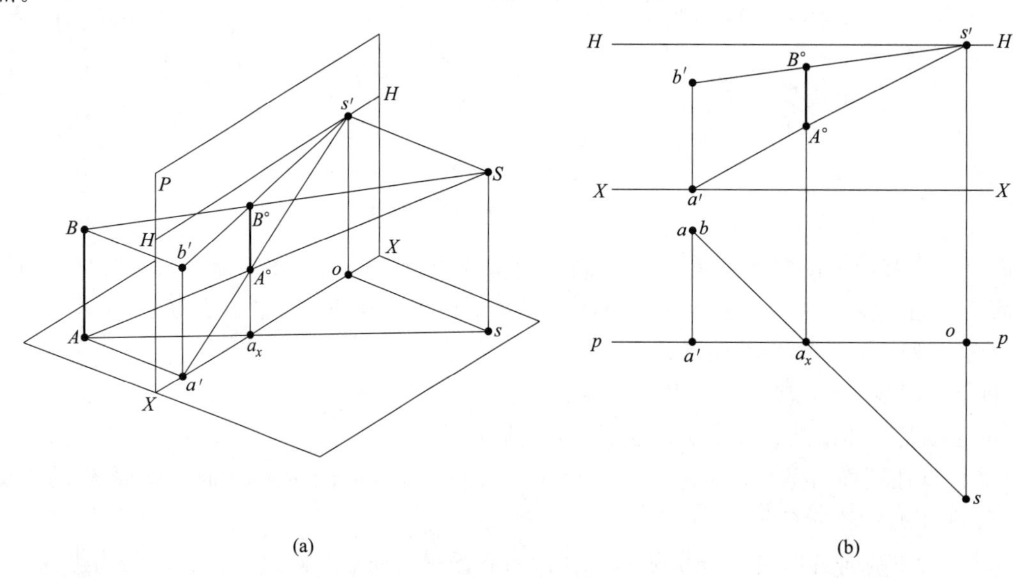

(a) (b)

图 5-17 画面平行线的透视画法

如图 5-18 所示，设基面上有一直线 AB，利用点的透视作图方法，连 SA、SB 与画面 P 相交，即求得其透视 $A^\circ B^\circ$。延长 AB 与画面 P 相交于迹点 K，即为直线 AB 与画面 P 的交点。基面上直线的迹点必在基线上，由于 K 点在画面 P 上，透视 K° 即为本身。可见，直线 AB 的透视 $A^\circ B^\circ$ 与迹点 K° 在一条直线上。

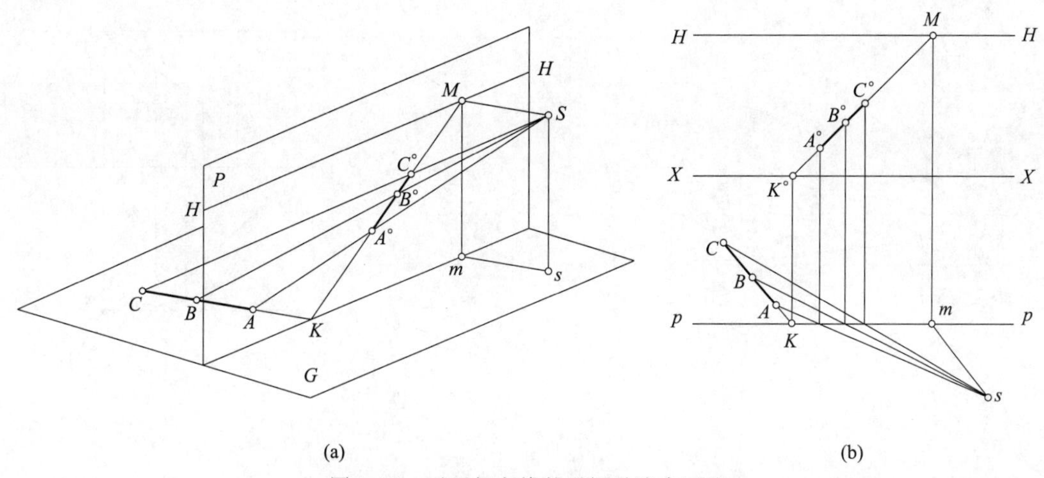

图 5-18　画面相交线的透视及迹点画法

若直线 AB 向远离画面 P 的方向延伸到 C 点，其透视 C° 将向斜上方偏移。如果 AB 继续延伸到无穷远，则由视点 S 通向直线无穷远点的视线将平行于原直线 AB，但与画面仍会交于一点 M，这就是直线无穷远端点的透视，通常称为“灭点”或“消失点”。所以画面相交线的透视必通过其灭点，这是后续透视图作法的重要依据。

同理，与基面平行或基面上的平行线，有共同的灭点，且灭点必然在视平线上。

利用迹点和灭点求一基面上直线 EF 的透视，如图 5-19 所示，作图方法与步骤如下。

① 基面上连接 sE、sF 交画面线 pp 于 1、2 两点。

② 延长 EF 与画面线 pp 交于 K 即迹点，其透视 K° 应在基线 XX 上。

③ 在基面上过 s 作 EF 平行线交 pp 线于 m，即为灭点 M 的水平投影。

④ 根据灭点应在视平线上，由 m 向上作垂直线在视平线 HH 上求得灭点 M。

⑤ 连接 MK° 即为直线 EF 的全长透视，直线 EF 的透视当然就是其中的一段，由 1、2 两点引垂线即能求得透视 $E^\circ F^\circ$。

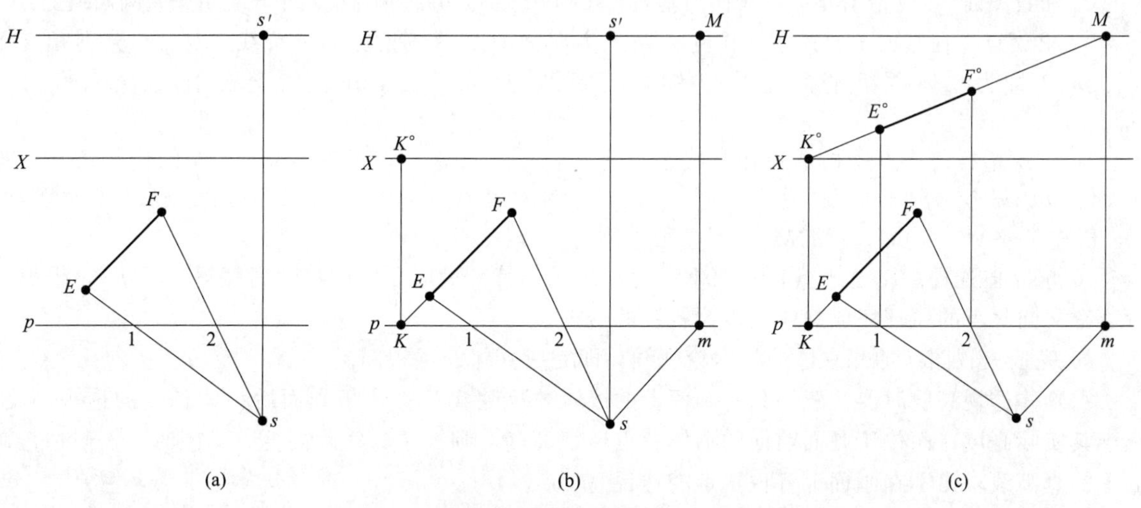

图 5-19　利用迹点和灭点求基面上直线的透视

利用迹点和灭点求不在基面的水平直线 EF 的透视，如图 5-20 所示，作图方法与步骤如下。

先求直线 EF 的水平投影 ef 的透视 $e^\circ f^\circ$，即直线 EF 的次透视，其作图过程同上述基面上直线透视的画法。不同之处在于：在次透视的基础上再求空间中直线 EF 的透视。

画图方法：过迹点 k 的真高线上量取直线 EF 离基面的真实高度 h，得直线 EF 的迹点 K，连接 KM 即为空间直线 EF 的全长透视，利用次透视 e°、f°作垂线交 KM 即求得直线 EF 的透视 $E^\circ F^\circ$。

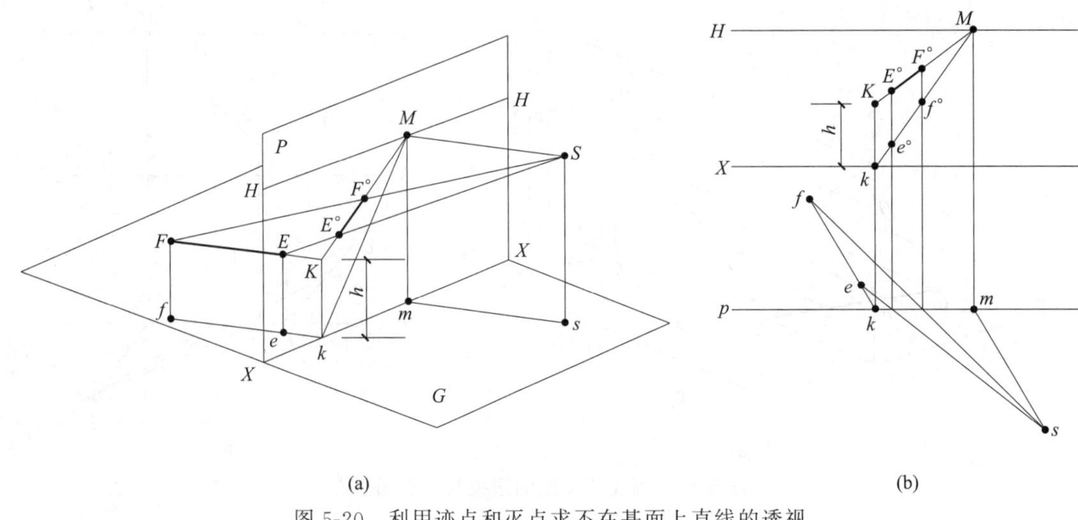

图 5-20　利用迹点和灭点求不在基面上直线的透视

二、视线法画透视图

视线法是较常用的一种作透视图的方法，也称为建筑师法。具体作图时，先利用迹点和灭点作直线的全长透视，然后利用物体上可见点视线的水平投影与画面线的交点来确定可见点的透视位置，求出物体水平投影的透视即次透视（也称基透视），再利用真高线来确定各点的透视高度。

简单地说，视线法就是利用直线的迹点、灭点和视线的水平投影求作线段透视的方法。

1. 基本作图方法

已知一立体的两个投影及其在基面上的位置，为方便作图，使立体一垂直棱线与画面相接触，如图 5-21（a）所示。设定视高 h、视距 D 及立体正面与画面偏角 α，求立体的透视。

如图 5-21 所示，作图过程如下。

① 布置图面。为方便作图，把画面与基面放在同一平面，并将物体的水平投影重画到画面线上方。

② 求灭点。在基面上自站点 s 作立体两个主向面上水平线投影的平行线，与 pp 分别相交于 m_1、m_2，即为立体两组平行线灭点的水平投影，过 m_1、m_2 作垂线交视平线 HH 得灭点 M_1、M_2。

③ 求次透视。迹点 a 的透视在基线上，连接 aM_2、aM_1，求得直线 ad、ab 的全长透视；连接 sd、sb、sc 交 pp 于 1、2、3 点，过 1、2、3 分别作垂线交 aM_2 得透视 d°，交 aM_1 得透视 b°、c°，再连接 $b^\circ M_2$、$c^\circ M_2$ 及 $d^\circ M_1$，即求得立体的次透视。

④ 求立体透视高。过迹点 a 的铅垂线为真高线，其上量取立体的实际高度得 h_1、h_2，根据平行线有共同灭点的原理完成立体上表面各线的透视。

⑤ 完成透视图。加深立体的外形轮廓线，即完成立体的透视图。

求物体透视高度时要注意：只有画面上的线段才反映实长；位于画面后物体各点的透视高度，小于其实际高度；而位于画面前面的物体各点透视高度，则大于其实际高度。画图时，一般通过画面上的真高线求出不在画面上各位置点的透视高。

2. 视线法的应用

视线法画透视图时，必须借助基面上物体的水平投影作为辅助图。当使用上述做法把画面与基

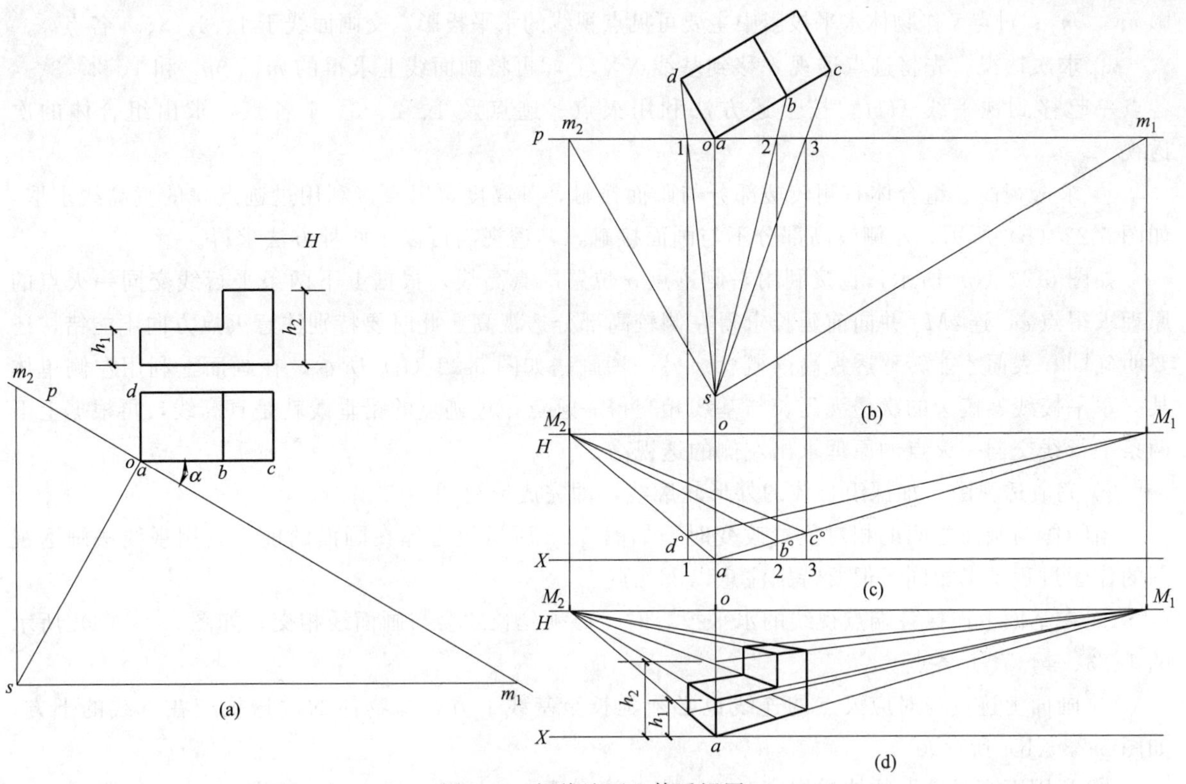

图 5-21 视线法画立体透视图

面放在同一上下平面，画图时需要将物体的水平投影重画到画面线上方，占用较大图纸幅面，给作图带来不便。因此，用视线法画透视图时可以直接利用物体的水平投影求灭点的水平投影和各视线的水平投影，再通过圆规把需要的尺寸量取到画面的相应位置上。

一高低组合体的两个投影及其在基面上的位置如图 5-22（a）所示，已知视高 h、视距 D 及组合体正面与画面偏角 α，求高低组合体的透视。

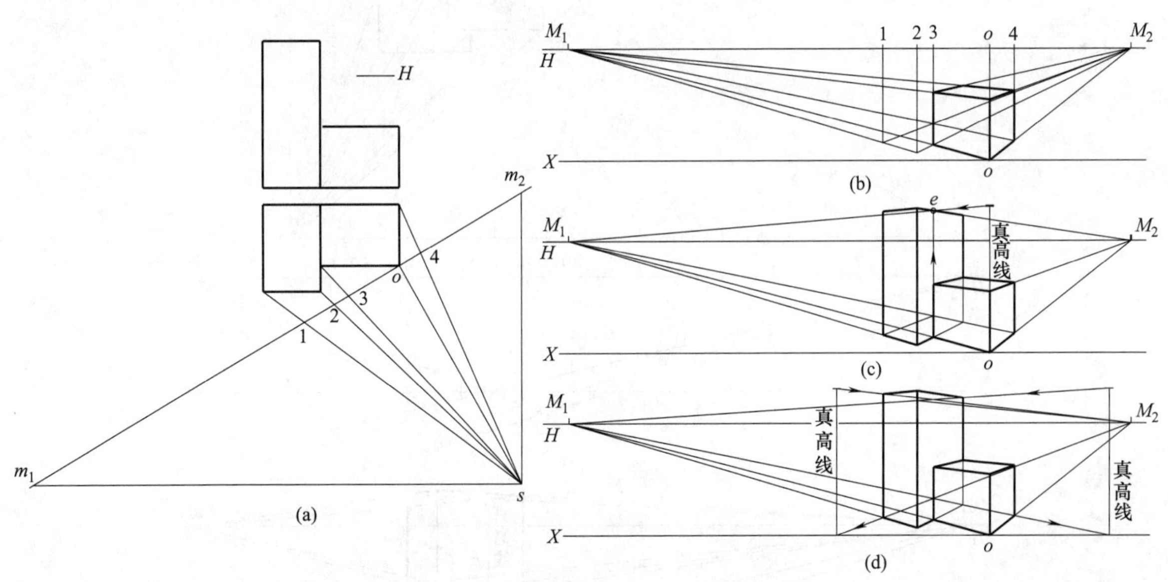

图 5-22 视线法画高低组合体的透视图

如图 5-22 所示，作图过程如下。

① 确定迹点。根据组合体的水平投影可知点 o 是组合体水平投影某线段的迹点。

② 求灭点和视线的水平投影。在基面上过点 s 作组合体两组水平线的平行线，得灭点的水平投

影 m_1、m_2；过点 s 作物体水平投影中主要可见点视线的水平投影，交画面线于 1、2、3、4 各点。

③ 求次透视。先将迹点透视 o 移到基线 XX 上，再将画面线上求得的 m_1、m_2 和 1、2、3、4 各点一起移到视平线 HH，按上述方法利用灭点、迹点及 1、2、3、4 各点，求出组合体的次透视。

④ 求透视高。组合体右侧较矮部分与画面接触，其高度可以直接利用过迹点 o 的真高线求取，如图 5-22（b）所示。左侧较高部分不与画面接触，其透视高可以用两种方法求得。

如图 5-22（c）所示，直接利用右侧迹点 o 位置的真高线，根据上下两条平行线交同一灭点的原理求得点 e，连 eM_2 并向前延长求得左侧较高部分透视高。此时要特别注意灭点方向不能错，还要明确同一表面才能转移透视高的概念。另一种画法如图 5-22（d）所示，在画面上利用左侧单体某一水平棱线、棱边的次透视延长与基线相交得一迹点，过迹点的铅垂线就是真高线，再根据上下两条平行线交同一灭点的原理求出左侧的透视高。

⑤ 完成透视图。加深组合体的外形轮廓线，即完成透视图。

当物体与画面之间的相对位置改变时，如图 5-23 所示组合体在画面的前面，用视线法画透视图的作图过程基本相同，但要特别注意以下几点。

① 在基面上连接各端点视线的水平投影时，必须延长才会与画面线相交，如图 5-23（a）所示的 1、3、4、5、6 各点。

② 画面上迹点与对应灭点的连线也必须延长至基线下方，即物体的次透视应在基线的下方，如图 5-23（b）所示。

③ 利用真高线求取物体透视高时，一定要注意灭点选择和连线方向，如图 5-23（c）所示。

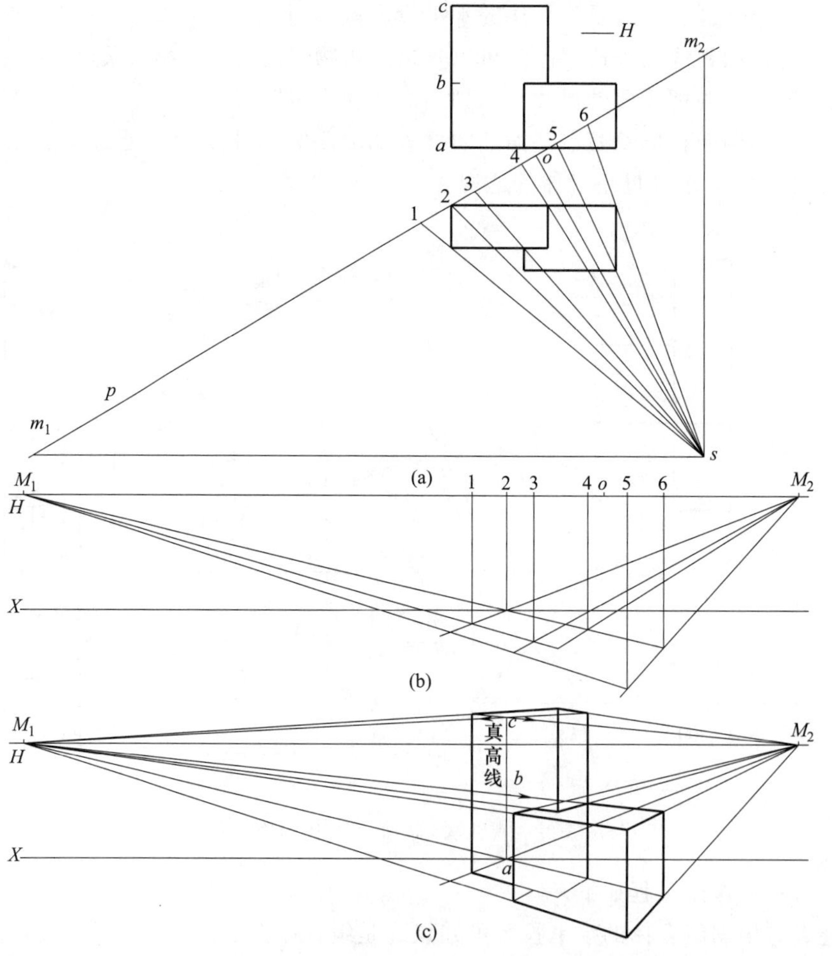

图 5-23　物体在画面前的透视图画法

三、迹点法画透视图

根据透视投影的基本规律可知：迹点的透视就是其本身，直线的透视必通过其迹点与灭点，过迹点的铅垂线均为真高线；两相交直线交点的透视就是两直线透视的交点。迹点法就是利用这些透视规律来求解点、直线的透视方法，该作图方法特别适用于物体与画面不接触的情况。

如图 5-24（a）所示，已知一立体的两个投影，其位置在画面后，不与画面接触。已知视高 h、视距 D 及立体正面与画面偏角 α，用迹点法求立体的透视。

如图 5-24 所示，作图过程如下。

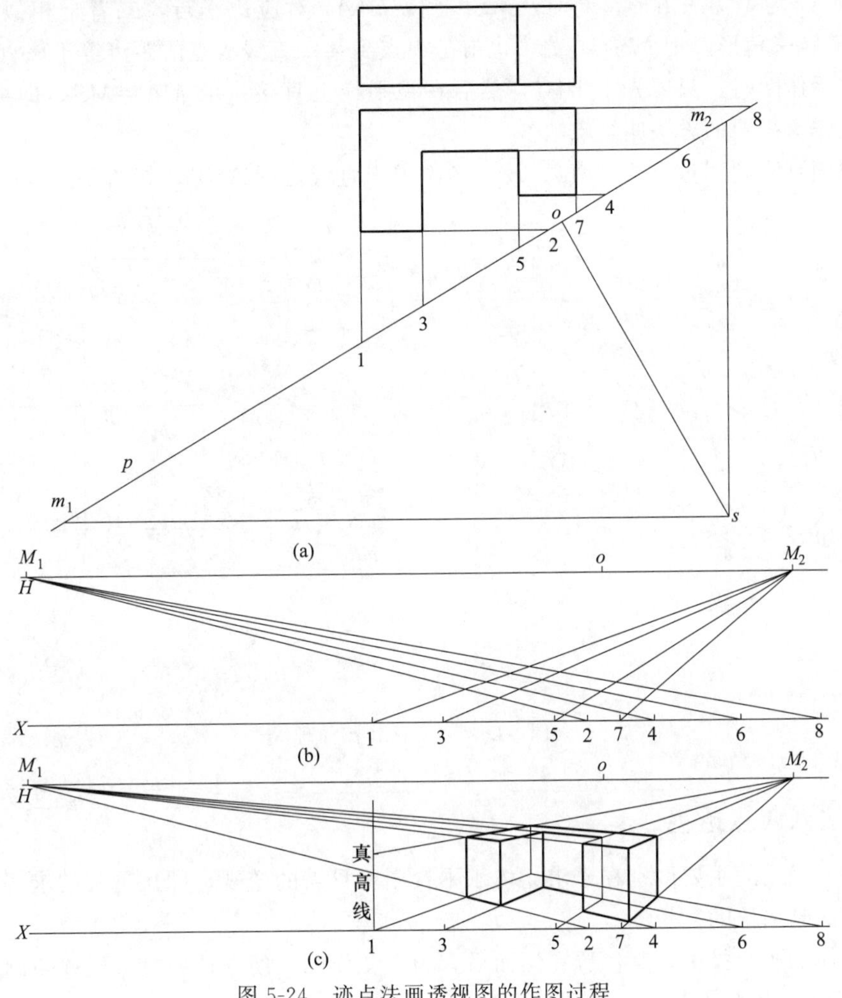

图 5-24 迹点法画透视图的作图过程

① 求灭点。灭点的求取方法同视线法。

② 求迹点。在基面上将立体的水平投影各线分别延长与画面线 pp 相交，得 1、3、5、7 和 2、4、6、8 各点，再将这些点移到画面的基线 XX 上。

③ 求次透视。利用直线的透视必通过其迹点与灭点，将各迹点与对应的灭点相连得相应线的全长透视，由两条不同方向线的交点确定立体的次透视。

④ 求透视高。过迹点的铅垂线均为真高线，所以迹点法的透视高可选取任一条真高线求取立体的透视高，其作图方法同视线法。

⑤ 完成透视图。加深立体的外形轮廓线，即完成透视图。

四、量点法画透视图

量点法就是利用辅助直线的灭点（量点，一般记为 L），求已知直线透视长度的作图方法。

1. 量点法作图原理

如图 5-25（a）所示，求基面上直线（AB）的透视，作图过程如下。

① 由上述知识可知：AB 透视 $A^\circ B^\circ$必在全长透视 Mk 上。

② 在基线上找一点 A_1，使 $kA=kA_1$，连接 AA_1，过视点 S 求辅助线 AA_1 的灭点为 L，连 LA_1 即为辅助线 AA_1 的全长透视，则透视 $A^\circ A_1^\circ$必在该全长透视线上。

③ 根据两直线交点的透视即为两直线透视的交点可知，Mk 与 LA_1 的交点 A°就是点 A 的透视。

由于$\triangle kAA_1$ 为等腰三角形，同时$\triangle MSL$ 和$\triangle kAA_1$ 对应边平行，二者是相似三角形，所以$\triangle MSL$ 也是等腰三角形，即 $MS=ML$，也就是视点到某一直线灭点的距离等于该直线灭点到其量点的距离。实际作图时，只要先求出 M，然后在视平线上直接量取 $ML=MS$，即可找到量点 L，这种利用量点作透视图的方法叫量点法。

因此，我们可以利用量点法，由 $A_1B_1=AB$ 求出直线透视 $A^\circ B^\circ$，如图 5-25（b）所示。

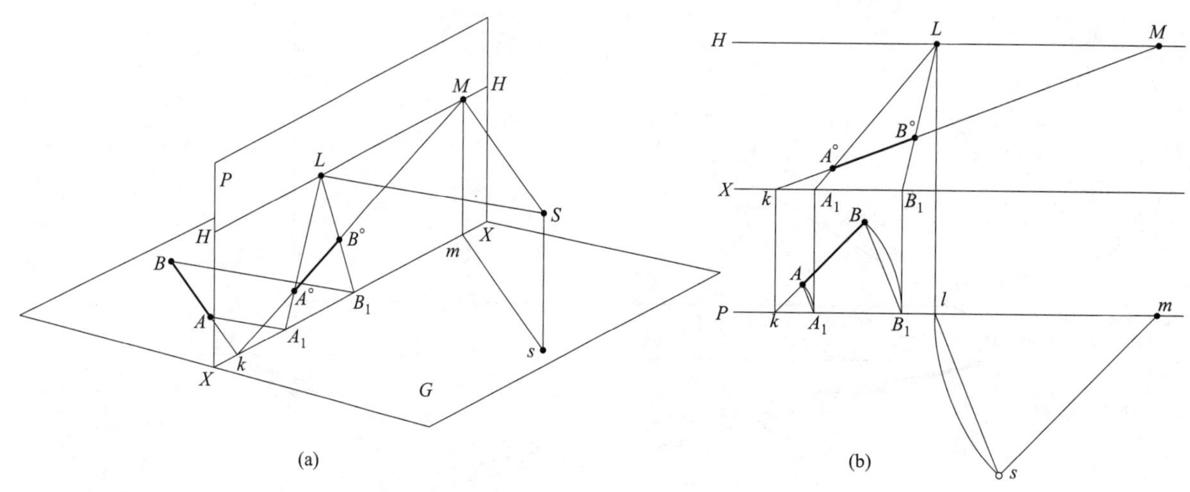

图 5-25　量点法作图原理

2. 量点法画两点透视

量点法与视线法的主要区别在于求立体水平投影可见点的透视，即次透视的求解方法，物体透视高的作图方法是一致的。

已知一立体的两个投影，其位置在画面后，为方便作图，使立体一垂直棱线与画面相接触，如图 5-26（a）所示，用量点法求立体的透视。

如图 5-26（b）、图 5-26（c）所示，作图过程如下。

① 求灭点。在基面上过站点 s 作立体水平投影主方向两直线的灭点水平投影，分别为 m_1、m_2。

② 求量点。设主点的水平投影为 o，以 m_1 为圆心、m_1s 为半径作圆弧与 pp 相交于 l_1，即为灭点 M_1 方向各线的透视长度量点 L_1 的水平投影，同理可求出灭点 M_2 方向各线的透视长度量点 L_2 的水平投影 l_2，将主点、灭点、量点全部搬移到视平线上。

③ 求次透视。由迹点 k 作出全长透视 kM_1、kM_2，再以 k 为基准点在基线上量取水平投影中各点的实际尺寸，如图中 x，然后用量点 L_1 与该点相连，交 kM_1，即得相应点的透视位置。同理，立体深度方向尺寸 y 量取后与量点 L_2 相连，交 kM_2，即得到深度方向点的透视。将得到的各点透视再分别与相应的灭点连线，就可以求出立体的次透视。

④ 求立体透视高。利用真高线来确定各点相应高度，其作图方法同视线法。

⑤ 完成透视图。加深立体的外形轮廓线，即完成透视图。

从图 5-26（a）中量点的求作过程中可知$\triangle m_1sm_2$、$\triangle som_1$、$\triangle som_2$ 均为直角三角形，其中 os 为视距，$\angle sm_1o=\angle osm_2=$偏角 α，这样，只要已知视距、偏角，就可以按直角三角形各公式通过计算得到灭点、量点的具体位置，直接作出透视图，而不必在立体的水平投影上作图求得。在实际绘图中，用量点法比用视线法求次透视来得方便，且更不易出错。

对于水平投影为长方形的立体，画透视图时偏角 α 一般取 30°，那么根据视距大小按直角三角形各公式，通过计算就可以得到相应的灭点、量点位置。为方便作图，现将常用视距对应的灭点、量点参数列于表 5-3。

量点法作透视图时应注意以下事项。

① 量点的数量与物体水平投影轮廓线的方向数量相一致，作图时要弄清楚它们的对应关系。

② 互相平行的直线可用相同的量点，但量取实际尺寸时基准点不同。

③ 不平行的直线应分别求出它们的灭点与量点。

④ 基面上的直线在画面前后两部分的实长应分别量在迹点的两侧，任何一段直线的透视都应从该直线与画面的交点即迹点量起。

⑤ 为保持图面清晰，与量点相连的线可以不画完整，只要求得点的透视即可，如图 5-26（c）所示。

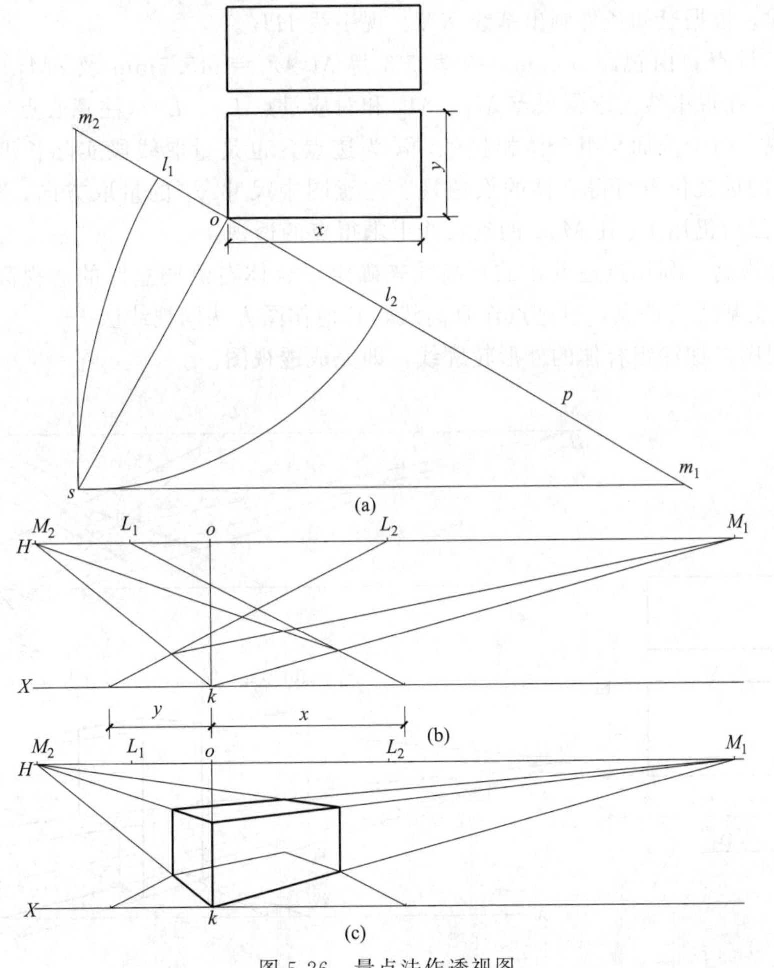

图 5-26　量点法作透视图

表 5-3　常用视距对应灭点、量点位置表（$\alpha=30°$）　　单位：mm

视距	M_1M_2	oM_1	oM_2	M_1L_1	M_2L_2	备注
50	115.5	86.5	28.8	100	57.8	
60	138.6	104	34.6	120	69	

续表

视距	M_1M_2	oM_1	oM_2	M_1L_1	M_2L_2	备注
70	161	121	40	140	81	
80	184.6	138.6	46	160	92	
90	208	156	52	180	104	
100	230.9	173.2	57.7	200	115.5	
110	253.5	190.5	63	220	127	
120	277	207.8	69.3	240	138.6	
130	300	225	75	260	150	
140	323.3	242.5	80.8	280	161.7	
150	347	260	87	300	173	
190	438.6	329	109.6	380	219	
200	462	346	116	400	231	
210	485	364	121	420	242.5	

如图 5-27（a）所示，已知一组合体的两视图和视高，设视距为 50mm，立体正面与画面偏角 $\alpha=30°$，用量点法求立体的透视。

如图 5-27（b）、图 5-27（c）所示，作图过程如下。

① 布置图面。根据已知条件画出基线 XX、视平线 HH。

② 定灭点、量点。由视距 50mm，查表 5-3 得 $M_1M_2=115.5$mm 及 oM_1、oM_2、M_1L_1 和 M_2L_2 各参数值，在视平线上求得灭点 M_1、M_2 和对应量点 L_1、L_2（注意心点 o 的位置）。

③ 求次透视。由于画面与组合体相接触，a 为迹点，也是量取线段实际长度的基准点，利用量点法求出各点的透视位置可得立体的次透视。注意图中尺寸 y_1 的量取方向，即在基线上向 L_2 相同方向量取，然后仍用 L_2 在 M_2a 的延长线上求得点的透视。

④ 求立体透视高。利用过迹点 a 的真高线来确定组合体右侧矮立体的透视高度，左侧立体用延长棱线次透视交基线于迹点，过迹点作真高线，其他作图方法同视线法。

⑤ 完成透视图。加深组合体的外形轮廓线，即完成透视图。

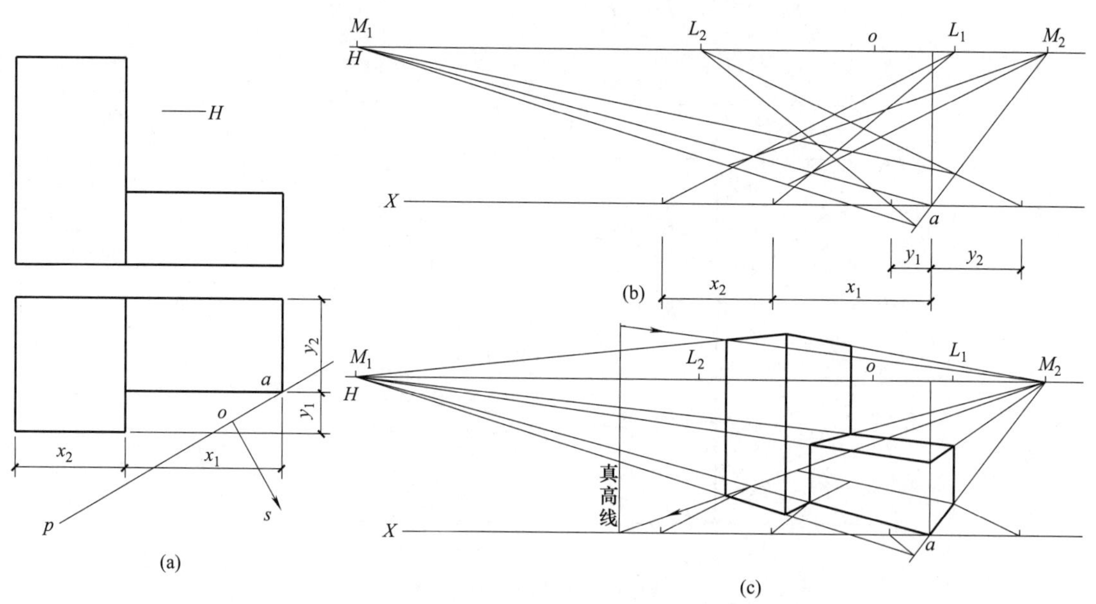

图 5-27　量点法画组合体的透视图

当画面处于立体中间时，立体水平投影多处与画面水平投影相交，即有多个迹点，可直接画出过迹点的透视全长线，再以这些迹点为基准点分别量取两个方向上尺寸以确定其他点的透视位置，画透视图将变得更简单，如图 5-28 所示。

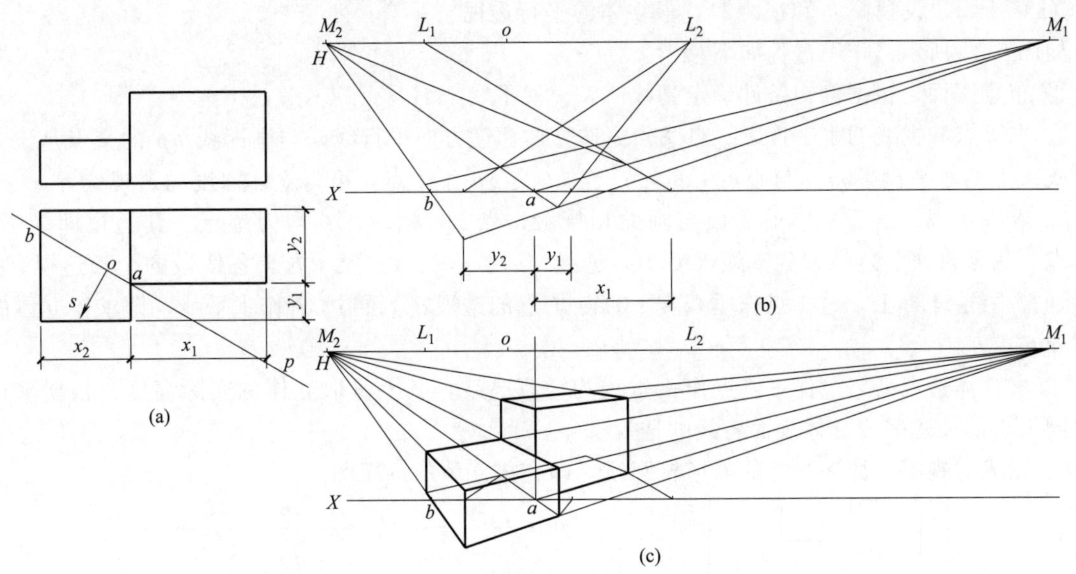

图 5-28 画面处于立体中间的透视图画法

家具产品中有很多线型较复杂的椅类、桌类家具，这些产品的透视图绘制常以简单线框图的方法来画透视轮廓。

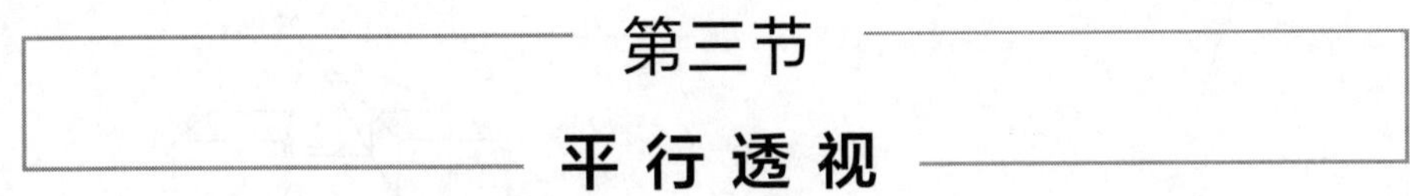

第三节 平行透视

平行透视，也称一点透视，是指物体上有两组轮廓线平行于画面，相当于物体的主要面与画面平行。如图 5-29（a）所示柜体，柜体呈平行透视状态放置时，柜体的三组棱边分别代表了高度、长度和深度的方向与尺寸，每组四条棱线相互平行。它们的透视特点如图 5-29（b）所示：Z 方向线为平行于画面的铅垂线，其透视方向仍为“铅垂线”；X 方向线为平行画面的水平线，其透视方向为“水平线”；Y 方向线是与画面垂直的水平线，其透视不再保持平行，而是汇聚于“心点”。

可见，柜体三组棱边的透视方向分别是：铅垂线、水平线、向心点直线。这也是多件立体组成的平行透视场景中线段的透视方向，如图 5-30 所示。

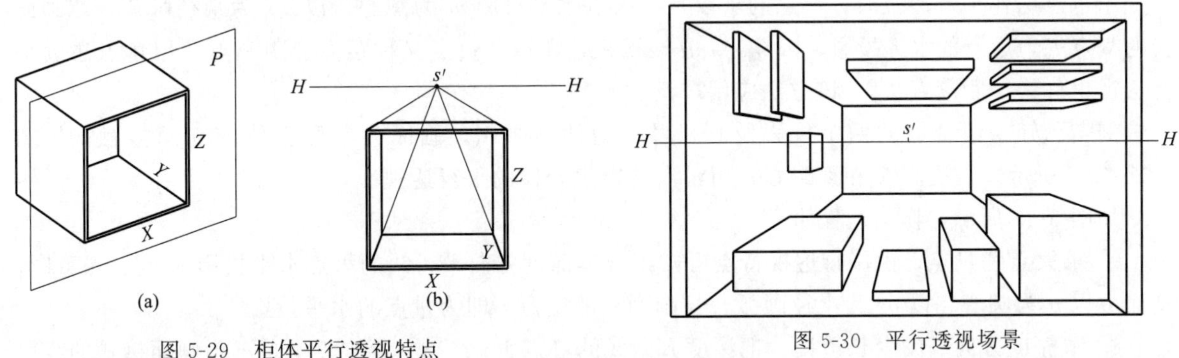

图 5-29 柜体平行透视特点

图 5-30 平行透视场景

平行透视也可用前面讨论过的视线法和量点法来画透视图。

一、视线法画平行透视图

已知一立体的两个投影及其在基面上的位置，为方便作图，使立体前立面与画面相接触，如图

5-31（a）所示。设视高 h 和视距 D，求立体的平行透视。

如图 5-31 所示，作图过程如下。

① 布置图面。根据已知条件确定基线 XX、视平线 HH 及心点 s'。

② 求灭点和视线的水平投影。自站点 s 作立体深度方向平行线，与画面线 pp 的交点是该方向平行线灭点的水平投影 m，与心点 s' 重影；连 sd 交 pp 于 1 点，可得立体深度的透视位置。

③ 求次透视。由于立体前立面与画面相接触，点 a、b、e、f 均为迹点，其透视即为本身。以心点 s' 为基准将各迹点移到基线 XX 上，连接 $s'a^{\circ}$、$s'b^{\circ}$、$s'e^{\circ}$ 及 $s'f^{\circ}$ 得各线段的全长透视，把 1 点移到视平线 HH 上，过 1 点作垂线交 $s'a^{\circ}$ 得 d 点的透视 d°，再过 d° 作水平线，即求得立体的次透视 $a^{\circ}b^{\circ}c^{\circ}d^{\circ}$。

④ 求立体透视高。过任一迹点作铅垂线均为真高线，其上量取立体的实际高度，根据平行线有共同灭点的原理完成立体表面各线的透视。

⑤ 完成透视图。加深立体的外形轮廓线，即完成立体的透视图。

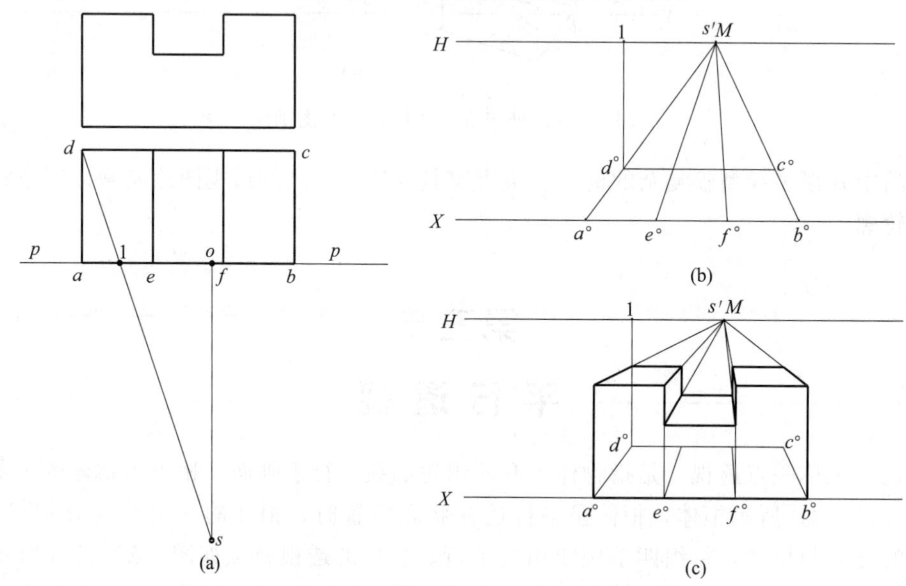

图 5-31　视线法画立体平行透视

二、量点法画平行透视图

用量点法作平行透视时，量点的求取是以灭点水平投影 m 为圆心，以 ms 为半径画弧，与画面线的交点 l 为量点的水平投影，因 $ms=ml=$ 视距，所以，量点又称距点、距离点。用量点法画平行透视也称为“距离点法”，该方法应用广泛。

例：已知一组合体的两个投影及其尺寸，为便于画图，画面与右侧立体前立面接触，如图 5-32（a）所示。设视高 h 和视距 D，用量点法求组合体的平行透视。

如图 5-32 所示，作图过程如下。

① 求灭点和量点。由平行透视特点可知组合体深度方向平行线的灭点水平投影 m 与 o 点重影，基面上以 o 为圆心，以 os 为半径画弧，与画面线的交点 l 即为量点的水平投影。

② 求深度方向线的全长透视。把深度方向线的迹点 1、2、3（其中点 1 是不与画面接触的线段延长后的迹点）移到基线上，连 $M1$、$M2$、$M3$ 求得组合体深度方向线的全长透视。

③ 求次透视。以迹点为基准点，把实际尺寸 y_1、y_2 量到基线上，然后各点与量点相连，交过该迹点的全长透视求得相应点的透视，再过这些点作水平线，即求得组合体的次透视。

注意：求量点时，量点既可以在 M 点的右侧，如图 5-32（b）所示，也可以在 M 点的左侧，如图 5-32（c）所示。区别在于利用量点求直线的透视时，量取实际尺寸的方向不同。

④ 求组合体透视高。过任一迹点作铅垂线均为真高线，该例是过 2 作真高线，求立体的透视高。

⑤ 完成透视图。加深组合体的外形轮廓线，即完成透视图。

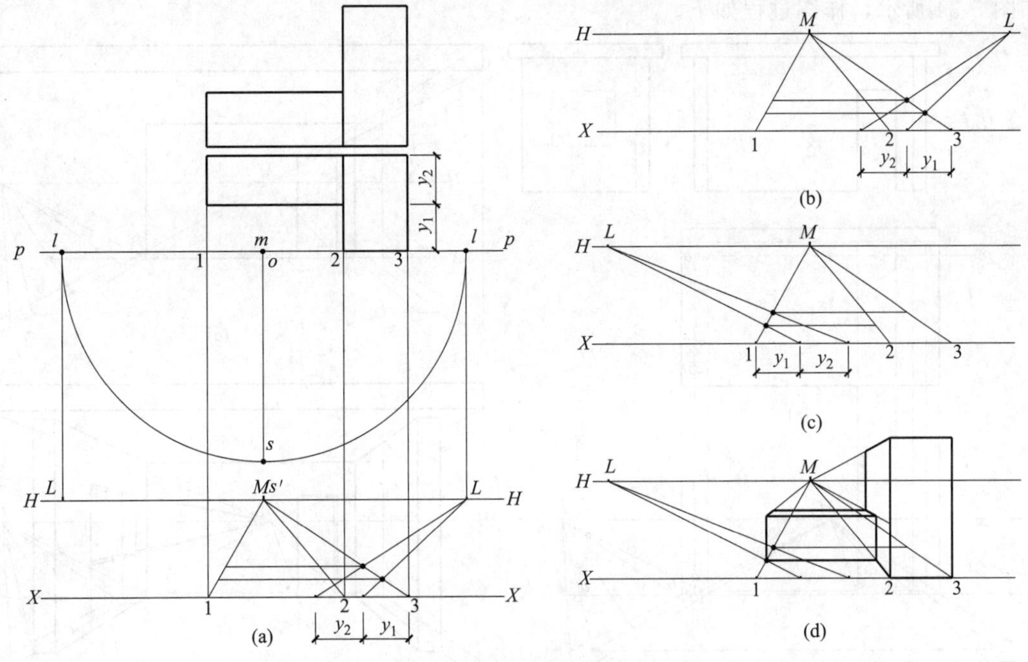

图 5-32　量点法画组合体的平行透视

例： 已知一断墙的两个投影及其尺寸，画面在立体的中间，如图 5-33（a）所示。已知视高 h 和视距 D，求断墙的平行透视。

作图过程与上例类似，如图 5-33 所示。不同之处在于物体左右两侧的前半部分在画面前，过迹点作直线全长透视时必须延长至基线下方；同时以迹点 b 为基准点量取 a 点实际尺寸时，必须向量点 L 相同方向量取，才能求出 a 点的透视位置，即画面前物体的次透视在基线下方，如图 5-33（b）所示。

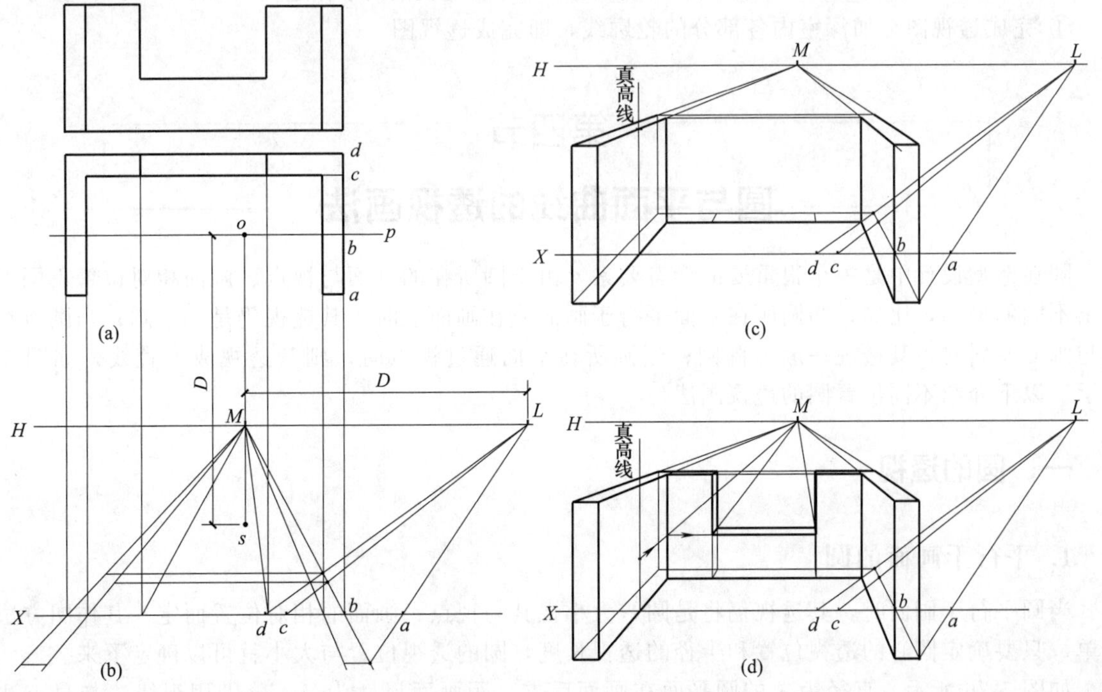

图 5-33　画面在断墙中间的平行透视画法

例：已知一室内的平面图、立面图及门、窗洞的位置，为便于画图将画面与后墙面相接触，设视高 h 和视距 D，用量点法画室内平行透视。

如图 5-34 所示，作图过程如下。

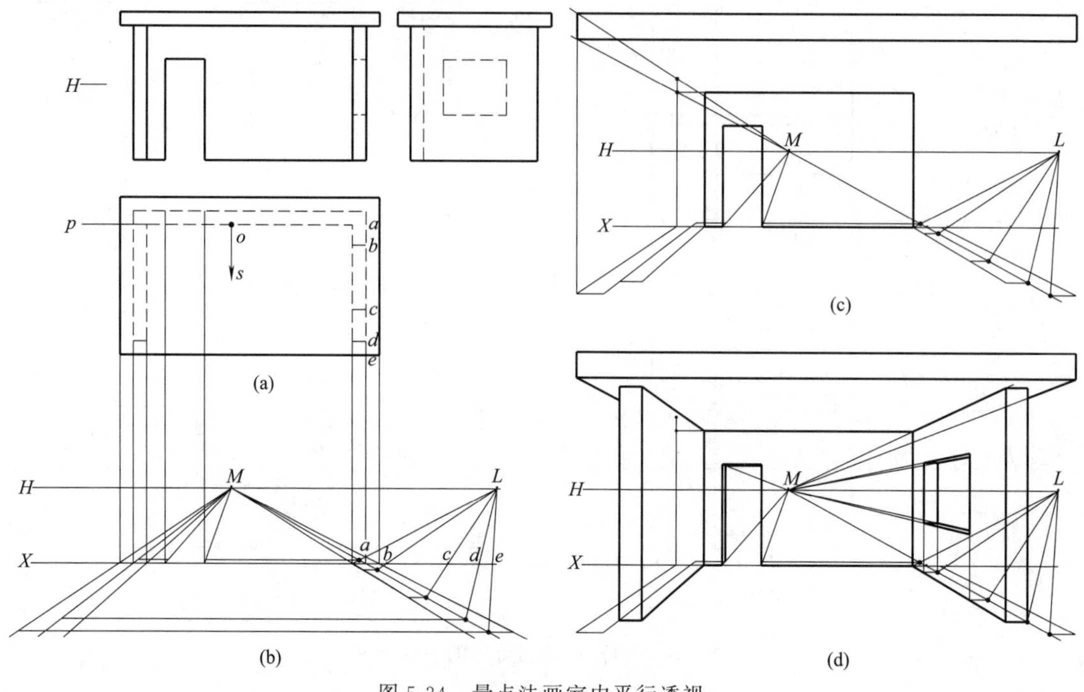

图 5-34　量点法画室内平行透视

① 布置图面。根据已知条件确定基线 XX、视平线 HH 及灭点 M、量点 L。

② 求次透视。由于画面与后墙面相接触，把深度方向线的各迹点移到基线上（注意各迹点与灭点 M 的相对位置），连接灭点与各迹点并延长至基线下方；以内墙角为基准点，把进深方向实际尺寸量到基线上，用量点来确定深度方向各点的透视位置，求出室内的次透视。

③ 求透视高。因后墙面反映实形，求室内透视高时可以先画后墙面及其门洞，再以内墙角线作为真高线求室内透视高和右墙上的窗洞高。特别注意顶面平台透视高的求作过程，如图 5-34（c）所示。

④ 完成透视图。加深室内各部分的轮廓线，即完成透视图。

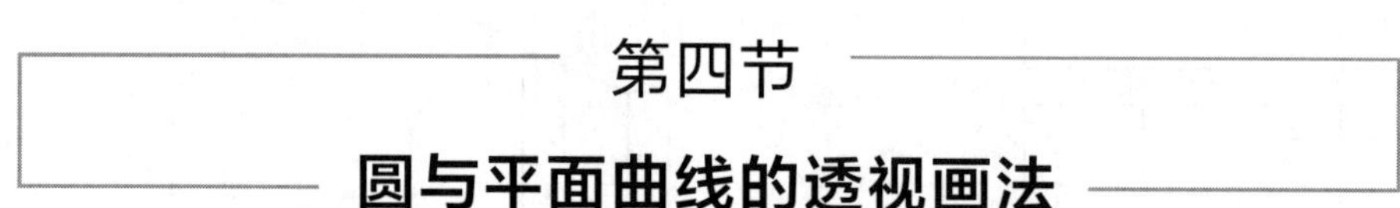

第四节 圆与平面曲线的透视画法

圆在造型设计中是一个很重要的形态要素，由于圆所在的平面与视点、画面相对位置不同而呈现出不同的形态，比如，当圆所在平面平行于画面或在画面上时，其透视仍是一个圆；当圆所在平面与画面倾斜时，其透视一般为椭圆；当圆所在平面通过视点时，则其透视成一直线，如图 5-35 所示。以下介绍不同位置圆的透视画法。

一、圆的透视

1. 平行于画面的圆

当圆平行于画面时，其透视仍将是圆，大小视其与视点、画面的相对位置而定。其作图方法较简单，只要确定圆心的透视位置和半径的透视长度，圆的透视位置与大小就可以确定下来。

如图 5-36 所示，直径为 ϕ 的圆平面在画面后方，距画面尺寸为 y，分别用视线法与量点法作圆的透视。

图 5-35 不同位置圆的透视

视线法作画面平行圆的透视如图 5-36（a）、图 5-36（b）所示，在基面上，设圆心、圆周左右两个转向点的水平投影分别为 b、a 和 c，连 sa 交画面线 pp 于 1，过 1 点作垂线就可以求得圆所在平面次透视位置，过 b° 作铅垂线即可求得圆心的透视位置，$a^{\circ}c^{\circ}$ 就是透视圆的直径，用圆规画圆即得画面平行圆的透视。

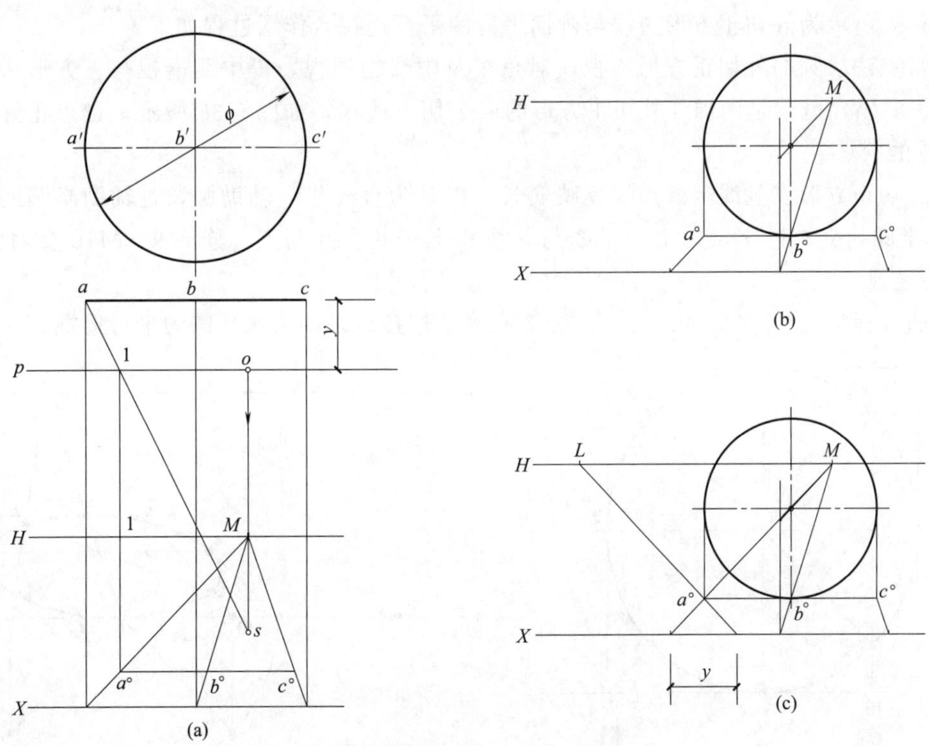

图 5-36 平行于画面的圆透视图画法

量点法作画面平行圆的透视如图 5-36（c）所示，以迹点为基准点量取圆离画面的尺寸 y，用量点法作出圆的次透视，并利用过圆心迹点的真高线就可以求得圆心透视的位置和透视圆的半径，用圆规画圆也能方便画出画面平行圆的透视。

那么，如图 5-37 所示的圆柱透视，实质上是画出两个画面平行圆的透视，再作该两圆的公切线即可。注意：公切线的方向应平行于圆柱的轴线，即与轴线共有灭点 M。

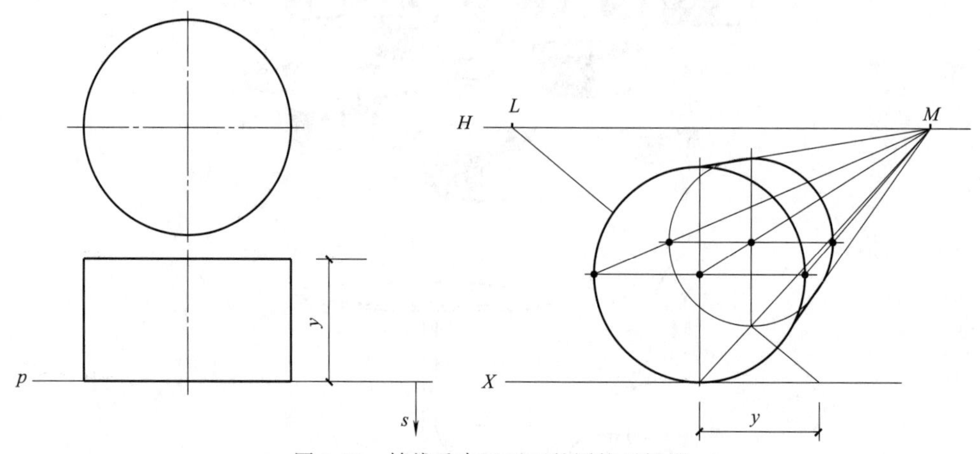

图 5-37　轴线垂直于画面的圆柱透视图

2. 水平面的圆

水平圆的透视一般为椭圆，可以采用八点法作椭圆。所谓八点法就是利用圆周上八个特殊的点来求其透视的方法。八点的作图过程如图 5-38 所示，已知圆的直径为 ϕ，先作圆周的外切正方形，与圆周切于四边中点 1、2、3、4；再连正方形的对角线与圆周交于四个点 5、6、7、8。作透视图时，只要求出以上八个点的透视，用流畅弧线连接即可求得圆周的透视（椭圆）。

根据外切正方形边线与画面是否平行分为平行透视和成角透视两种。

如图 5-38 所示为外切正方形边线与画面平行的平行透视，作图过程如下。

① 用量点法求圆的外切正方形透视，对角线及中线的透视，得中线透视与正方形边线透视的交点 1、2、3、4，也就是圆周与外切正方形的四个切点透视，如图 5-38 所示，量点正好是外切正方形对角线的灭点。

② 因外切正方形在基线上的边线反映实长，以其为直径作一辅助圆，过辅助半圆的圆心作两条 45°线与半圆相交，过交点向上引垂线与基线相交于 9、10 两点，连 $M9$、$M10$ 交对角线得 5、6、7、8 的透视。

③ 用曲线板将 1、2、3、4、5、6、7、8 点光滑连接起来即为水平圆的平行透视。

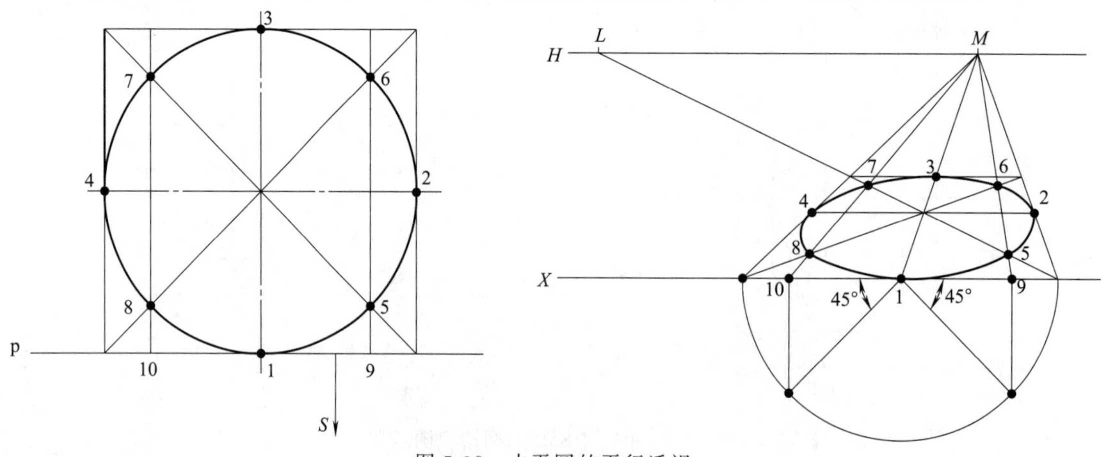

图 5-38　水平圆的平行透视

实际应用中，常常有同心圆的装饰设计，如地面图案、天花造型、桌面转盘等。同一平面上共有同一圆心的大小圆周，它们之间的宽窄本来是相等的，但水平圆的透视状态如图 5-39 所示，呈现两椭圆之间两端宽、远端窄、近端居中的视觉效果。作图过程要注意它们的透视特征并合理运用。

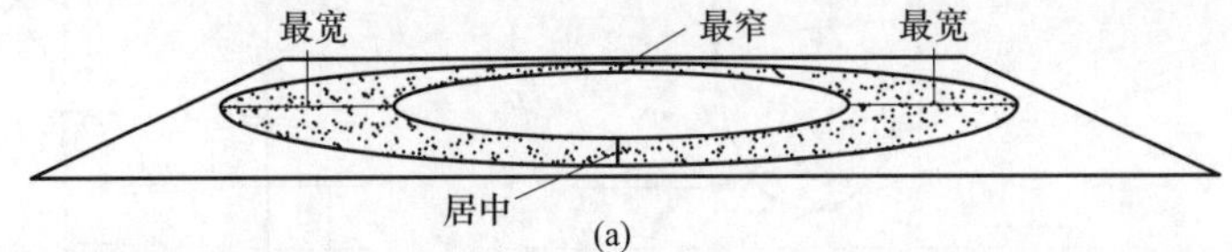

(a)

(b)

图 5-39　同心圆的透视特点及应用

如图 5-40 所示为外切正方形边线与画面不平行的水平圆的成角透视。为便于作图，设正方形一角与画面相接触。

水平圆的成角透视作法与平行透视作法原理一样，也是利用八点法，作图过程如图 5-40 所示。在求取各点透视位置时也可以利用量点法，注意 a、b 两点实际尺寸的求取方法。

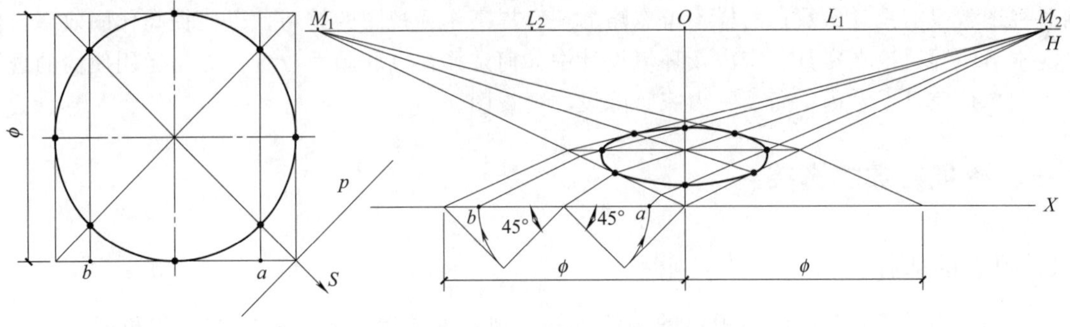

图 5-40　水平圆的成角透视作图方法

3. 垂直圆的透视

当圆所在的平面垂直于基面又不平行于画面时，称为垂直圆。其作图方法与水平圆相类似，如图 5-41 所示。作图时，利用外切正方形在画面上的垂直边线画辅助半圆求对角线与圆的 4 个交点，比利用其他边线来得方便。

二、平面曲线的透视

曲线所在平面与画面的位置不同，其透视的形状与尺寸也不同。通常在画面上的平面曲线，透视是其本身；平行于画面的平面曲线，透视为相似曲线，只有近大远小的变化；若平面通过视点，

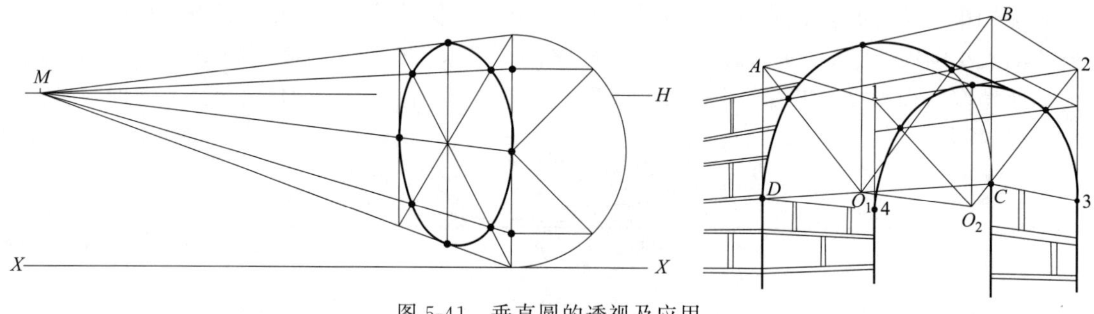

图 5-41 垂直圆的透视及应用

则其透视是一段直线。曲线所在平面不平行于画面时，透视将发生较大改变，其作图方法与直线的透视有较大的区别。

平面曲线的透视与圆的透视一样，可以从方形平面中寻求一系列足以确定和显示曲线形状的关键点，先求出这些点的透视，再以光滑的圆弧依次序连接起来即是曲线的透视。

实践中主要用坐标定点法，也称网格法，即用纵横网格来控制曲线上的一些点，先画出网格的透视，再找出平面曲线与网格线的交点在网格透视图的相对位置，然后按照平面曲线的走向，将各点光滑连接起来，即得所求平面曲线的透视。网格的大小视曲线的复杂程度和作图的精确要求来确定，网格多用正方形。

第五节 透视图实用画法实例

在透视图的基本画法中，都是由已知的视高、视距及物体正面与画面的相对位置来完成透视图的作图过程，说明这三个要素是影响透视图表达效果的关键。设计实践中，需要我们根据所表达对象的形态、大小和对透视形象的要求正确地选择投影的角度和位置。因此，学习透视图，不仅要掌握合理选择透视的类型，学会运用视线法、迹点法及量点法等各种画法，而且必须要学会正确选择影响透视图效果的视觉参数；同样不可忽略的还有提高作透视图的技巧，以便提高作图效率与作图质量。本节主要讨论在家具、室内及环境设计中如何选择视点和画面位置，如何运用便捷的透视图画法绘制单体家具、室内空间及室内家具陈设的透视图。

一、透视参数的选择

1. 视点的选择

从我们的生活经验和前面透视图的画法可知，视点的位置即我们观察物体的角度、距离及高度，是影响透视图形象的关键参数。视点位置的选择得当与否，直接关系所画透视图形象是逼真、生动的，还是歪曲失真，甚至变形的。视点的确定包括视高的选择和站点位置的确定。

(1) 视高的选择

视高即视点到基面的距离，也是视平线与基线之间的距离，相当于人站立时眼睛的高度，通常为 1.5～1.7m，所以是一个比较容易确定的参数，所作的透视图比较符合实际生活中所观察到的物体形象。视高的确定与物体的总高有关，如高度较矮小的茶几、矮柜、凳子、沙发等，可适当降低视高，相当于人坐视时的高度（1.2～1.4m）。有时为了取得透视图的特殊效果，可以适当降低或提高视高，如表现室内空间时，采用较低的视高可以强调天花的造型；特别在表达高层建筑或高坡上的建筑时，降低视高可以使透视图中的建筑物给人以高大、雄伟的感觉。而增加视高，可以使画面在透视图中表现得比较开阔，如画室内透视时，较高的视高可以让室内的家具布置一览无余；

表现广场、园林景观时，高视高可表现整体空间的场景，也称为鸟瞰图。总之，视高的选择要视表达对象和透视要求的具体情况而定。

如图 5-42 所示为办公桌在不同视高下透视图的变化情况。从图可见，选择视高时要注意以下问题。

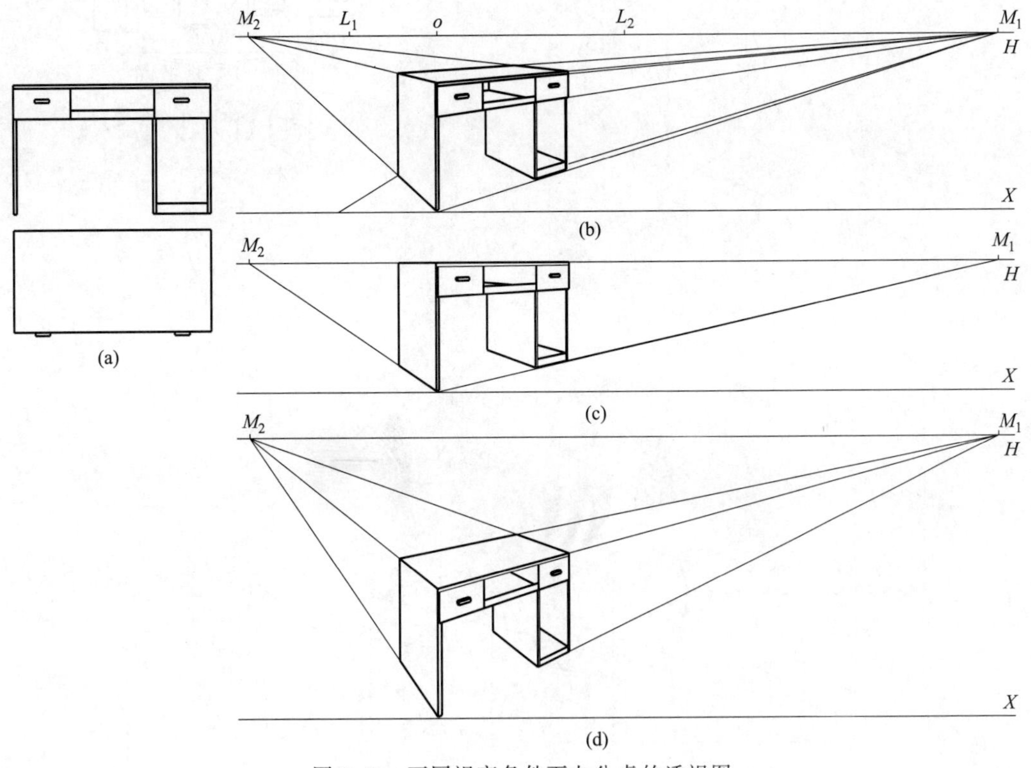

图 5-42　不同视高条件下办公桌的透视图

① 视高不能与物体的某一水平表面等高，不然会造成该平面积聚成直线，如图 5-42（c）所示。除必要外，一般不选视高为零，同样会造成地面线积聚成线。

② 对于高于人体的家具，视高一般不宜选择过高，否则视距也需相应加大，结果灭点很远，画图困难，而且透视特点不明显。如果不相应加大灭点距离，画出的透视图将变形，如图 5-42（d）所示。

③ 视高避免选在物体高度的中间部位，否则会使透视图因上下倾斜角度相同而显得呆板。

(2) 站点位置的确定

站点位置的选择首先考虑实际环境中人们可以到达的位置，其次应符合人眼的视觉要求，保证视角大小适宜，最后应反映物体的整体造型特点。

根据测定，人在一个固定位置用眼睛观察物体时，其视野有一定的范围，即接近于椭圆锥，如图 5-43（a）所示。该椭圆锥是以人眼为顶点、以主视线为轴线的锥面，所以称为视锥，其范围称为视域，锥顶的夹角称为视角。水平视角 α 略大于垂直视角 β，为了便于作图，通常将视锥近似地看作是正圆锥，即 $\alpha=\beta$。

为了保证视域内物体清晰而不变形，视角有一定的限制。一般来说，在视角为 60°范围以内的立体，透视形象真实，在此范围以外的立体，失真变形；如图 5-43（b）所示为视锥内外不同位置立体的透视，越近于圆中心的透视立体越自然，越远的越不自然，位于圆形外侧的透视立体，让人无法分辨是正方形还是正六面体。因此，绘制透视图时，应合理确定视角的大小。

从图 5-44 中可以看出，视角的大小与视距有关。基面上设画面的宽度为 B，经计算，视距 D 等于画面宽度 1.5～2.0 倍、视角为 28°～37°时，可满足人眼的视觉要求。对于长度方向较大的物体，如组合柜、会议桌等，还要兼顾到所观察物体的全貌和各部分的真实比例，应使视点的位置位

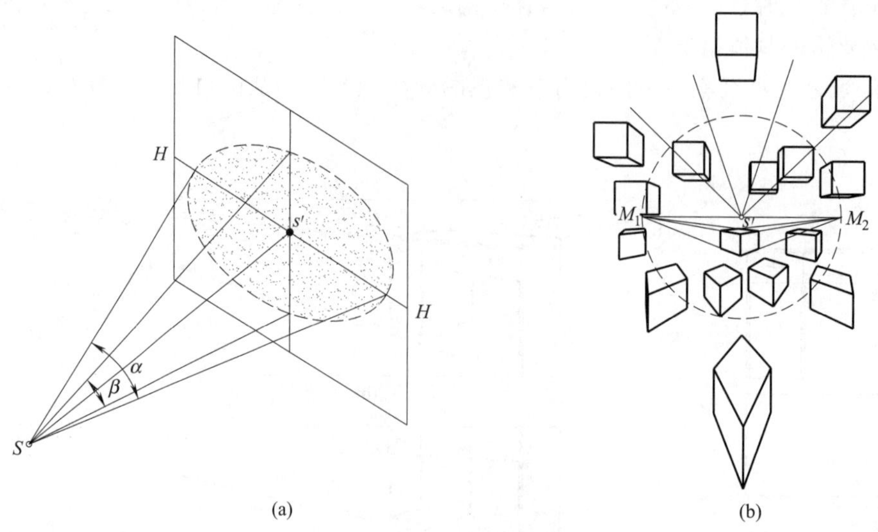

图 5-43 视锥及视锥内外不同位置立体的透视

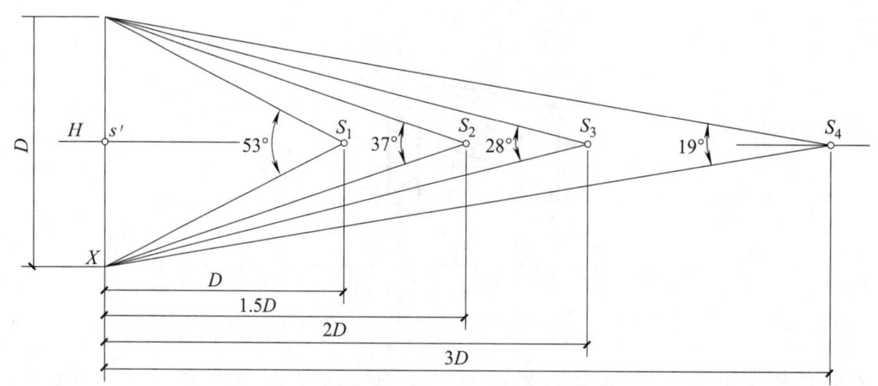

图 5-44 视角与视距的关系

于画面宽度 B 中间的 1/3 的范围内，如图 5-45 所示。否则，立体的两个垂直表面在透视图中的大小将会改变，无法真实反映它们的比例关系，如图 5-46（a）、图 5-46（c）所示。

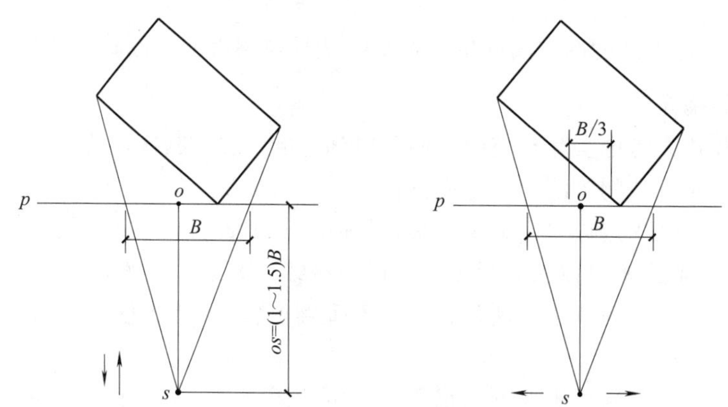

图 5-45 视点、画面及立体之间相对位置的确定

从垂直方向上看，视角的大小与视高也有关，如图 5-47 所示。当视距等于视高两倍，即 $D=2h$ 时，视点在 S_1 的位置，从图 5-47（b）可以看出，立体的透视图整个在视锥内，形象、逼真；当视距等于视高，即 $D=h$ 时，视点在 S_2 的位置，从图 5-47（c）可以看出，立体透视图的下部分不在视锥内，变形、失真。

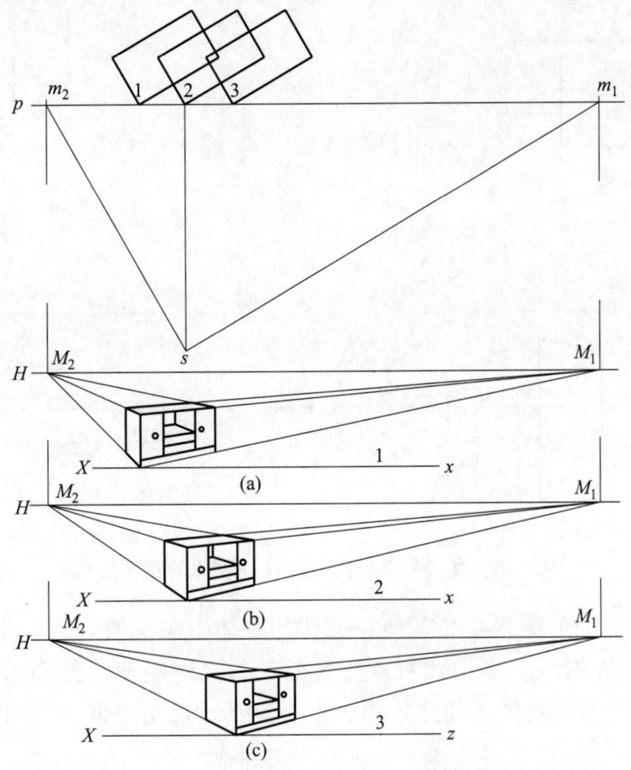

图 5-46 视点左右移动对立体透视图的影响

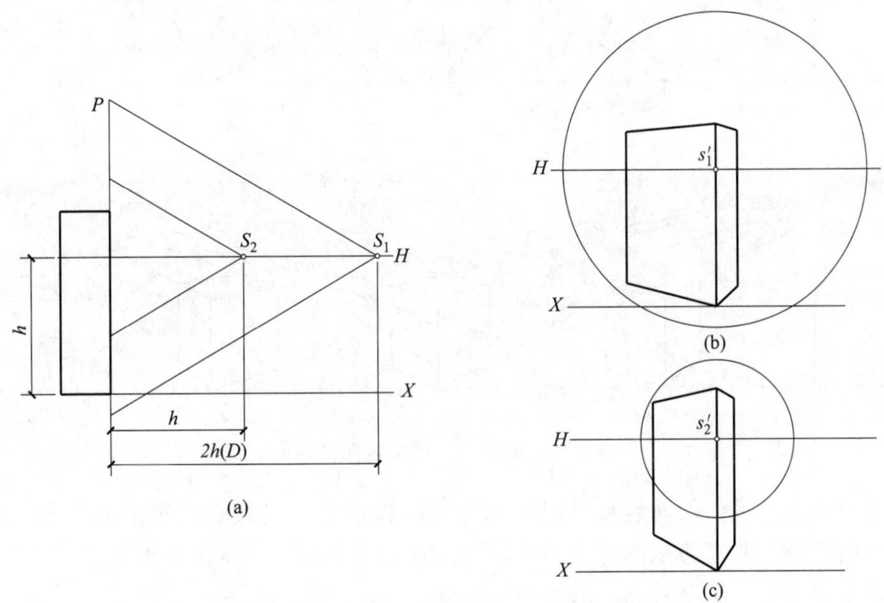

图 5-47 视角与视高的关系

对于外形上有高低、凹凸变化的物体，更要注意视点位置的选择应能充分表现其各部分结构，若视点位置不合理将无法完整表达物体的整体形象，如图 5-48（a）所示。

2. 画面的选择

画面与物体相对位置的选择主要考虑物体的外观特征和对透视图的要求，如物体只有一个主要立面要表达时，适宜采用一点透视；而对两相邻立面的形状都需要表达时，则适用两点透视，这时就存在物体立面与画面的夹角问题。我们把物体主要立面与画面的夹角称为偏角，记为 α。偏角越小，反映立面的形象越大，同时侧面将越小，从图 5-49（b）、图 5-49（d）可以看出，正方体中与

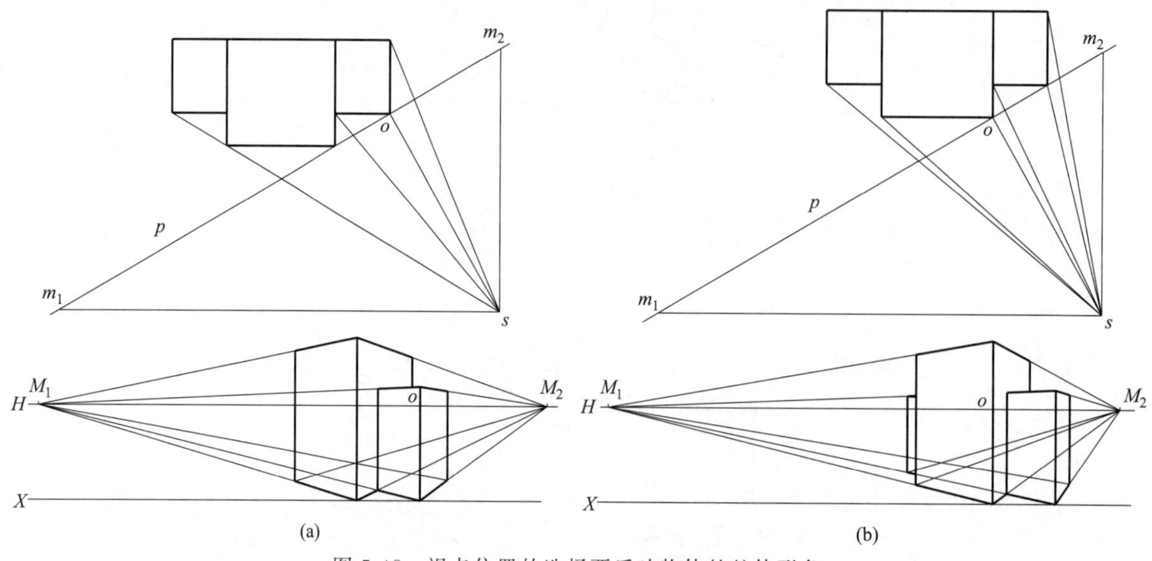

图 5-48　视点位置的选择要反映物体的整体形象

画面成 30°的立面比 60°立面的透视更长，使正方体的整体形象失真，所以对水平投影为正方形的物体来说，偏角可取 45°左右，但要注意视点位置的选择，避免前后对角重影，如图 5-49（c）所示。对于水平投影为长方形的物体，如建筑物、柜类家具，偏角可取 30°，以达到主次分明的表达效果。

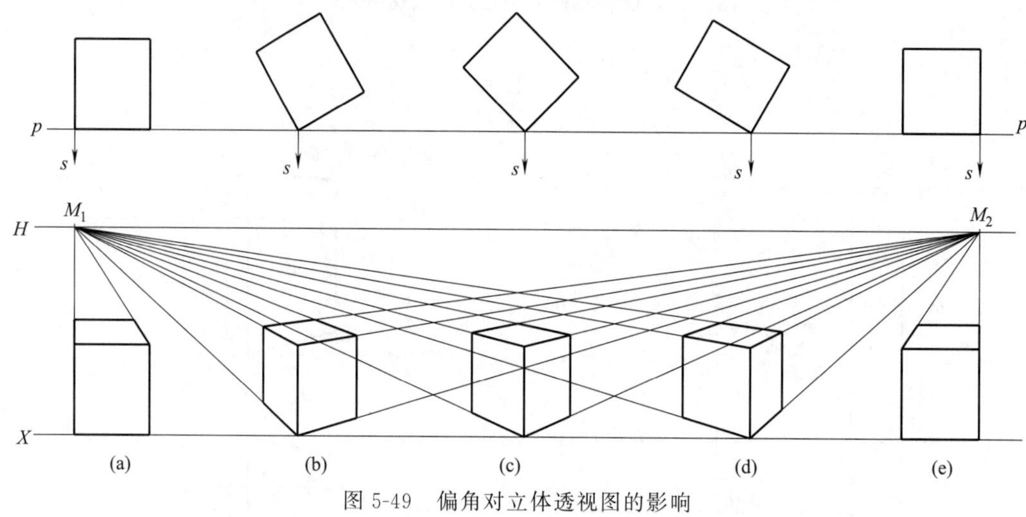

图 5-49　偏角对立体透视图的影响

当视点位置不变，画面做前后移动时并不影响透视形象，只影响透视图的大小。如图 5-50 所示，物体在画面之后，所画透视图比原图小；物体在画面之前，所画透视图比原图大。因此，选择画面与物体前后关系时，主要从画图的方便性出发。

3. 视点、画面和物体相对位置的确定

如图 5-51（a）所示，已知某组合柜的两个视图，其规格为 1300mm × 450mm × 1100mm（长×宽×高），确定视点、画面和组合体的相对位置，完成透视图的绘制。

① 确定视高。根据组合柜的总高 1100mm，确定视高为正常条件下人眼的高度 1400mm，同比例画基线 XX 和视平线 HH。

② 确定画面位置。为了重点表现组合柜的正面特征，选择成角透视画透视图，所以选择左侧转角与画面相接触画出画面线 pp，从低到高表现组合柜，并使正立面与画面夹角为 30°。

③ 确定视距。由视角与视高的关系确定视距等于 2 倍的视高，即 2800mm。

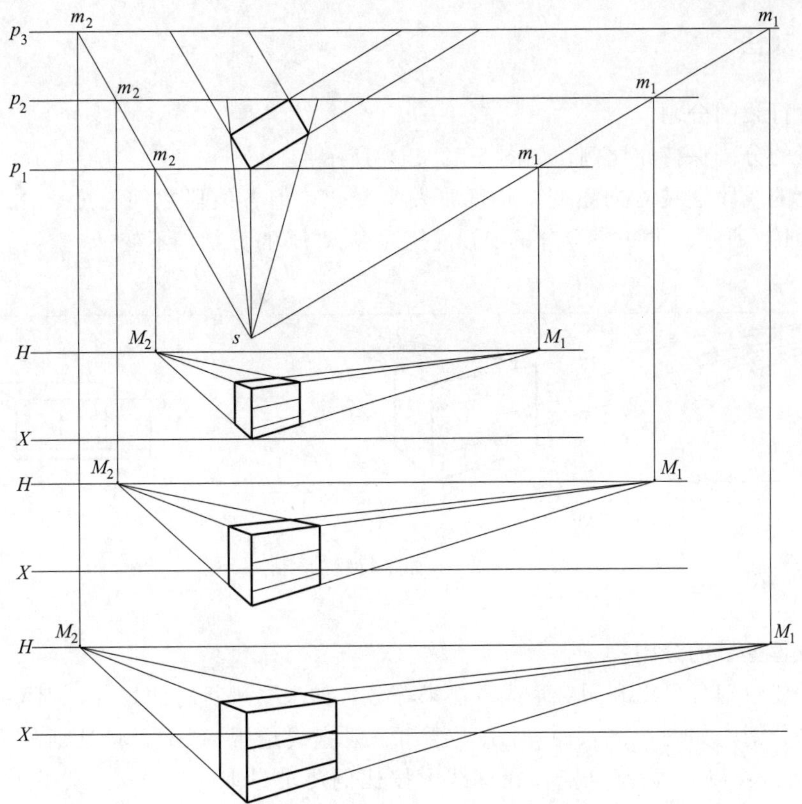

图 5-50 画面距离物体远近对透视图的影响

根据以上选择的参数完成组合柜透视图的绘制，如图 5-51（b）所示，画图步骤可自行分析。

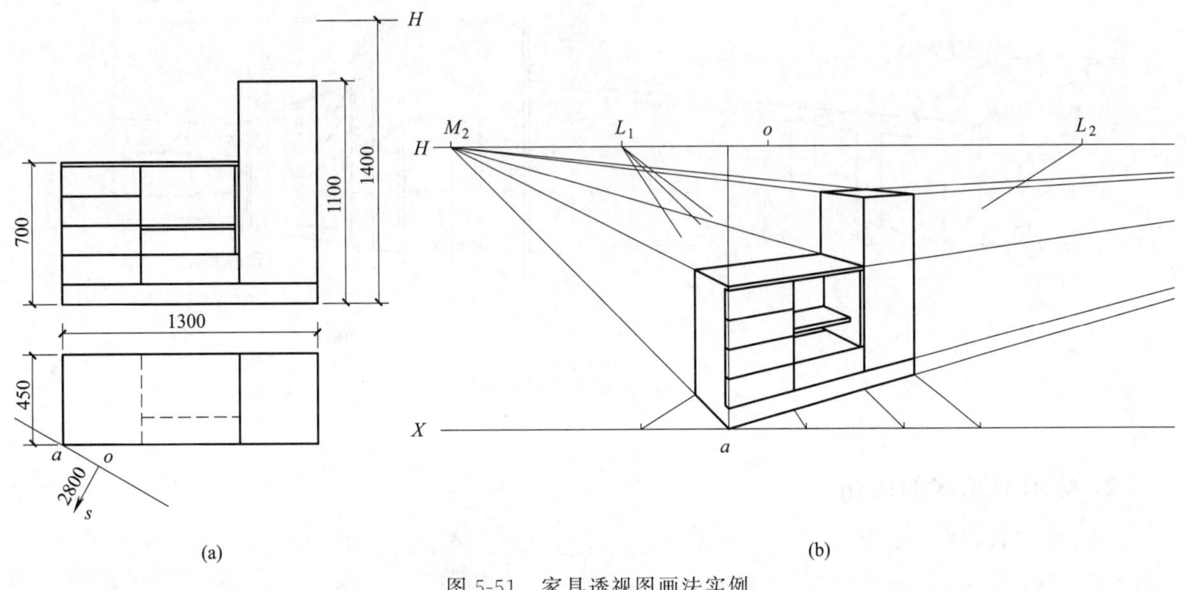

图 5-51 家具透视图画法实例

二、透视图的简捷画法

对于一般的产品或工程，绘制透视图时通常先用基本画法画出它们主要的外形轮廓。至于产品或工程中的细部结构，如果也用基本画法逐步完成作图过程，将比较繁杂、费时，作图误差也较大。实践中，可以采用一些简捷画法或辅助方法来补充作图，以提高作图效率。

1. 定距分割法

(1) 画面平行线的分割

画面上线段的分割保持原比例，如图 5-52 (a) 所示。

不在画面上的线段透视方向不变，长度将发生变化，但各线段之间长度之比，在透视中也不变，如图 5-52 (b) 所示，原来三等分的 AB，其透视 $A°B°$的分割仍不变。

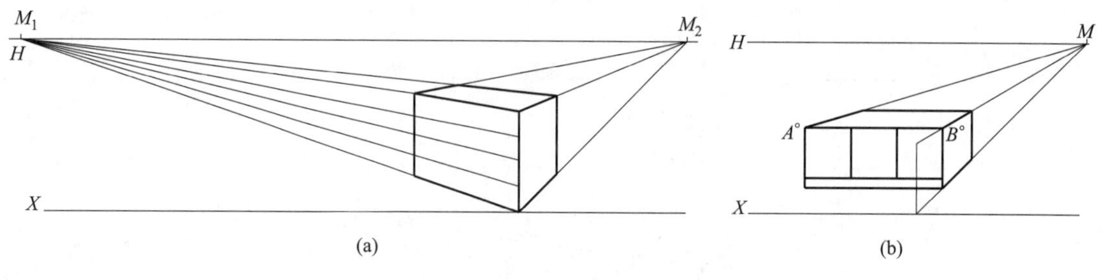

图 5-52 画面平行线的分割

(2) 一般位置直线的分割

一般直线的偶数划分可以利用对角线方法来等分；如果要进行特殊划分，则可以利用平行线间距成定比原理来分割。如图 5-53 (a) 所示，已知一般直线透视 $A°B°$，将其划分为 x_1、x_2、x_3、x_4 四段。作图方法：以 $A°$为基准点，在基线上按比例要求量取 x_1、x_2、x_3、x_4 分割尺寸得 1、2、3、4 点，连接 $4B°$交视平线于 F 点，即辅助灭点，再分别连接 $F1$、$F2$、$F3$ 交 $A°B°$，即求得 $A°B°$划分为 x_1、x_2、x_3、x_4 四段的透视。

也可以在其他位置以线段端点画水平线上作辅助分割线，如图 5-53 (b) 所示墙面柱子透视的分割方法。

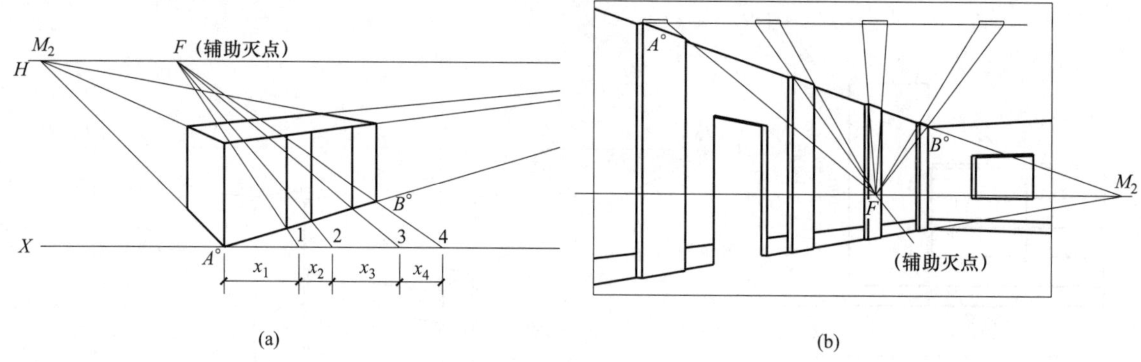

图 5-53 一般位置直线透视的分割及应用

2. 矩形对角线的应用

利用矩形透视的对角线，可以求透视中心、等距分割、不等距分割、连续作图等。

(1) 对角线划分

已知一矩形的透视，求其中心的透视。

从图 5-54 (a)、图 5-54 (b) 可以看出，不管是垂直面还是水平面的透视矩形，只要分别连接矩形的透视对角，就可以求出其中心的透视。

柜类家具正面常有对称分割，如柜门、抽屉等。对称位置的确定在透视图中就可应用对角线求中点的方法解决，如图 5-54 (c) 所示。

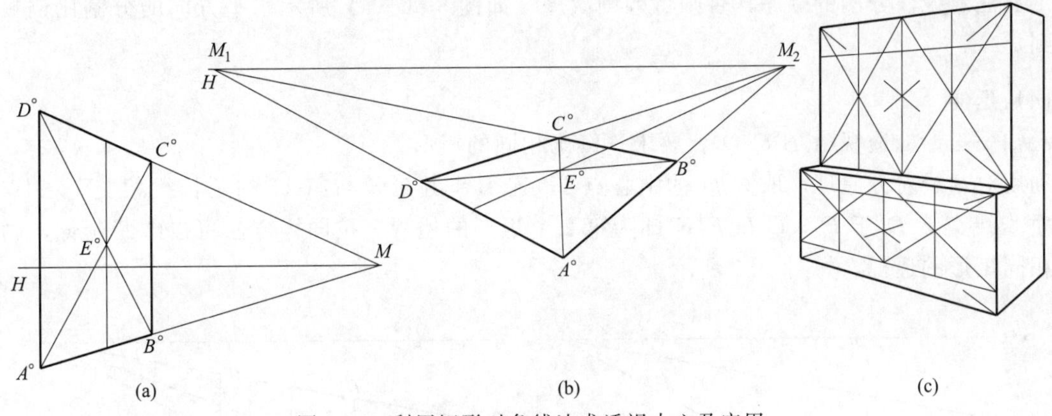

图 5-54　利用矩形对角线法求透视中心及应用

(2) 对角线等距分割

如图 5-55（a）所示，已知透视矩形 $A^\circ B^\circ C^\circ D^\circ$ 及直线 $B^\circ C^\circ$、$A^\circ D^\circ$ 共同灭点 M，利用对角线法对矩形分别进行水平方向的三等分、四等分及五等分。

如图 5-55 所示，作图过程如下。

① 先将平行于画面的 $A^\circ B^\circ$ 线作五等分，并与对应的灭点相连，得到 5 排等宽的横格。

② 自 $A^\circ B^\circ$ 线上 3 点向 C° 连线（对角线）与横格线相交，过交点作垂线即得矩形三等分线，如图 5-55（b）所示。

如果进行四等分、五等分，方法同上，只是自 $A^\circ B^\circ$ 线上不同点向 C° 连线与横格线相交求交点即可。

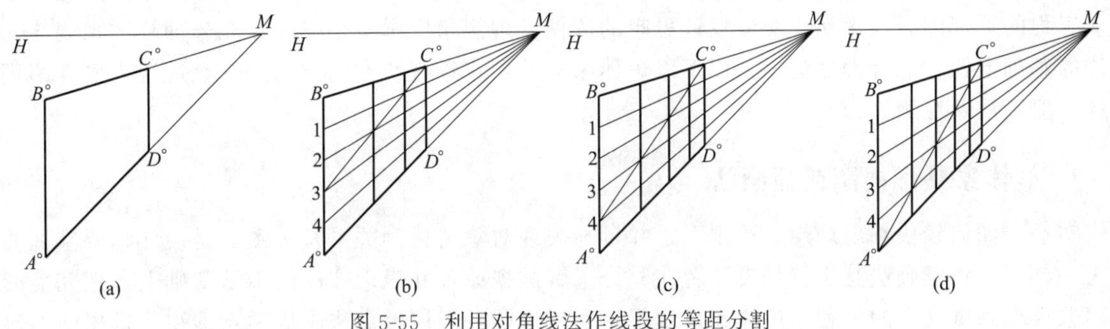

图 5-55　利用对角线法作线段的等距分割

(3) 对角线不等距分割

水平方向不等距的分割，也可以利用对角线转移的方法，如图 5-56 所示，只要在垂直方向上按比例分割线段，各分点均与对应灭点相连，连线与对角线相交，过交点画垂直线即可。画对角线

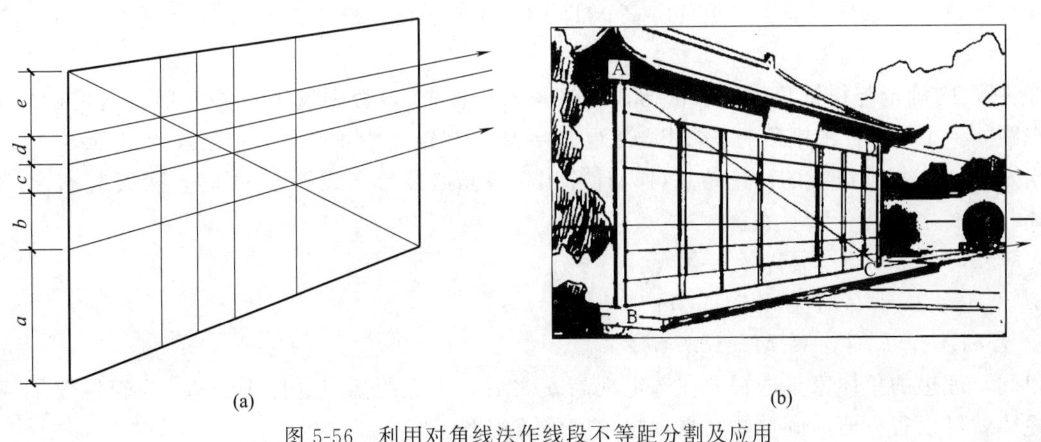

图 5-56　利用对角线法作线段不等距分割及应用

时一定要注意线段分割的顺序，否则将颠倒次序。如图 5-56（a）所示水平方向的分割比例顺序为从 e 到 a。

(4) 延伸

已知一矩形的透视 $A^\circ B^\circ C^\circ D^\circ$，要求连续画相同的矩形。

利用对角线对分原理，取 $C^\circ D^\circ$的中心点 1，连 $B^\circ 1$ 并延长与 $A^\circ C^\circ$的延长线相交于 E°点，过 E°作垂直线交 $B^\circ D^\circ$于 F°，$C^\circ D^\circ E^\circ F^\circ$即为第 2 个矩形的透视。按同样方法可以继续延伸，画出若干个相同矩形的透视，如图 5-57 所示。

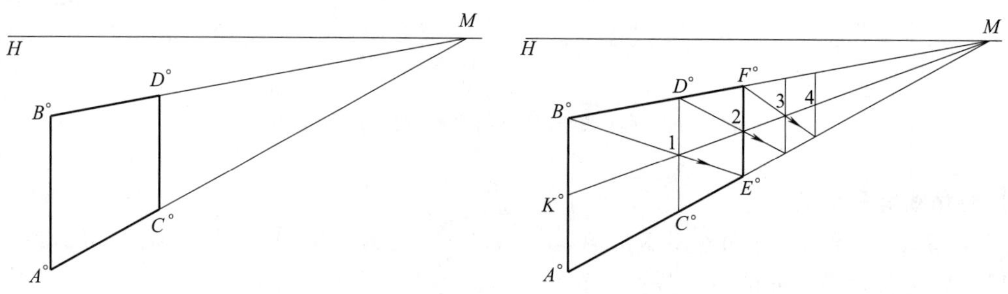

图 5-57　利用对角线法作等距延伸透视画法

三、理想角度透视图的画法

在产品或工程设计的构思阶段，设计师往往以透视图的形式来表达想法。在上述透视图基本画法中，由于物体、画面及视点位置的不同，将产生不同效果的透视图。在透视图完成之前，一般较难预知透视图的形象是否为最佳效果，所以设计实践中，设计师经常使用理想角度画法预先画出产品或工程的透视图，作为初步交流设计思想的依据。理想角度画法是建立在充分理解透视规律、量点法的基础上，才能合理地运用。以下以单体家具的两点透视和室内空间的一点透视为例介绍理想角度简捷画法及应用。

1. 单体家具透视图简捷画法

实践中如何较快画出理想的透视图，并且与表现对象的比例关系相一致，是设计师要掌握的技能之一。理想角度画法其实就是设计者在充分了解透视原理和表现技法的美学基础上，把完美的透视印象再现到纸面上的过程。单体家具理想角度透视图一般用量点法画成两点透视，根据前面对影响透视效果各因素的讨论可知以下几点。

① 普通单体家具的偏角一般选择 30°或 30°左右，接近于方正对称的家具偏角选择 45°左右为宜。

② 视高 h 以普通人眼睛的高度为参照，高于眼睛高度的家具，视高 h 选择家具高度的 2/3 左右，并且要避免与家具中的水平板件等高；低于眼高的家具，视高 h 选择家具高度再加上其高度的 1/3～1/2。

③ 视距的确定与视锥角的关系密切，视锥角必须≤60°，否则透视图将变形。当视锥角为 60°时，视距 $os=1.73h$；视锥角为 53°时，视距 $os=2h$；视锥角为 44°时，视距 $os=2.5h$。

当 $\alpha=30°$，根据以上的讨论结果可以计算出视锥角必须小于或等于 60°时，两灭点 M_1M_2 之间的距离与视高之间具有如下关系：

a. 当 $os=1.73h$ 时，$M_1M_2=4h$；

b. 当 $os=2h$ 时，$M_1M_2=4.62h$；

c. 当 $os=2.5h$ 时，$M_1M_2=5.77h$。

因此，理想的单体家具透视图在选定视高 h 之后，灭点距离应选择 $4h$～$5h$ 为较佳效果。根据这个规律就可以很方便地画单体家具理想角度的透视图了。

例：绘制如图 5-58（a）所示组合书柜的理想角度透视图。

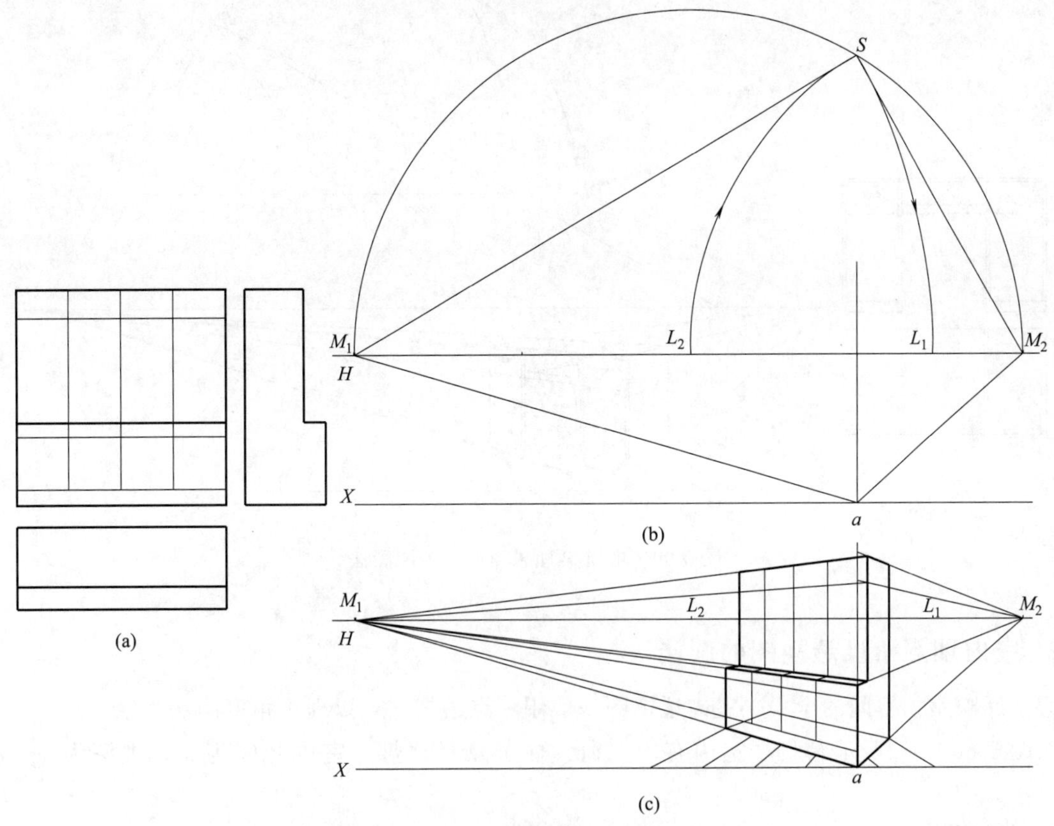

图 5-58 组合书柜理想角度透视图画法

首先确定视高，根据视高画出基线和视平线。由于 M_1M_2 的距离选择 $4h$～$5h$ 可以画出较理想的单体家具透视图，因此以 $1.1h$～$1.2h$ 为距离段在视平线上截取并留下五个位置点，如图 5-58（b）所示，第一个和第五个位置点分别是灭点 M_1 和 M_2 的位置，并且以靠近 M_2 的截取位置点为家具与画面相交的迹点 a。当 $\alpha=30°$时，L_2 接近于 M_1M_2 的中点，因此可以选择 M_1M_2 中点附近点为 L_2。根据量点法成角透视作图原理可知 M_1L_1 和 M_2L_2 分别等于由站点求取灭点所构成的直角三角形的两条直角边 M_1s 和 M_2s，因此利用直角三角形原理可通过以 M_1M_2 为直径画半圆，再以 M_2 为圆心，以 M_2L_2 为半径画弧交半圆于 S 点，然后以 M_1 为圆心，以 M_1S 为半径画弧交于视平线，交点即为 L_1 点，最后按量点法完成透视图。

例：绘制如图 5-59（a）所示电脑桌的理想角度透视图。

以电脑桌本身高度再加上其高度的 1/3～1/2 作为视高，画视平线和基线。灭点 M_1、M_2，画面与电脑桌的迹点 a，量点 L_2 的确定方法同实例 1。L_1 还可以用缩小比例的方法求得，如图 5-59（b）所示，在视平线上方任取一点 B，连接 M_1B 和 M_2B，在适当高度画一水平线，与 M_1B 和 M_2B 两线交于 m_1 和 m_2，连 $B\ L_2$ 交 m_1m_2 水平线于 l_2 点。以 m_1m_2 长为直径画一半圆，以点 m_2 为圆心，m_2l_2 长为半径画弧交半圆于点 s，再以点 m_1 为圆心，sm_1 长为半径画弧与 m_1m_2 水平线交于 l_1 点，连接 Bl_1 并延长与视平线交于 L_1，L_1 点即为所要求取的另一量点，然后按量点法完成透视图的绘制。

以上两例家具水平投影的长宽比值比较接近于黄金分割比，如果长宽比值超过 3 倍，则要移动站点位置，学习时可自行分析移动的方向和移动的距离。如果家具的水平投影接近于正方形，则要根据偏角为 45°左右的灭点和量点关系来作图，视高 h 选定后，灭点 M_1M_2 选择 $4h$ 左右较合适，而且要根据家具正面的实际尺寸和透视长度定出量点 L_1，再根据三角形原理求出量点 L_2，就可以完成透视图了。

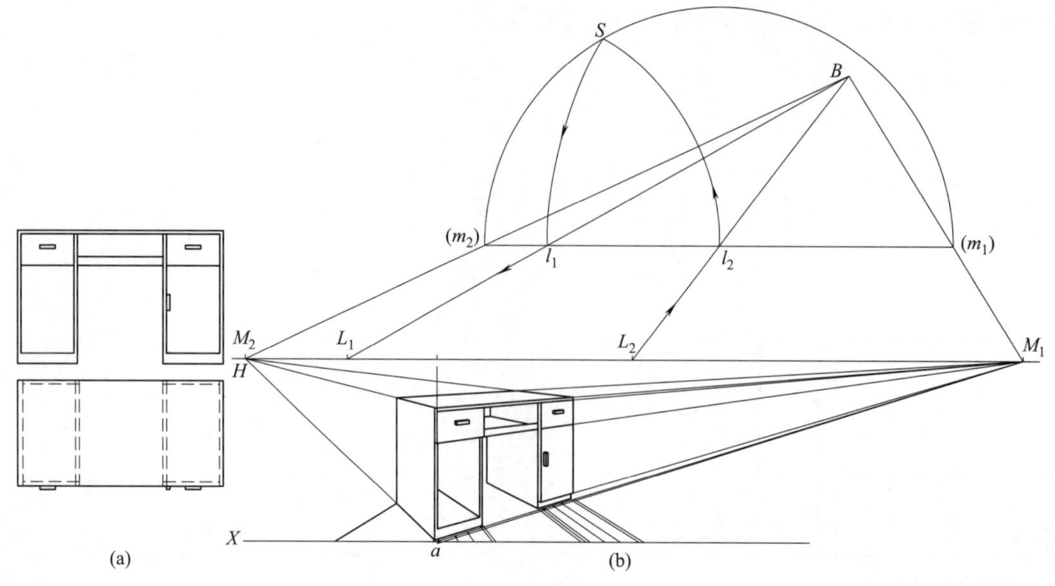

图 5-59　电脑桌理想角度透视图画法

2. 室内理想角度透视图的画法

为了反映室内空间的全貌，室内透视图一般用一点透视，且以理想角度画法为主。

如图 5-60（a）所示为例，室内有门、窗、柱子及吸顶灯，室内开间为 x，进深为 y，净高为 z。

作图过程如下。

① 为了使图形较大，且画图方便，将画面放在后墙的内墙面上，定出合适的视高（视高一般选择室内净空高度的 1/2 到 2/3），确定主点 s' 即灭点 M，一般选在开间方向的 1/3 处。

② 以理想要求画出地面透视，其大小、比例应与所画具体室内相对应，特别是深度方向尺寸要恰当。把地面实际进深 y 按比例量到基线上，由选定的透视深度定出的前端点 E 与基线上实际

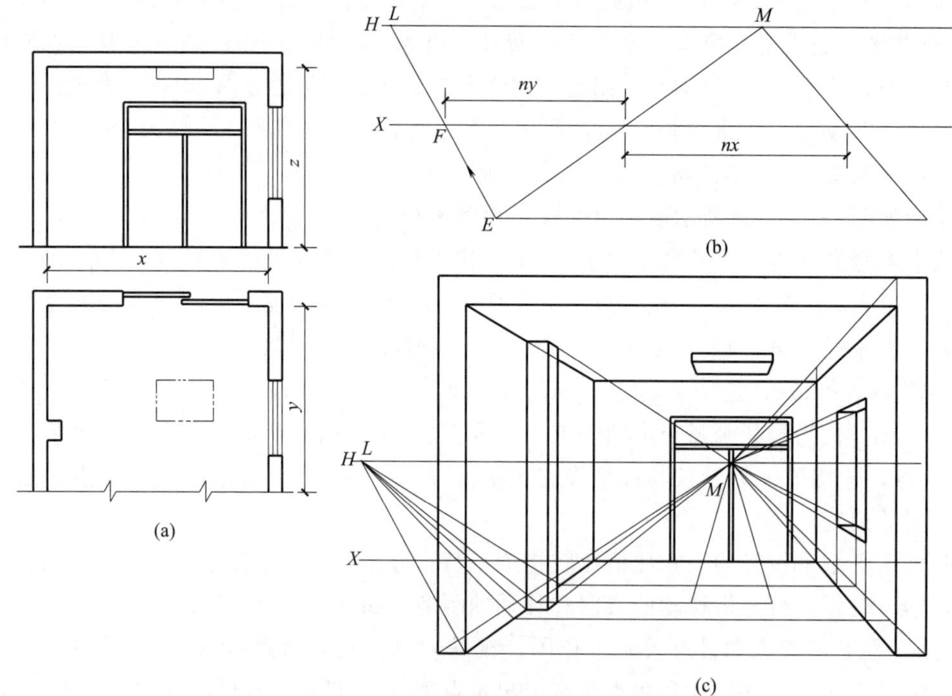

图 5-60　室内理想角度透视图画法

深度尺寸 y 截取的端点 F 相连并延长，交视平线于点 L，即为所求量点，如图 5-60（b）所示。图中 n 表示进深和开间尺寸可以按同比例整数倍放大。

③ 按量点法画出该室内空间各组成的次透视，再以画面后墙角为真高线，画全室内各面门、窗、柱子及灯的透视，其中窗户画成窗洞形式，如图 5-60（c）所示。

四、网格法画透视图

不规则曲线、空间曲线及室内成套家具的透视图画法相对复杂。为了方便作图，原则上可将它们纳入一个正方形网格中来定位。先画出正方形网格的透视，然后按图形在网格中的相对位置定出图形的透视位置，这种利用网格来作透视图的方法，称为网格法。

平行透视和成角透视均可采用网格法，其中方格边长大小以能作出相对准确和确定的透视为准。

透视网格的画法常利用对角线灭点来控制，以下分别介绍网格的平行透视和成角透视。

1. 平行透视

作图过程如下。

① 定画面、站点。为便于作图，画面与网格一端接触，如图 5-61（a）所示。

② 定基线 XX、视平线 HH 及量点 L，把迹点移到基线上，分别与灭点相连并延长得到网格深度方向的全长透视。

③ 利用对角线作网格长度方向透视线。从图 5-61（a）可以看出，求网格深度方向透视的量点 L 相当于网格对角线的灭点，L 点与某一迹点相连并延长交网格深度方向全长透视得各交点，过交点作水平线即完成网格的平行透视，如图 5-61（b）所示。

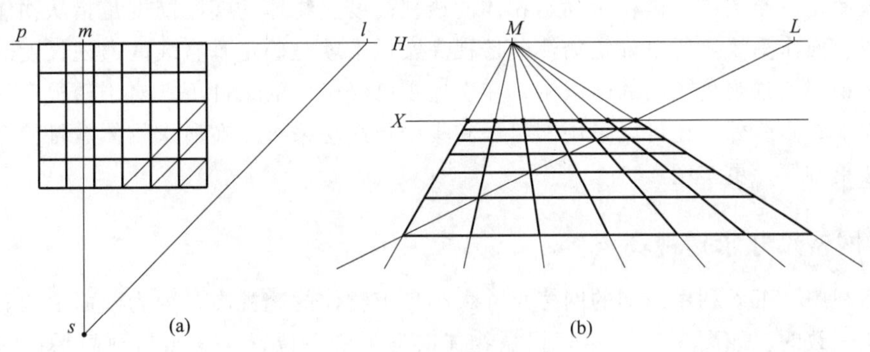

图 5-61　平行透视网格

2. 成角透视

成角透视作图过程与平行透视作图方法相似，先求网格一个方向棱边的全长透视，再利用网格对角线灭点求另一棱边的透视，区别在于对角线灭点的求取。

如图 5-62（a）、图 5-62（b）所示，利用量点法求得一个方向的网格线透视，再利用对角线灭点 DM 与迹点 a 相连并延长，与先画的网格线一一相交，过交点与对应灭点相连即完成网格的成角透视。

如图 5-62（c）、图 5-62（d）所示，利用理想角度画法来画网格的成角透视，利用$\angle m_1sm_2$ 角平分线交于半圆的水平直径 m_1m_2 线得 dm，连 Adm 并延长与视平线 HH 相交即得对角线灭点 DM。

五、通过网格尺寸或集中量高法求透视高

在中心投影中，同样大小的物体，距离观察者近看着大，距离远则看着小。要画出物体“近大

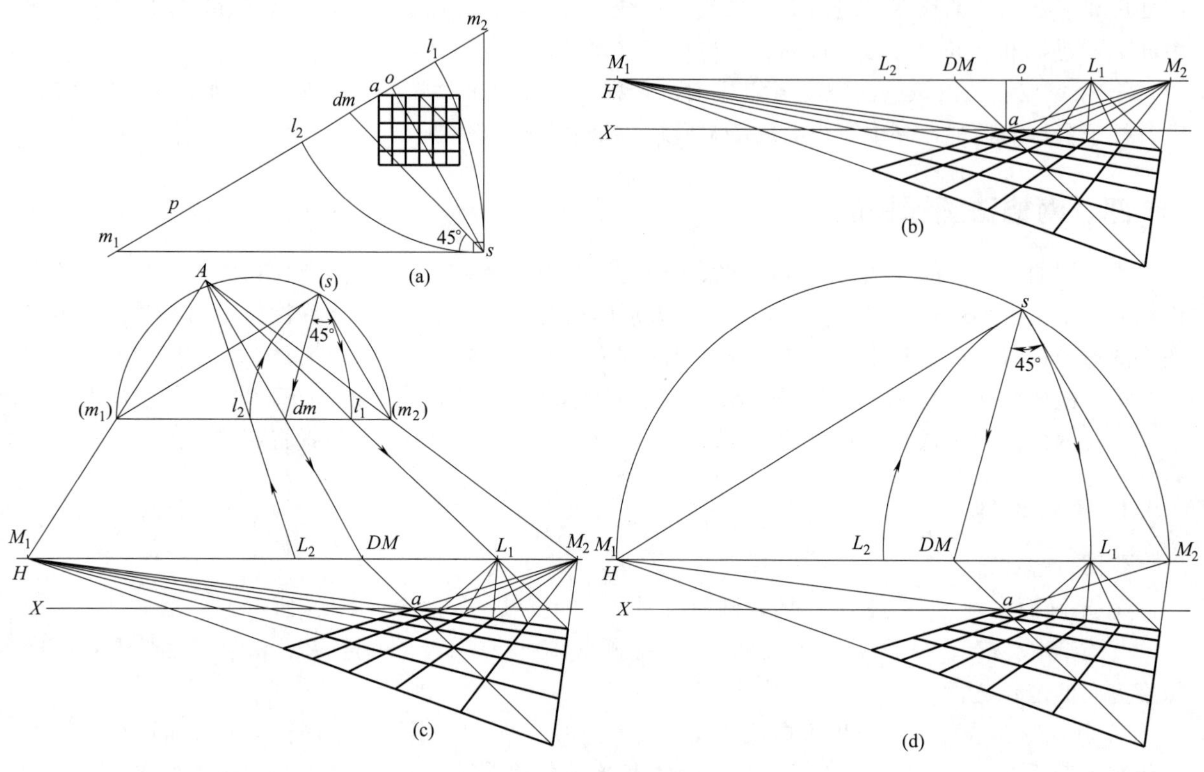

图 5-62　成角透视网格

远小”的透视变化，作图的关键在于确定物体的透视高度。物体的实际高度是指从物体顶端向放置物体的地面或台面作垂线，所以确定物体的透视高实质上就是确定垂直线的透视长度的问题。在室内家具陈设透视图、景观鸟瞰图的画法中，在次透视已经确定的条件下，对于透视高的求取，除了可以利用画面上真高线外，还可以采用网格法和集中量高法来求，在所求物体数量较多情况下，这两种作图方法更方便、更实用。

1. 利用网格尺寸求透视高

在一点透视中，可以利用已知的网格尺寸大小来求物体的透视高，因为画面上的真高线和基线的尺度单位是一致的。如图 5-63 所示，根据物体次透视所在位置，参照与画面平行的网格线可直接量出物体的透视高度。设网格边长为 1m，则图中立体长、宽、高分别为 1.5m、1m、1.5m。

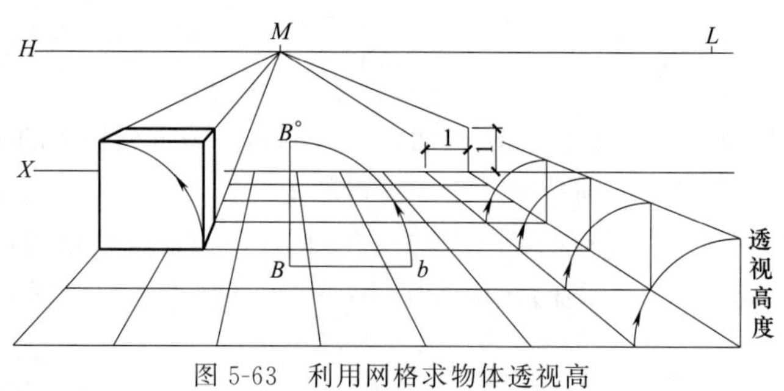

图 5-63　利用网格求物体透视高

2. 集中量高法求透视高

作图方法如图 5-64 所示，在视平线 HH 上适当位置取一点 F 作为一系列水平线的辅助灭点。在 F 附近任意画一铅垂线作为真高线，交基线于 a，连 Fa 并延长，该线即远近透视高均为 0 的一条水平线全长透视。在真高线上量取物体实际高度得点 b，连接 Fb 并延长，则 Fa、Fb 实际上是两条相互平行的水平线全长透视，两线间的任意位置垂线的实际高度都是一样的，但不同位置的透视高度却不同，符合“近大远小”的透视规律。如利用 Fa、Fb 两线求图示立体的透视高。过 1 点作水平线与 Fa 相交于点 d，过 d 作垂线交 Fb 于 c，则 cd 的高度即为立体在 1 点位置的透视高，过 c 点画水平线求得 2，即 $21=cd$。其他位置的透视高求解方法一样，或者根据平行线有共同灭点求得其他位置的透视高。真高线也可以选在 ef 或基线上的任一位置，求出的透视高度一致。

集中量高法还可以用来解决由于个别家具陈列位置特殊致使灭点太远不便画图的问题。

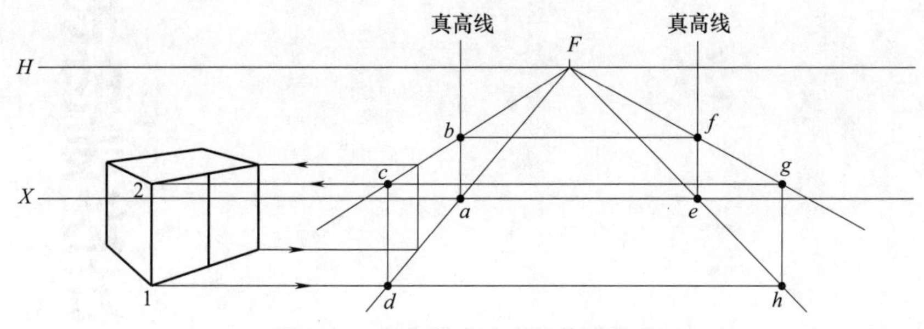

图 5-64　集中量高法求物体透视高

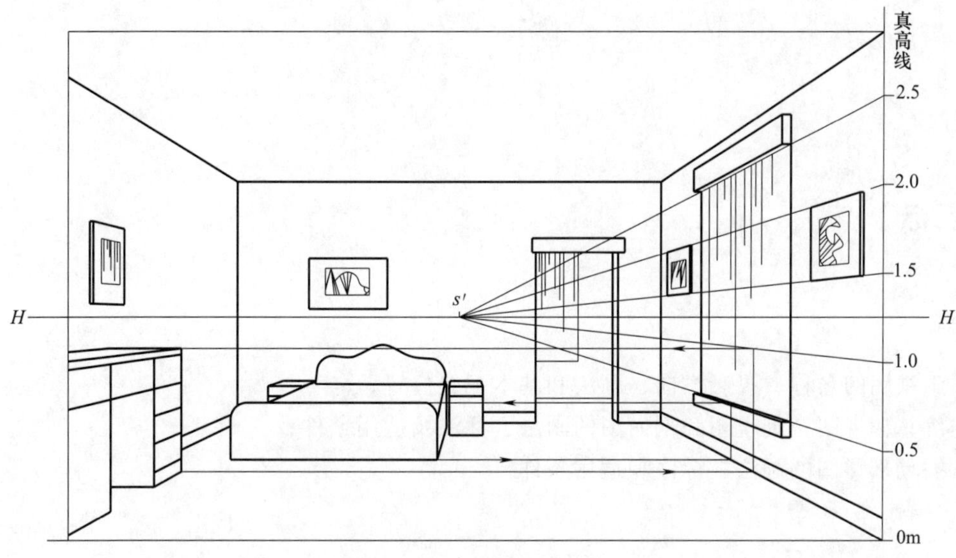

图 5-65　集中量高法的应用

下面举例说明室内透视图利用集中量高法求透视高的作图方法。

如图 5-65 所示，以平行透视的主点 s' 为灭点，以前右墙线为真高线，以 0.5m 为单位分割真高线，各等分点与灭点相连，那么室内物体的透视高就可以利用这些线求相应透视高。由图示内容可以得到，室内物体的实际高分别为：床 0.5m、柜 1.0m、门 2.2m、下窗台 0.5m、上窗台下沿 2.5m、右墙面的装饰画上沿 2.0m、下沿 1.5m 等。

【思考与练习】

① 为什么画面处于形体中间时便于画透视图？当画面与形体不相交，如何作透视图？

② 真高线有几根？在透视作图中如何使用真高线求取透视高？

③ 试比较透视图画法中视线法和量点法的异同点。

④ 平行透视有什么特点？平行透视中怎样利用量点求取深度的透视位置？

⑤ 选择视距要注意什么？视距过小会产生哪些后果？

⑥ 室内家具陈列的透视图有几种画法？集中量高的作图原理是什么？如何应用？

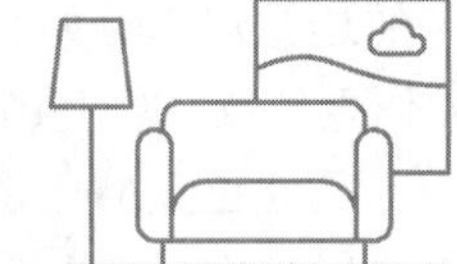

第六章 图样图形的表达方法

【学习目标】

知识目标

① 熟悉视图的名称、投影方向、画法和基本配置位置；
② 熟练掌握视图、剖视图和剖面图的画法、标注及适用条件；
③ 掌握局部详图的画法、标注和适用条件。

能力目标

① 理解视图、剖视图和剖面图的概念，会正确表达组合体的不同视图及标注；
② 会根据机件的特点，同时满足画图和读图的需求，机动、灵活地选择合适的表达方法。

素质目标

① 加强空间想象能力的培养，能熟练运用组合体投影的读图方法；
② 培养学生综合应用视图和剖视表达物体的能力，为后续专业课程学习打下基础。

工程或产品的形态、结构、材料多种多样，在它们的设计、制造及验收等不同阶段，需要分别用不同的图样图形作为表达或交流的技术文件，仅用前面所学的三视图往往无法做到准确、清晰、完整地表达，因而建筑、家具制图标准规定了一系列的图样图形表达方法，其中包括视图、剖视图、断面图的画法及标注方法，分别适应不同图样的使用要求。如为了表达工程或产品的外观形态，一般只需要采用视图方法，而需要表达工程或产品的内部材料与细节结构时就要用剖视图、断面图的方法。在表达清楚的前提下还要考虑到便于看图和提高制图效率，所以本章将按制图标准介绍图样图形表达方法及其在实际中的应用。

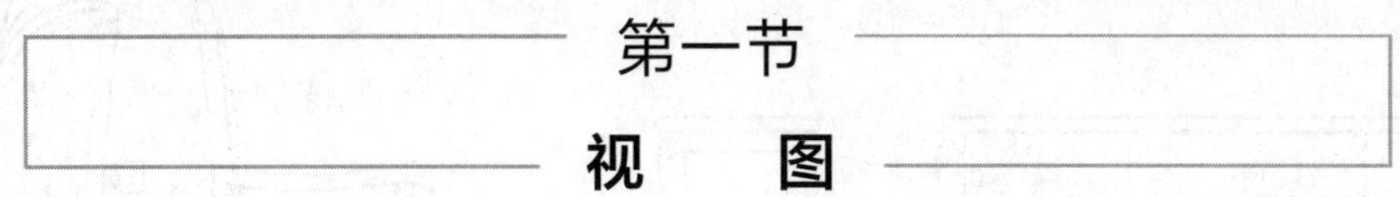

第一节　视图

国家制图标准规定技术图样的绘制应采用正投影法，并优先采用第一角画法，即物体处于观察者与投影面之间的投影。

物体向投影面投影所得的图形称为视图，视图可分为基本视图、向视图、斜视图和局部视图。

一、基本视图

在第二章的学习中我们已经知道，物体在三面投影体系中可以得到 3 个视图——主视图、俯视图和左视图，即三视图，它们的位置是固定的，视图之间相互遵循投影关系和“三等规律”。如果在原有三个投影面的相对方向再增加三个投影面，它们分别平行于正投影面（V）、侧投影面（W）和水平投影面（H），将办公桌分别对三个新投影面进行投影，又将得到另外 3 个视图，即后视图、右视图和仰视图，这六个基本投影面上的投影就称为基本视图。如图 6-1（a）所示为办公桌的基本视图。

为了便于画图与看图，六个基本投影面要展开在一个平面上。如图 6-1（b）所示，主视图所在投影面不动，其他投影面依次展开。最后得到如图 6-1（c）所示的各视图位置，可见各视图之间依然遵循着相互的投影关系、方位关系及尺寸关系，即“三等规律”，具体内容包括：

主视图、俯视图、仰视图、后视图——长对正

主视图、左视图、右视图、后视图——高平齐

左视图、右视图、俯视图、仰视图——宽相等

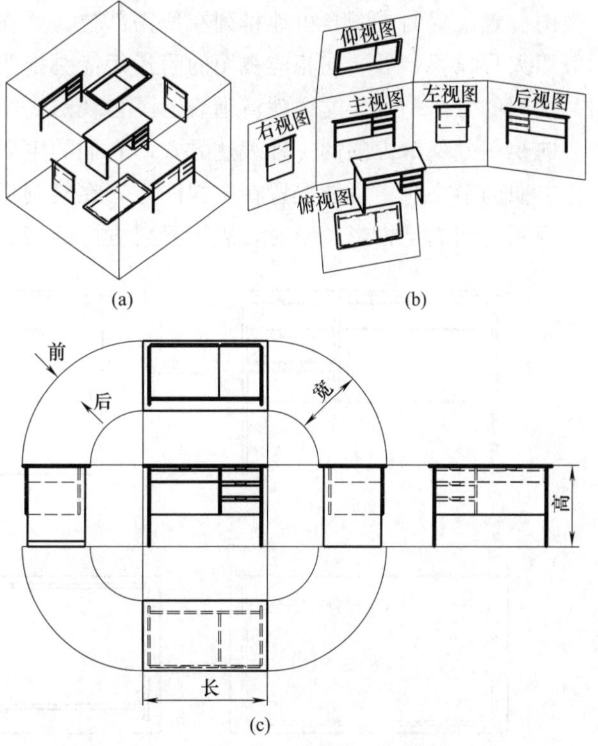

图 6-1　基本视图的由来与配置关系

因此，各视图在同一张图纸内按如图 6-1（c）所示位置配置时，一律不需要写视图的名称和作其他的标注，且不能任意挪动它们的位置。如果由于图纸或画图的原因造成视图之间无法按照基本视图投影关系的位置排列，那么均要在图形上方注明视图名称。在实践中，视图数量的多少取决于表达对象的复杂程度，并非越多越好，而是能在明确、清楚表达对象的前提下，视图数量尽量要少，且每个视图都有其特定的表达任务，可有可无的视图一般不画，优先选用主视图、俯视图和左视图。

识图和画图时一般从主视图开始，所以六个基本视图中主视图是最重要的，它是六

个视图中表达形体信息量最多的，且最能反映所要表达对象形状特征的视图。绘图时应根据形体的复杂程度和结构特点选用必要的几个基本视图，特别要事先确定合理的主视图投影方向。如家具中的柜类产品，一般以其正面作为主视图投影方向，如图 6-2 所示，主视图全面反映了酒柜的正面分割形式与表面主要的装饰方法，有时也可以适当画些场景以强调家具的功能；而椅子、沙发、床等支承类家具，常以其侧面作为主视图投影方向，如图 6-3 所示扶手椅的三视图，主视图不仅表达了扶手椅的座深、座高、总高等主要尺寸，还反映了扶手椅座面、扶手的倾斜角度等特征，加上其他两个视图就能全面、完整地表达出扶手椅的各个部分形状与结构特征。

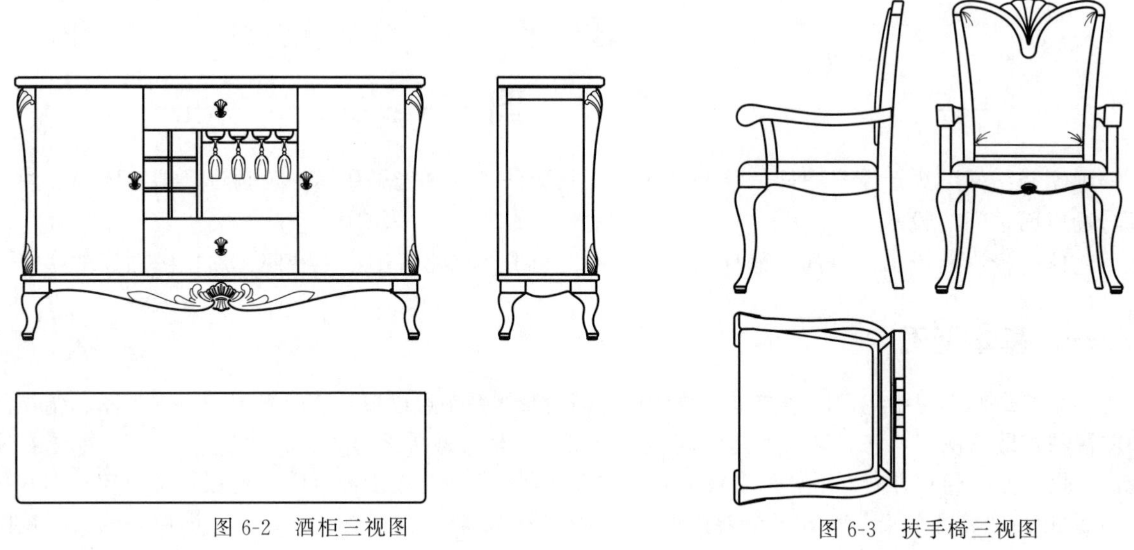

图 6-2　酒柜三视图　　图 6-3　扶手椅三视图

二、向视图

向视图是可以自由配置的视图。设计制图时为了合理利用图纸及美观度，通常将不能按六个基本视图位置配置的视图自由地排列在所需部位，并在向视图的上方标注图名。如图 6-4 所示，图名一般用大写拉丁字母，在相应视图的附近用箭头指明投影方向，并标注相同的字母，保证箭头的方向与读图的方向一致，这样就清晰表达了各视图之间的投影关系。

向视图是基本视图的一种表达方式，它们的主要区别在于视图的配置位置。为便于读图，表示投影方向的箭头应尽可能配置在主视图上，在绘制后视图时，应将箭头配置在左视图或右视图上。当两视图之间满足投影关系时，表示投射方向的箭头与向视图的图名都可以省略。

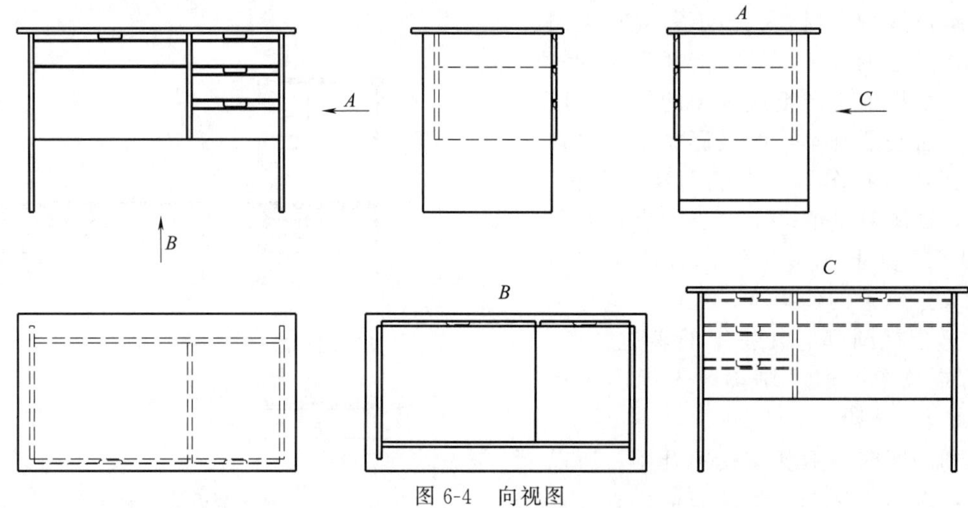

图 6-4　向视图

三、斜视图

斜视图是指物体向不平行于基本投影面的平面投影所得的视图。

在三投影面体系中，当物体的表面是某一基本投影面的垂直面，且倾斜于另外两个基本投影面时，那么它在基本投影面上的投影就不能真实反映该表面的实际形状与尺寸。如图 6-5（a）所示，沙发的靠背表面是正垂面，它在主视图的投影积聚成线，在俯视图与左视图的投影不能反映实形（变小），那么如何仅用一个投影面就能同时反映该靠背表面的形状与尺寸呢？根据正投影的实形性特性，在三面投影体系中增设一个辅助投影面 H_1，使之与倾斜靠背表面平行，此时倾斜靠背表面在辅助投影面 H_1 上的投影（即为斜视图）就能反映其实际形状与尺寸了，如图 6-5（b）所示。

如图 6-5（b）所示，斜视图的作图方法如下。

① 引入一个辅助投影面 H_1，使之与倾斜表面（沙发靠背）平行，即画出图形的对称线平行于倾斜表面的主要轮廓线。

② 将倾斜表面对投影面 H_1 进行投影，其中 Y 轴方向尺寸（沙发靠背宽度）由其水平投影量取，如图 6-5（b）所示 a、b 两个尺寸。

③ 在 H_1 面将所求取各点连接得到倾斜表面的投影，即 A 向斜视图。

由于斜视图能够真实表达沙发靠背的形状与尺寸，所以该沙发的左视图可省略不画。

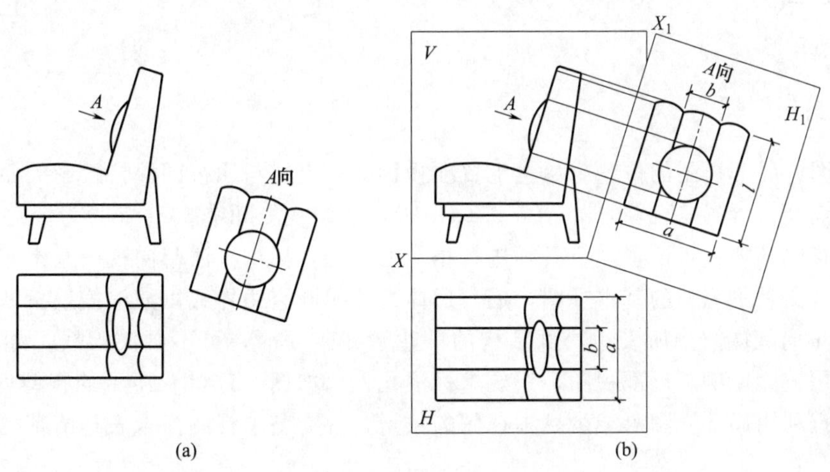

图 6-5　斜视图及作图方法

斜视图的位置通常按向视图的方式配置，在斜视图上方用大写拉丁字母表示视图的名称，在相应的视图附近用箭头指明投影方向，并注上相同字母，且字母总是水平书写。当把斜视图的主要中心线或轮廓线画成水平或垂直时，要标注“×向旋转”，如图 6-6（a）所示。

对于具有一般位置构件的家具，为了表达构件的实际长度与相互间的夹角，斜视图是必不可少的。如图 6-6（b）所示茶几支架，借助斜视图就可以把支架的正面与侧面构件实际长度与角度表达清楚。

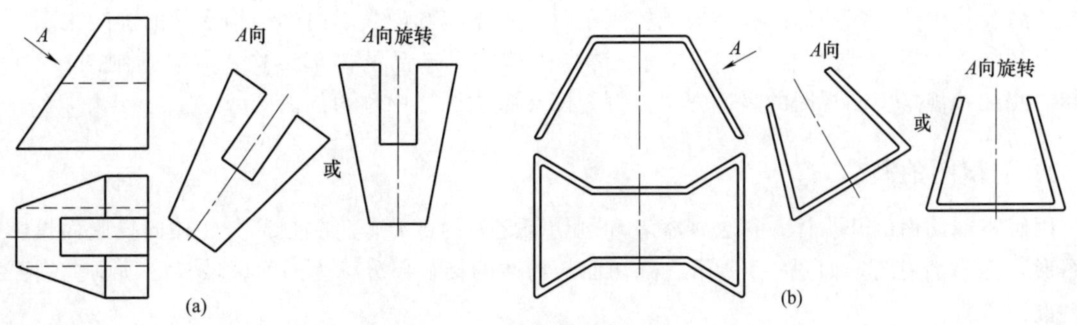

图 6-6　斜视图配置与标注

四、局部视图

局部视图是指将形体的某一部分向基本投影面投影所得的视图，如图 6-7（a）所示。

当工程或产品在某个方向形体较简单没必要画出整个基本视图时，可以只画出形体上需要表达的部分形状。如图 6-7（b）所示床头柜，主视图表达了产品的主要形状与组成，只需要再将床头柜的脚型及固定方式通过局部视图表达出来，床头柜的外观形态就基本清楚了，则俯视图可省略不画。

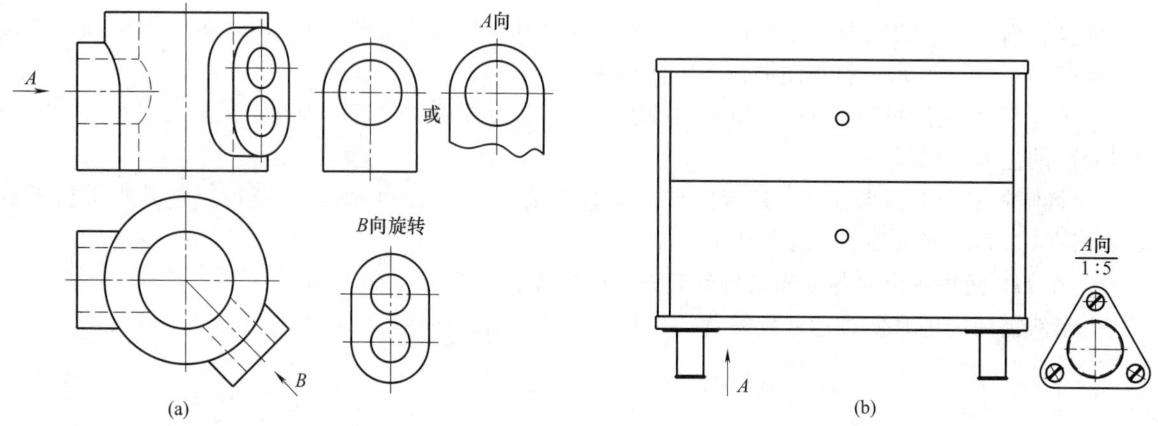

图 6-7　局部视图

为便于看图，局部视图的位置应尽量配置在投影方向上，与原视图保持投影关系，如果其中间没有其他视图隔开，可省略标注，如图 6-7（a）所示“A 向”可省略。有时为合理布图，也可以将局部视图放置在其他适当位置，但必须进行相应的标注，标注方法与向视图基本一致。

由于局部视图是不完整的基本视图，局部形体的假想断裂边界线以波浪线或折断线表示，如图 6-7（a）所示 A 向视图。当所表达局部结构的外轮廓线封闭时，可不画波浪线。如果局部图形较小，还可以采用较大比例画局部视图，但要求标注比例，如图 6-7（b）所示的脚型。

可见，合理利用局部视图可减少基本视图的数量，补充基本视图尚未表达清楚的部分。

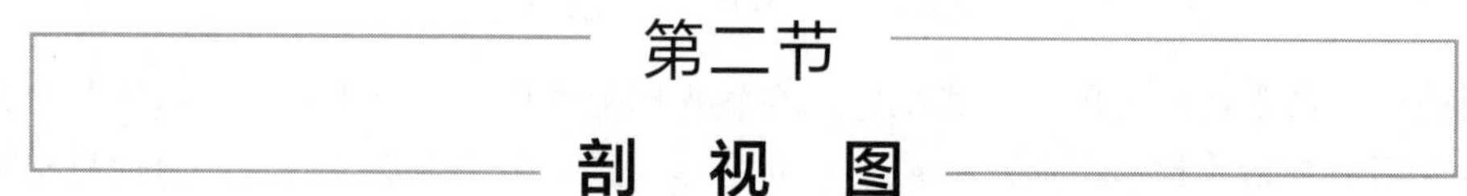

一、剖视图的概念与画法

《技术制图》标准规定，基本视图的可见轮廓线画实线，不可见的轮廓线画成虚线。当室内、家具产品及其构件、配件的内部结构比较复杂时，基本视图中表示内部结构形状的虚线很多，将会给读图和标注尺寸造成困难。为了准确、清晰表达家具产品的内部结构，《家具制图》（QB/T 1338—2012）规定了剖视图的表达方法。剖视图在室内图样中称为剖面图。

1. 剖视图的概念

用假想剖切面剖开物体，移去观察者和剖切面之间的部分，将剩余部分物体向投影面投影所得的图形，称为剖视图，如图 6-8 所示。剖切面与物体的接触部分称为剖面区域，必须画上剖面线或材料剖面符号。

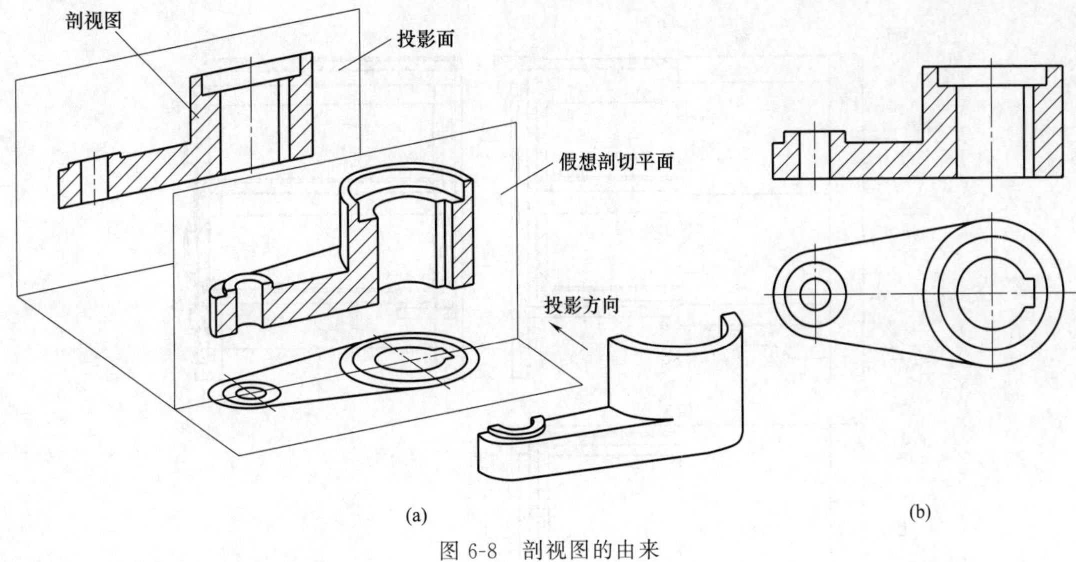

图 6-8　剖视图的由来

2. 剖视图的画法

① 确定剖切位置。一般用平面作为剖切面，剖切面应尽量通过形体较多的内部结构（如孔、槽）的轴线或对称中心线，并使其平行于某一投影面，以便剖视图能反映形体内部的实形。

② 注意投影方向。将处于观察者和剖切面之间的部分移去后，剩余部分向投影面进行投影时，必须注意剖切面之后物体的所有可见轮廓线，包括位于剖切面后面没有剖切到的形体，其可见的投影应全部画出，不要漏线。

③ 选择图线。剖切面后方的可见结构应全部画出，用实线绘制，在剖视图上已经表达清楚的结构，在其他视图上此部分结构的投影为虚线时，可省略不画。当剖切平面通过五金件、轴、销、螺栓等实心零件的轴线时，这些零件按未剖切绘制。

④ 画剖面符号。在剖切面接触的剖切区域内必须画出相应材料的剖面符号，如图 6-9 所示。(参考第七章第一节中家具标准规定的不同材料剖面符号画法，也可以自编与制图标准不重复的其他材料图例，并加以说明)。当不需要表示材料类别时，剖面符号可采用 45°细实线绘制的通用剖面线代替。当图样中的主要轮廓线与水平线成 45°或接近 45°时，则该视图的剖面线应画成与水平面成 30°或 60°，但倾斜方向与其他视图一致。

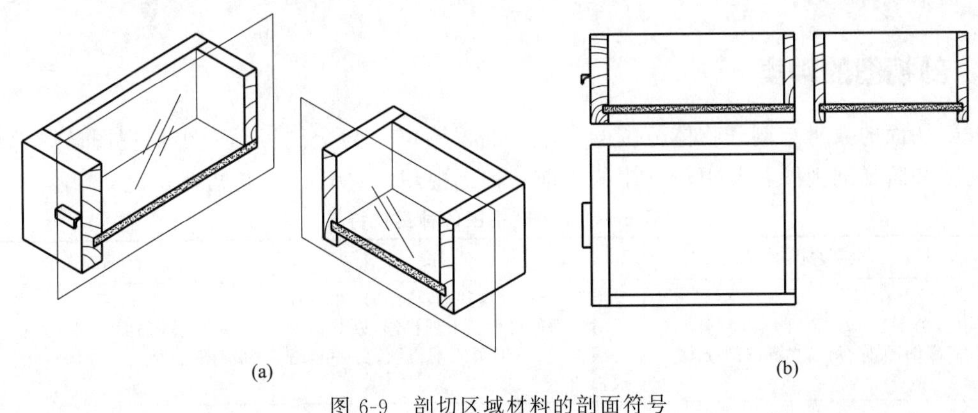

图 6-9　剖切区域材料的剖面符号

3. 剖视图的标注

为便于读图，画剖视图时应在视图的相应位置用剖切符号将剖切位置、投影方向和剖视图的名称标注出来，如图 6-10 所示。

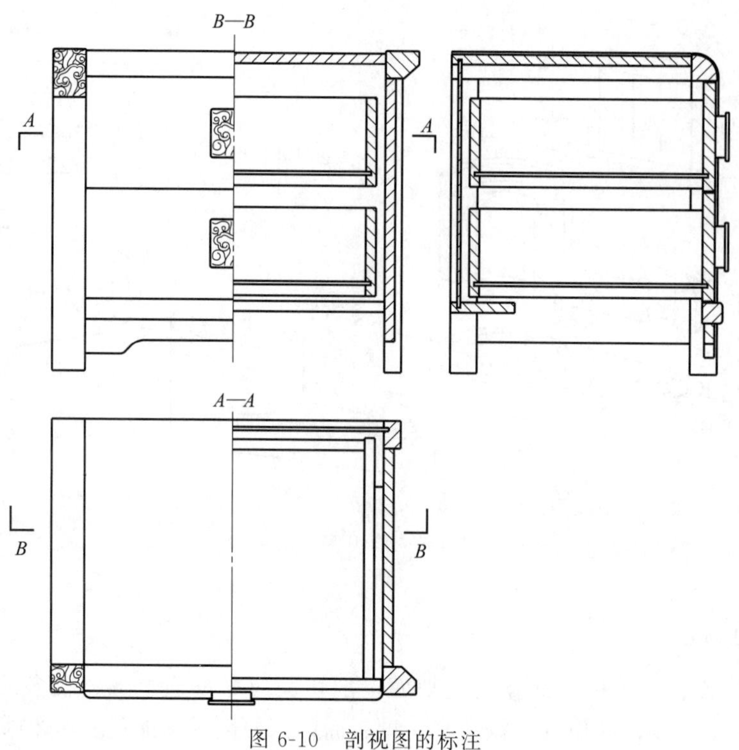

图 6-10　剖视图的标注

标注时注意以下几点。

① 剖切位置线：长 5～10mm 的粗实线，在剖切面的起、止和转折位置处表示剖切位置。

② 投影方向线：长 4～6mm 的粗实线，画于剖切位置线两端的外侧并与之垂直。

③ 编号与视图名称：家具制图用大写拉丁字母，从左至右、从上至下连续编排，注写在剖切位置线的投影方向上。剖视图的图名写“×—×”（“×”为大写的拉丁字母），通常注写在图样的上方，名称与其相应的剖切符号编号一致。

④ 省略标注的情况。

a. 当单一剖切面通过物体对称平面，且剖视图按基本视图关系配置，中间无其他图形隔开时，如图 6-10 所示的左视图。

b. 习惯的剖切位置，如房屋建筑图中的平面图，由通过门、窗洞口的水平面剖切而成，可省略标注，但仍要写图名。

二、剖视图的种类

根据剖切面的数量与剖开物体范围的大小，剖视图可分为全剖视图、半剖视图、局部剖视图、旋转剖视图和阶梯剖视图，其中较常用的为前三种剖视图，它们的特点见表 6-1。

表 6-1　常见剖视图的种类及特点

名称	全剖视图	半剖视图	局部剖视图
定义	用一个剖切面完全地剖开形体（产品、零部件，下同）后所得到的剖视图	当形体对称（或基本对称）时，在垂直于对称面的投影面上的投影，以对称中心线为界，一半画成剖视图，另一半画成视图	用剖切面局部地剖开形体所得到的剖视图
画法示例	见图 6-11	见图 6-12	见图 6-13
适用范围	常用于外形较简单，内部结构较复杂而图形不对称的形体；有时外形简单且对称的形体，为了使视图清晰，便于标注尺寸，也可以采用全剖视图	主要用于形体的内部、外形均需表达，且对称的结构。如果形体接近对称，而不对称部分已有图形表达清楚时，也可以采用半剖视图	主要用于形体局部结构需要表达时。也用于形体内、外结构都要表达的不对称情况，或对称图形的中心线与图形轮廓线重合不宜用半剖视图时

续表

名称	全剖视图	半剖视图	局部剖视图
画图应注意的问题	除符合剖视图的省略标注条件外，均遵循剖视图的标注规定	①视图与剖视图的分界线是点画线 ②习惯上将图形的右侧面、前侧画成剖视图 ③在视图中表示内部结构的虚线一般省略不画	①局部剖视图与视图之间以波浪线分界，波浪线画法的注意事项如图6-14所示 ②视图中局部剖部分不宜过多 ③标注方法与全剖视图相同

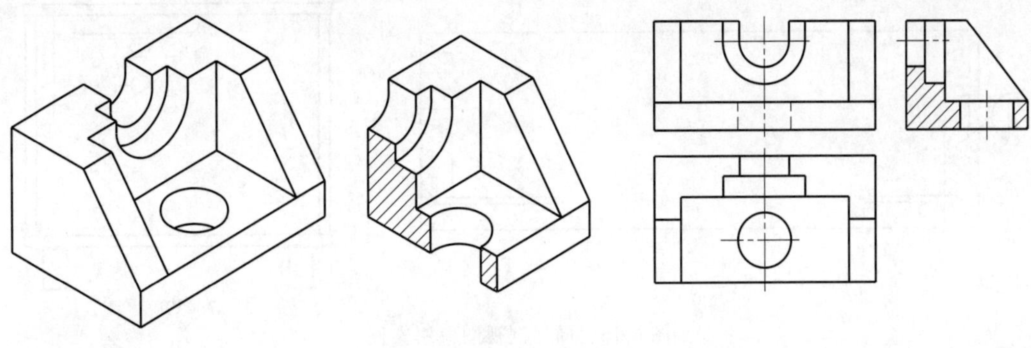

图 6-11 全剖视图

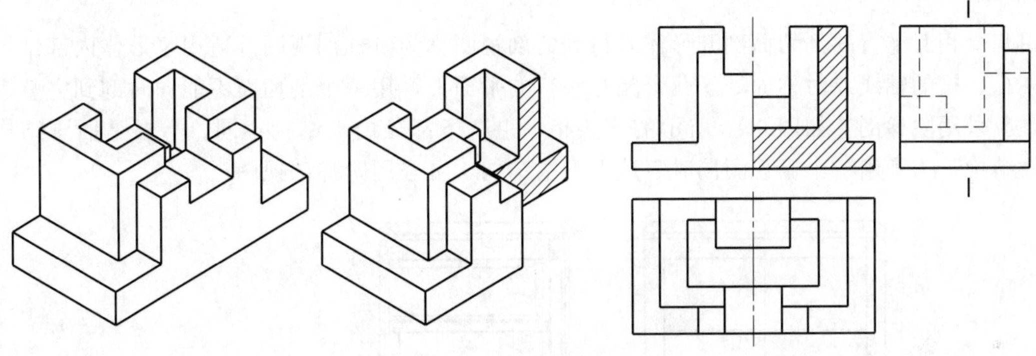

图 6-12 半剖视图

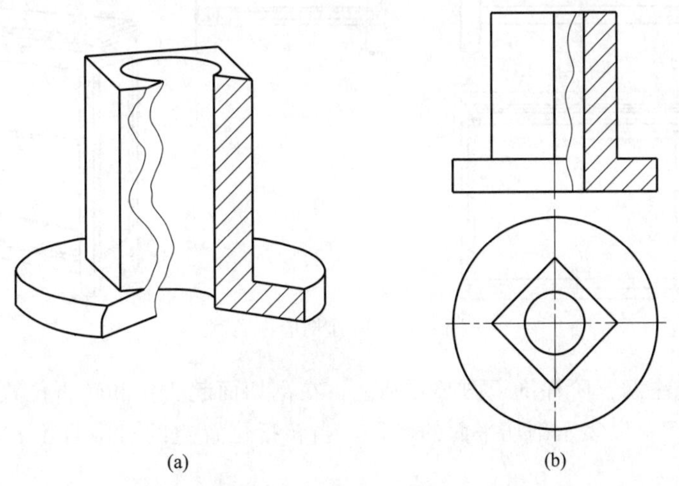

图 6-13 局部剖视图

局部剖是一种灵活的表达方法，适用范围较广，其剖切位置、剖切范围要根据具体情况而定，如图 6-15 所示。

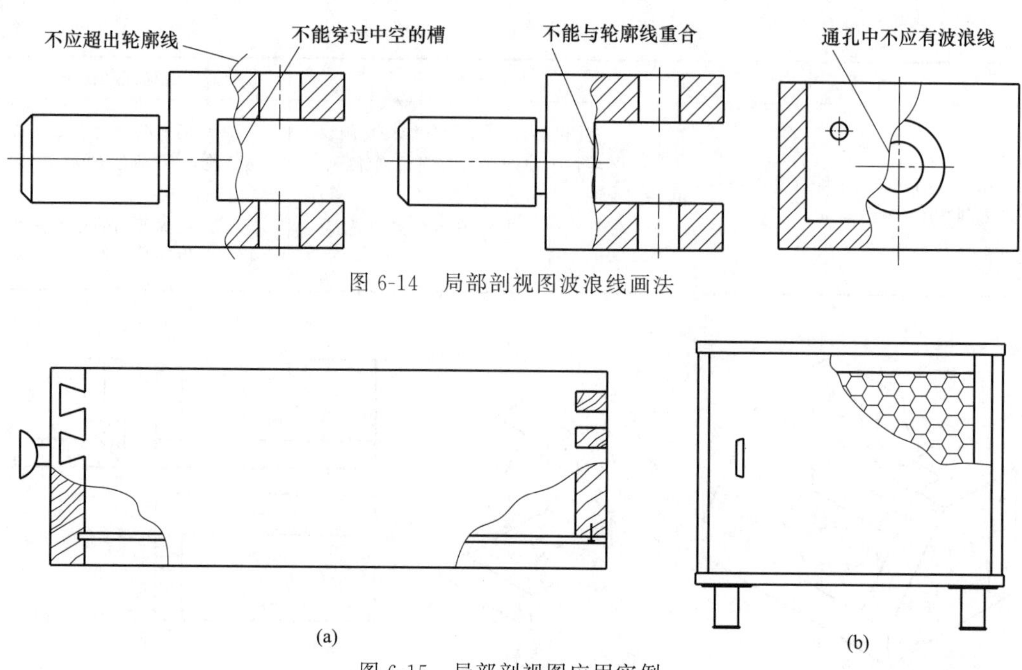

图 6-14　局部剖视图波浪线画法

图 6-15　局部剖视图应用实例

1. 阶梯剖视图

用几个相互平行的剖切面剖开形体后得到的剖视图称为阶梯剖视图。适用于形体内部结构层次较多，孔、槽的轴线或对称面处于几个相互平行的平面上，用一个剖切面不能同时剖到完整表达出来时，应采用阶梯剖。如图 6-16 所示的床头柜，上、下部分内部结构不同，上层是抽屉结构，下层底板结构，为了用一个俯视图同时表达上下层结构，可采用阶梯剖视图。

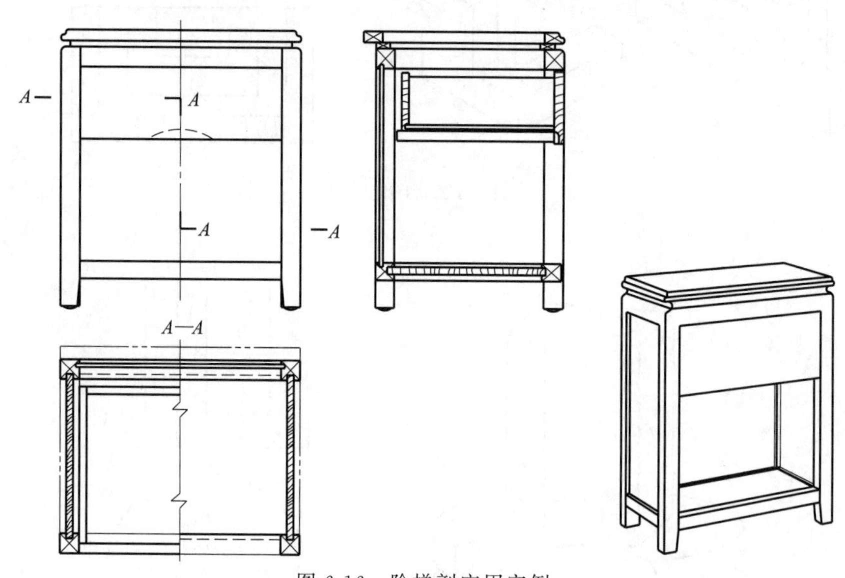

图 6-16　阶梯剖应用实例

画阶梯剖视图应注意：阶梯剖视图必须标注，在剖切面起、止和转折位置画剖切符号，并标注大写的拉丁字母“×”，以表示剖切平面的名称，当转折位置空间有限且不容易引起误解时，转折处允许省略字母。

2. 旋转剖视图

用两个相交的剖切面（交线垂直于某一基本投影面）完全地剖开形体，并通过旋转使之处于同一平面内得到的剖视图称为旋转剖视图，适用于形体中的孔、槽轴线不在一个平面上，用一个剖切面无法完全表达清楚，且形体具有回转轴的情况，如图 6-17（a）所示。

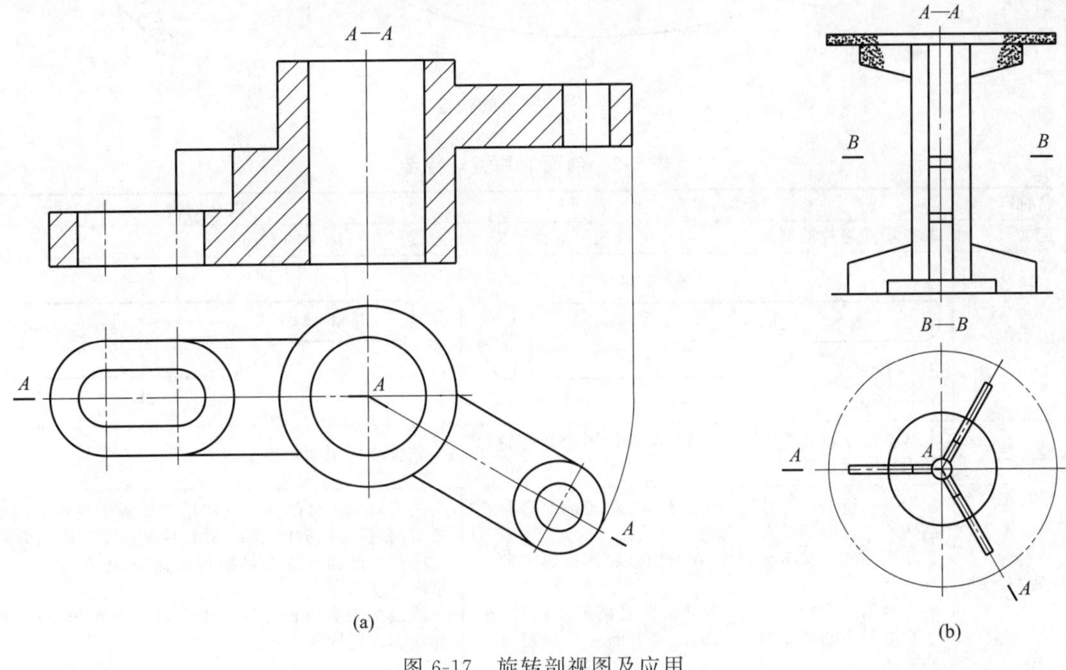

图 6-17　旋转剖视图及应用

画旋转剖视图应注意以下问题。

① 旋转剖视图必须标注，在剖切面起、止和转折位置画剖切符号（两剖切面的交线一般与形体的轴线重合），并标注大写的拉丁字母“×”，以表示剖切平面的名称，当转折位置空间有限且不容易引起误解时，转折处允许省略字母。

② 应按“先剖切后旋转”的方法绘制剖视图，剖切后会产生不完整要素时，应将此部分按不剖画图。

③ 位于剖切平面后，与被切结构密切相关的结构，或不一起旋转难以表达的结构，应“先旋转后投影”。如图 6-17（b）所示主视图为三脚桌子的旋转剖视图。

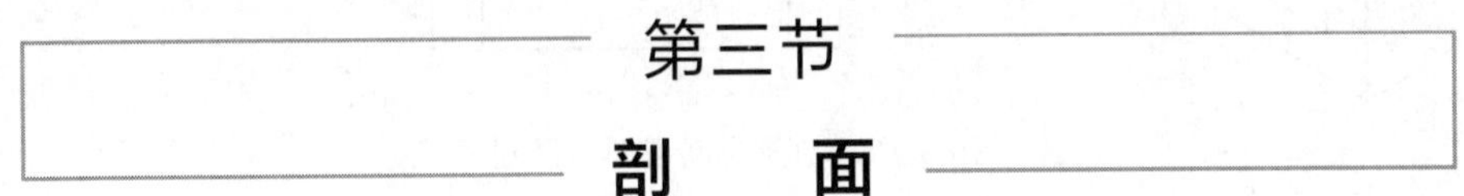

第三节 剖　面

一、剖面概念

假想用一剖切面把形体（如家具中的拉手、脚形或装饰件）切断，仅画出与剖切面相接触的断面所得到的图形称为剖面。它一般用来表达零件某处的断面形状，或零件上的孔、槽等结构，如图 6-18 所示的拉手，如果只画出外形图将出现虚线，无法表达拉手上棱线的角度与凹槽的深度，此时可假想在拉手的中间部位，用一个剖切面将拉手从中间处剖开，画出剖切后得到的剖面，就可以清楚地表达出拉手内外表面棱线的转折点与角度。

二、剖面的种类与画法

根据图形放置的位置不同，剖面分为移出剖面和重合剖面，它们的主要特点见表 6-2。

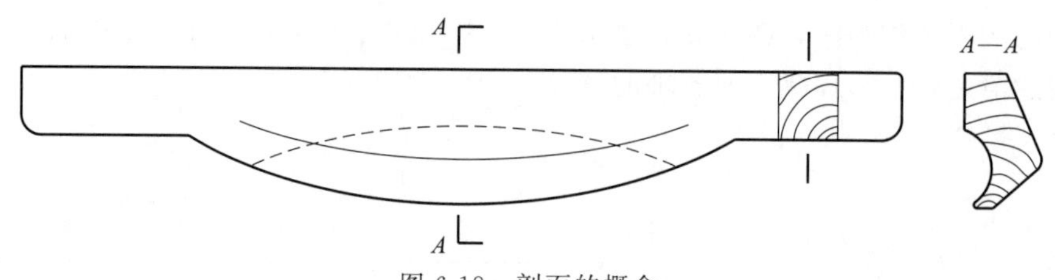

图 6-18 剖面的概念

表 6-2 剖面的种类与特点

名称	移出剖面	重合剖面
定义	画在视图之外的剖面	直接画在视图中的剖面
画法示例	A A—A A	
线型画法	基本视图轮廓线用实线绘制，局部详图中剖面轮廓线用粗实线绘制	轮廓线均用细实线绘制
图形配置与标注	①一般用剖切符号表示剖切位置，移出剖面宜画在剖切符号或剖切平面迹线的延长线上 ②当剖面形状不对称时，在剖切位置画投影方向并标注字母 ③当剖面形状对称时，可以画在视图的中断处；配置在图形中断处或剖切线延长线上的对称断面可省略标注	①不对称重合剖面在剖切位置要画剖切位置线和投影方向，但可以省略字母，对称重合剖面可以不标注 ②重合剖面多用在剖面形状简单，不影响基本视图清晰时使用 ③当视图中的轮廓线与重合剖面的图形重叠时，轮廓线仍应连续画出

剖面与剖视图的区别是剖面仅画出剖切到断面的形状，剖视图不仅要画出形体被剖切到断面的形状，还需要画出剖切面后面可见的所有轮廓投影，如图 6-19 所示。

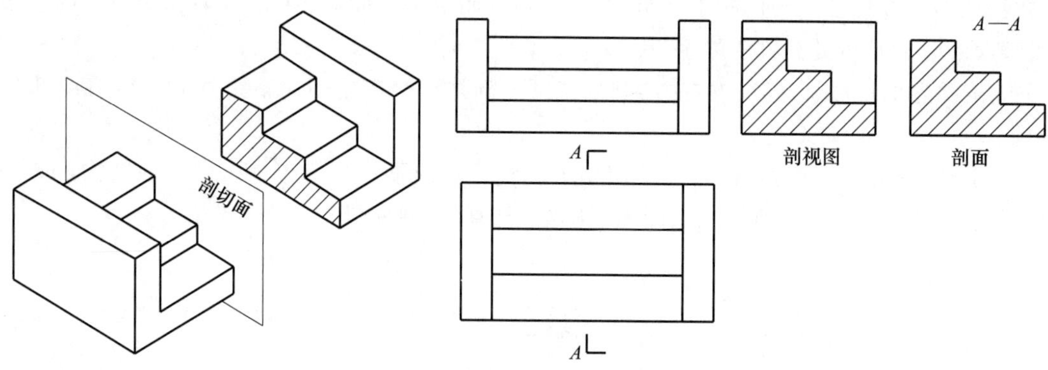

图 6-19 剖面与剖视图的区别

当剖切平面通过非圆孔，会导致完全分离的两个剖面时，这些结构也应按剖视图画，如图 6-20（a）所示。用两个或多个相交的剖切平面剖切得到的移出剖面，中间一般应断开，如图 6-20

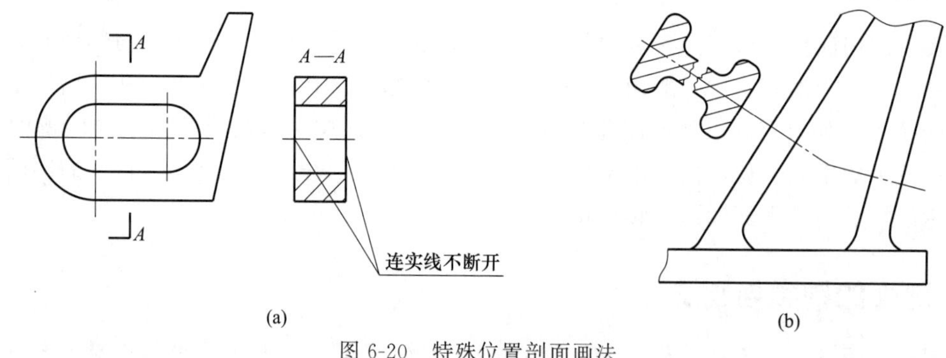

图 6-20 特殊位置剖面画法

（b）所示。

三、剖面的应用实例

当家具产品基本视图比例较小，为了清晰表达局部结构时，移出剖面可以采用与原视图不同的比例画，但一定要标出比例，如图 6-21（a）所示梳妆镜框架剖面，同时注意标注时字母与图名必须水平书写。

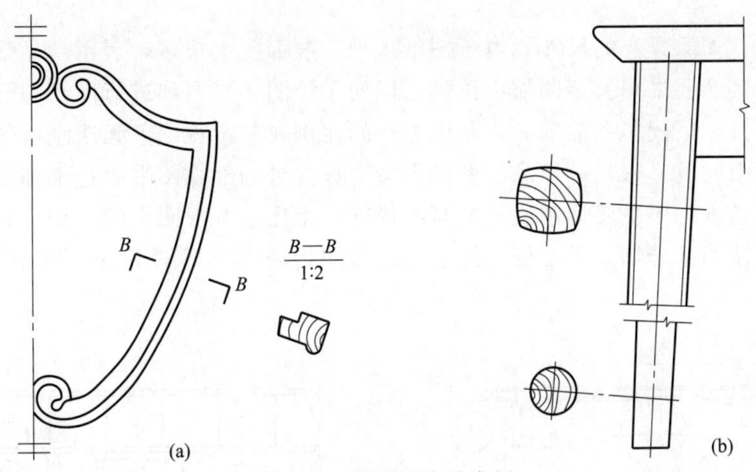

图 6-21　剖面画法及应用

对于形状较复杂的零件用基本视图或一个剖面无法清楚表达其形状时，可以采用一系列的剖面来表示。如图 6-22 所示某椅子扶手，此时剖切位置的选择很重要，一般先在特殊位置（如最大处、最小处、转折处等）剖切，如果图形还不明确，再用等距离方法增补若干剖面，同时注意不对称剖面的投影方向必须一致。

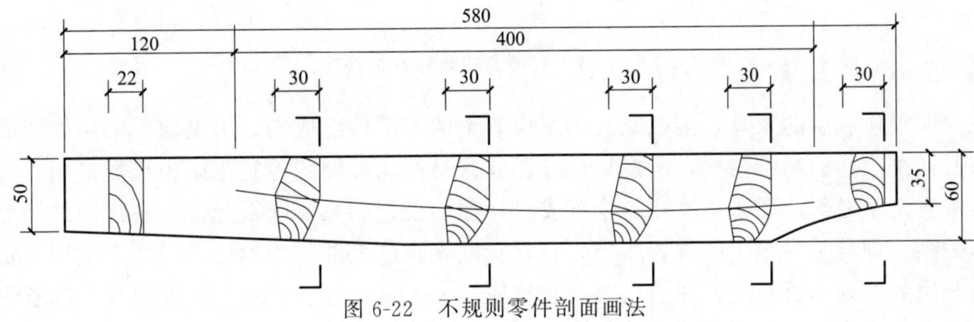

图 6-22　不规则零件剖面画法

在室内与家具表面装饰中常出现凹凸不平的雕刻图案，为了直观表示凹凸形状的尺寸与工艺做法，可以用移出剖面或重合剖面表达其表面的形态，如图 6-23（a）所示，这时常常只画出前表面

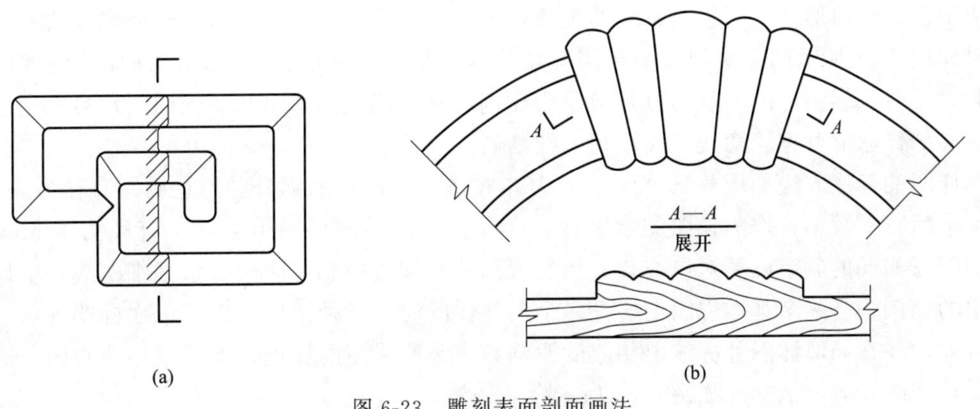

图 6-23　雕刻表面剖面画法

的形状，后面的轮廓线可省略不画。必要时，剖切面可用柱面代替，剖面则用展开画法，如图 6-23（b）所示，在图名下方标注“展开”字样。

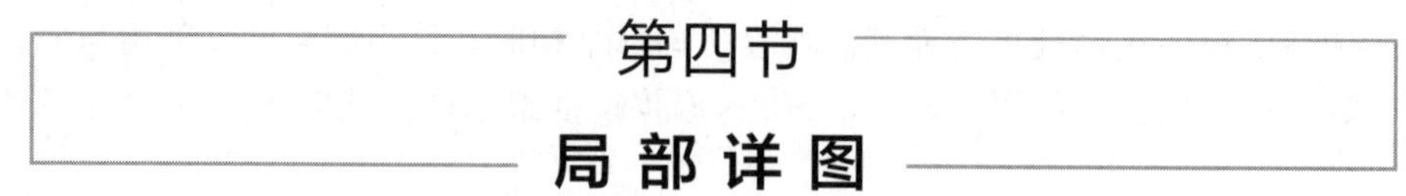

第四节 局部详图

由于许多产品（如家具）的尺寸相对于图纸来说一般都要大很多，表示产品整体结构的基本视图，特别是施工图必然要采用一定的缩小比例，以便于绘图、看图和进行图纸的管理工作。但对于显示产品零部件连接、装配关系的部分，却因缩小的比例在基本视图上无法画清楚或因线条过多而不清晰。为解决这个问题，家具等产品的图样中会引进大量局部详图来表达细部结构的材料、尺寸及连接方式，即把基本视图中要详细表达的某些局部，用比基本视图大的比例，如 1∶1 或 1∶2 的比例画图，与其连续的部分如果没必要详细表达，就用折断线与局部分开，该图样称为局部详图，如图 6-24 所示。

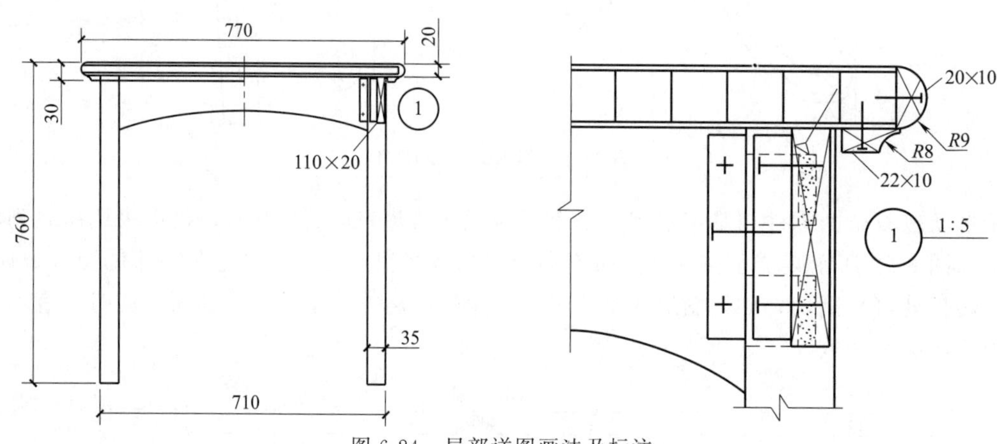

图 6-24 局部详图画法及标注

除一次性模压成型的家具，多数家具都是由若干的零部件组成的，可见家具的结构装配图中将有大量需要详细表达的局部结构，所以局部详图在家具结构装配图等施工图中广泛应用。当同一个基本视图中有多个局部详图时，要注意合理安排详图的位置。只要图纸允许，各详图之间要保持一定的投影关系，即与基本视图的位置相当，且尽量配置在放大部位的附近，以便于读图。每个局部详图的断开边界线画成折断线，并超出视图轮廓线 2～3mm，但空隙处不画折断线。折断线一般画成水平和垂直方向，以使图纸更美观。

局部详图可以画成向视图、剖视图或剖面图，它不受基本视图表达方式的影响，如图 6-24 所示桌面板与支架的连接结构，在基本视图中因比例小没有画出。在局部详图中，桌面板的封边工艺、支架望板的断面形状、望板与桌腿的榫接合形式及桌面板与支架的木螺钉固定方式都一一详细画出。再如图 6-25 所示的床头柜拉手结构，在基本视图中只画出其外形，局部详图则可以画成剖视图，此时要注意标注详图的剖切符号与所用比例，有时还可以画出基本视图上没有表达出来的局部结构。局部详图的可见轮廓线都要用粗实线绘制。

局部详图的标注方法如图 6-26 所示，在基本视图上局部详图部分的附近画一直径为 8mm 的实线圆圈，中间写上数字，作为详图的索引标志。在相应的局部详图附近画一直径为 12mm 的粗实线圆，中间写相同的数字以便对应查找。粗实线圆外右侧过中心方向画一水平细实线，上面写局部详图采用的比例。当一个基本视图上要画多个局部详图时，必须用罗马数字依次标明各部位，要注意有序排列，并在局部详图处标注出相应的罗马数字和所采用的比例。如果采用向视图、剖视图或剖面画局部详图，其比例标注如图 6-26 所示。

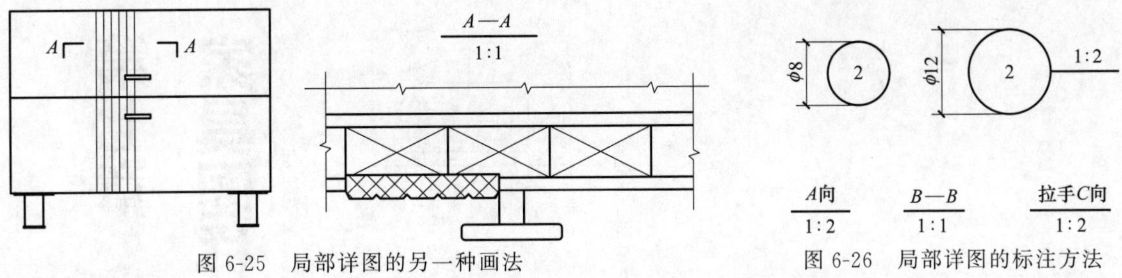

图 6-25 局部详图的另一种画法

图 6-26 局部详图的标注方法

【思考与练习】

① 向视图、斜视图、局部详图在视图中应如何配置和标注？如何注写图名？

② 什么是剖视？国标规定有哪几种剖切方法？

③ 什么是剖切符号？标注剖切符号时，应注意哪些规定？

④ 试述全剖视图与半剖视图的区别和应用范围，对图线有哪些要求？

⑤ 试分析剖视图和剖面图的异同点。

⑥ 局部详图有哪几种画法？如何标注？

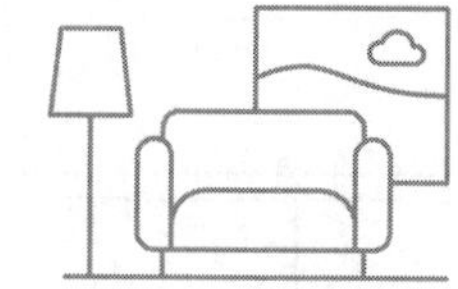

第七章 家具图样

【学习目标】

知识目标

① 熟悉家具制图标准的相关规定，能合理应用；

② 掌握家具常用连接方式的规定画法；

③ 熟悉家具设计过程的设计图、施工图的图样要求，掌握不同图样的画图步骤。

能力目标

① 掌握家具设计图的识图方法，能绘制单体家具的设计图并标注尺寸；

② 理解家具施工图中不同图样的内容表达和画图方法，知道其适用条件；

③ 通过家具设计图、施工图的读图与绘制来贯彻家具制图标准规定，巩固家具设计程序和设计内容。

素质目标

① 培养学生现场发现分析和解决问题的能力，全面提高学生的综合素质；

② 培养学生独立思考、细致分析问题的专业素养，能有意识地借鉴设计经验，进而指导今后的设计工作。

家具作为一种工业产品，其设计过程是一个多次反复、循序渐进的过程，每一个阶段都需要解决不同的问题。家具的新产品开发设计一般包括以下程序：设计准备（含市场调研）、设计定位、概念设计、造型设计、技术设计、工艺设计、包装设计及延伸设计等。在每一个设计阶段，家具图样伴随过程的始终，且不同的设计阶段需要的图样表达方式有所区别。如概念设计阶段的草图只注重设计师构思的概念表现；造型设计阶段的彩色效果图，却要充分地表达家具产品的形态、尺度、色彩、质感、体量感等造型要素；而技术设计阶段，一般还需要进行必要的构件受力分析、连接强度分析等，根据分析的结果，再对初始设计方案进行修改和优化，以满足使用功能和生产需要。所有这些都需要用不同的图样来描述和表达。设计表达的过程实际上也是产品形态创造的过程，是对产品形态进行推敲、进行研究的过程，设计师的思路也正是依托这样一个过程，被开启、被深化、被实现。

为了使绘图和识图时有统一的依据，国家有关部门制定了相应的制图标准，如国家标准《技术制图》（GB/T 14689—2008、GB/T 14691—1993、GB/T 14692—2008）、行业标准《家具制图》（QB/T 1338—2012），这些标准是绘制家具图样的技术法规，起着统一图样“语言”的作用。

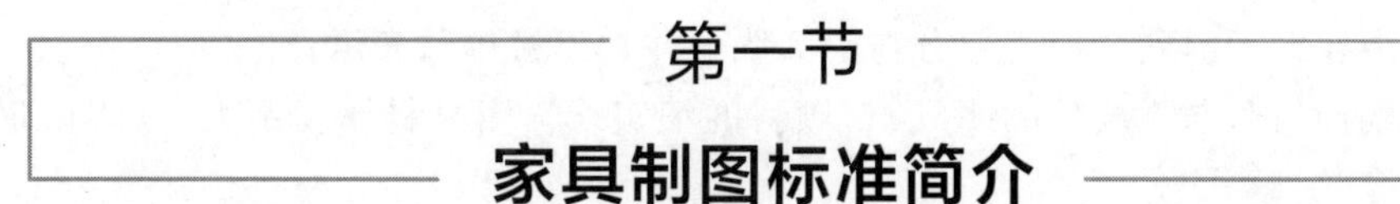

第一节 家具制图标准简介

《家具制图》作为家具工业的一项行业基础标准，是指导家具从业人员进行绘图与识图的依据，也是目前家具行业检验图样质量的最低标准。根据标准绘制产品设计流程中各阶段的图纸，特别是应用于生产阶段的图纸具有重要的作用。设计师、工程师、制作人员通过对标准、规范的学习与掌握，在产品设计表达和产品制作过程对图纸将有统一的认识和理解，从而保证生产实施的顺利完成。并且，严格按照制图标准绘制的图纸，具有严谨、规范、清晰、准确的特点，具有理性的美感。因此，设计师必须高度重视图纸语言运用的规范性。

《家具制图》（QB/T 1338—2012）适用于木家具，其他家具亦应参照使用。该标准规定了绘制家具制造图样的基本方法，对图样中的图纸格式、标题栏、比例、线型粗细、文字书写方式、尺寸标注及投影法等内容均进行了严格的规范。其具体要求可参照第一章第一节的内容。以下针对家具施工图绘制中相关技术规范作些说明（以下内容摘录自：中华人民共和国轻工行业标准 QB/T 1338—2012《家具制图》）。

一、家具常用材料剖面符号与图例

当家具整体或家具零部件画成剖视图或剖面图时，假想被剖切到的部分一般要画出材料的剖面符号，以表示剖面的形状范围和零部件的材料类型。《家具制图》（QB/T 1338—2012）对家具生产中常用的各种材料的剖面符号画法作了统一规定，如表 7-1 所示。剖面符号的剖面线均为细实线。

表 7-1 常用材料剖面符号

材料			剖面符号	材料	剖面符号
木材	横剖	方材		纤维板	
		板材		金属	
	纵剖				
胶合板				塑料、有机玻璃、橡胶	

续表

材料		剖面符号	材料	剖面符号
刨花板			软质填充料	
细木工板	横剖		砖石料	
	纵剖			

注意：

① 在基本视图中，若木材纵剖面的纹理影响图面清晰，可省略剖面符号；

② 胶合板层数用文字注明，其剖面符号的细实线倾斜方向均与主要轮廓线成30°，当厚度较小时可不画剖面符号；

③ 基本视图中，贴面材料的厚度部分与轮廓线合并，不必单独表示；

④ 金属材料剖面符号与主要轮廓线成45°倾斜的细实线，当材料厚度不大于2mm时，在视图中应涂黑剖面。

在基本视图中，为了形象表达家具的材料外观特点，通常在视图中也画材料的图例，部分材料的图例画法见表7-2。

表7-2 部分材料图例与剖面符号

名称	图　例	剖面符号
玻璃		
镜子		
弹簧		—
空心板		
竹、藤编		
网纱		

在绘制软体家具、梳妆镜等结构装配图时，如果要表示多层结构材料及规格，可用一次引出线分格标注，如图7-1所示。分格线一般为水平线，文字说明的次序应与材料层次相一致，通常由上至下，由左至右。

现代家具的表面装饰方法中常用薄木进行贴面，尤其采用薄木拼花图案装饰。在绘制家具施工图时，一般要求表达贴面薄木纹理的方向。画图时，可采用箭头表示木材纹理方向，以简化绘图，如图 7-2 所示。

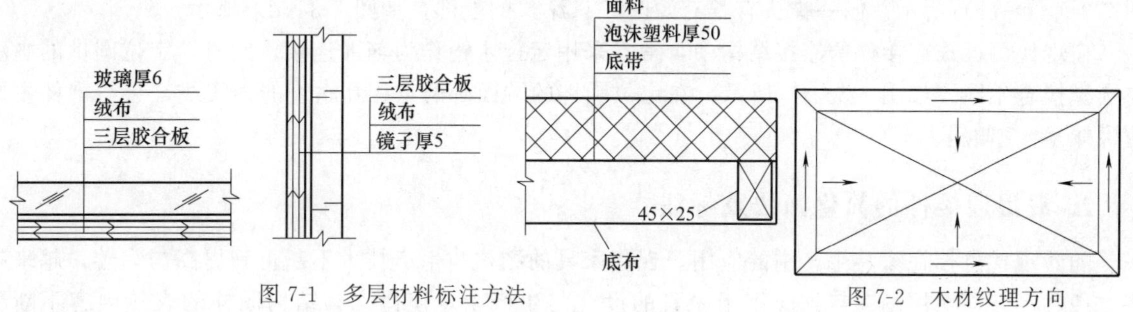

图 7-1　多层材料标注方法

图 7-2　木材纹理方向

二、家具常用连接方式的规定画法

除一次性模压成型的家具外，大部分的家具产品都是由若干的零部件连接、装配而成的。不同类型的家具是由不同形状、不同大小的零部件通过一定的接合方式所构成。由于制作家具所用材料不同，不同功能产品的强度和外观质量要求也不同，家具的接合方式亦多种多样。其中木家具的连接方式最复杂，常见的接合方式有：榫接合、胶接合、钉接合、木螺钉接合和连接件接合等。

《家具制图》标准对木家具中一些常用连接方式的画法作了规定，以便简化家具施工图的绘制，提高制图效率，缩短产品设计周期。

1. 榫接合

榫接合指榫头嵌入榫眼（或榫沟）的接合，它是实木家具中应用最普遍的固定式连接，形式多种多样，其中最基本的类型有直角榫、燕尾榫和圆榫。《家具制图》标准对直角榫和圆榫的画法作了规定，如图 7-3 所示。

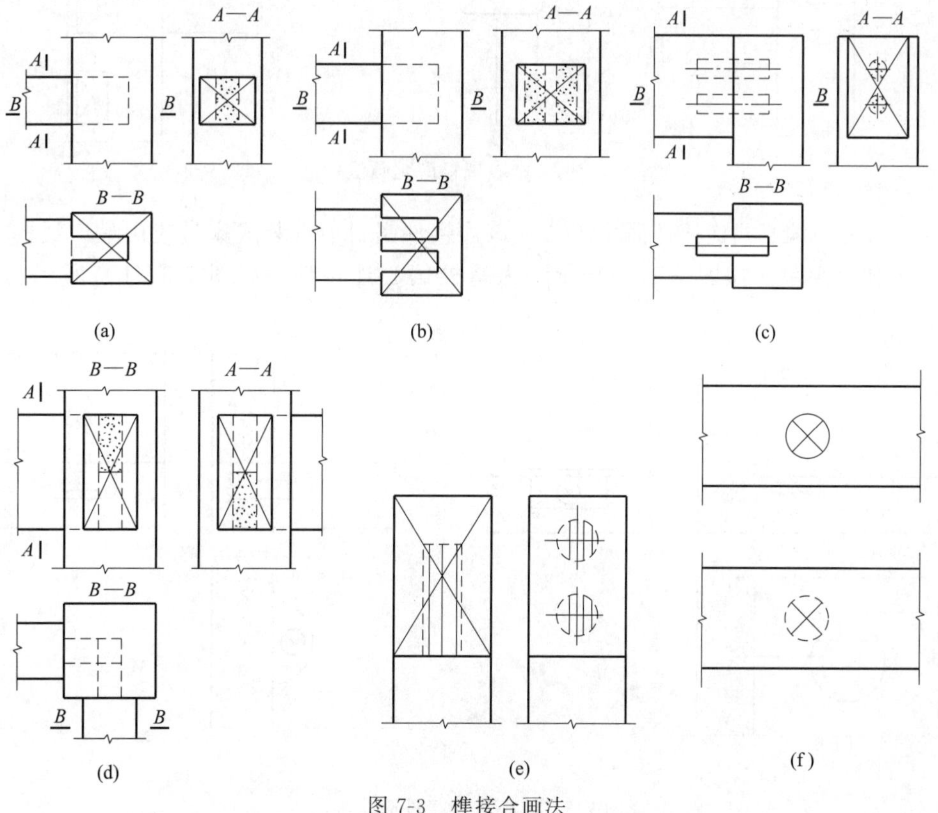

图 7-3　榫接合画法

在表示榫头横断面的图形中，无论剖视图或外形视图，榫头横断面均需涂成淡墨色或用一组不少于三条的细实线表示，且细实线画成平行于长边的直线，以显示榫头端面形状、类型和大小，如图 7-3（a）～（e）所示。同一榫头有长有短时，只涂长的端部，如图 7-3（d）所示。

在现代可拆式连接件的连接结构中，常常采用定位木销作为辅助连接，此时，定位圆榫的画法与圆榫接合不同。如图 7-3（f）所示，在定位圆榫的端面画两条相互垂直的细实线，且与零件主要轮廓线呈 45°倾斜。

2. 常用连接件的简化画法及标注

随着现代科技在家具生产中的应用，现代家具的结构与生产技术不断得到提高与完善，越来越多方便、高效、实用的连接件应用于家具的设计与生产中，使得家具结构图样的表达内容不断更新。《家具制图》标准对几种常用的家具连接件的简化画法作了规定。

图 7-4 较小圆孔与连接件的简化画法

如图 7-4 所示为家具基本视图中较小圆孔与连接件的简化画法。当圆孔的直径很小时，可只画一细实线，并用不带箭头的引出线注出圆孔的数量和直径大小。对于连接件连接，引出线末端要带箭头，并用文字注明连接件的数量、名称及规格。

如图 7-5 所示为木螺钉简化画法，在基本视图上一般可用细实线表示其位置，用带箭头的引出线注明名称、规格或代号。

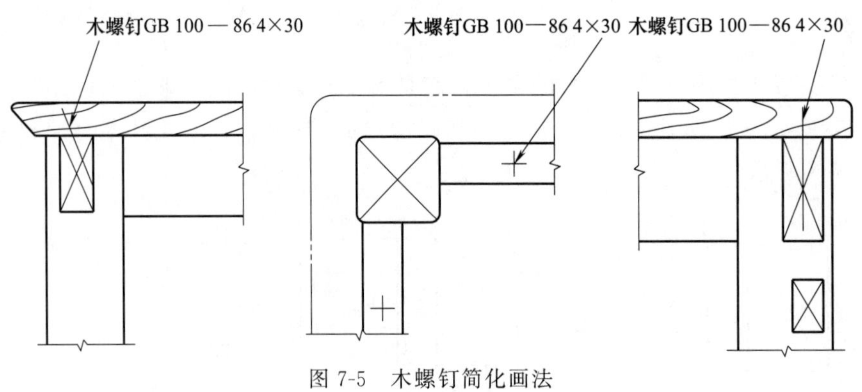

图 7-5 木螺钉简化画法

如图 7-6 所示为偏心式连接件简化画法，该连接件是目前拆装式家具应用最广泛的一种形式，安装快捷、方便、简单。如图 7-6（a）所示为螺栓偏心连接件，如图 7-6（b）所示为凸轮柱连接件。

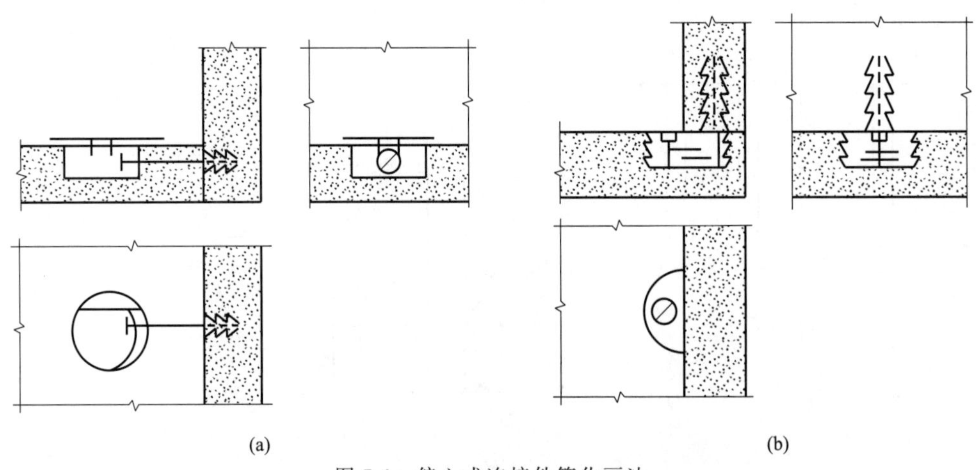

(a) (b)

图 7-6 偏心式连接件简化画法

如表 7-3 所示为杯状暗铰链的简化画法，是柜门安装的常用连接件。由于安装后柜门与柜体侧板的位置关系不同，可分为覆盖式和嵌入式两种情况，即类型 A 和类型 B，两种类型在基本视图中画法都可以更简化。

对于新出现的连接件，其画法可参照标准已有规定画法简化画出，并附以必要的文字说明。

表 7-3　暗铰链画法

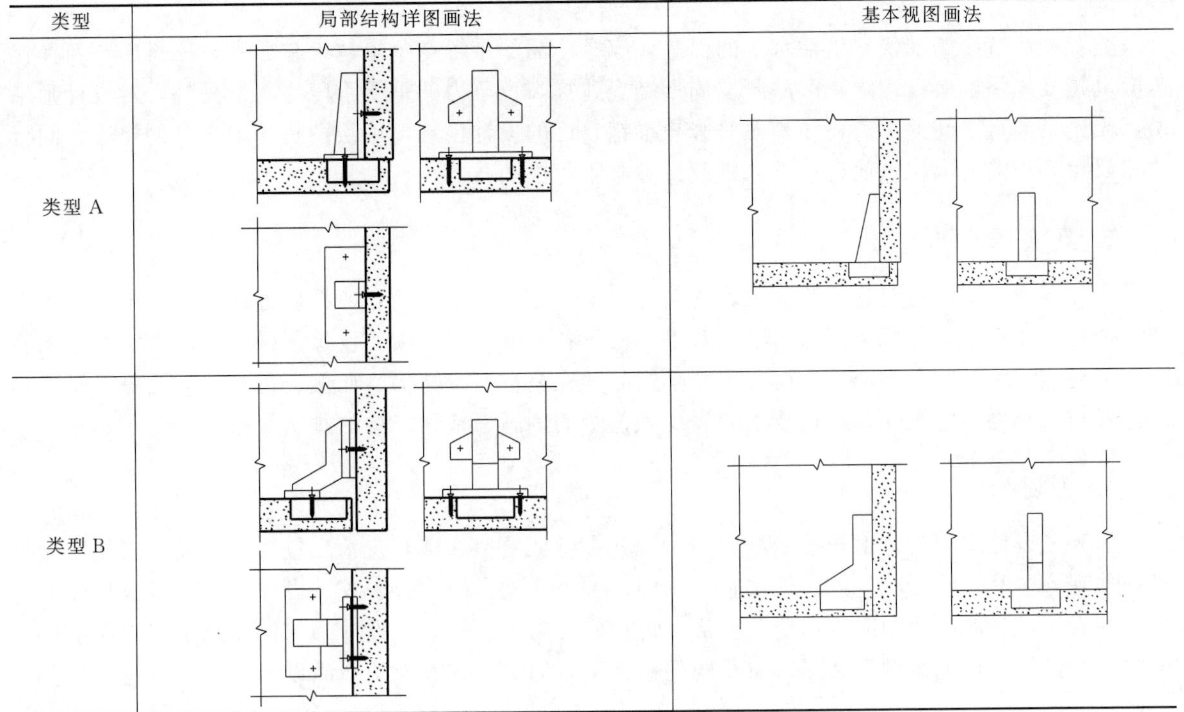

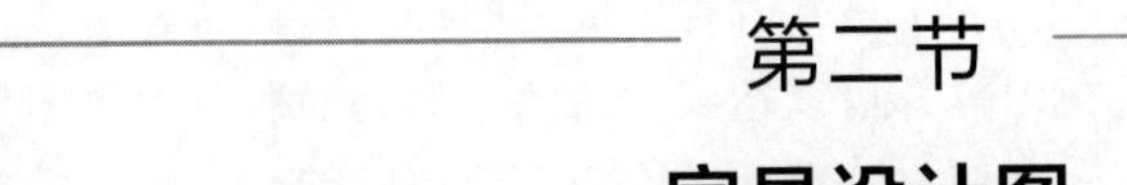

第二节 家具设计图

家具制图与其他工程制图一样都是基于投影原理的科学体系，但家具制图是服务于“设计”这一高度交叉、边缘的学科，具有科学性与艺术性相结合的特点。大部分工程图样一般只使用投影原理中的正投影法，图纸用于产品的生产实施阶段，侧重于表现产品的结构、材料与工艺规范，要求严格遵守标准规范；而家具图样贯穿于从设计研究到创意、生产、营销的各个环节，需综合表达产品的造型、结构、材料、色彩等信息，其图样的绘制不仅仅要综合应用正投影，有时要使用平行斜投影和中心投影法，图纸不仅仅要符合标准规范，还要适合沟通人群的信息接受能力，具有艺术美的感染力。

根据每个设计阶段图样的用途和表达要求不同，可将家具设计过程的图样分为三大类：设计图、施工图和商业图。设计图是思维过程和设计结果的呈现，包括设计草图和设计方案图；施工图是设计物化的表达和生产技术的指导，主要包括装配图、部件图、零件图、大样图等；商业图则是产品销售和用户使用的说明，包括家具拆装示意图、包装图和商业展示图。

一、设计图的特点

家具设计是为了满足人们使用时心理上、生理上及视觉上的需要，在投产前所进行的创造性的构思与规划，并通过图纸、模型或样品表达出来的全部设计过程。家具设计图包括设计师根据用户要求、使用功能、造型法则以及综合选择已有的素材、资料等，首先构思家具设计草图，再根据草图分析、修改后按一定比例画出家具设计图等图样。设计草图和设计图可以有不同的表现形式。设计草图按表现形式可分为概念草图、形态草图、结构草图；按功能可分为记录性草图和研究性草图。设计草图的核心功能是捕捉设计灵感、阐释设计概念、初步拟定设计方案。设计图是用于呈现设计方案和设计效果的展示性图样，它不仅要求绘制规范全面、细致，有准确的说明性，而且还要有强烈的真实感和艺术感染力，一般包括方案图和效果图。

1. 快速

随着生活节奏的加快，生活水平的提高，家具产品的市场竞争也越来越激烈，家具的更新换代速度也越来越快，所以缩短新产品开发周期是企业提高竞争力的重要手段之一。另外，对设计师来说，无论是同行之间的交流，还是面对客户推销自己的设计创意，用绘图技巧把自己的想法、同行的建议及客户的要求快速地记录下来是设计师必不可少的技能。

2. 真实

设计图最重要的目的在于传达正确的信息，如产品的造型、色彩、材质等，让人们了解新产品的各种特性及在一定环境下使用的场景效果，便于各类人员的识读。设计图样应具有真实性，能够客观地传达设计者的创意，忠实地表现家具产品的完整造型、结构、比例、色彩、工艺等，建立起设计者与大众之间的媒介，通过技术的表现和艺术的刻画来传达产品的真实效果。

3. 美观

优秀的设计图应与艺术与技术融为一体，其本身就是一件富有艺术品位的装饰品。家具设计图是一种观念，是家具形状、色彩、质感、比例、大小、光影的综合表现。设计师要想说服各种不同意见的人，设计图的绘制应该切题、整洁、悦目、突出。它代表了设计师的工作态度、专业水平和鉴赏力。同样设计创意的设计图，在相同的条件下，注重美感表现的产品设计图更具有竞争力。

4. 说明性

图形学家告诉我们，图形比单纯的语言文字更富有直观的说明性。设计者要表达设计意图，必须通过各种方式提示说明。如草图、透视图等都可以达到说明的目的，而彩色效果图更可以充分地表达家具产品的形态、结构、色彩、质感、体量感等，还能表现无形的韵律、形态性格、美感等抽象的内容。

5. 多样性

家具设计从最初的创意构思到初步的概念草图、方案设计图、功能分析图、效果图，不仅反映着产品创意的产生和发展，而且还以形象、直观的图形语言传达家具设计的功能。设计图的表现方式多种多样，是手绘的图形表现能力与电脑图形与图像设计能力的重要体现，人脑与电脑、手与鼠标、手与笔、手与工具都将为现代设计师展现一个全新的设计空间。铅笔、钢笔、马克笔、水彩笔及 AutoCAD、3ds Max 等软件都可以成为绘制家具设计图的手段。

二、设计图的类型

1. 设计草图

设计草图是设计师对设计要求理解之后构思形象的表现，使头脑中构思最迅速、最简便地变成可视图形，是记录构思形象的最好办法。绘制设计草图过程中，要把头脑中天马行空的思路、灵感及创意的火花随时用图形的方法记录下来；还必须把阶段性、小结性的想法也用图样形象地记录为一个完整的设计过程。同时，要不断地用新的草图对设计思路进行归纳、提炼和修改，形成初步的设计造型形象，为下一步的深化设计和细节研究打下扎实的基础。因此，绘制草图的过程就是构思方案的过程，家具设计的最初工作就是从绘制大量草图开始的。

构思草图主要用于项目小组的交流和设计师的自我推敲，所以画法较为随意，往往几根线条、几个符号就能表达意思。这种快速简便的表达方式有助于最初创意思维的扩展和完善，不仅可在很短的时间里将设计师头脑中闪现的每一个灵感快速地用可视的形象展现在二维的媒介上，而且还可以对已有的构思过程进行分析、总结，进而产生新的构思，直到取得满意的设计概念。

设计草图是设计人员徒手勾画的一种图样，表现方式多种多样，不拘一格。因为徒手画得快，不受工具限制，可以随心所欲，画得自然流畅，能及时抓住形象构思的瞬间印象，充分将头脑中的构思敏捷迅速地表达出来。设计师可以通过草图把所有构思反映出来，包括产品的外观造型、材质、色彩、比例、体量等基本信息，快速地表达自己的设计理念。开始的形象可能是不太具体的，经过多次草图绘制，会使构思进一步深化，经过整理、比较、反复、综合就会使较为模糊、不太具体的形象逐渐清晰起来，使设计思维具体化。设计草图的图面上往往还会出现文字注释、尺寸标注、结构展示、色彩推敲等内容，如图 7-7 所示。所以草图有时看起来会有些杂乱，但它反映了设计师对设计对象的理解和推敲过程，正是这个能反映构思过程的草图使得某些构思可供选择，并大体上能选择出其中令人满意的一些构思方案以完成设计任务。

图 7-7　设计草图 1

草图一般用立体透视图或投影图来表达，有时也可画些局部的构造，凡是构思中的所有意象都可以画出，不受任何限制。透视图以直观、形象、逼真的特点成为最常用的草图表达手段，透视草

图一般以单线条表现外观轮廓，有时为了突出主题效果和显示表面材料质感，也常画出阴影和其他线条加以强调，甚至画出家具在使用状态中的场景，如图 7-8 所示。

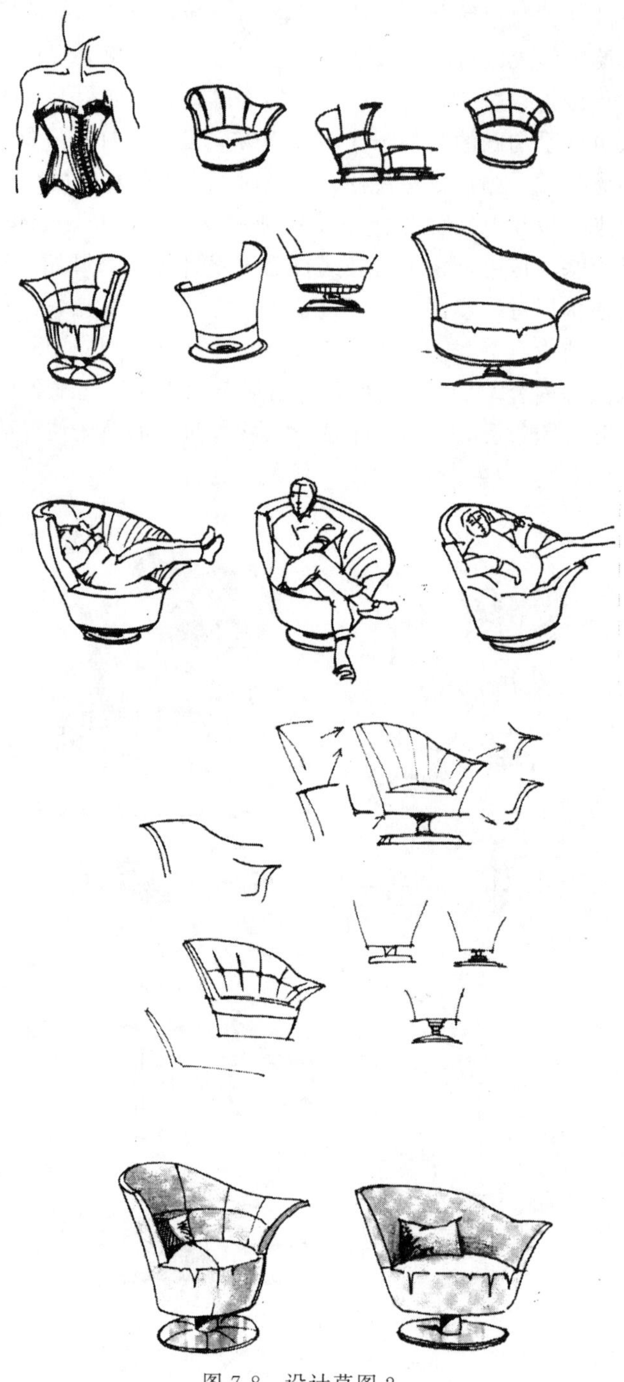

图 7-8　设计草图 2

为了表达家具的具体使用功能和反映家具各表面的比例和划分，设计草图也用投影图来表达，即采用第一角投影方法画成三视图的形式，这样不仅可以较准确地反映家具整体与部分之间、部分与部分之间的比例关系，还可以标注家具的重要尺寸，如功能上、造型上要求的尺寸，以及与环境配合需要的尺寸，这样便于从功能要求、造型艺术的角度考虑设计方案。但设计草图中的视图也是徒手画的，因此所画的家具长宽比例也只是初步的、大致的，主要是设计构思时提出的要求尺寸。对于用非透明材料做的家具柜门结构，如果要表达家具内部的划分也可以采用剖视的方法画出，不过，各零部件之间如何连接等具体结构，设计草图中一般都不画。对于强调艺术造型的家具，则需要画出特殊装饰造型的图案、曲线草图以供研究分析。实践中，通常在专用的方格纸上作三视图草图，方格的大小以 5mm×5mm 或 10mm×10mm 为宜，过小或过大都不太适用，这样可以提高画图速度和掌握家具各部位的尺寸比例，如图 7-9 所示。

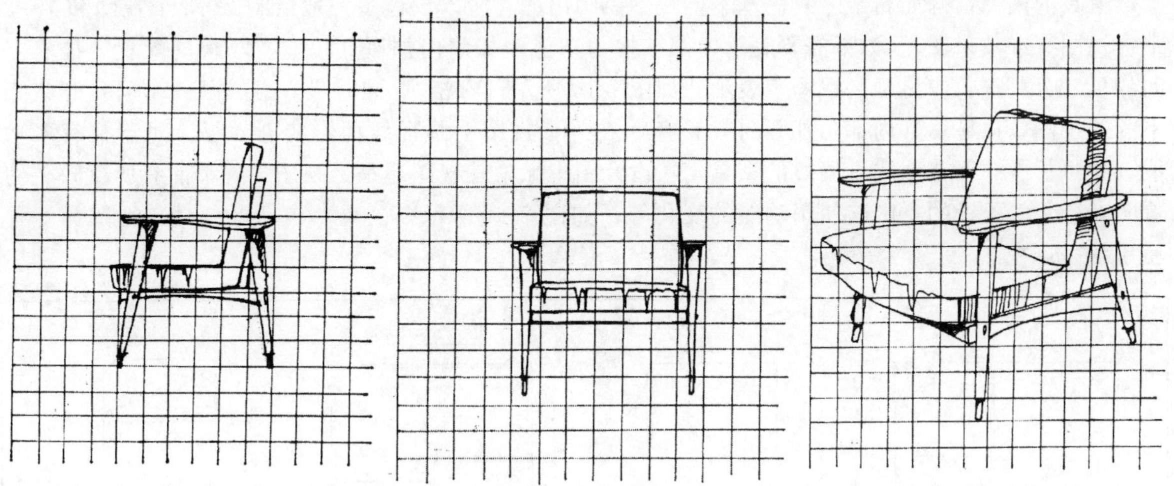

图 7-9 设计草图 3

铅笔是作草图常用的一种工具，它便于修改，使用简单。作图的纸不用太考究，任何纸张都可选用，甚至画在信封或包装纸上的漫不经心的草图，有时也可能成为一种家具的最初构思。通常用的是速写本和绘图纸，但有许多设计师似乎更喜欢使用那些不装订的活页纸。方格坐标纸不仅具有同样的优点而且还能提供一个 90°角和直线的比例关系，能显示家具的尺度概念。最常用的是薄而透明的草图纸，它能覆盖在需要修改的图纸上重画一张修改后的精确的草图。国外有位著名的设计师喜欢用标有统一尺寸的索引卡片绘制草图，它们易于携带，便于储存，以供将来参考。为了方便研究，经常是一张纸画一个，并编号，也可一张纸画几个。

草图一般无需按比例绘制，但经验丰富，绘图熟练的人，一开始就采用比例绘制是有益的，能避免后期根据实际尺寸进行设计时作大幅度的调整。

常见的草图类型有概念草图、形态草图和结构草图。

2. 家具设计图

家具产品开发设计是一个系统化的进程，从最初的概念草图设计开始要逐步深入到产品的形态、构造、材质、色彩等相关因素的整合发展与完善，并进一步用更完整的三视图和三维效果图的形式绘制出来，即深化设计的过程。该过程绘制的家具图样也称设计表现图。

设计图是设计师向其他人员阐述设计对象的具体形态、构造、材料、色彩等要素时，与对方进行更深入的交流和沟通的重要表达方式。绘制设计图可以使用多种手段以达到理想的效果，例如采用铅笔画、钢笔画、马克笔淡彩、水彩渲染、水粉重彩、喷绘等。随着计算机绘图技术的发展，AutoCAD、3ds Max 等绘图软件得到了普及运用，这不仅大大缩短了设计周期，减轻了设计师的工作强度，也大大提高了设计工作的质量和效率，丰富了设计图的表现手段。

(1) 三视图

设计图属于生产领域中的文件，所以从图样管理角度，设计图要按照制图标准规定绘制，如正确选择图纸幅面、图框、标题栏和视图的画法，并用绘图仪器和工具按一定的比例和尺寸绘制。

由于设计图需要按比例和具体尺寸画图，在满足设计要求的前提下，应进一步考虑所使用材料的种类、形状和断面尺寸；对于柜类家具，要考虑正面的划分与分割，如黄金比例、根号矩形等特殊几何形的应用；对柜类内部结构、零部件连接方式要有初步的设想，这样可以避免制造过程中发生因结构或工艺上的问题而作较大幅度的修改，但允许家具各部分的大小有一些相应的调整空间，而这种调整空间是必要的，有利于家具设计方案的实现。

设计图主要表达家具的外部轮廓、大小、造型形态方案，为了尽可能保持家具外形视图的完整，家具的内部结构如属于一般，基本上是不需画出的，所以设计图一般绘制 2～3 个视图和 1～2 个透视图（或效果图）。如果需要表示内部结构与功能，如门内抽屉、拉篮、隔板的配置，挂衣空间的尺寸分割等，应另画剖视图来表示，如图 7-10 所示（衣柜）。同时最好再加画一个门打开状态下的透视图，以显示其内部功能设计，避免因在外形视图上画虚线而影响其效果。对于具有多功能，如可折叠、可移动或可调整的家具，在设计图中无论是视图还是透视图最好都能有所反映，使看图者能了解设计的意图与使用功能的变化等，如图 7-11 所示办公桌，包括办公桌三视图和 2 种使用状态透视图。

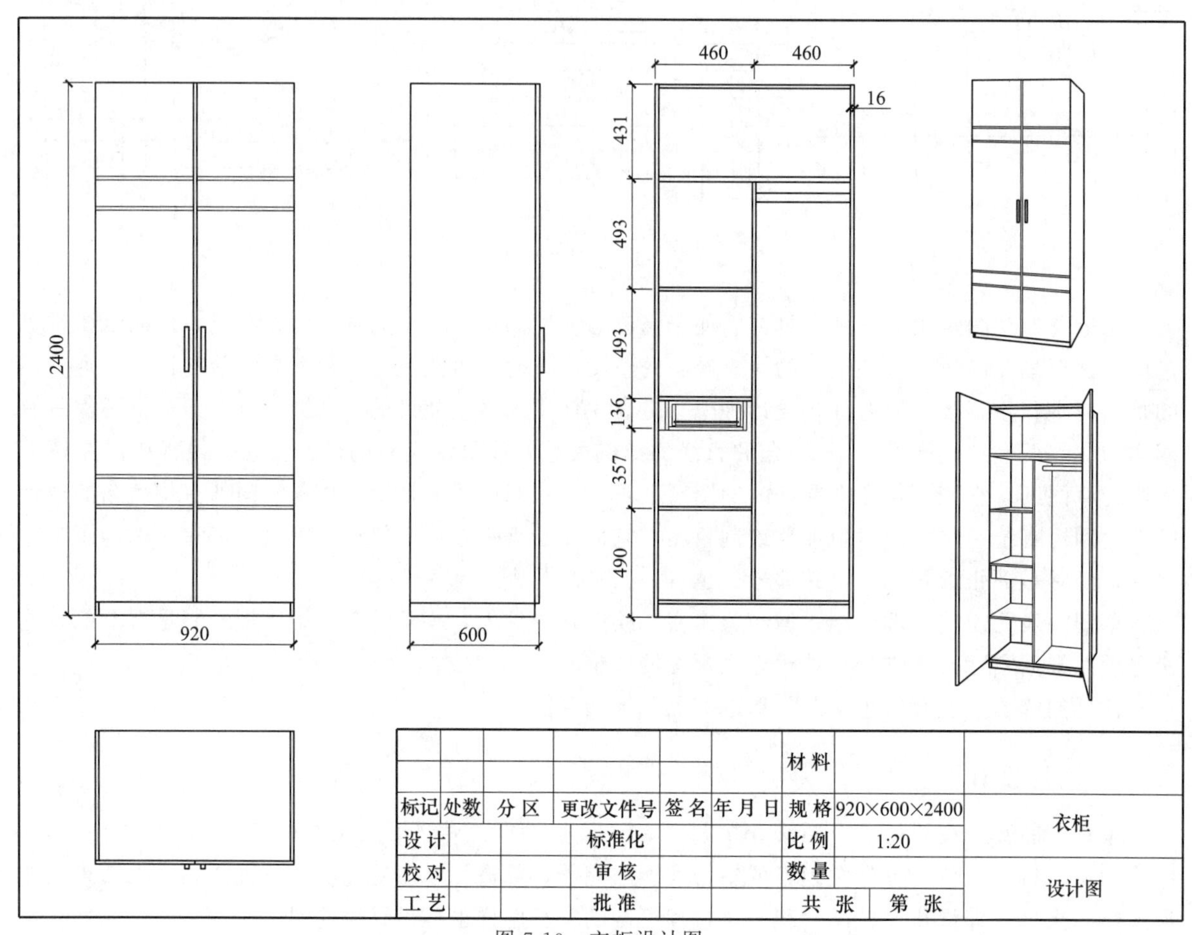

图 7-10　衣柜设计图

（2）尺寸

设计图上标注尺寸的多少要根据图样的功能而定，一般不需要注得太多。通常包括总体轮廓尺寸即家具的总高、总宽和总深；特征尺寸或功能尺寸，即考虑到生产条件、零件标准尺寸等的选择定下的实际尺寸。在不同类型家具设计中，功能尺寸要求不一样，如桌类家具的桌高、桌面宽、桌面深及容膝空间尺寸；衣柜中挂衣空间的高和深；书柜、文件柜中各层板间隔的高和书柜净深；椅类家具的座前高、座面宽与座面深，如图 7-12 所示。这些尺寸都与家具的使用功能直接相关，具体数据可参照有关国家标准《家具功能尺寸的标注》（QB/T 4451—2013）以及家具主要尺寸等。这两类尺寸有时不能完全分开，有些尺寸同属于两类，例如桌高、桌面宽、桌面深尺寸，既是功能尺寸也是总体轮廓尺寸。同时应注意，图中标注的尺寸基本上也是家具产品制成的最后尺寸，因为视图是按比例画出的，且各部分尺寸在画图过程中已经考虑了家具的使用是否方便合理，材料能否充分利用等问题。

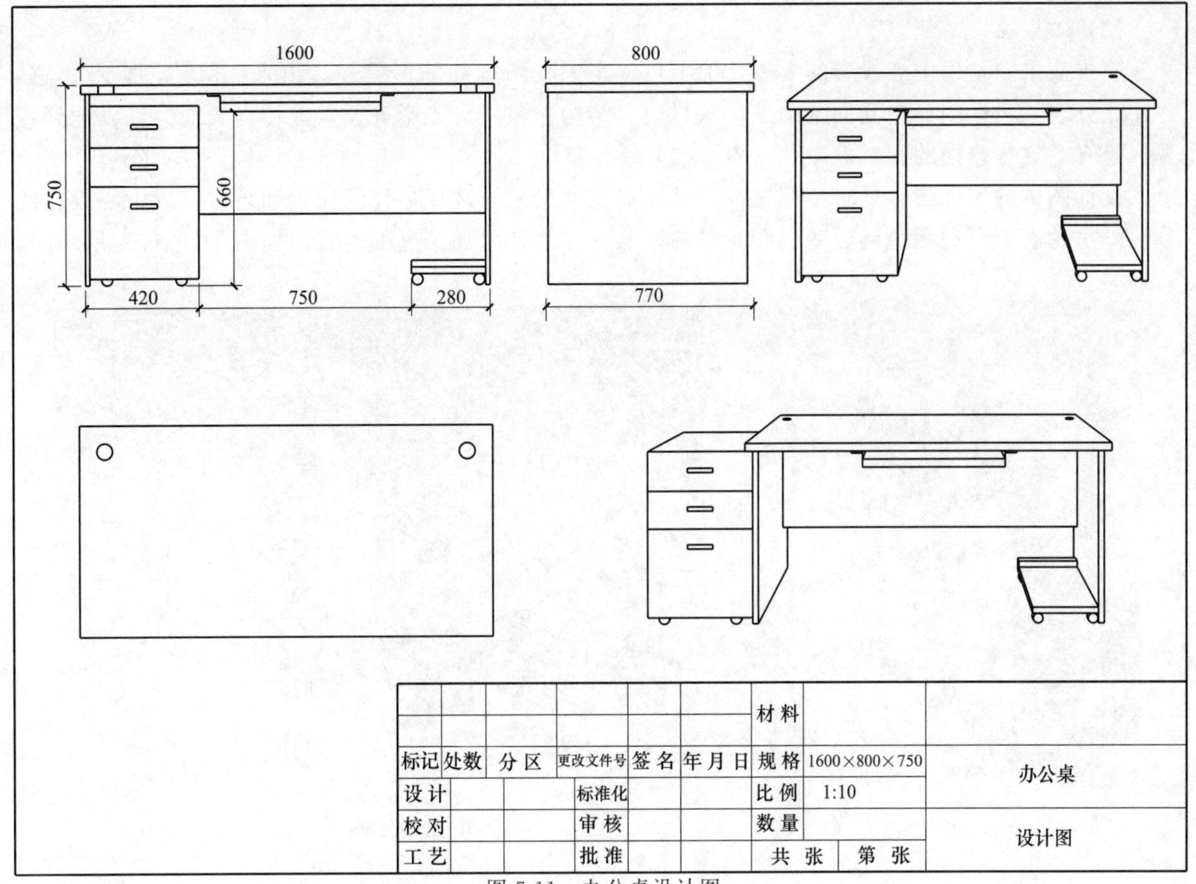

图 7-11　办公桌设计图

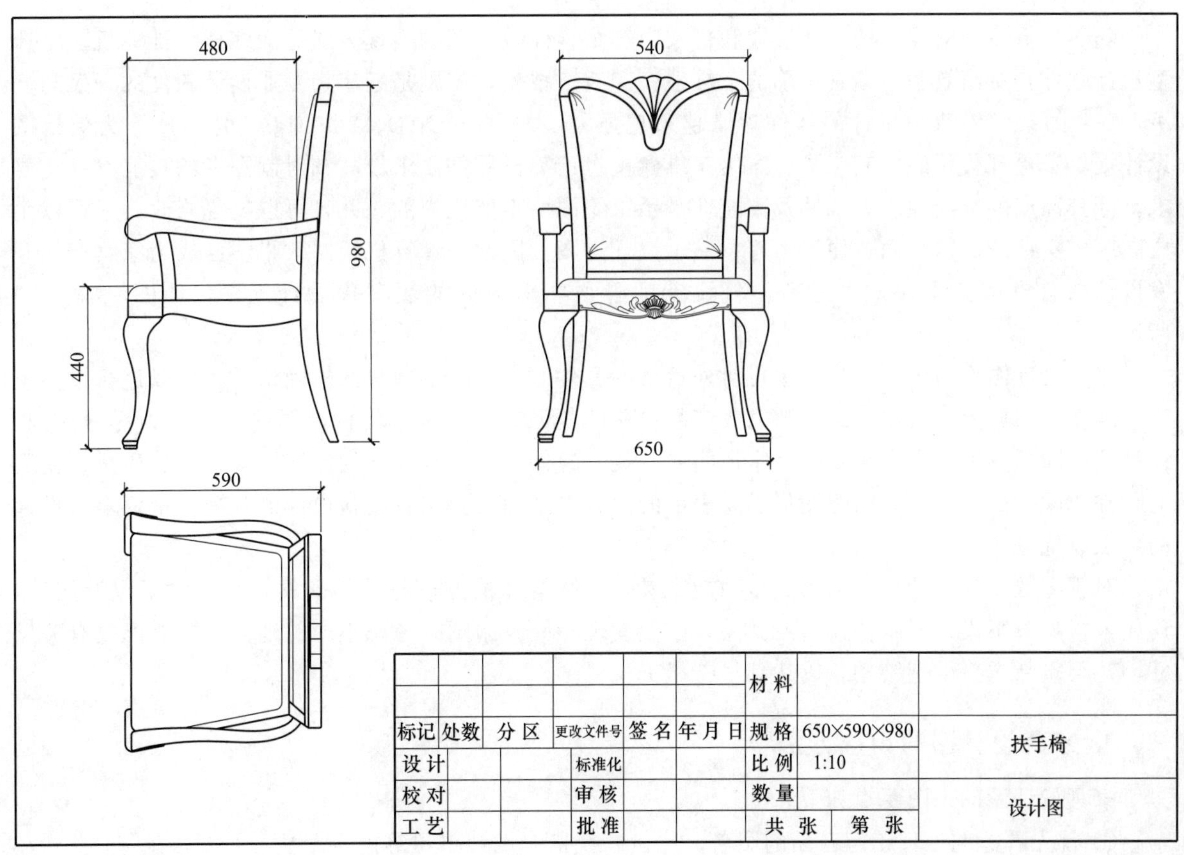

图 7-12　椅子设计图

(3) 效果图

三维效果图是用中心投影的方法，加上色彩将家具新产品的形象表达出来，使其具有真实感，并在充分表达设计创意内涵的基础上，从材质、结构、色彩、光影等要素上加强表现力，以达到直观、逼真、立体感强的视觉效果。

设计图中的透视图，要求按照三视图已经确定的尺寸，选择最佳的比例和角度，以中心投影的方法画出轮廓，再利用色调的变化和光影的描绘等技法来增加家具的美感，如图 7-13（a）所示。

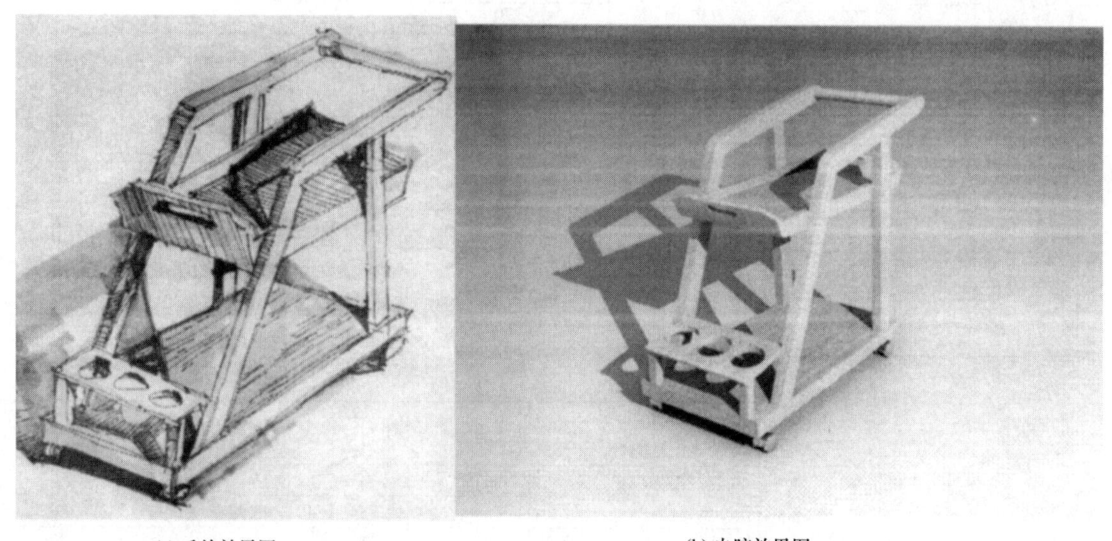

(a) 手绘效果图　　(b) 电脑效果图

图 7-13　餐车效果图

随着计算机辅助设计的迅猛发展和普及，三维立体效果图的表现方式更加多样。计算机三维造型设计软件具有高效率与逼真精确的三维建模和渲染技术，特别是近年来专业设计软件的开发与升级，使计算机三维造型设计的软件功能越来越强大，如 AutoCAD、3ds Max、Pro/E 等为效果图设计提供了更现代化的便利工具。虽然三维建模对计算机硬件要求较高和对制图者的技能有一定要求，但其高度的准确性、虚拟性及高速性是手工绘图所不能比拟的，并且可以反复修改，还可以生成高度真实性的虚拟画面，便于为客户演示设计方案。因此，计算机绘制效果图已成为家具产品开发设计的首选表达手段，也是新一代设计师必须熟练掌握的数字化设计工具，如图 7-13（b）所示。

家具设计图作为设计、生产单位对外洽谈的文件之一，要供用户选样确认，才可以进行投入生产的准备，因此要毫无遗漏地反映家具产品设计的全面要求。为了使设计图的表达更为详尽周到，设计图中除了图形，常常需要用文字说明一些技术条件，如内外表面的涂饰要求、装配质量、使用的附件或配件的品牌、规格等图形不易表示的内容，全面反映家具创新设计的各项质量要求及设计的要点、优点。

对于多数设计，特别是活动式多功能家具，或结构和造型较特殊的家具，一般除了设计图外，还应该根据方案设计图制作模型或样品，以便发现和修改制图时考虑不周的地方，例如修改有关尺寸，甚至重新选择个别结构，以达到尽善尽美。

3. 家具设计图的识图方法

家具设计图的识图要点如下。

① 首先看标题栏，了解产品的图名、比例、规格、设计单位等内容。

② 分析三视图和透视图，明确家具的功能特点、主要形象、主要材质、主色调等。

③ 读图时注意各视图之间的投影关系，了解主要的零部件并将相同的构件或零部件归类。

④ 重点了解尺寸，要注意区分总体尺寸、装饰尺寸、功能尺寸或特征尺寸。如装饰尺寸中，包括定位尺寸和定形尺寸。定位尺寸是确定装饰物在家具上的位置尺寸，在平面图上需 2 个定位尺寸才能确定一个装饰物的平面位置。定形尺寸是装饰面的外轮廓尺寸，用于确定装饰面的平面形状与大小。

⑤ 通过设计图中的文字说明，了解家具对材料、色彩和工艺制作的要求，初步明确主要零部件之间的连接关系或固定方式。

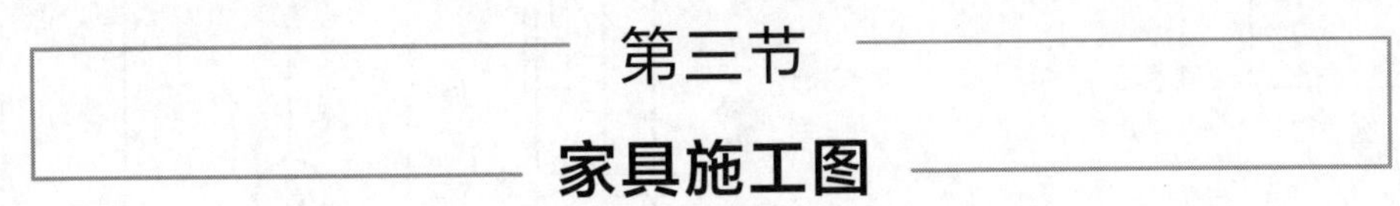

第三节 家具施工图

作为工艺文件之一的家具图样，也是指导工人进行零部件加工、检验与拆装的重要依据。仅有设计图还无法合理组织生产，因为家具的内部详细结构，特别是零部件之间的连接方式在设计图中都未具体表达，所以家具产品正式投产前还需要绘制施工图，包括结构装配图、装配图、家具拆装示意图、部件图、零件图、大样图等。

一、结构装配图

家具结构装配图是全面反映产品的内外结构和装配关系的图样，该图样在传统框式家具生产中应用广泛。它不仅用来指导已加工完成的零件、部件装配成整体家具，还指导一般零件、部件的配料和加工，有时还取代零件图和部件图，在家具的整个生产过程中基本上就靠一张结构装配图。因此，结构装配图考虑的因素比较多，如组成家具的所有零件、部件的形状、尺寸、结构及它们的连接方式，原材料和辅助材料的品种、规格，产品表面装饰材料或装饰方法，主要零件加工工艺流程等。如图 7-14 所示为衣柜的结构装配图，除了基本视图外，还需要较多的局部详图才能完整地表达家具制造、装配、检验过程所需要的技术依据（限于幅面，局部详图没有全部画出）。

结构装配图的内容主要有：视图、尺寸、零部件明细表、技术条件等。若用家具结构装配图替代家具设计图，还应画出家具的透视图或效果图。

1. 视图

结构装配图中的视图部分是由一组基本视图，一定数量的局部详图，以及个别零件、部件的局部视图组成的。基本视图一般以剖视图的形式出现，选择剖视种类时，要尽可能多地表达清楚产品的内部结构，特别是连接部分的结构和零部件本身的形状与构造。至于基本视图的数量则视家具的复杂程度和结构特点而定，不宜过多，一般不少于两个，其中主视图的选择要注意反映家具形体的基本特征。

由于基本视图要求表达家具整体，且一件家具的几个基本视图应尽可能安排在一张图纸上，这样基本视图就需要用缩小比例来画。所以家具的局部结构相对来说就显得更小而在基本视图上无法表达清楚，因此结构装配图几乎都需要采用局部详图来补充基本视图的不足，如基本视图中因太小而画不清楚更无法标注尺寸的局部结构，某些装饰性镶边线脚的断面形状，连接件的类别、形状以及它们的相对位置和大小等。为了便于看图，局部详图的比例一般取 1∶2 或 1∶1，尽量靠近基本视图放大部位画图，多个局部详图根据它们之间的联系进行排列，并以双折线断开。

如图 7-15 所示是一餐桌（实木家具）的结构装配图。从两个基本视图就可看出桌子整体形貌，图中主视图和俯视图均采用了半剖，表达了其内部结构，即餐桌带有四个抽屉结构，桌脚和抽屉的主要材料为实木，桌面板为空心板材料，面板边缘采用实木条进行边部处理。为了清楚地表达外形还画出了透视图。

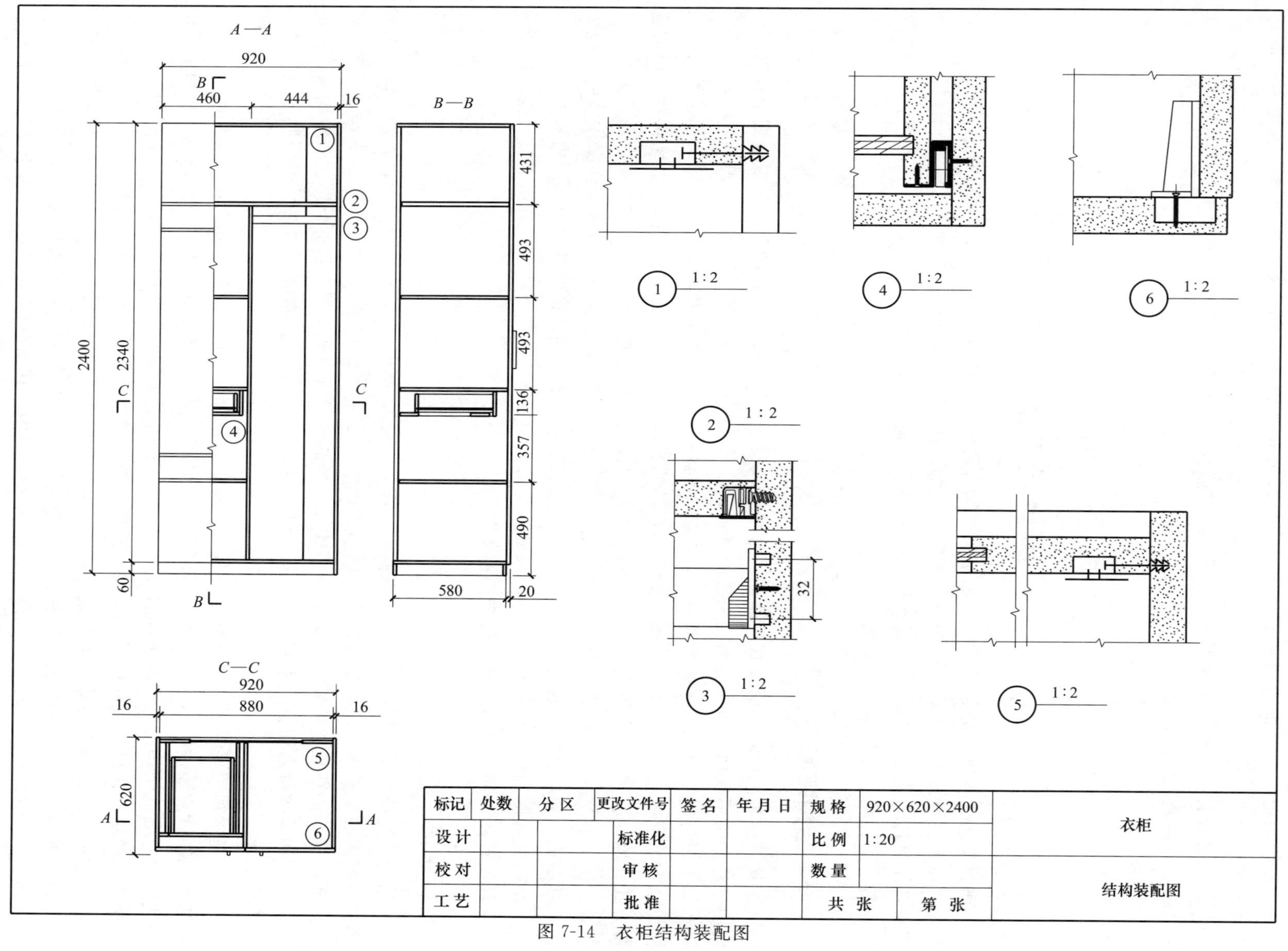

图 7-14 衣柜结构装配图

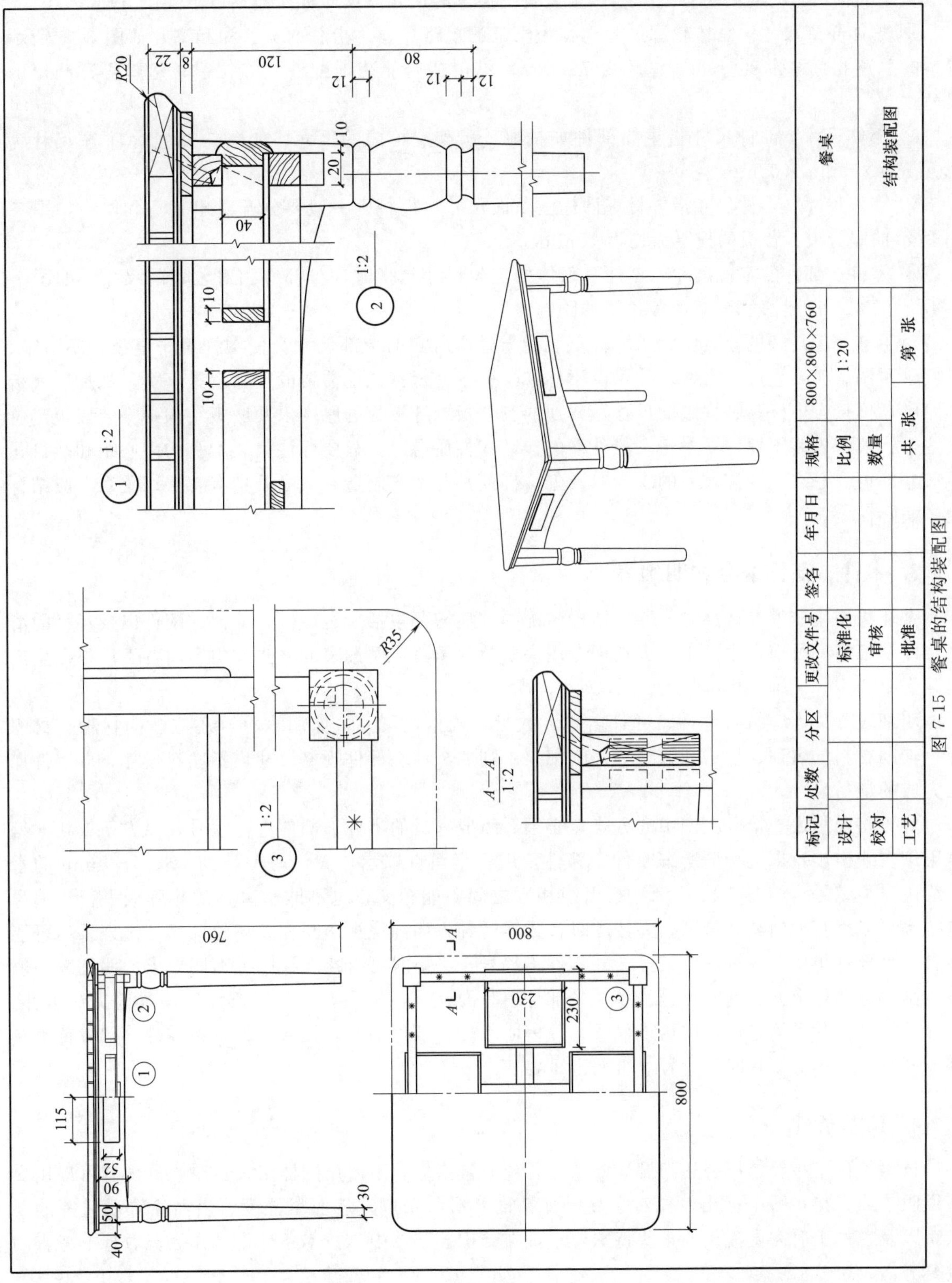

图 7-15 餐桌的结构装配图

2. 尺寸

结构装配图既要指导装配，又要指导零件、部件的生产，因此，凡制造过程所需要的尺寸一般都应在图上标出，同时要尽量减少生产工人按图换算的尺寸。尺寸标注包括以下几个方面。

① 总体轮廓尺寸　总体轮廓尺寸也称为家具的规格尺寸，指总的宽、深和高，如图 7-15 所示餐桌的总宽和总深为 800mm，总高为 760mm，不包括局部装饰配件（如拉手、垫脚等）凸出的尺寸。

② 部件尺寸　部件尺寸指主要部件如抽屉、脚架、柜门的尺寸，如图 7-15 所示抽屉尺寸为 230mm×230mm×52mm。

③ 零件尺寸　零件尺寸指方材零件标注断面尺寸，板材则一般要分开注出其宽和厚，如图 7-15 所示抽屉旁板、背板的板厚为均为 10mm。

④ 零件、部件的定位尺寸　零件、部件的定位尺寸是指零件、部件相对位置的尺寸，如图 7-15 所示的 40mm 是桌脚离桌面板边缘的距离。

对于结构较复杂的家具，如果要标全装配与生产所需的全部尺寸会使图样过于复杂，不清晰，不便于看图。实际生产中有些尺寸可以不标注，属于常规工艺上需要的尺寸就是一类，如抽屉底板的厚度，榫接合中榫头、榫眼的尺寸，普通的胶合板、纤维板的厚度以及嵌板结构中安装嵌板定位尺寸等一般都省略不标注；对于一般外购的铰链、抽屉滑道，只要标注出装配孔的中心距和螺钉孔径尺寸即可。总之，标注尺寸的多少以及怎样标注都与生产制造和成品质量有着密切关系，应结合生产实际而定。

3. 零件、部件编号和明细表

企业组织生产家具产品时，除了结构装配图，还需要包括所有零件、部件、配件以及耗材的清单，即明细表。目前，生产工厂大都用专用表格单独填写，明细表的格式和内容由各工厂根据生产实际需要而定，无统一标准。

明细表常见内容有：零件、部件名称，数量，规格，尺寸；如用木材，还应注明材种、材积等，辅助材料的名称、规格和数量等。明细表中列的零件、部件规格尺寸均指净料尺寸，即零件加工完成的最后尺寸。

对于将明细表直接画在图中的方式，必须对组成家具的零件、部件进行编号，以方便查找。编号用细实线引出，末端指向所编零件、部件，用一小黑点以示位置，另一端画一长 5～8mm 的水平线用以写编号，如图 7-16 所示。指引线相互之间不能相交，也不能和家具的轮廓线平行。编号应按水平或垂直方向整齐排列，并按顺时针或逆时针方向围绕视图写在总体轮廓尺寸之外，尽可能使有关零部件集中一个视图来编号。外购件不编号，必要时可直接在视图上写明要求。明细表一般直接画在标题栏上方，这时编号的零件、部件填写要从下向上写，这样可避免因遗漏而无法填补。另外，零部件除了编号，还应给予代号，以表明零件、部件的归属关系，特别在零件、部件种类较多或同时生产类似家具时，代号显得尤为重要。

4. 技术条件

技术条件是指要求产品达到设计要求的各项质量指标，不便用图样来表达时，其内容可以用文字说明，或直接在图中标出，如对家具尺寸精度、形状精度、表面粗糙度、表面涂饰质量等的要求，以及在加工时需要提出的某些特殊要求。在结构装配图中，技术条件也常作为验收标准考查的重要方面。

5. 结构装配图的绘制程序

① 图面设计。选择合适的图纸幅面、比例，画出各视图的基准线，要根据产品大小、视图数

量和绘图比例进行合理布图，同时考虑标题栏、明细表、尺寸标注、技术说明等所需的位置。

② 准备绘图。根据产品形态、功能与结构，明确表达内容。首先确定主视图，以最能反映家具主要特征的方向作为主视图的投影方向。在主视图中无法表达清楚的某些结构或零件之间的关系等，应适当增加视图，如向视图、剖视图、局部详图等。

③ 绘制产品主体结构。不同的家具类型，其产品特征是不同的，需要表达的重点部位也是不同的，在绘图时必须根据方案设计，首先绘制产品的主体结构或外形轮廓。

④ 绘制重要零件或部件。在绘制内部结构时通常需要采用不同的剖视图。

⑤ 绘制次要零件、连接部位的详图，完成图线底稿。

⑥ 标注尺寸，加深轮廓。

⑦ 编写零件明细表，填写标题栏、技术说明，整理加深线条，即完成结构装配图的绘制。

二、装配图

随着家具工业化生产的发展，生产方式发生了较大的变化。新型的工业材料、精良的工艺装备、信息化的管理模式使得产品的加工精度和加工质量明显提升。特别是“部件即产品”设计理念的提出和全球化的销售模式，企业生产的组织方式已由原来的以产品为单位转化为以零部件为单位进行专业化生产，组织生产的技术文件是以零件图、部件图为依据，这样，结构装配图的性质和作用就逐渐弱化，图形可大为简化，画成装配图即可。

装配图是用于指导家具产品装配或试安装环节的图样，即在家具零件、部件均已加工完成，其他配件都已配齐的条件下，按图纸要求进行产品的组装。所以装配图的表达内容比较少，画法也较简单，只需要指明零件、部件在家具中的位置及与其他零部件之间的装配关系，不需要准确、完整地表达零部件的形状、尺寸，更不用画局部详图。

装配图是在家具的生产中以零件图、部件图为加工、检验的技术文件，没有绘制结构装配图的情况下使用的。如图 7-16 所示为衣柜装配图，与图 7-14 的结构装配图相比，在图形数量、尺寸标注及细节构造的表达上简单很多。在尺寸标注时，仅注出家具装配后要达到的尺寸，即总体轮廓尺寸和功能尺寸。

为了便于查找零件、部件，装配图也要对零件、部件进行编号，其方法与结构装配图的编号相同，但要注意编号必须与零件图、部件图的编号完全相同，以免混乱。

三、家具拆装示意图

拆装家具亦称自装配（DIY）家具或待拆装（RTA）家具，是当今家具设计与制造的主流，要求零部件实现标准化、通用化、系列化和模块化。为体现“部件即产品”理念，零部件之间必须实现互换性，其生产方式为零部件的专业化生产，即核心企业与模块化的零部件生产企业分工协作的生产方式。由于拆装家具具有造型简约、经济环保、适应现代化工业生产、便于包装运输等优点，成为现代家居产品电子商务销售业务中重要的家具产品形式。

对于拆装式或自装配家具，产品最终质量不仅体现在加工过程的精度控制，更体现于各部件在异地的装配质量上。因为消费者在购买家具时，可能不会过多地考虑其复杂的生产过程，更看重家具组装起来以后的整体质量。从某种角度说，家具的异地装配质量反映了家具企业的管理素质、生产实力和市场信誉。那么在家具产品的售后安装服务或消费者自行安装的过程中，为保证产品能够被正确、迅速地安装，需要配备合理有效的家具拆装示意图，指导专业人员或消费者按步骤实现产品的拆包、配件与部件的安装及整体安装的过程。

拆装图示意图通常以爆炸图的形式表现，可以是透视图，也可以是轴测图，如图 7-17 所示。不管采用哪一种表达方法，画图时将零部件向四周均匀、平行地移开，准确地表达家具结构关系、连接方式及配件类型，相互之间尽量不要遮挡。在表达时应有清晰的说明性和示意性，并示意安装

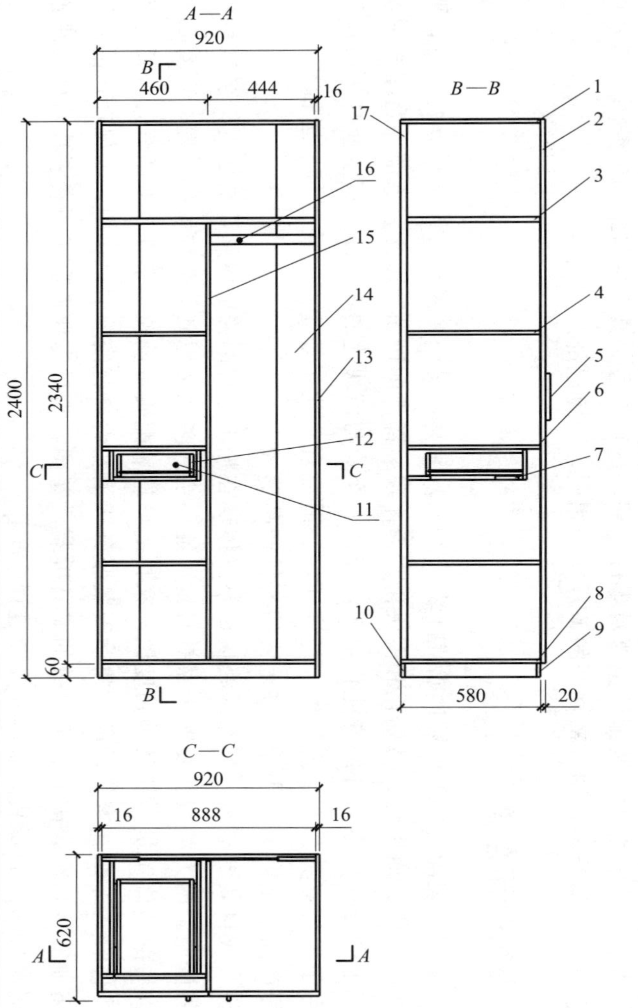

17		背板	1	五厘胶合板	2318×579×5	
16		挂衣杆	1	铝合金	30×40×435	
15		中立板	1	双饰面三聚氰氨板	1885×552×16	
14		背拉条	2	双饰面三聚氰氨板	2307×160×16	
13		侧板	2	双饰面三聚氰氨板	240×580×16	
12		暗柜侧板	2	双饰面三聚氰氨板	478×133×16	
11		抽屉	1			
10		后脚条	1	双饰面三聚氰氨板	888×60×16	
9		前脚条	1	双饰面三聚氰氨板	888×60×16	
8		底板	1	双饰面三聚氰氨板	888×580×16	
7		暗柜拉条	2	双饰面三聚氰氨板	345×96×16	
6		暗柜面板	1	双饰面三聚氰氨板	552×435×16	
5		柜门把手	2	铝合金	20×20×400	
4		活动层板	2	双饰面三聚氰氨板	552×435×16	
3		层板	1	双饰面三聚氰氨板	887×552×22	
2		柜门	2	双饰面三聚氰氨板	2340×460×20	
1		顶板	1		888×580×16	
序号	代号	名称	数量	材料	规格	衣柜
设计		标准化		比例	1:20	
校对		审核		数量		装配图
工艺		批准		共 张	第 张	

图 7-16 衣柜装配图

时所应选用的工具和步骤，拆装图上不需标注尺寸，只要反映出各板件之间的装配关系即可。为便于查找零件、部件，拆装示意图也需要对零部件进行编号。相同的零件、部件应编写相同的序号，一般只标注一次，并与明细表中的序号一致。

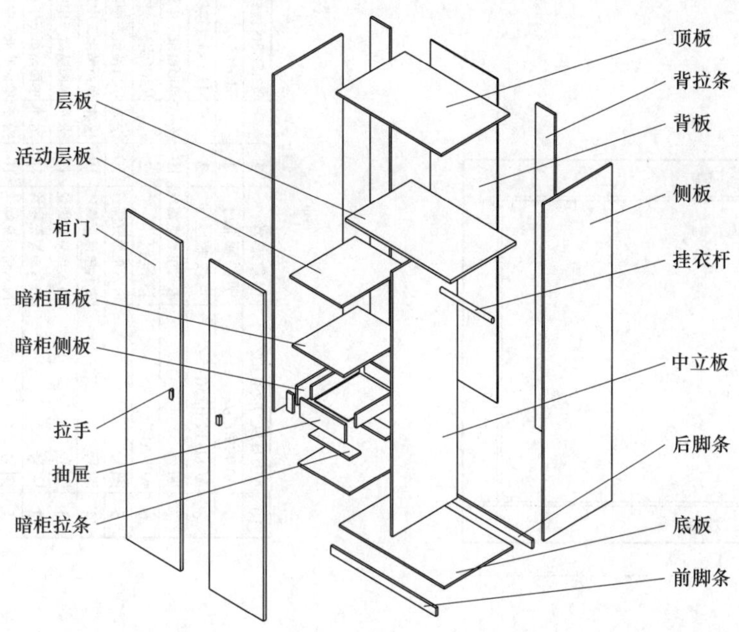

图 7-17　衣柜的拆装示意图

目前，家具产品销售后分为厂家提供安装和用户自行安装（DIY）两种情况。前者由专业的安装人员负责完成，这些人员具有一定的专业技能；后者则由消费者根据产品说明书及拆装示意图自行完成。因此在设计家具产品拆装图时，应针对拆装示意图的使用者来决定其表达方式。比如提供给专业售后服务人员的图样可以相对简单，并可以使用比较专业的术语（如暗铰链）；而对于普通的消费者，为了让消费者更加清楚地了解家具产品的安装顺序，家具的拆装示意图最好画成装配示意图的形式。

四、家具部件图、零件图及大样图

随着家具工业的发展，信息化管理技术的普及，行业之间的分工协作更加密切，家具生产的专业化程度也不断提高。生产部门往往以部件、零件为单位进行专业化生产以提高生产效率和产品加工精度。为了使不同工段或车间生产的零部件能够满足“互换性”装配的要求，就需要对零件、部件的形状、尺寸及其他质量提出详细的技术要求，由此就应该单独画出部件图、零件图及大样图。

1. 部件图

部件是由若干零件所构成的独立安装的部分，是家具产品的重要组成部分。家具中典型的部件有脚架、柜门、抽屉、面板、顶板等。部件图是表达组成该部件的所有零件之间相互关系和连接方式的图样，是介于家具结构装配图和零件图之间的施工图，也是组织生产的技术文件。

部件图的画法与结构装配图相同，为了表达部件内外结构与材料类型，可以采用基本视图、剖视图、剖面及局部详图等方法来表达。如图 7-18 所示为某一梳妆镜的部件图，由立边、帽头、镜子、压条及挂钩所组成。基本视图表达了梳妆镜的正面与背面外观结构、外形尺寸及各零件的材料，局部详图表达了镜子安装的方式与详细尺寸。

部件图和结构装配图一样都应画图框、标题栏。

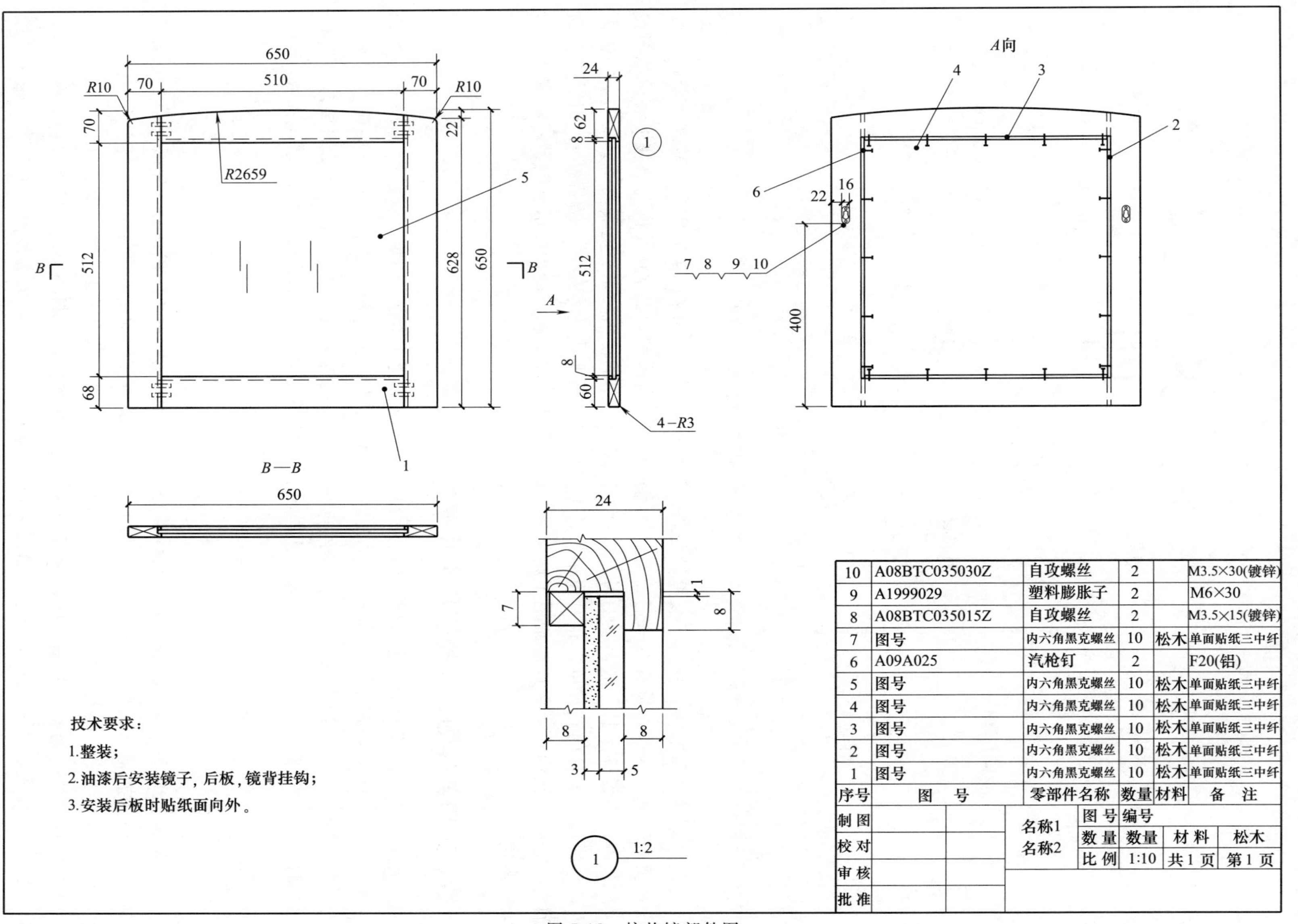

序号	图号	零部件名称	数量	材料	备注
10	A08BTC035030Z	自攻螺丝	2		M3.5×30(镀锌)
9	A1999029	塑料膨胀子	2		M6×30
8	A08BTC035015Z	自攻螺丝	2		M3.5×15(镀锌)
7	图号	内六角黑克螺丝	10	松木	单面贴纸三中纤
6	A09A025	汽枪钉	2		F20(铝)
5	图号	内六角黑克螺丝	10	松木	单面贴纸三中纤
4	图号	内六角黑克螺丝	10	松木	单面贴纸三中纤
3	图号	内六角黑克螺丝	10	松木	单面贴纸三中纤
2	图号	内六角黑克螺丝	10	松木	单面贴纸三中纤
1	图号	内六角黑克螺丝	10	松木	单面贴纸三中纤

制图		名称1 名称2	图号	编号		
校对			数量	数量	材料	松木
审核			比例	1:10	共1页	第1页
批准						

图 7-18 梳妆镜部件图

部件图的主要作用是指导零部件的加工和装配，除了完整的视图，还要标注零部件加工、检验及装配所需的详细尺寸。为了保证部件加工与装配的质量，部件上有关的配合尺寸都应有精度要求，如尺寸公差。这样以便装配成家具时可不经挑选、不经修正直接顺利装配，且能达到预定要求，即所谓的“互换性”要求。由于加工过程的各种原因，零件、部件的尺寸不可能十分精确。从提高生产效率和节约成本的角度考虑，画图时要对尺寸提出能满足质量要求的允许偏差范围，如图 7-19 所示衣柜左侧板的部件图，如孔眼中心距尺寸，应有一定的允许偏差，不同的生产组织、不同等级产品及不同部位的零部件，对误差的要求也不一样。

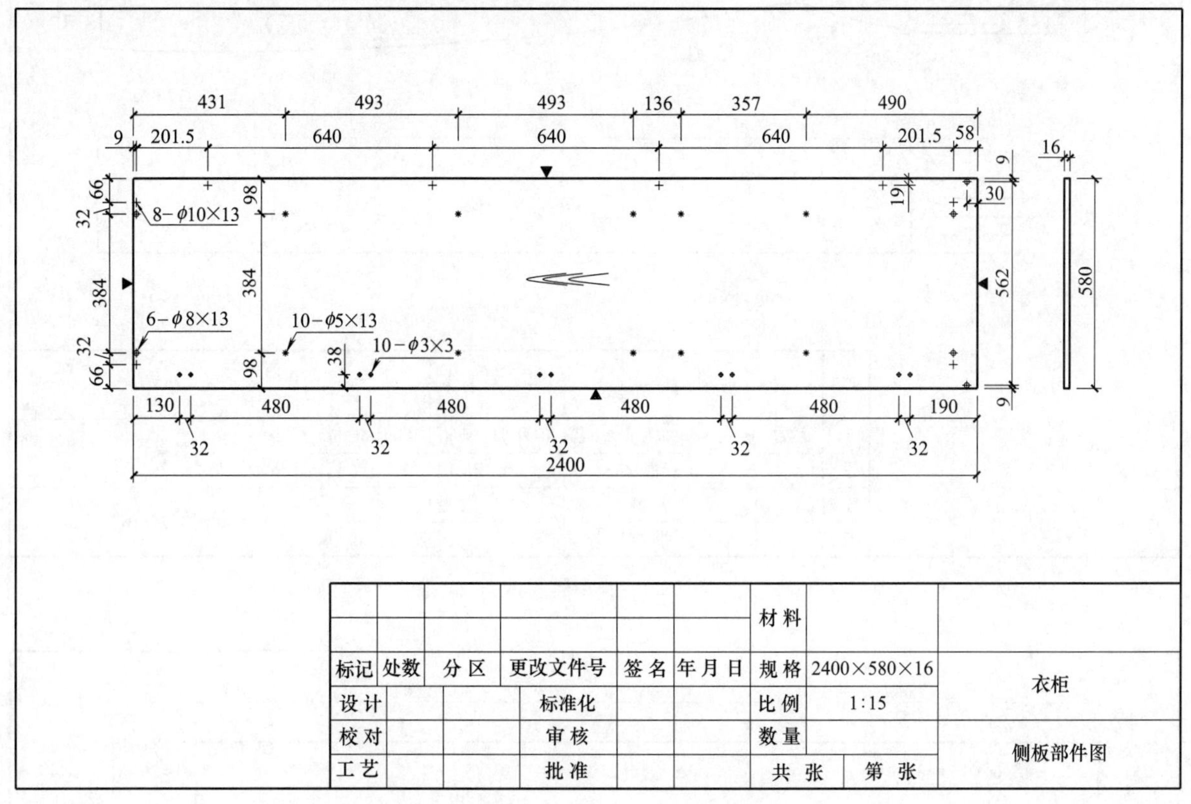

图 7-19　衣柜左侧板部件图

2. 零件图

零件是指加工后没有组装成部件的最小组成部分，是组成家具产品最基本的单元。任何家具产品都是由一定数量、相互联系的零部件按照一定的装配关系和要求装配而成的，表达单个零件形状、大小和技术要求的图样称为零件图。

零件图是设计和生产中的重要技术文件，是指导零件制造和检验的最基础图样。在现代化家具生产中，无论零件简单还是复杂，每一个零件都要单独用一张标准图幅的图纸画出零件图，即零件图包含图框、标题栏及一系列能反映零件形状、结构、材料及质量要求的图样。

根据零件在产品中的作用，可将零件分为两大类，即一般零件和标准零件（或外购件）。各种钉、圆榫、五金连接件（包括拉手）和封边条等，它们在家具中主要起连接和装饰作用，由专业厂家进行生产。产品设计时一般不必画出零件图，只要标出它们的型号、规格即可外购，通常称这类零件为标准零件。对于一般零件，根据其形状特点可分为线型零件、面型零件和块体零件三大类。实木方材零件多为线型，如图 7-20 所示为某一餐桌脚，该类零件选择主视图时，多从加工过程便于看图、符合加工需要的角度考虑，图中桌脚水平放置就是为了在机床上打眼加工的位置需要。现代板件家具中的零部件多为面型，如图 7-21 所示为衣柜的拉条，对于采用圆榫或连接件装配的零件，在零件图中主要表达连接孔的尺寸，如孔距、孔径、孔深及孔的数量。为了加工时看图方便，接口的位置（榫眼、圆孔等）最好能单独标注，避免需要计算。

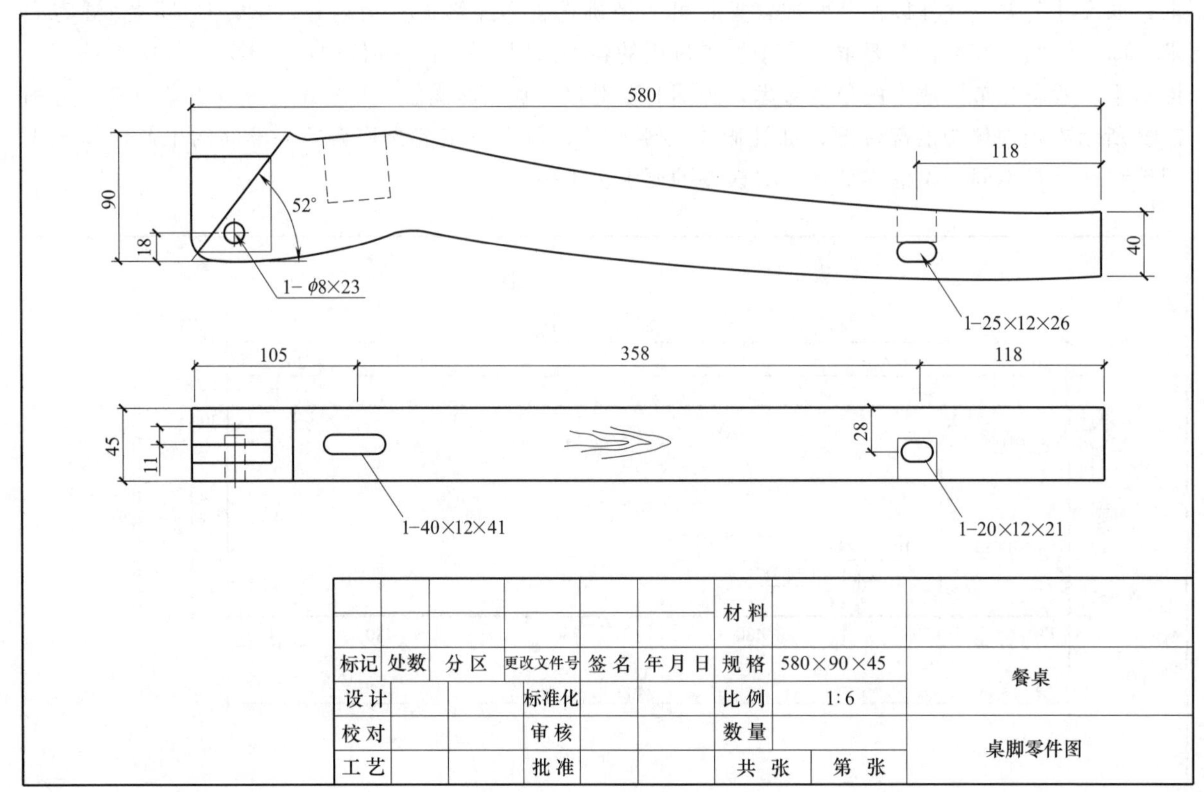

图 7-20　餐桌脚零件图

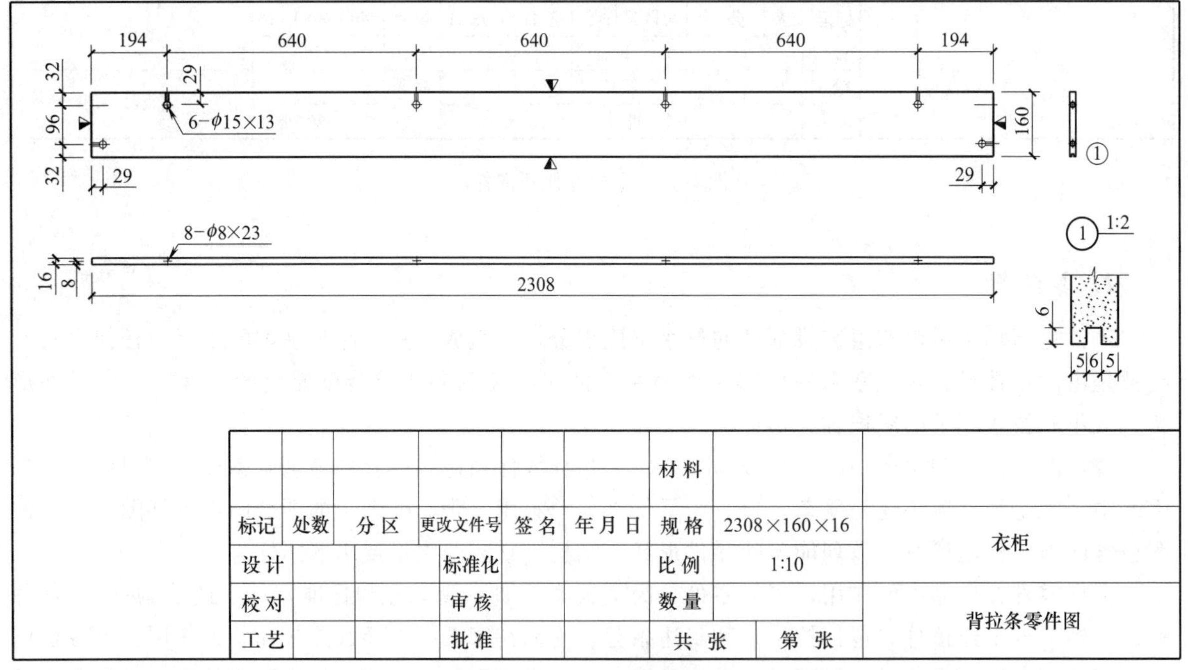

图 7-21　衣柜拉条零件图

零件图的画法和结构装配图、部件图相同，一般包括以下几方面的内容。

① 标题栏　标题栏是读图的切入点，也是读者了解图样内容的开始。应写明零件的名称、数量、比例及设计、制图、审核人员的签名等。

② 图形　可以采用基本视图、剖视图、剖面图、局部详图等方法表达，用于准确地表达零件内、外结构和形状。

③ 尺寸　标注零件在加工、检验时所需的全部尺寸。

④ 技术要求　要求用一些规定的代号、数字、字母和文字注解等，简明、正确地给出零件在制造、检验时所需的要求，如表面粗糙度、纹理方向、表面涂饰、加工精度等。

总之，生产用的零件图必须满足“完整、清晰、简便、合理、正确、规范”的原则，这是设计者和审核者进行审阅图纸的重要依据。“完整”指结构表达要详细、明白，不需要额外地阅读其他零件图，定形尺寸、定位尺寸要齐全。“清晰”指图形与尺寸的表达及打印效果要有层次和条理，为了做到图纸清晰，可考虑在CAD制图时依据工序不同而分层绘制，然后按层进行打印。“简便”指图形的绘制与布置要便于工人直接读取，无须工人计算。“合理”指尺寸基准的选择要符合设计基准与加工基准重合、多工步基准要统一的原则，加工精度符合生产实际。“正确”指尺寸标注要符合国家标准的有关规定。“规范”指各零件的图形表达要符合国家或行业制图标准统一的规定。

3. 大样图

家具设计中，为了造型需要有时把零部件设计成曲线形状，有些曲线又是不规则的非圆曲线，无法用半径尺寸加以控制，这时就需要用网格坐标方法按1∶1或1∶2或1∶5的比例来绘制零件实际形状、大小，这种图样简称大样图。

生产中，把按1∶1比例画出与家具上该零件的实际大小形状完全一致的样板，称为大样。而大样图则可以按比例缩小，用一定尺寸的网格加以控制，最好按使用方式进行绘制，如图7-22所示。大样图方格网线必须注明实际尺寸，不能遗漏，如每格50mm×50mm或20mm×20mm。必要时可辅以部分半径尺寸，特别是需要相配合接触的部分。采用计算机绘图就直接打印1∶1比例的零件图，可以省去放大样的工作过程。

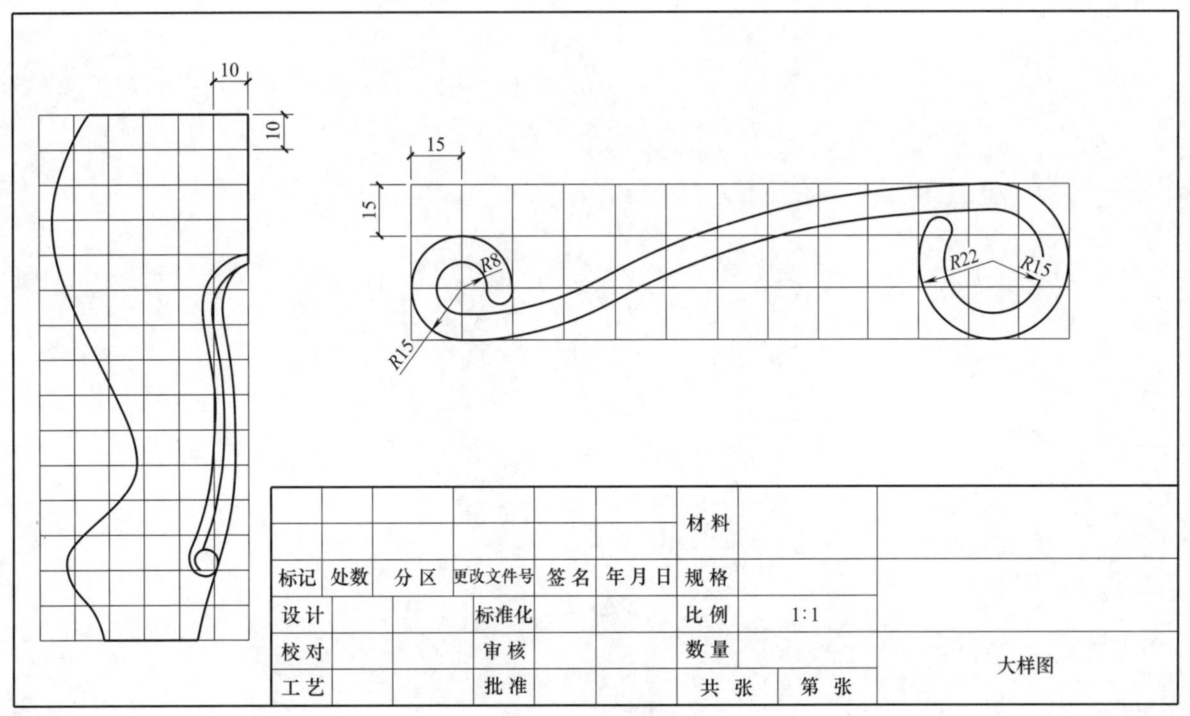

图7-22　大样图

大样图一般属于零件图的范畴，但有些部件图中某零件具有曲线形状，甚至几个零件组装成的部件是一个完整曲线形状，可直接在部件图中画出方格网线。

【思考与练习】

① 木家具常用的连接方式有哪些？有哪些规定画法和简化画法？
② 家具设计图有哪些特点？家具施工图主要包括哪些图样？
③ 家具设计图和结构装配图在尺寸标注方面有哪些不同？
④ 试比较家具结构装配图和装配图在表达内容上的异同点。
⑤ 家具零件图和部件图分别包括哪些内容？尺寸标注要注意什么？

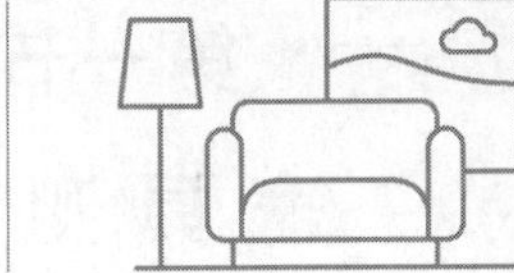

第八章 家具图样绘制实务

【学习目标】

知识目标

① 熟悉家具测绘的意义、方法和步骤；
② 熟悉板式家具、实木家具和板木家具的概念、材料及结构特点；
③ 掌握不同类型家具的设计图、施工图的读图方法与画图步骤。

能力目标

① 通过家具测绘实践来提高识图和绘图能力；
② 能根据板式家具、实木家具、板木家具的特点确定图样画法和画图步骤；
③ 具备手绘家具构思草图的能力和初步的产品展示能力。

素质目标

① 培养学生运用工程语言交流沟通的技巧和现代信息技术的应用能力；
② 引导学生应用所学制图知识来解决家具设计领域相关问题，并树立强烈的社会责任感。

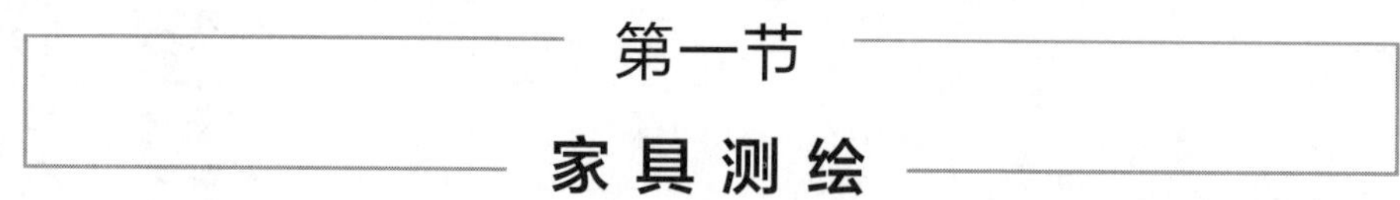

第一节 家具测绘

前面我们已经介绍了家具制图的基本方法和各种家具图样的特点及绘制程序，接下来进行图样绘制的实践。然而，对于没有经过家具设计等专业课程学习的初学者来说，马上开始专业图样的绘制确实有一定的困难。要提高识图与绘图的能力可以从家具测绘入手，逐步建立起对家具和家具图形表达的认识，将制图理论与绘图实践相结合，提高专业语言的表达能力。

一、家具测绘概述

家具测绘最早起源于木工家具制造的尺寸测量，我国早期木工家具制造多用手工测量，并且伴有手绘草图。常用的家具测绘工具比较简单，基本上都是可以直接使用的，携带起来也很方便，如丁字尺、圆规、曲线板、针管笔等，大致上可分为测量工具、辅助工具与绘图工具等。测绘是根据家具的实物，通过测量和分析，绘制出家具的设计草图、设计图、结构装配图及零部件图的过程。根据测绘的目的不同，一般分为设计测绘和仿制测绘两种情况。

家具测绘过程是一项复杂而细致的工作，包括准备、勾画草图、测量、整理数据、制图、校核、存档等。首先要分析测绘对象的造型和结构形式，然后绘制草图、准确测量各个尺寸并标注相关尺寸。经过复核、整理之后，再根据草图画出设计图。

家具测绘的重点在于画好草图，测绘的难点是家具结构的确定和结构装配图的绘制，尤其是不可拆装的实木类家具，零件、部件之间的连接较难确定，需要运用家具结构设计等专业知识，还要结合具体产品的实际连接方案，或在老师的指导下确认零部件连接方式，方可完成绘制工作。

二、家具测绘步骤

不同目的家具测绘的方法与步骤有所不同，以下以初学者的设计测绘实践为例说明扶手椅测绘的一般步骤。

1. 观察与分析

首先仔细观察扶手椅的造型与结构特点，解读设计师的设计意图与家具使用功能，分析扶手椅所采用的主要材料与辅助材料及其制作方法，并尝试感受扶手椅坐感的舒适性与宜人性，以便对所画对象有全面的了解。

2. 确定表达方案

根据扶手椅的形态特点与视图表达需要，确定扶手椅的投影方向。一般将最能体现家具特征的方向作为主视图投影方向，再根据家具的复杂程度选择其他视图的数量。

3. 画设计草图（或透视图）

以目测方式估计扶手椅的主要尺寸与比例关系，徒手绘制扶手椅的设计草图，一般画成透视图或轴测图的形式，如图 8-1（a）所示。必要时也可以画出主要零部件的草图或细节结构草图。

4. 测量尺寸并标注

借助钢卷尺、三角板、游标卡尺等测量工具，对扶手椅的总体尺寸、功能尺寸及零部件的细节尺寸进行仔细测量，并直接标注在设计草图上，测量尺寸越详细越便于后续的设计图绘制，如图

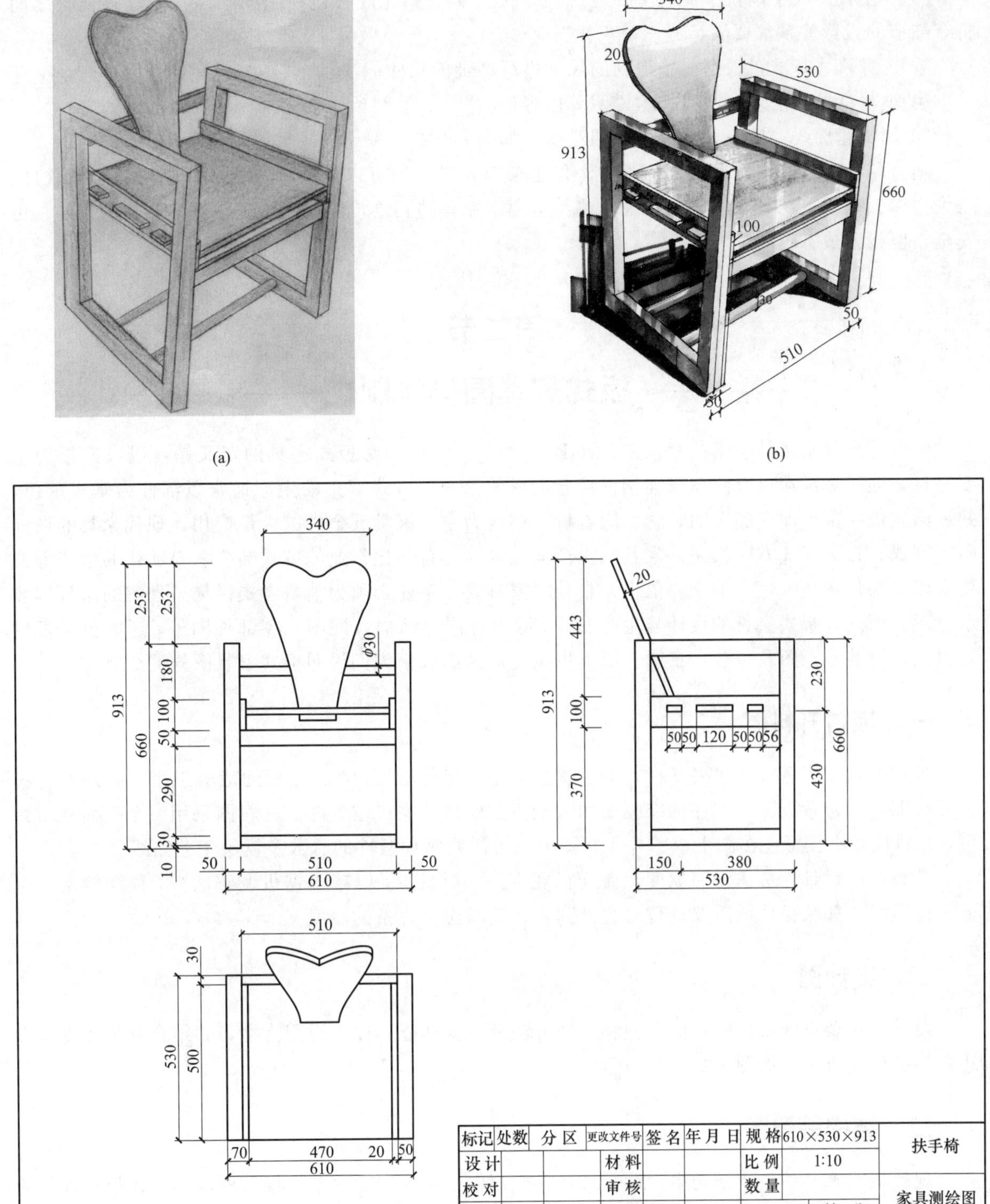

(c)

图 8-1　家具测绘图

8-1（b）所示。

5. 画设计图

根据测量所获得的资料与制图规范，采用手工或 CAD 软件进行设计图绘制，步骤包括：

① 画图框、标题栏，以各视图的主要基准线进行布图，视图排列要考虑标注尺寸的位置及图面的均衡与美观；

② 从主视图入手画扶手椅的主要轮廓线，按投影关系完成其他视图的绘制，注意各视图之间所有细节的投影关系都要满足“三等规律”；

③ 选择尺寸基准，根据测量得到的尺寸进行详细的尺寸标注；

④ 填写标题栏信息，注写技术说明等内容；

⑤ 加深轮廓线，检查，完成设计图绘制，如图 8-1（c）所示。

随着科学技术的快速发展，测绘方法也越来越先进，如可以借助计算机、照相机、绘图软件、三维立体扫描仪等工具来完成。将现代测绘应用于家具的测绘，能使测绘工作更方便、更精确、更安全，但投入成本较高。

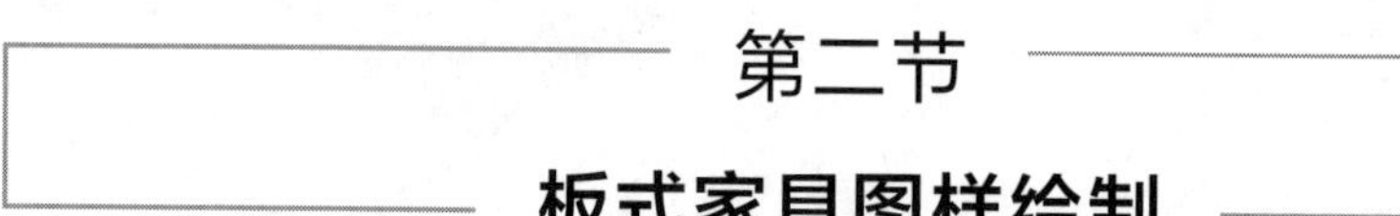

第二节 板式家具图样绘制

国家标准《木家具通用技术条件》（GB/T 3324—2017）对板式家具的定义是：以人造板为主要基材，通过标准接口以圆棒或连接件接合而成的家具。板式家具的生产通常以部件为基本单位，并逐渐实现“部件即产品”的观念。随着拆装结构为主的家具五金件的大量应用，现代家具的设计向定制式、自装配式方向发展，家具的生产向流水线、自动化作业的方式转变。自动化的生产方式要求以零部件图作为生产的主要依据，自装式家具要求企业必须为消费者提供易于理解的家具拆装示意图。因此，板式家具的设计与生产图样，除设计图、结构装配图、零部件图外，还应包括板材开料图、拆装示意图及包装示意图。以下以某企业两门衣柜为例说明板式家具图样的绘制方法。

一、板材开料图

板式家具以人造板为主要基材，为了提高效率、降低消耗，在人造板的裁板工序中必须要有板材开料图，也称裁板图，即在标准幅面的人造板上的最佳锯口位置图。开料图采用一个平面视图即可，开料尺寸直接标注在图上或图外。在图上还可注明每种板件的总数及锯解工艺路线。

开料图的设计应考虑锯路宽度，使开料规格尺寸尽量少，以减少锯机调整次数，提高效率，保证板件质量。如果板件最后要进行封边处理，还应考虑封边条的厚度。

二、设计图

设计图主要反映衣柜的正面造型和装饰方法及主要功能，以三视图为主，并结合立体图直观表达衣柜的使用方法，如图 8-2（a）所示。

三、结构装配图

现代板式家具的主体结构多为拆装式，其零部件图是生产的主要依据，所以拆装式板式家具的结构装配图的绘制可以比较简单，相当于装配图的表达，只需要指明零件、部件在家具中的位置及与其他零部件之间的装配关系，不需要准确、完整地表达零部件之间的接合细节，一般不画局部详图，但尺寸标注比装配图更详尽，如图 8-2（b）所示。由于连接件的种类多种多样，因而在结构装配图中应该明确家具所用连接类型，可用文字形式注写在图样当中。

从主视图可看出设计者在衣柜内部的功能安排，分为左右两部分，右侧挂放衣物，左侧以搁板为主，还有一个小抽屉。由于衣柜左右不对称，主视图采用了局部剖视图，①号局部详图是表现顶板与旁板的接合方式，②、③号局部详图表达层板及挂衣装置与旁板之间的连接（安装）结构等。左视图为了表现内部结构，采用了全剖视图。俯视图也用全剖视图，并运用⑤、⑥号局部详图表达其详细结构，柜子的柜门使用了暗铰链，从⑥号局部详图中可以看出。

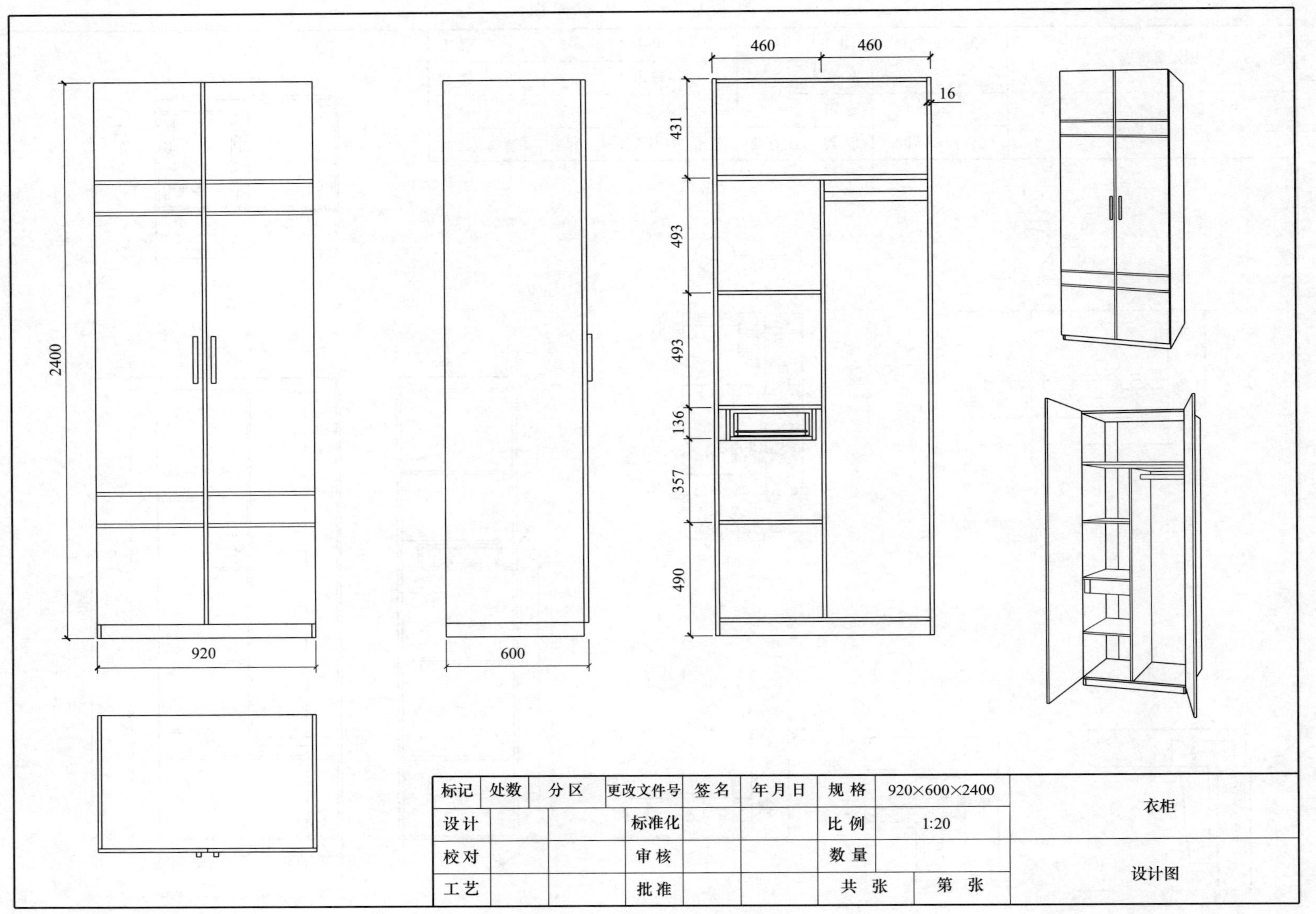
2400
920
600
460
460
16
431
493
493
136
357
490
标记
处数
分区
更改文件号
签名
年月日
规格
920×600×2400
衣柜
设计
标准化
比例
1:20
校对
审核
数量
工艺
批准
共　张
第　张
设计图

图 8-2（a）　衣柜设计图

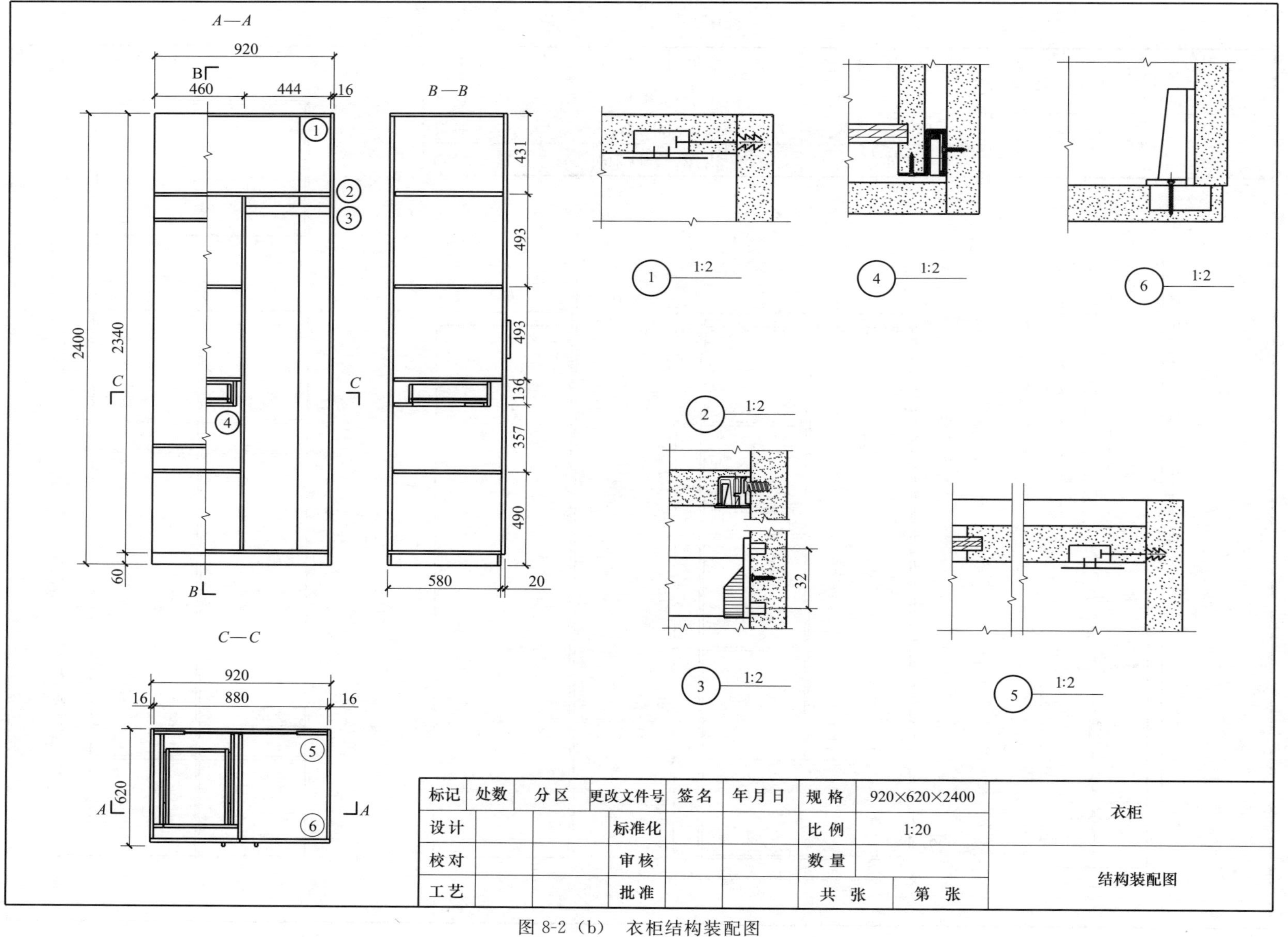

图 8-2（b） 衣柜结构装配图

四、拆装示意图

对于自装式板式家具，为了让消费者更加清楚地了解家具产品的安装顺序，方便消费者自行安装所购家具，一般在家具的包装中配套家具的拆装示意图，其绘制方法如图 8-2（c）所示。

五、部件图与零件图

板式家具的部件图与零件图是指导板件加工的重要技术文件。零部件图重点表现板件各种孔的规格大小和位置，也称孔位图。它一般由三视图、标题栏、工艺说明所构成，表达板件的规格尺寸、所用材料、孔的类型、加工基准、加工工艺等技术指标，为生产提供详尽的技术指导。零部件图的视图位置选择一般以孔多的面为主视图，图中应标明封边、贴面材料的种类和涂饰要求，特殊工艺要求在标题栏中用文字说明。设计人员绘制零部件图时，应详细标注孔的数量、位置、直径、深度及孔的类型，如图 8-2（d）～(j)。在板式家具中，有些简单零部件不需要钻孔，如图 8-2（k）所示衣柜的抽屉背板、抽屉底板等。

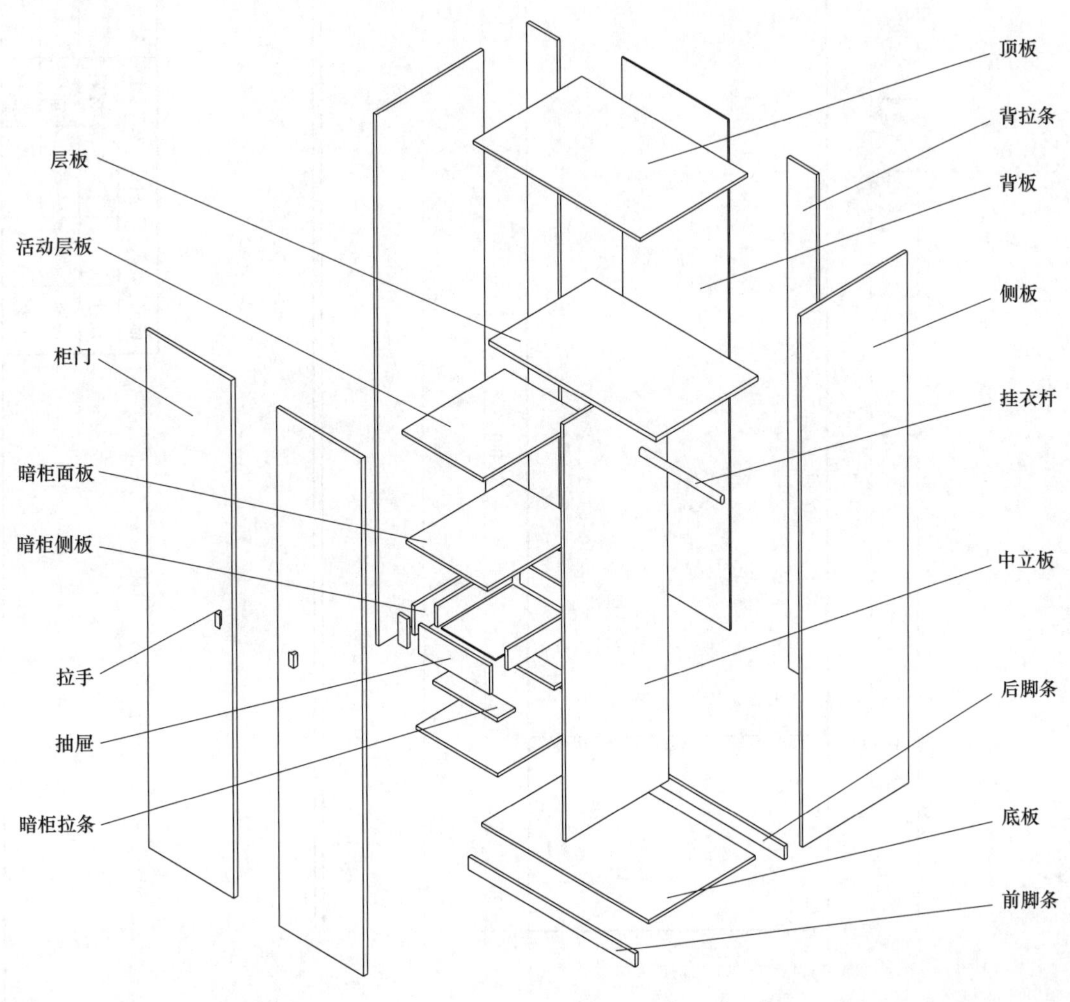

图 8-2（c） 衣柜拆装示意图

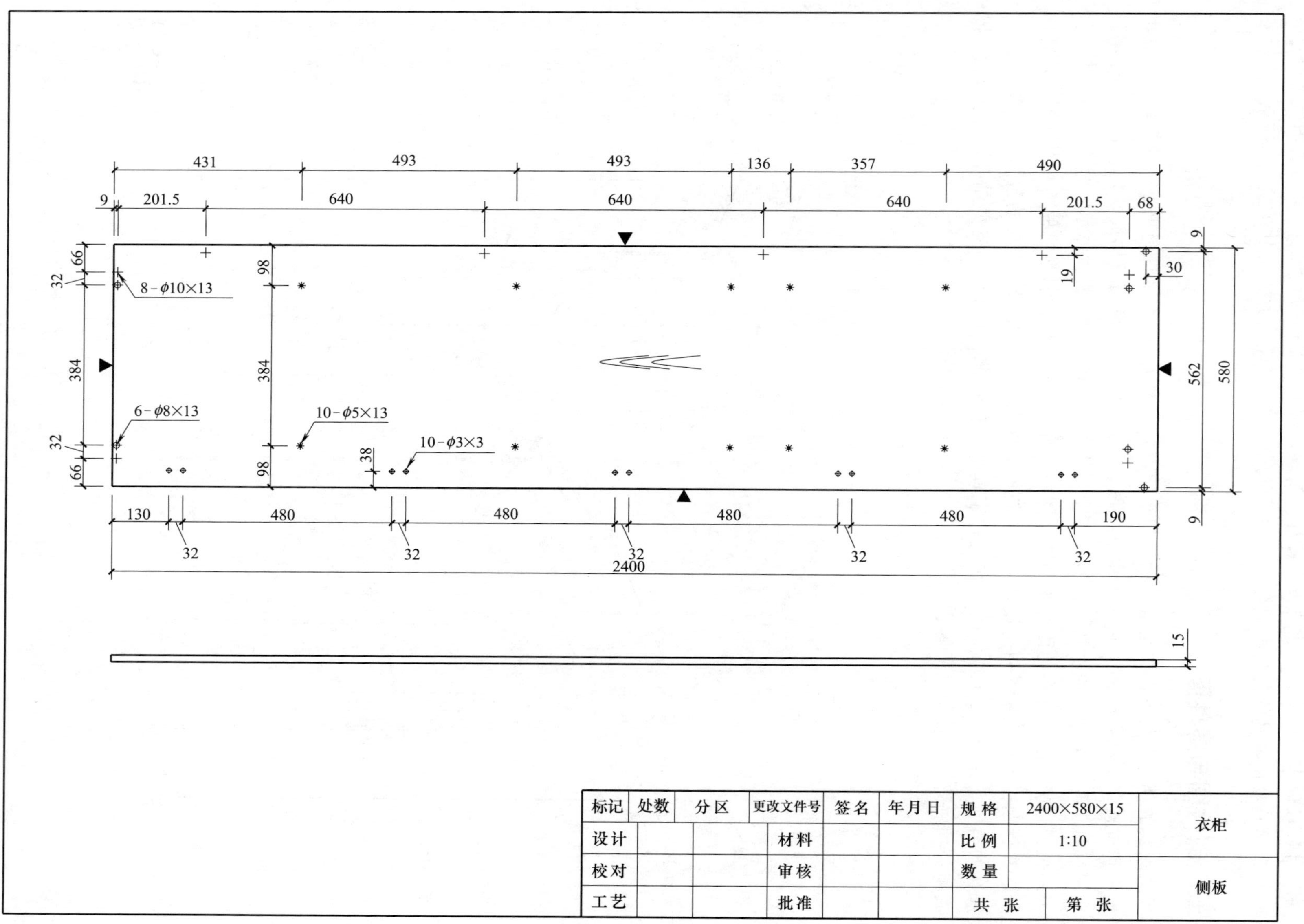

标记	处数	分区	更改文件号	签名	年月日	规格	2400×580×15	衣柜
设计			材料			比例	1:10	
校对			审核			数量		侧板
工艺			批准			共 张	第 张	

图 8-2（d） 衣柜部件图 1

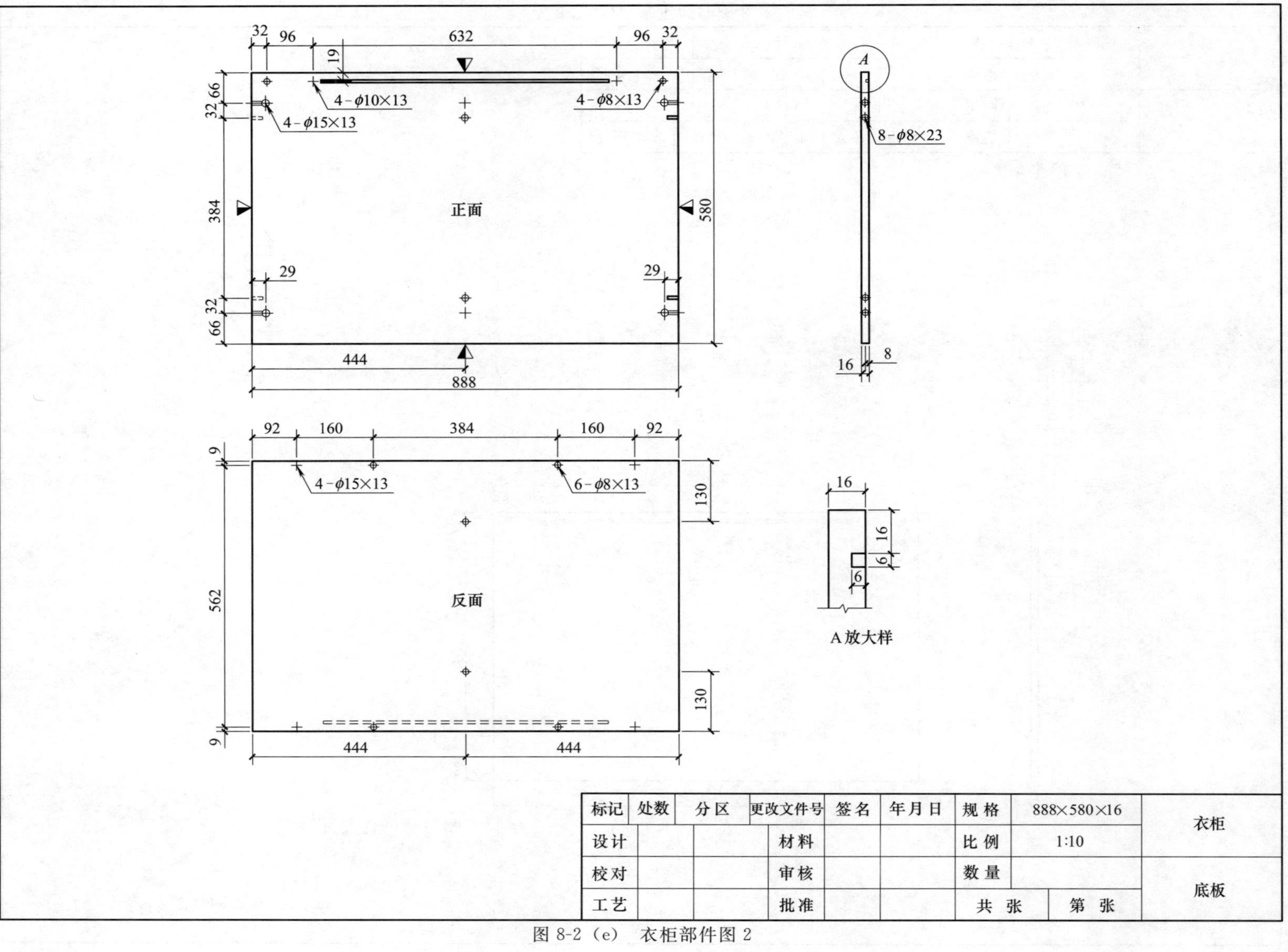

标记	处数	分区	更改文件号	签名	年月日	规格	888×580×16	衣柜
设计			材料			比例	1:10	
校对			审核			数量		底板
工艺			批准			共 张	第 张	

图 8-2（e） 衣柜部件图 2

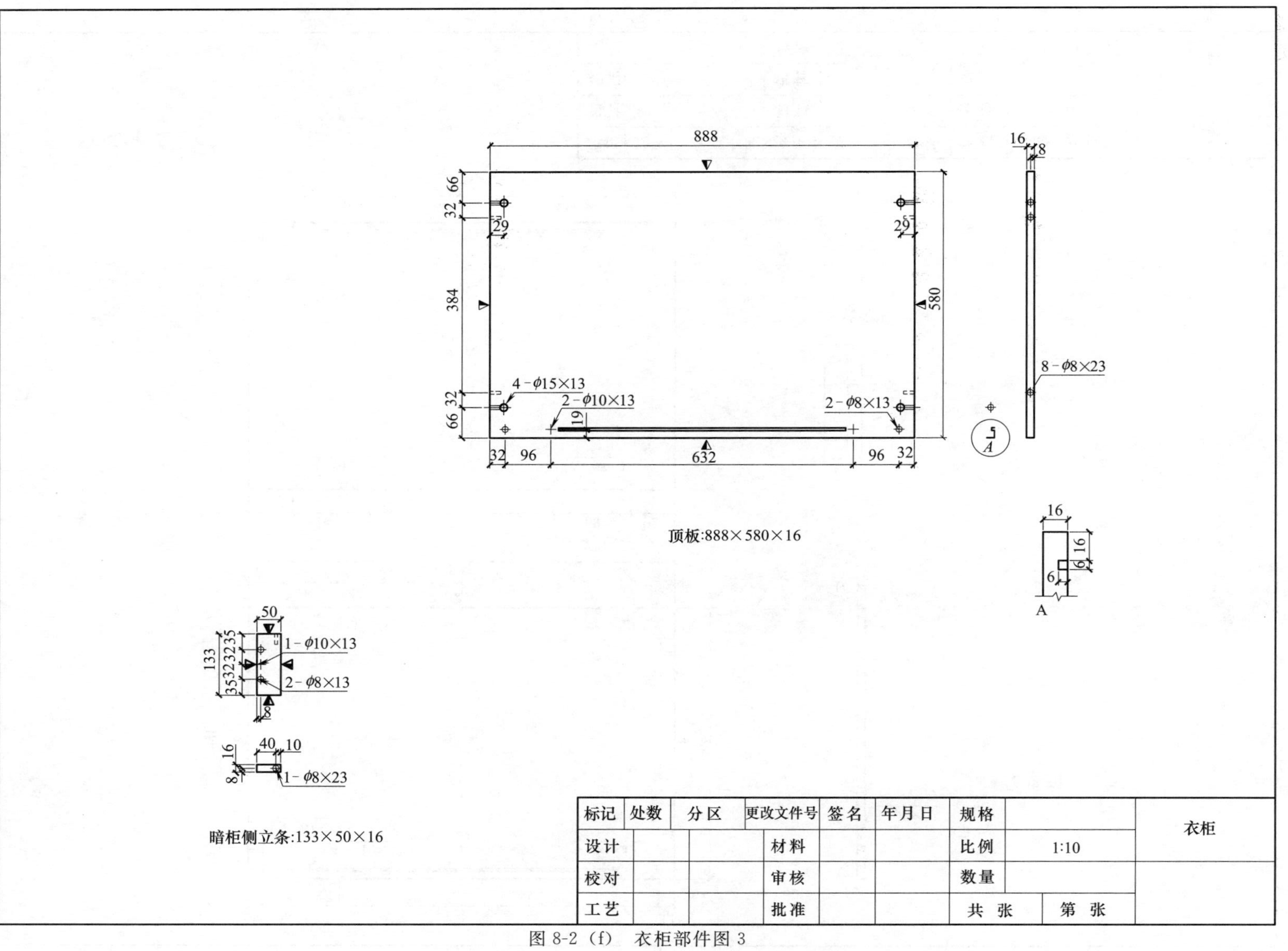
顶板:888×580×16
暗柜侧立条:133×50×16
8-ϕ8×23
4-ϕ15×13
2-ϕ10×13
2-ϕ8×13
1-ϕ10×13
1-ϕ8×23
888
580
632
384
衣柜
标记
处数
分区
更改文件号
签名
年月日
规格
比例
1:10
数量
设计
校对
工艺
材料
审核
批准
共 张
第 张

图 8-2（f） 衣柜部件图 3

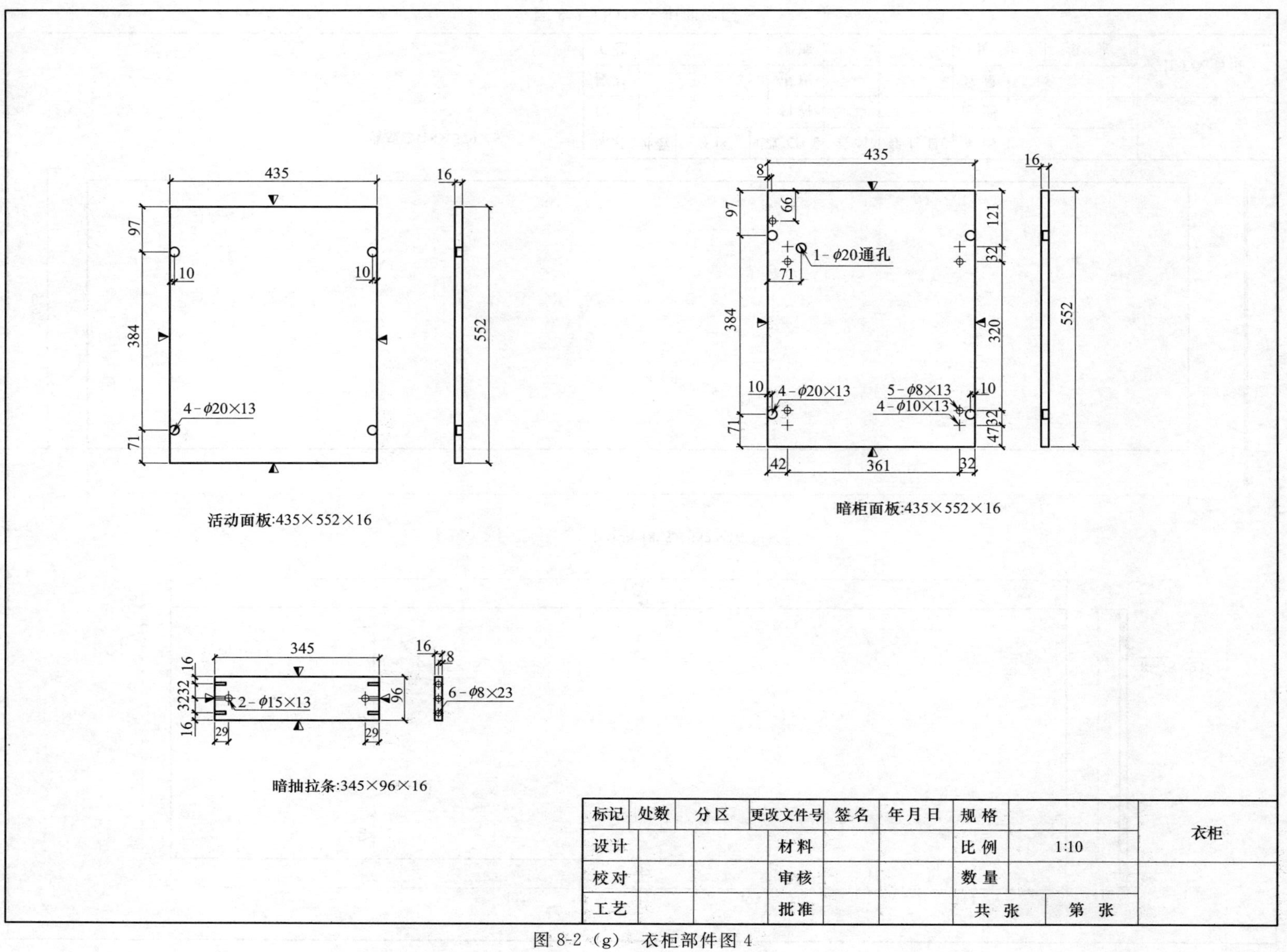
活动面板:435×552×16
4-φ20×13
暗柜面板:435×552×16
1-φ20通孔
4-φ20×13
5-φ8×13
4-φ10×13
暗抽拉条:345×96×16
2-φ15×13
6-φ8×23
标记
处数
分区
更改文件号
签名
年月日
规格
衣柜
设计
材料
比例
1:10
校对
审核
数量
工艺
批准
共　张
第　张

图 8-2（g）衣柜部件图 4

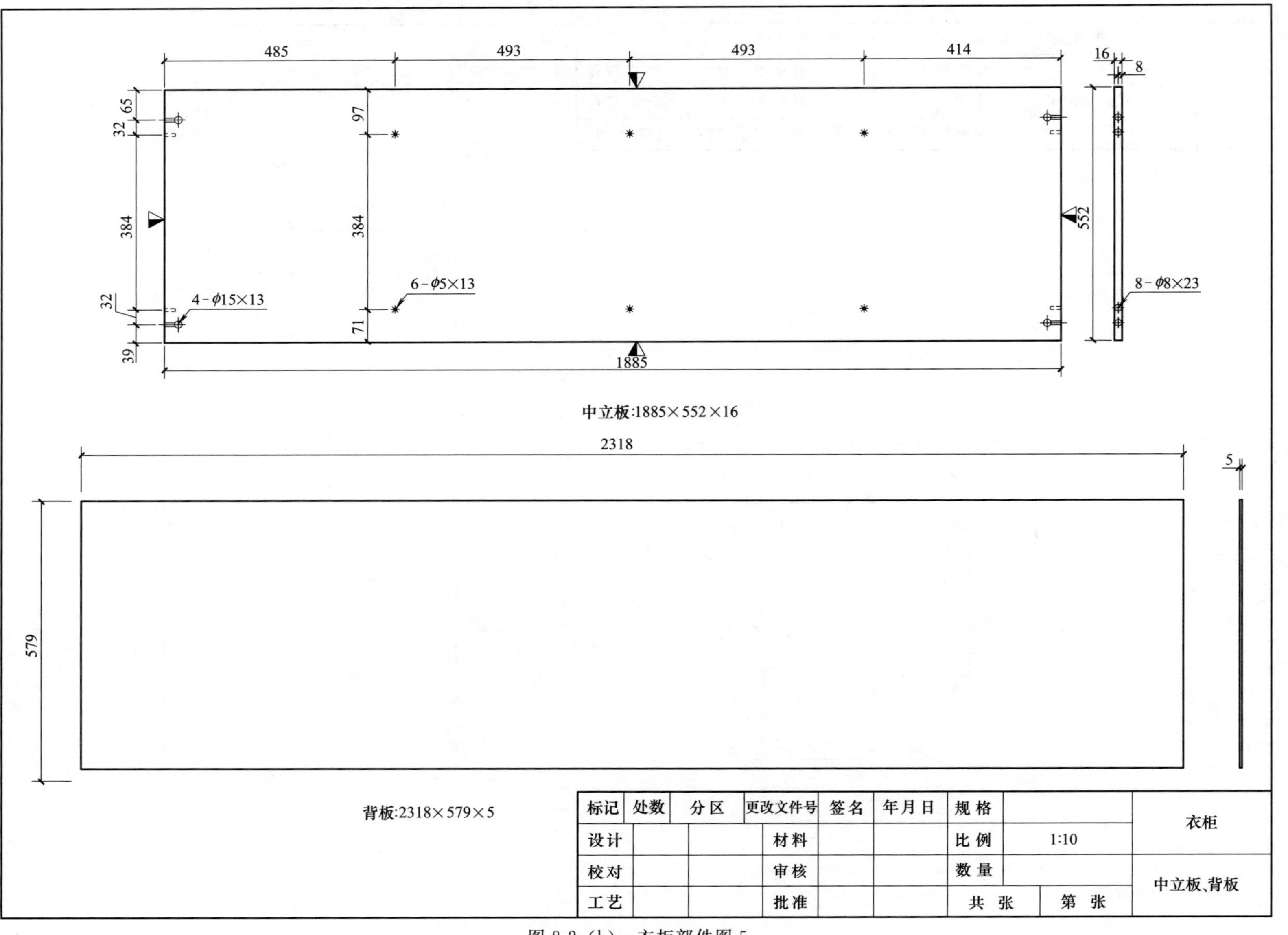
8-φ8×23
8
16
552
414
493
493
485
1885
6-φ5×13
97
384
71
4-φ15×13
65
32
384
32
39
中立板:1885×552×16
2318
5
579
背板:2318×579×5
衣柜
中立板、背板
标记
处数
分区
更改文件号
签名
年月日
规格
设计
材料
比例
1:10
校对
审核
数量
工艺
批准
共 张
第 张

图 8-2（h） 衣柜部件图 5

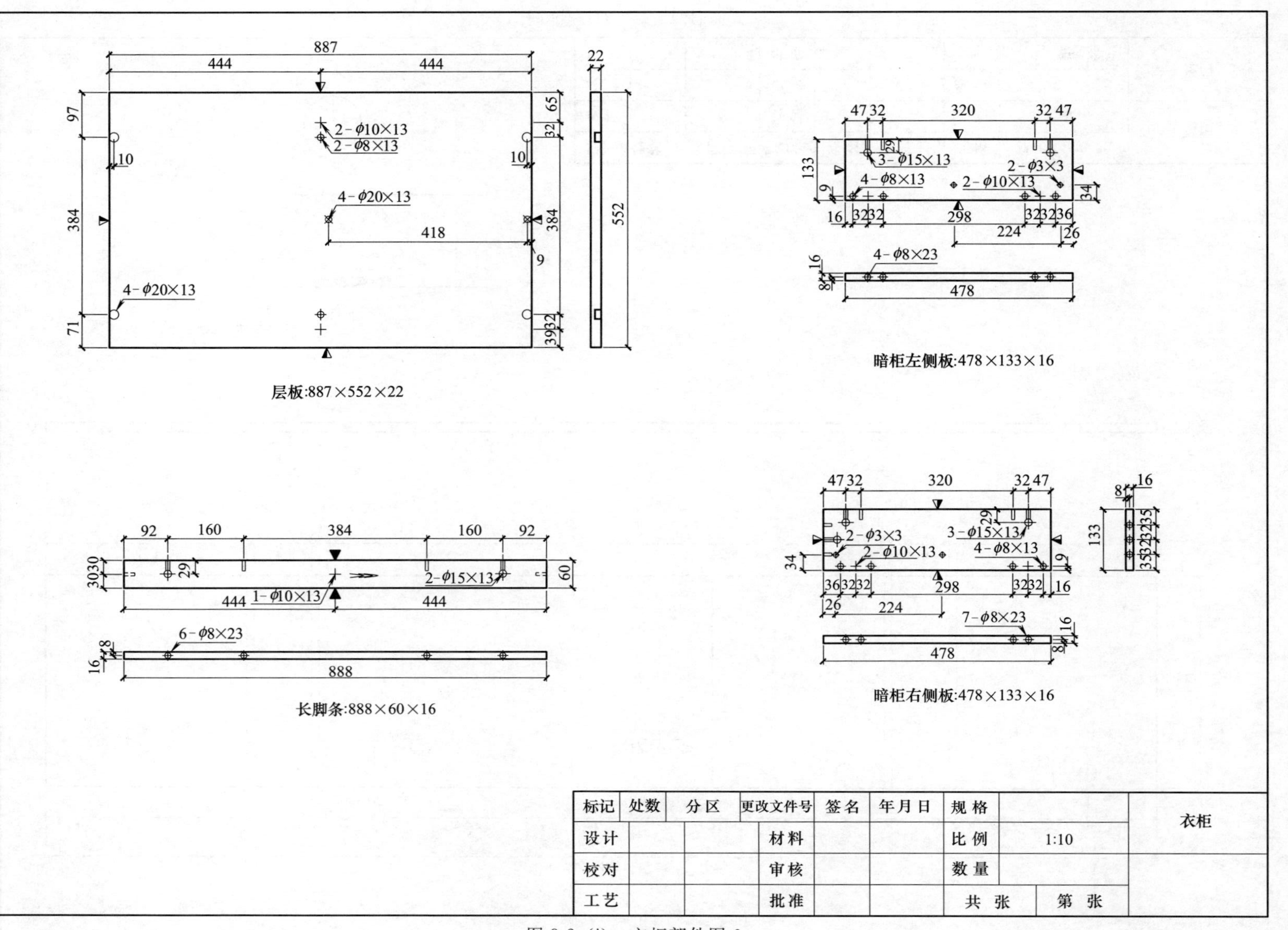
层板:887×552×22
长脚条:888×60×16
暗柜左侧板:478×133×16
暗柜右侧板:478×133×16
2-φ10×13
2-φ8×13
4-φ20×13
3-φ15×13
2-φ3×3
4-φ8×13
4-φ8×23
1-φ10×13
2-φ15×13
6-φ8×23
7-φ8×23
标记
处数
分区
更改文件号
签名
年月日
规格
设计
材料
比例
1:10
校对
审核
数量
工艺
批准
共 张
第 张
衣柜

图 8-2（i） 衣柜部件图 6

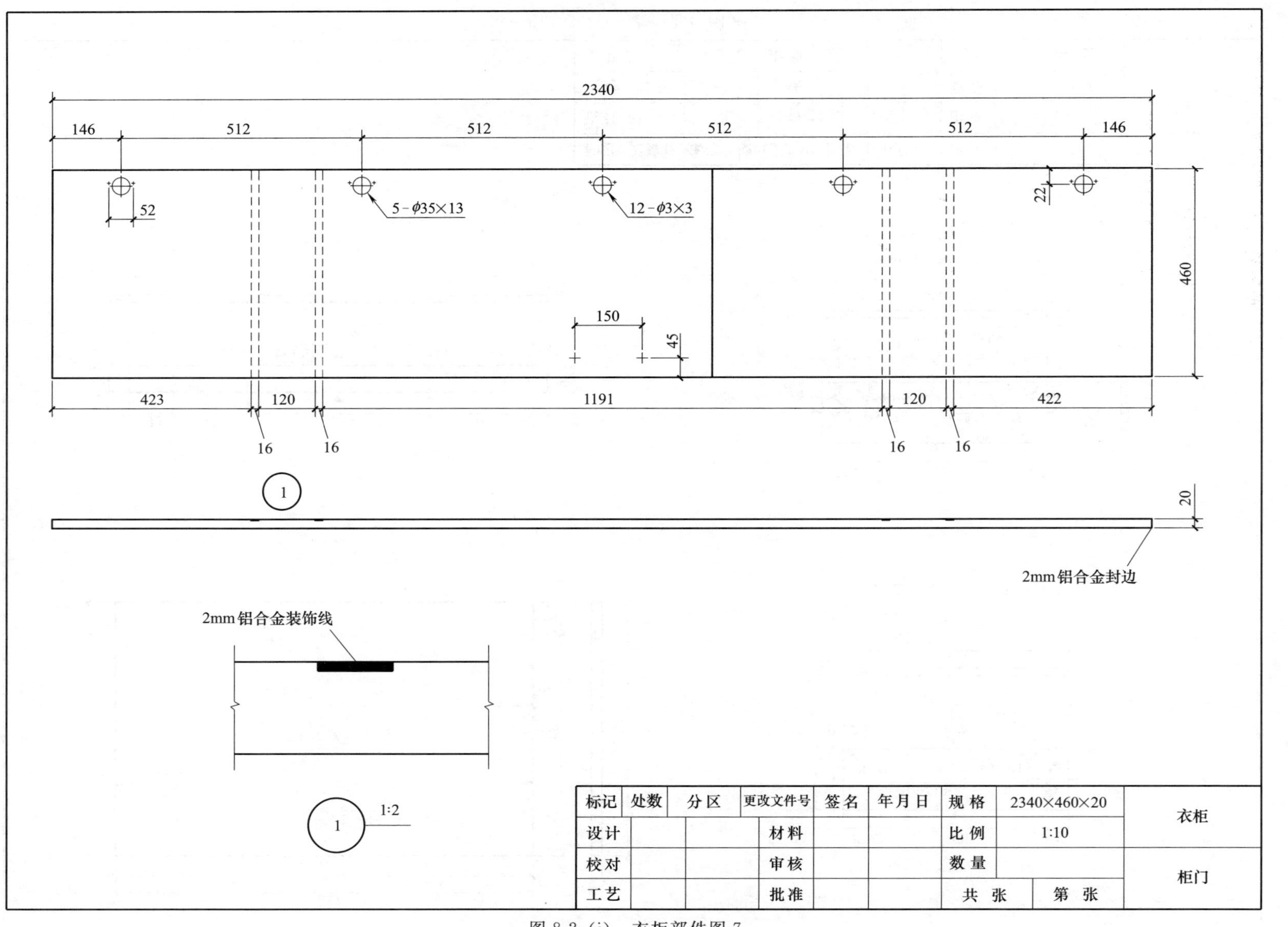

2340
146
512
512
512
512
146
52
5-ϕ35×13
12-ϕ3×3
22
460
150
45
423
120
1191
120
422
16
16
16
16
1
20
2mm铝合金封边
2mm铝合金装饰线
1
1:2
标记 处数 分区 更改文件号 签名 年月日 规格 2340×460×20
设计 材料 比例 1:10
校对 审核 数量
工艺 批准 共 张 第 张
衣柜
柜门

图 8-2（j） 衣柜部件图 7

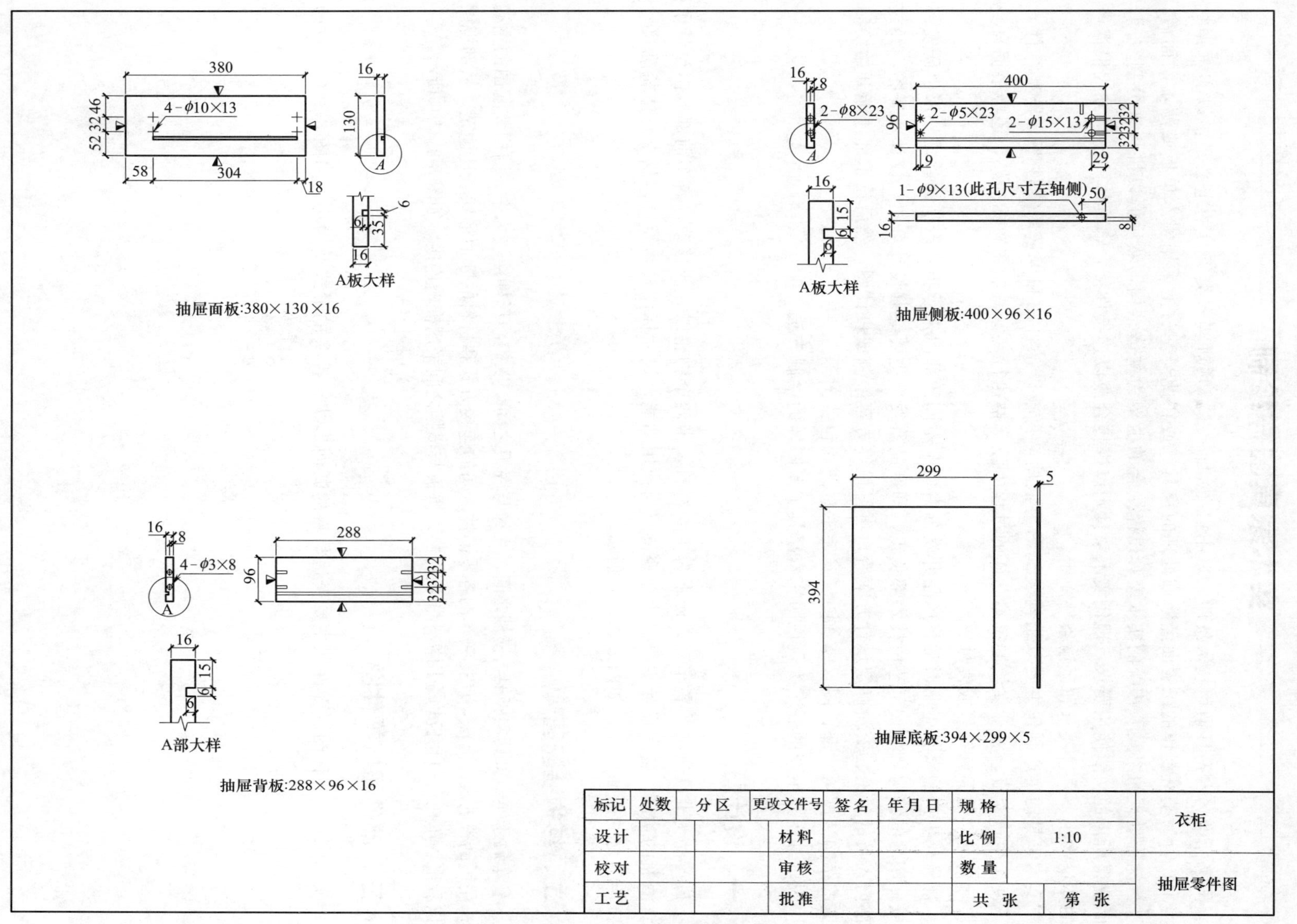
4-φ10×13
A板大样
抽屉面板:380×130×16
2-φ8×23
2-φ5×23
2-φ15×13
1-φ9×13(此孔尺寸左轴侧)
A板大样
抽屉侧板:400×96×16
4-φ3×8
A部大样
抽屉背板:288×96×16
抽屉底板:394×299×5
标记 处数 分区 更改文件号 签名 年月日 规格
设计 材料 比例 1:10
校对 审核 数量
工艺 批准 共 张 第 张
衣柜
抽屉零件图

图 8-2（k） 抽屉零件图

第三节 实木家具图样绘制

国家标准《木家具通用技术条件》（GB/T 3324—2017）对实木类家具的定义是：以实木锯材或实木板材为基材制作的、表面经涂饰处理的家具，或在此类基材上采用实木单板或薄木贴面后，再进行涂饰处理的家具。传统的实木家具以榫接合的框架为主体结构，然后嵌以拼板来分割空间，从而获得所需的功能使用要求；现代实木家具则以榫接合或以连接件接合，具体的连接方式根据产品的体量大小、质量要求和运输条件而定。

实木家具的生产制作主要以结构装配图为依据，再辅以部件图和少量的零件图（异型零件）。为了便于生产交流，企业在绘制家具图样的过程中除严格执行《家具制图》标准外，还会根据自身的实际情况增加部分符号或代号。

规模化生产的家具企业通常将产品开发分由两个不同的部门来承担：产品的款式外形由研发部完成，产品的结构与零件工艺由技术部负责，即产品研发部主要绘制设计草图、设计效果图，经过各部门人员的讨论、交流确定设计方案后，再将最终方案绘制成设计图，然后技术部才能开始绘制相应的结构装配图、部件图、零件图、安装示意图和包装图等。

现以某企业生产的餐车为例说明实木家具主要图样的绘制方法。

一、设计图

该产品为北欧风格的餐车，以松木为主要材料，带四个脚轮以方便移动，餐车前部专门设计了放置酒瓶的功能。餐车设计主要表达外观特点与使用功能，尺寸标注较为简单，只有总体轮廓尺寸和脚架方材的断面尺寸，如图 8-3（a）所示。

二、结构装配图

餐车属于实木家具，脚架与横档之间、支撑与底板之间均以椭圆形榫连接为主。结构装配图的主视图采用了剖视的表达方法，能把餐车的各零部件之间的连接方式和材料的断面形状表达清楚，从剖视图可以看出餐车托盘和底板均采用实木拼板材料，拼板与横档之间采用榫槽连接，如图 8-3（b）所示。

三、部件图与零件图

实木家具的零件图、部件图主要表达材料的断面形状与榫头的形式及大小，如图 8-3（c）～(g) 所示。

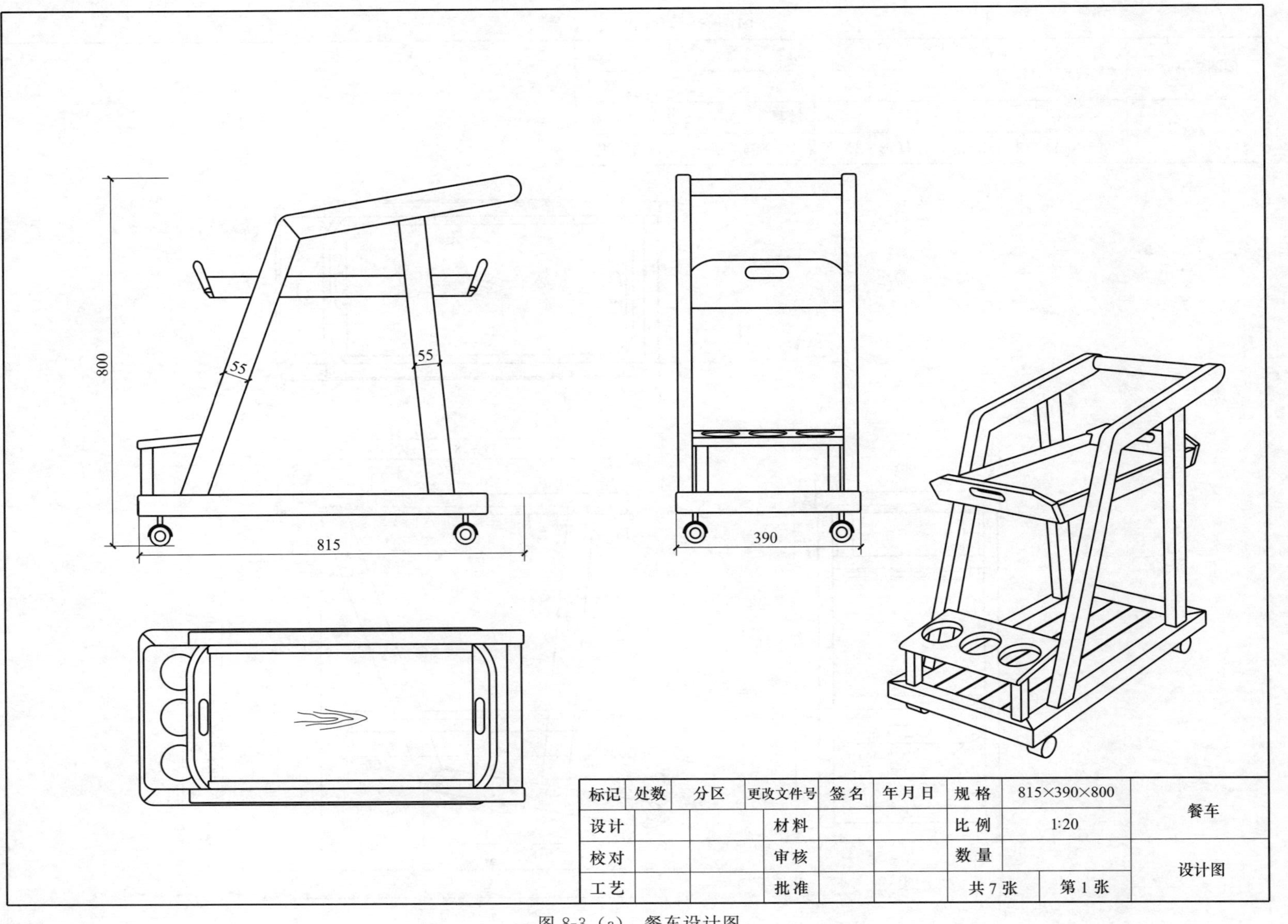

800
55
55
815
390
标记 处数 分区 更改文件号 签名 年月日 规格 815×390×800 餐车
设计 材料 比例 1:20
校对 审核 数量 设计图
工艺 批准 共7张 第1张

图 8-3（a） 餐车设计图

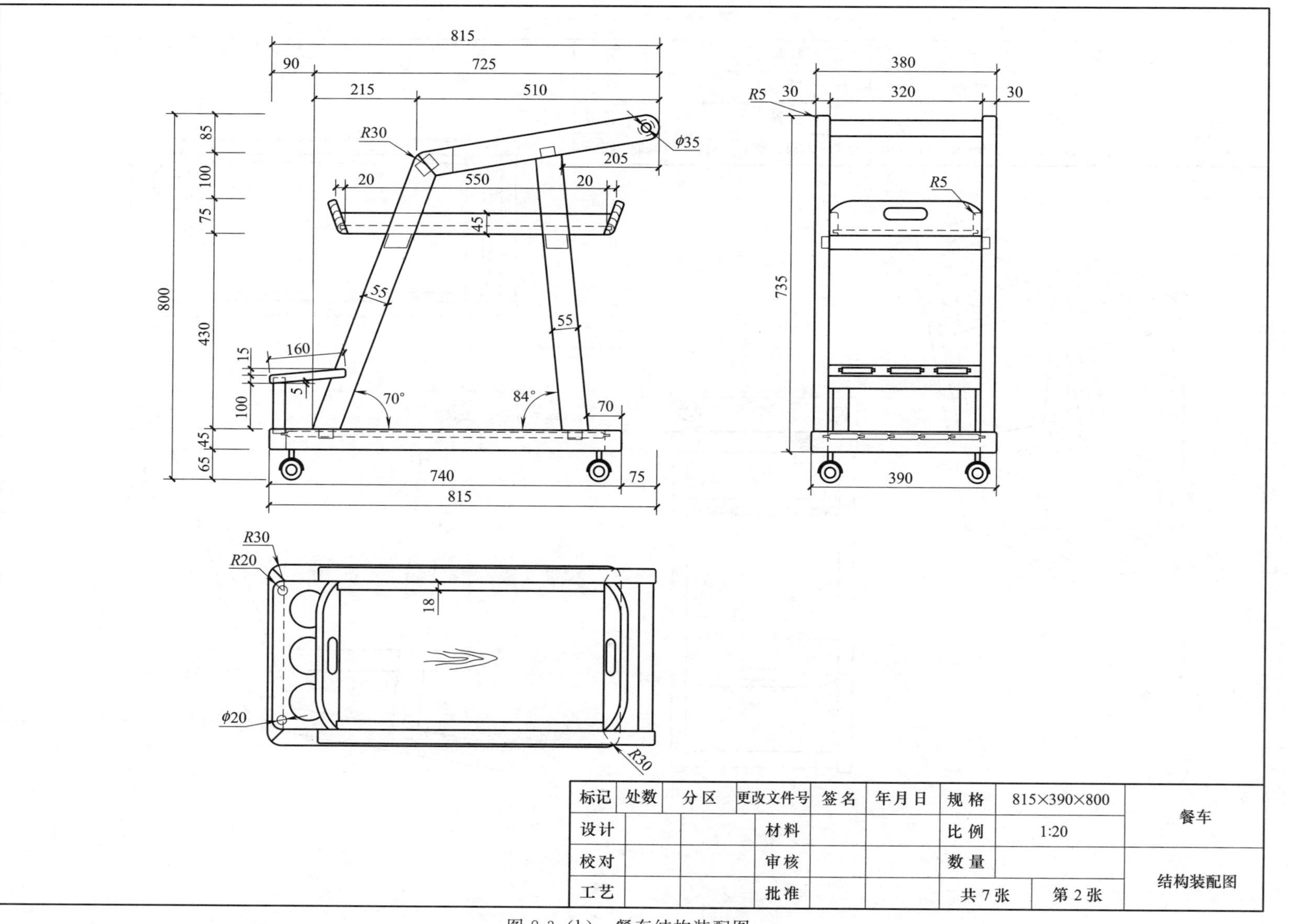

图 8-3（b） 餐车结构装配图

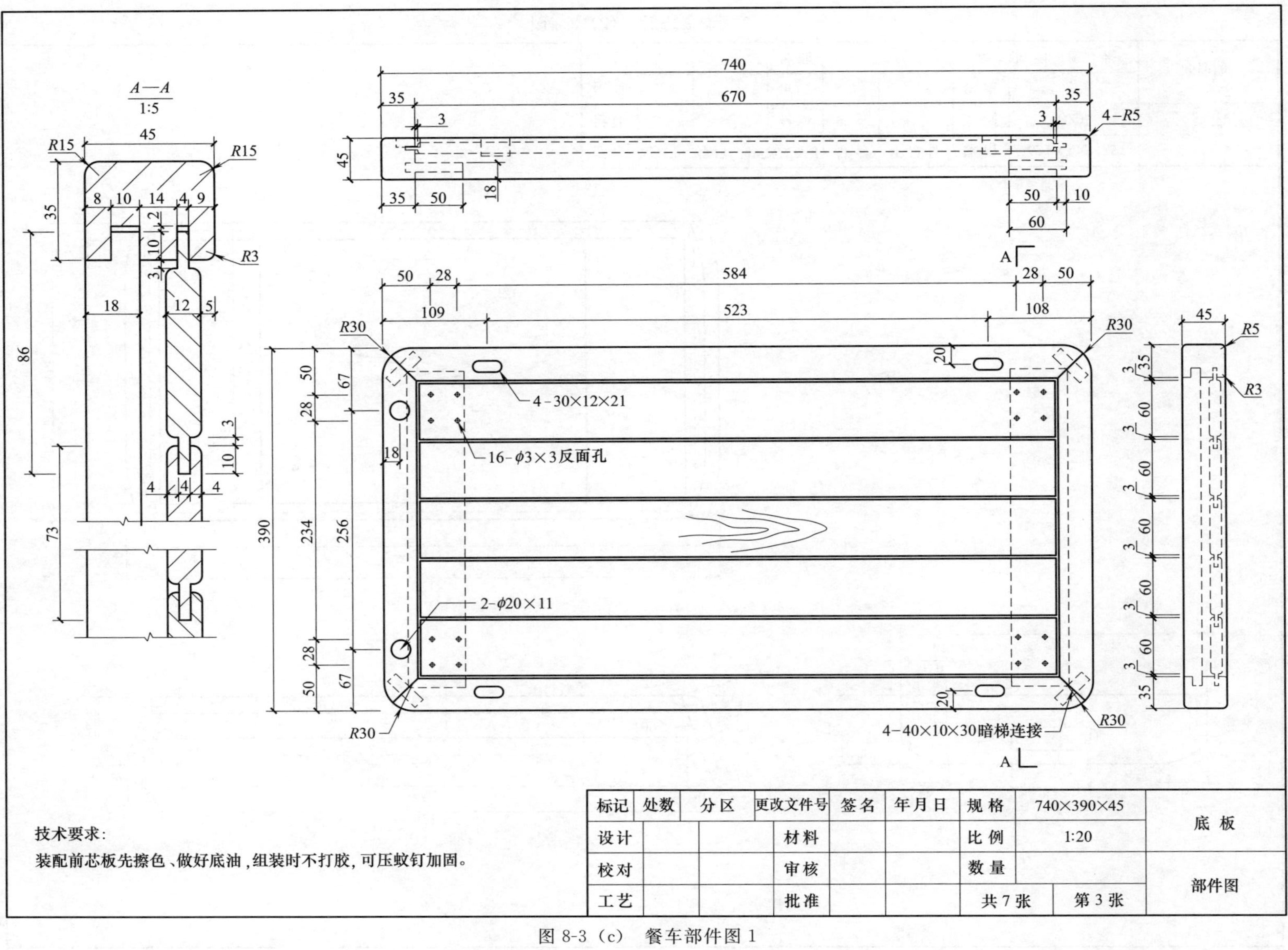

技术要求：

装配前芯板先擦色、做好底油，组装时不打胶，可压蚊钉加固。

图 8-3（c） 餐车部件图 1

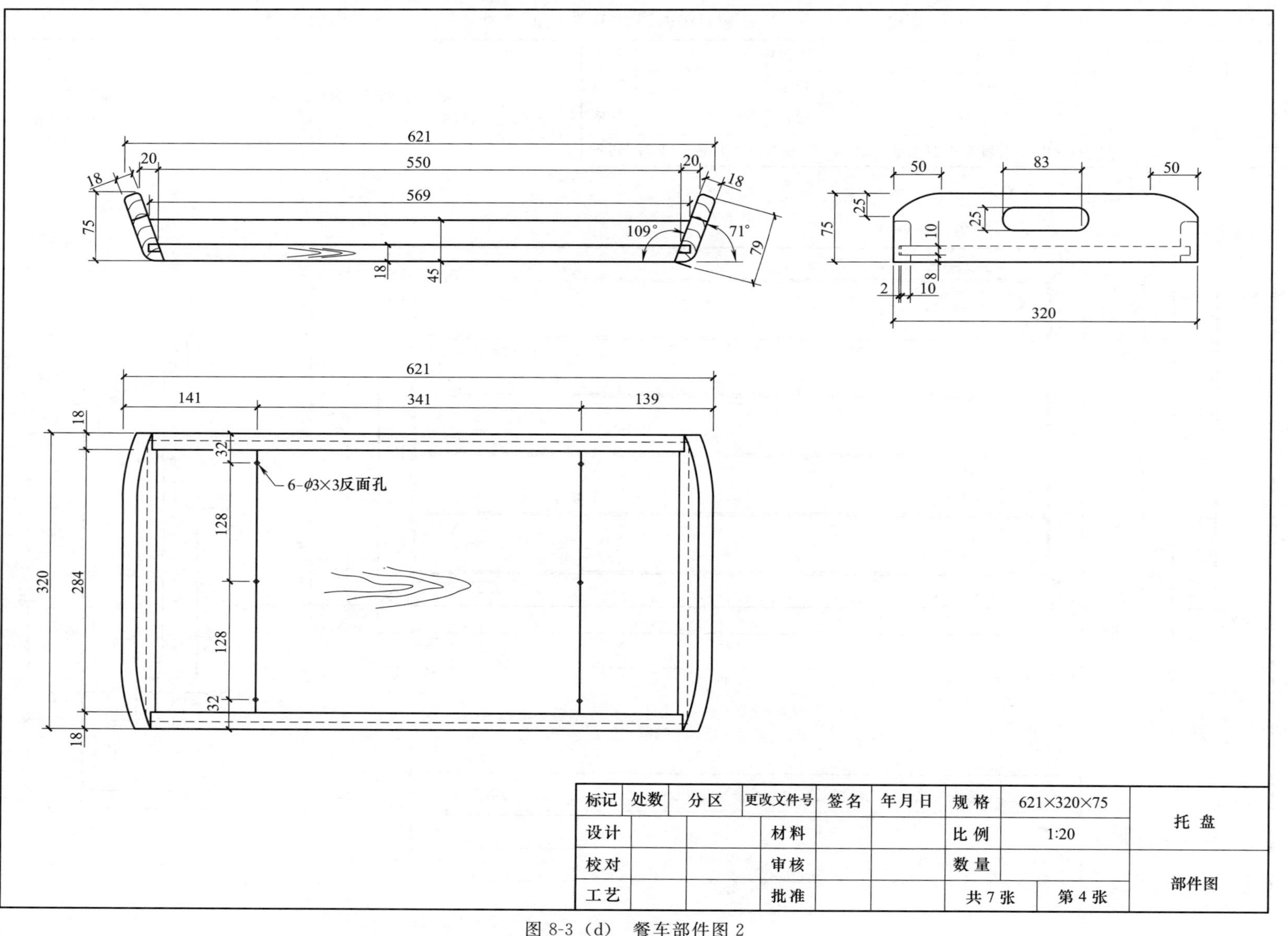
6-φ3×3反面孔
标记
处数
分区
更改文件号
签名
年月日
规格
621×320×75
托 盘
设计
材料
比例
1:20
校对
审核
数量
部件图
工艺
批准
共7张
第4张

图 8-3（d） 餐车部件图 2

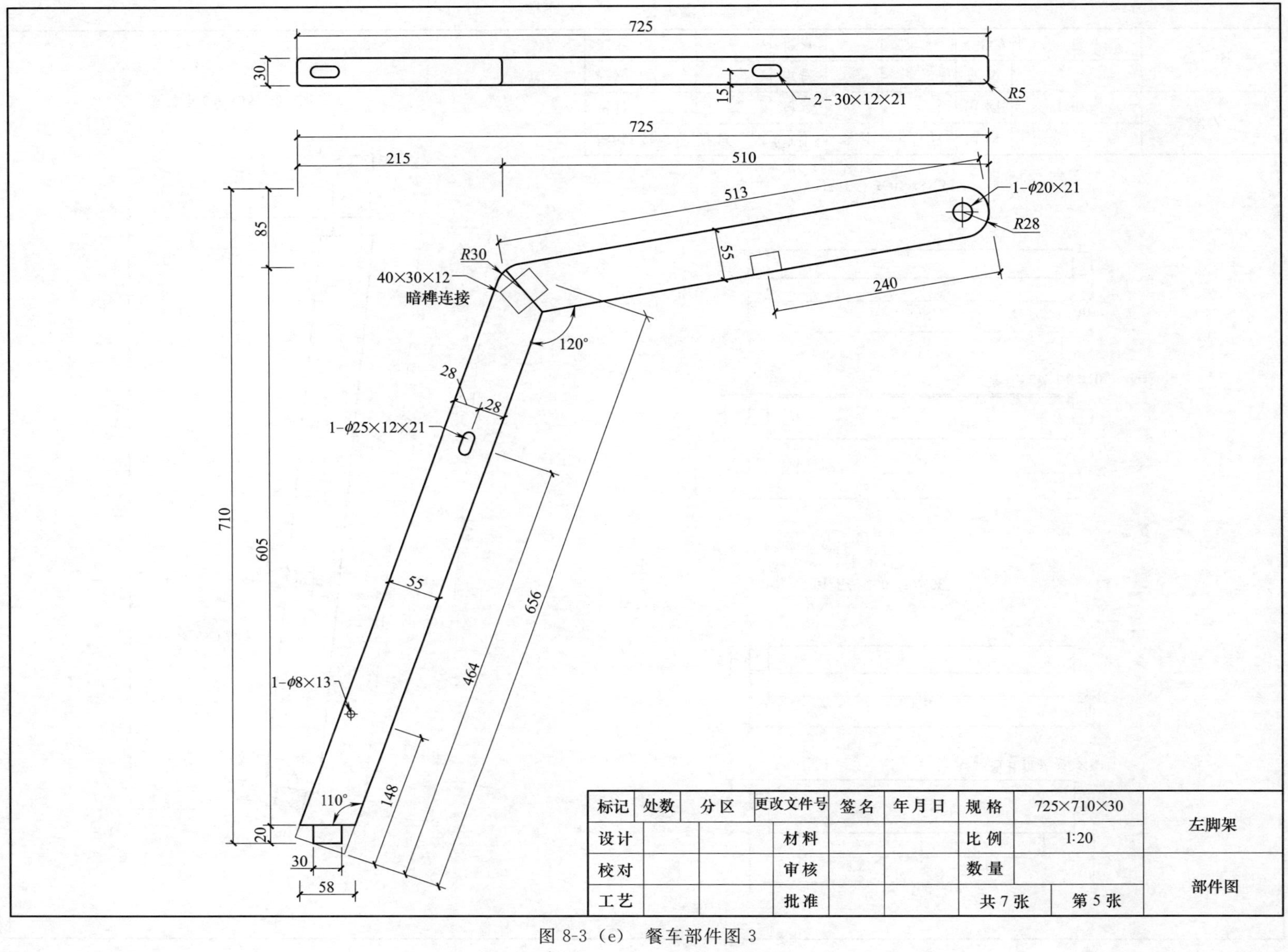
725
30
15
2-30×12×21
R5
725
215
510
513
1-φ20×21
R28
85
R30
55
40×30×12
暗榫连接
240
120°
28
28
1-φ25×12×21
710
605
55
656
464
1-φ8×13
148
110°
20
30
58
标记
处数
分区
更改文件号
签名
年月日
规格
725×710×30
左脚架
设计
材料
比例
1:20
校对
审核
数量
部件图
工艺
批准
共 7 张
第 5 张

图 8-3（e） 餐车部件图 3

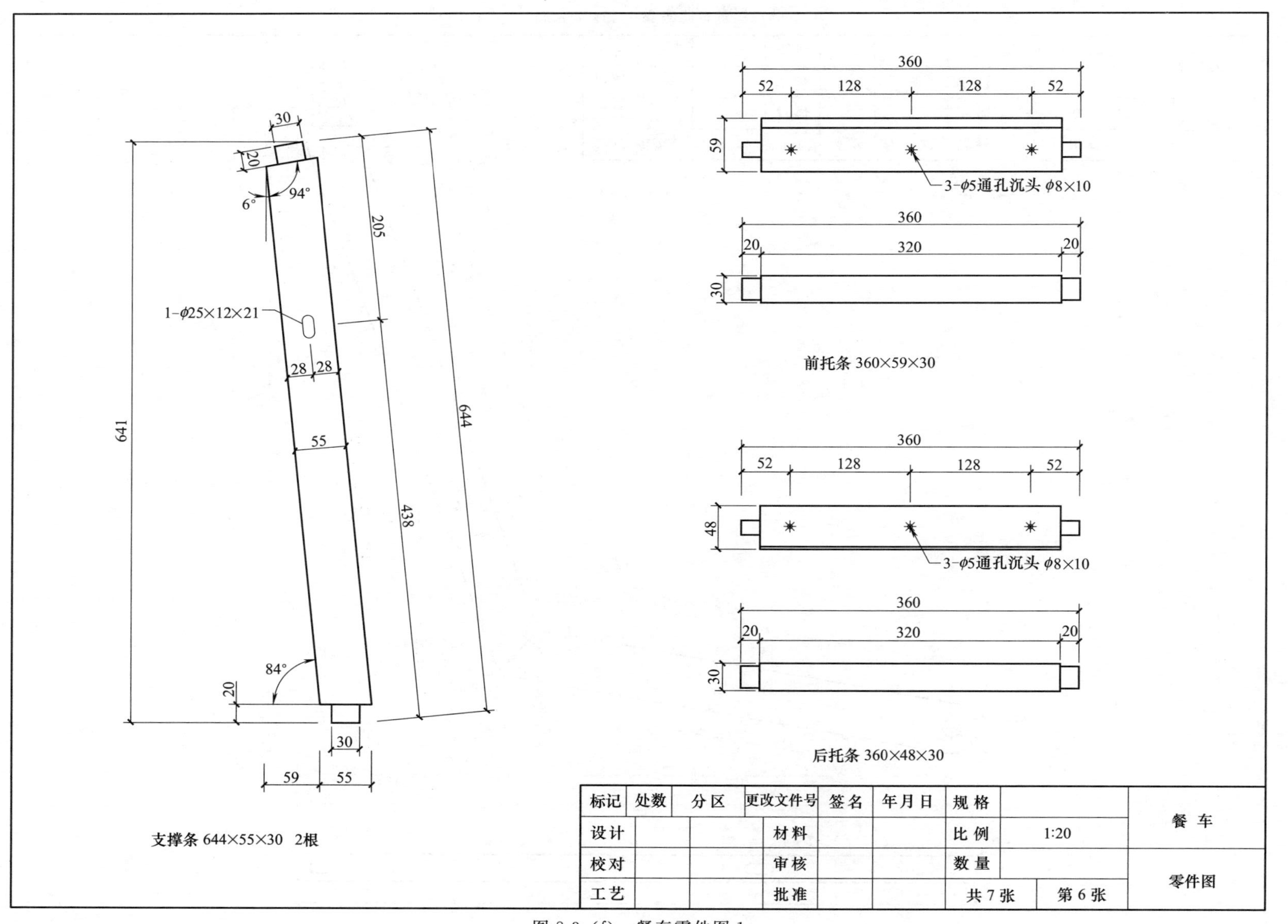

1-φ25×12×21
支撑条 644×55×30 2根
3-φ5通孔沉头 φ8×10
前托条 360×59×30
3-φ5通孔沉头 φ8×10
后托条 360×48×30
标记
处数
分区
更改文件号
签名
年月日
规格
设计
材料
比例
1:20
校对
审核
数量
工艺
批准
共7张
第6张
餐车
零件图

图 8-3（f） 餐车零件图 1

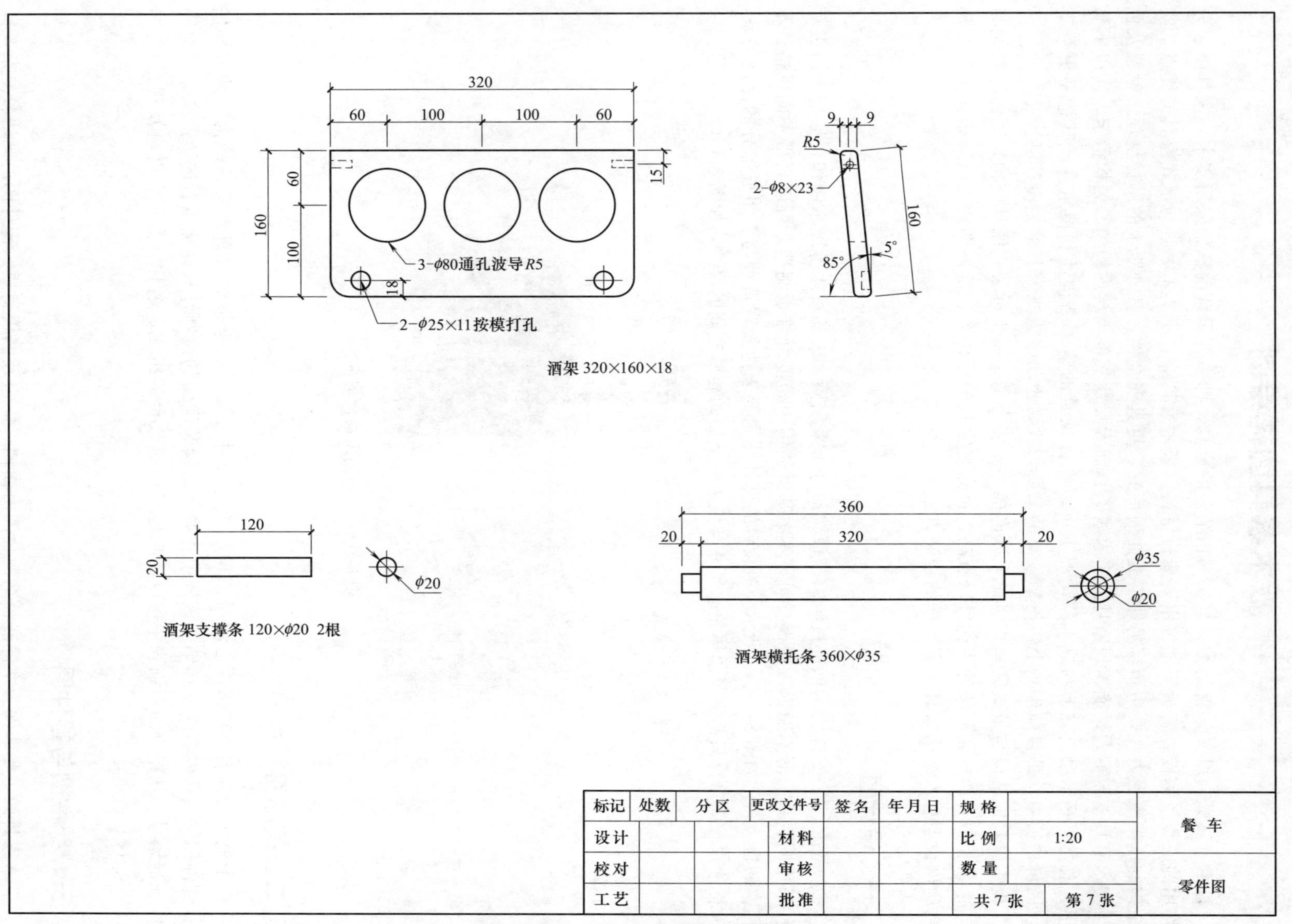

3-φ80通孔波导R5
2-φ25×11按模打孔
酒架 320×160×18
2-φ8×23
酒架支撑条 120×φ20 2根
酒架横托条 360×φ35
标记 处数 分区 更改文件号 签名 年月日 规格
设计 材料 比例 1:20
校对 审核 数量
工艺 批准 共7张 第7张
餐车
零件图

图 8-3（g） 餐车零件图 2

第四节 板木家具图样绘制

板木家具顾名思义，就是板材与实木相结合的家具，即主要承载的框架采用实木，家具中起分隔作用的底板、搁板、背板等部位用人造板材料。板木家具综合了实木家具与板式家具的优点，实木结构的框架承受力大，边角容易加工成曲面形式，更具安全性，其外观上的木材纹理、触感及色泽与实木家具差异不大，能体现家具的实木质感；而大尺寸板件因材质均匀、结构稳定，所以不易变形。总之，板木家具在节约成本的情况下可以保证家具的整体结构性和稳定性，其造型更为丰富，因价格适中，是目前市场上占份额较高的家具形式，也将是未来家具的主流产品。

板木家具的结构与板式家具相似，多以连接件安装为主，属于拆装式家具结构，其图样绘制与板式家具相似，结构装配图的表达可以省略，重点是家具的零件图、部件图。现以某企业生产的梳妆台为例说明板木结构家具主要图样的绘制方法。

一、设计图

该产品的主要部件为木框嵌板结构，框架部分可采用榉木、胡桃木等硬木制作，嵌板、门板等板件采用同色系的薄木贴面人造板材料，本案基材使用中密度纤维板制造，可以获得不同风格、不同档次的梳妆台，如图 8-4（a）所示。梳妆台的设计图主要表达外观造型与各组成部分的比例关系，尺寸标注也较简单，只标注了总体轮廓尺寸与梳妆台下面的容膝空间的尺寸，如图 8-4（b）所示。

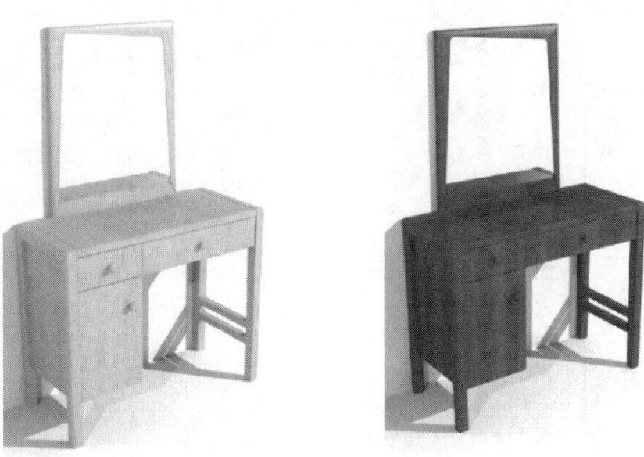

图 8-4（a） 不同风格梳妆台

二、装配图

由于梳妆台的主要零部件之间采用偏心式连接件装配，属于拆装式板木家具结构，其中零件图、部件图的表达内容非常详细。该例中省略其结构装配图的绘制，只画梳妆台的装配图，并对零部件进行编号。从相应的明细表中可以清晰地了解梳妆台的组成、名称、数量、材料及规格尺寸，如图 8-4（c）所示。

三、部件图与零件图

板木家具的主要部件为木框嵌板结构，即由横档、立边及嵌板组成。部件图的画法较复杂，既要表达部件的形状、尺寸及材料要求，更要绘制出各零件之间的连接关系与标注每个零件详细的尺寸要求。对于连接件的“接口”，应详细标注孔的数量、位置、直径、深度及孔的类型等，如图 8-4（d）～（k）所示。

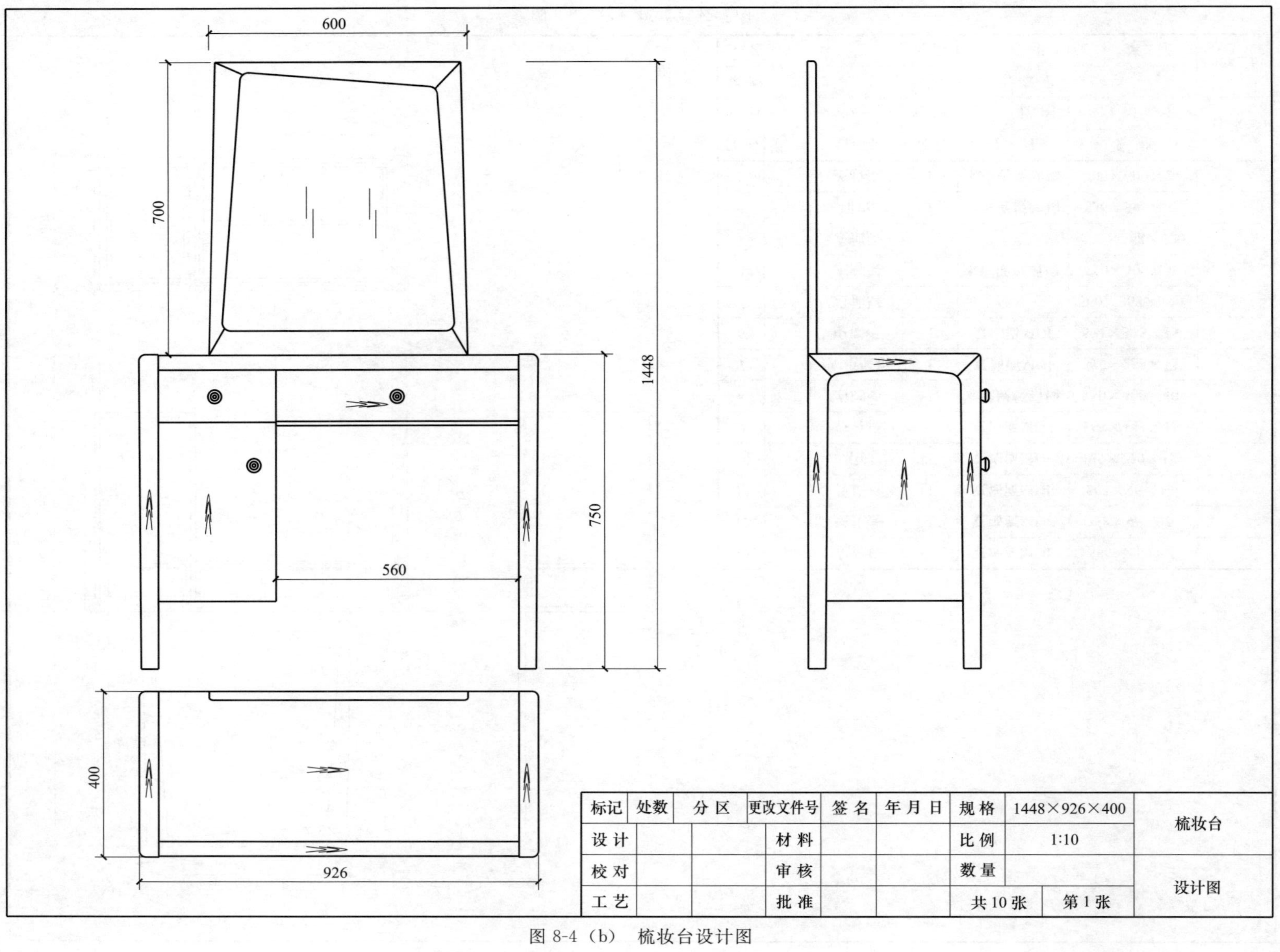

标记	处数	分区	更改文件号	签名	年月日	规格	1448×926×400	梳妆台
设计			材料			比例	1:10	
校对			审核			数量		设计图
工艺			批准			共10张	第1张	

图 8-4（b）　梳妆台设计图

序号	代号	名称	数量	材料	规格	
13		左背板	1	双饰面MDF	566×269×5	
12		短拉条	1	双饰面MDF	258×96×15	
11		长拉条	1	双饰面MDF	563×96×15	
10		柜门	1	双饰面MDF	425×270×18	
9		右背板	1	双饰面MDF	563×143×15	
8		右脚架	1	木框嵌板结构	750×400×40	
7		左柜底板	1	双饰面MDF	376×258×15	
6		中侧板	1	双饰面MDF	571×376×15	
5		右抽屉	1		560×368×120	
4		左脚架	1	木框嵌板结构	750×400×40	
3		左抽屉	1		270×368×120	
2		面板	1	木框嵌板结构	836×398×35	
1		梳妆镜	1	木框嵌板结构	700×600×24	

设计		材料		比例	1:10	梳妆台
校对		审核		数量		装配图
工艺		批准		共10张	第2张	

图 8-4（c） 梳妆台装配图

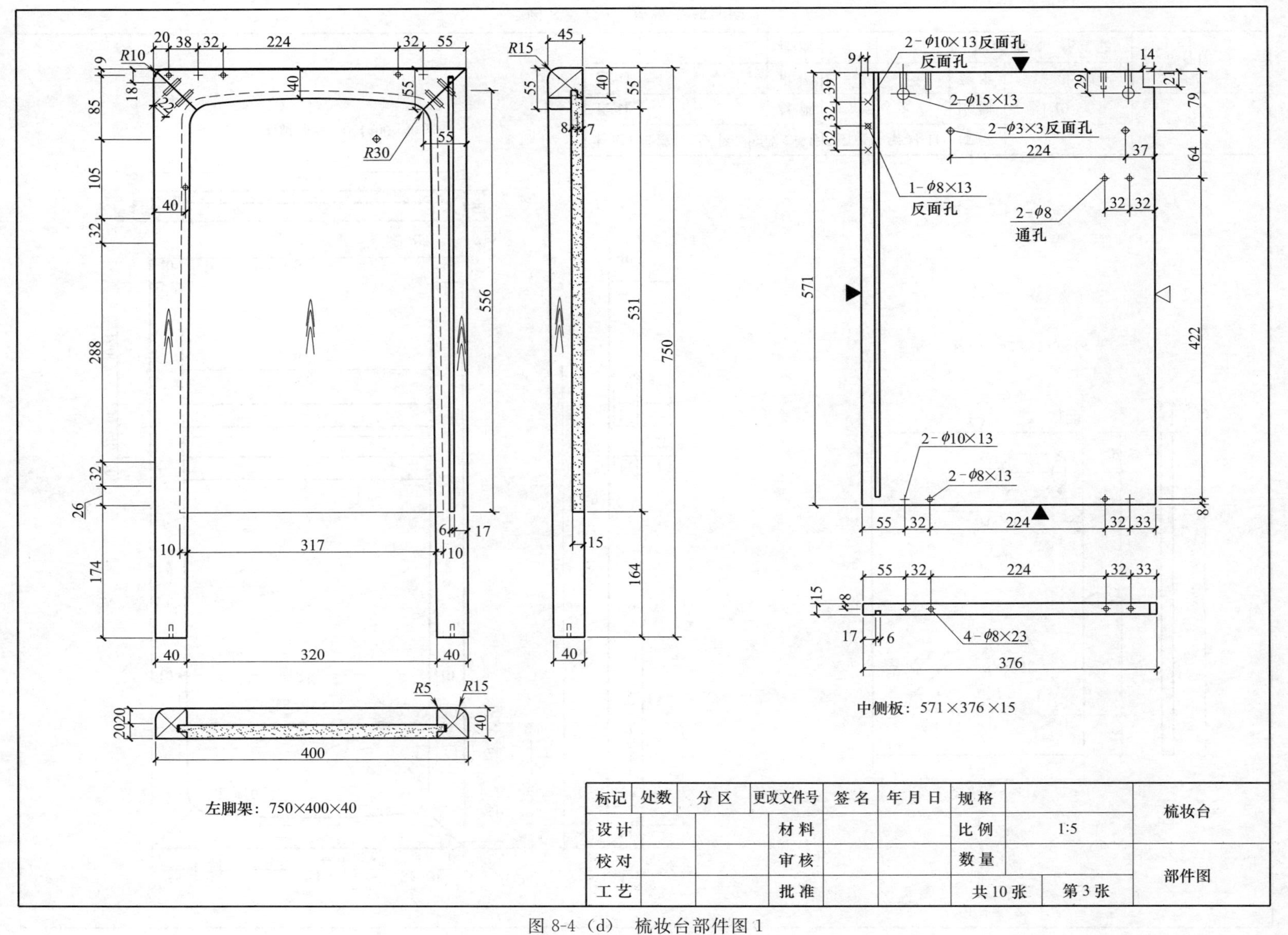

图 8-4（d） 梳妆台部件图 1

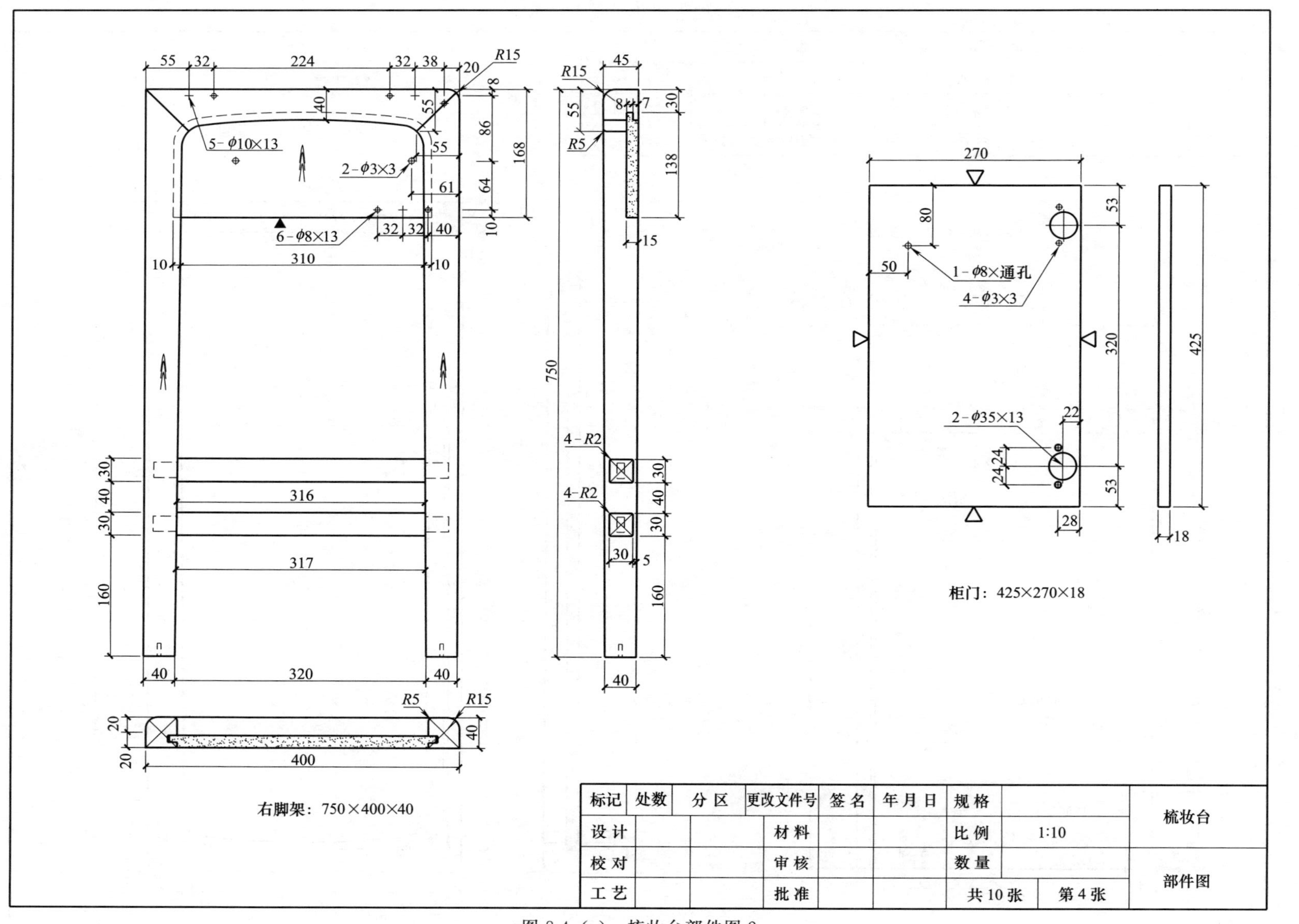

图 8-4（e） 梳妆台部件图 2

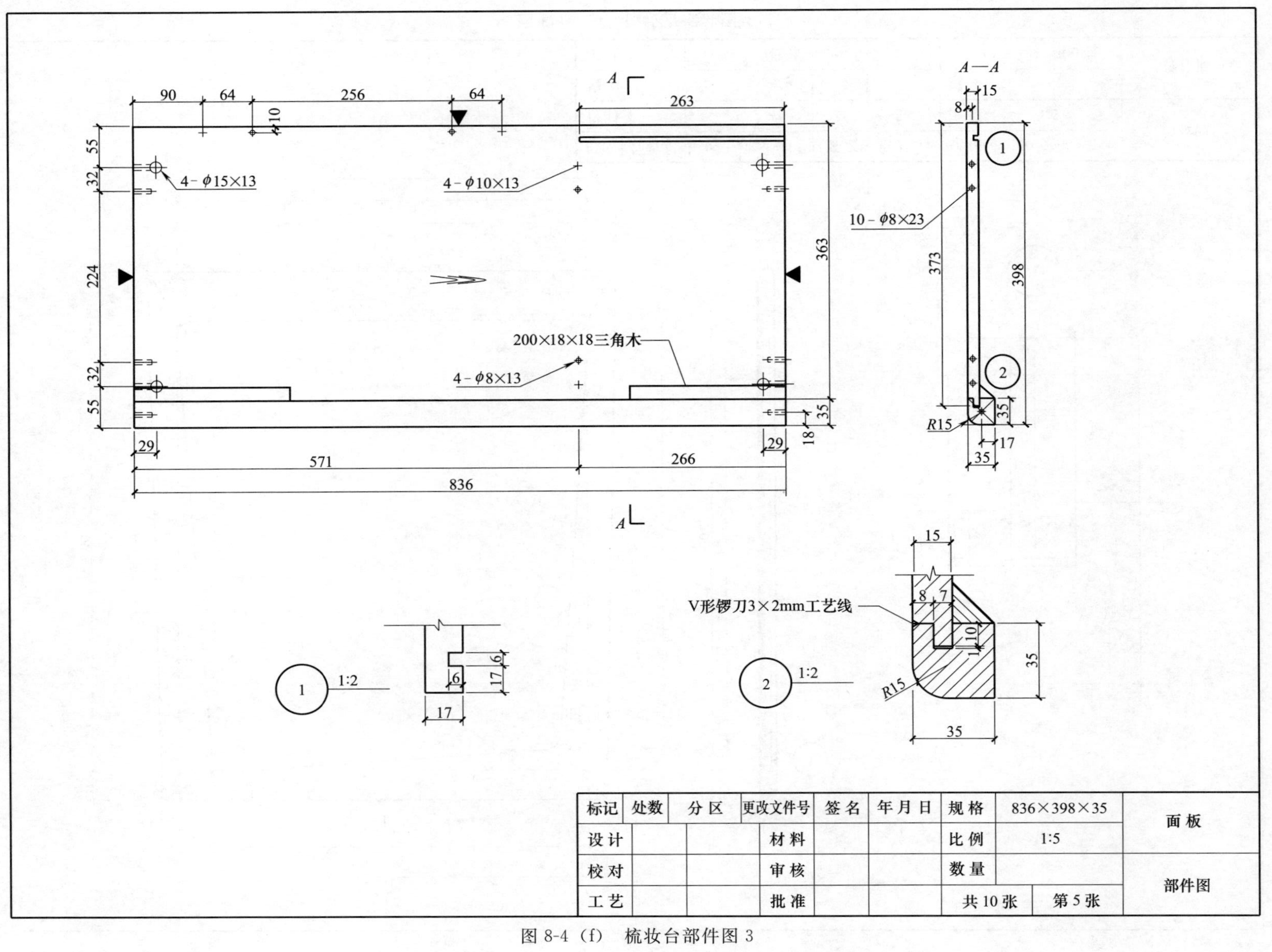

图 8-4（f） 梳妆台部件图 3

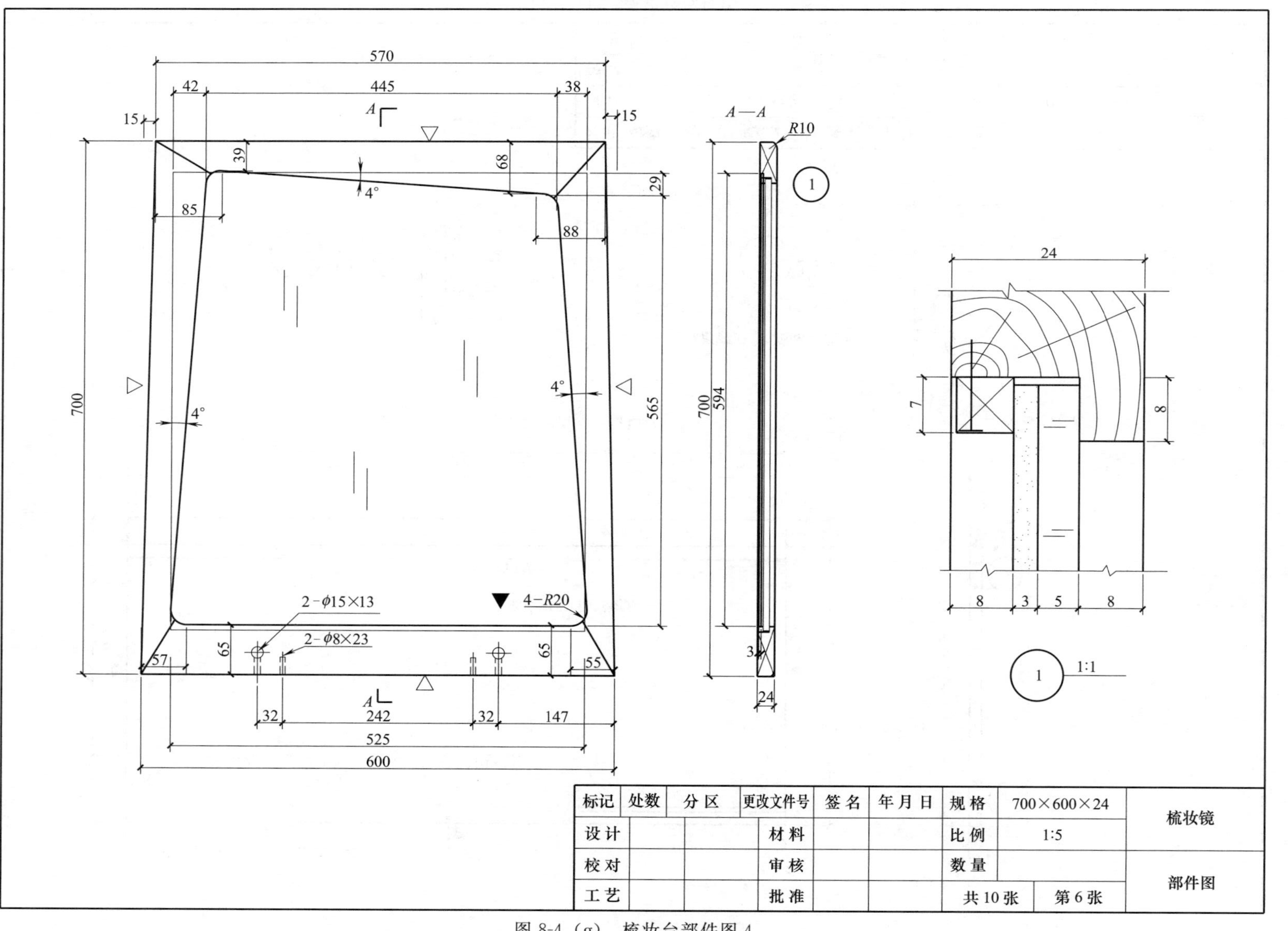

图 8-4（g） 梳妆台部件图 4

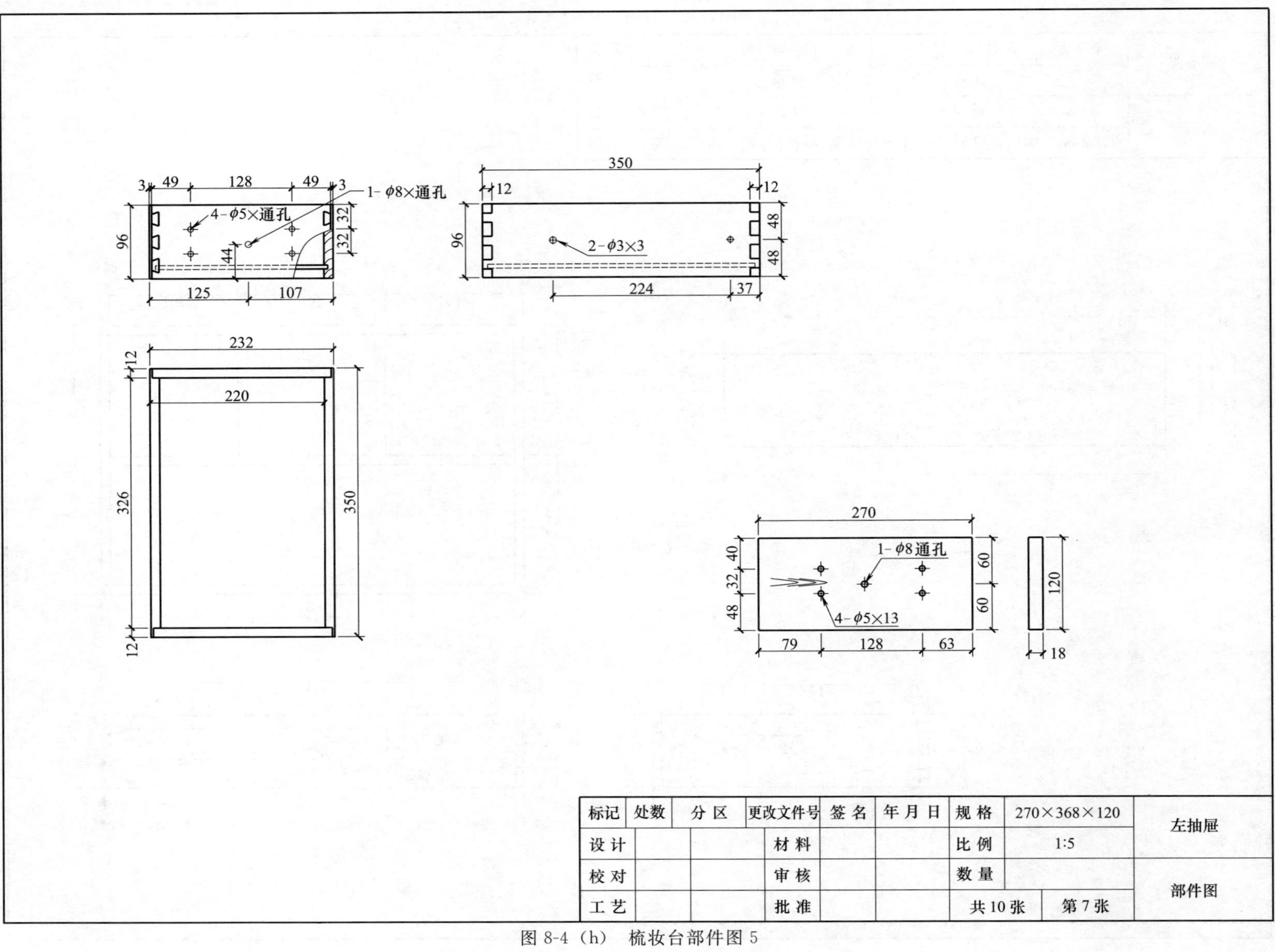

图 8-4（h） 梳妆台部件图 5

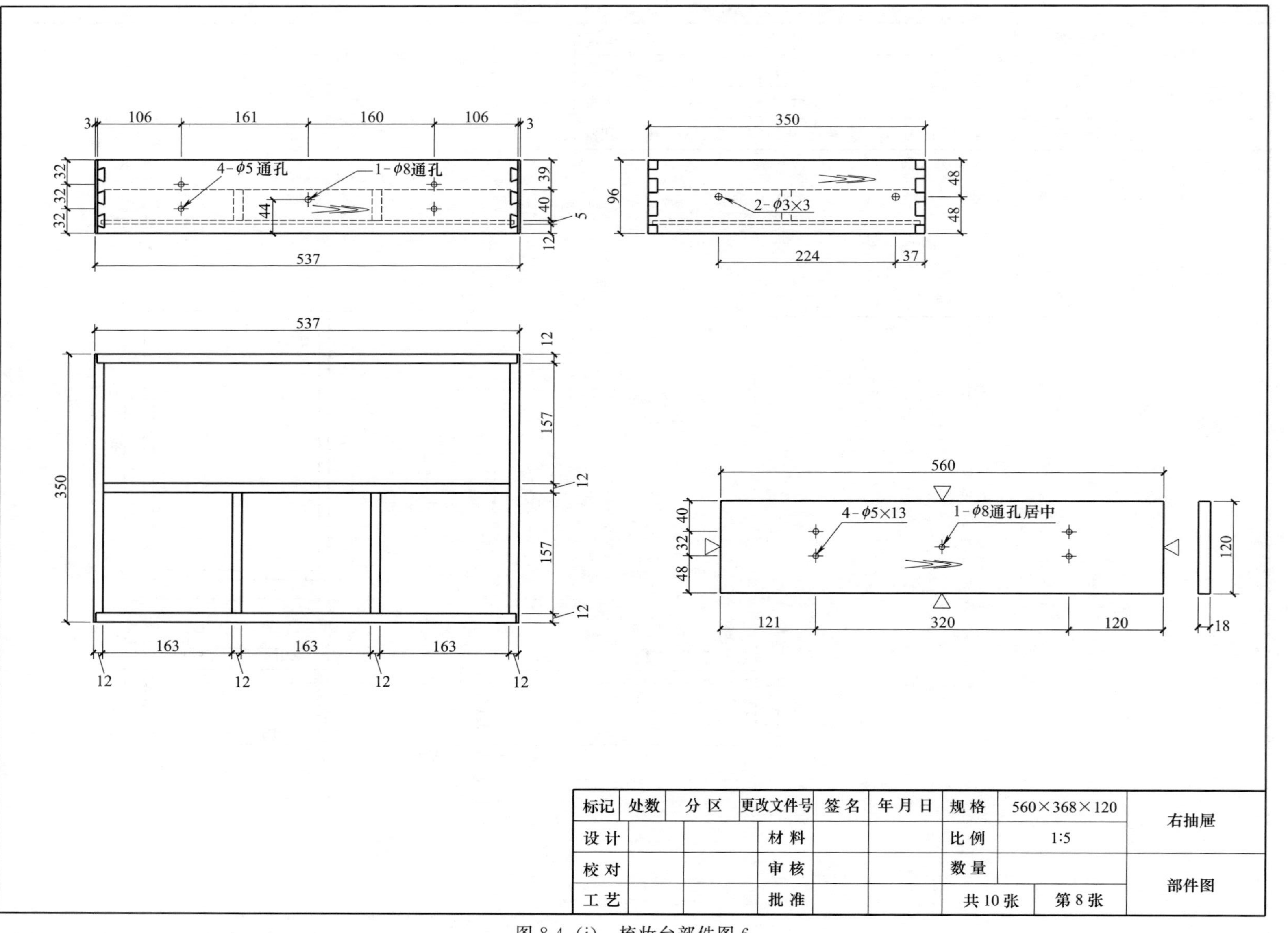

标记	处数	分区	更改文件号	签名	年月日	规格	560×368×120	右抽屉
设计			材料			比例	1:5	
校对			审核			数量		部件图
工艺			批准			共10张	第8张	

图 8-4（i） 梳妆台部件图 6

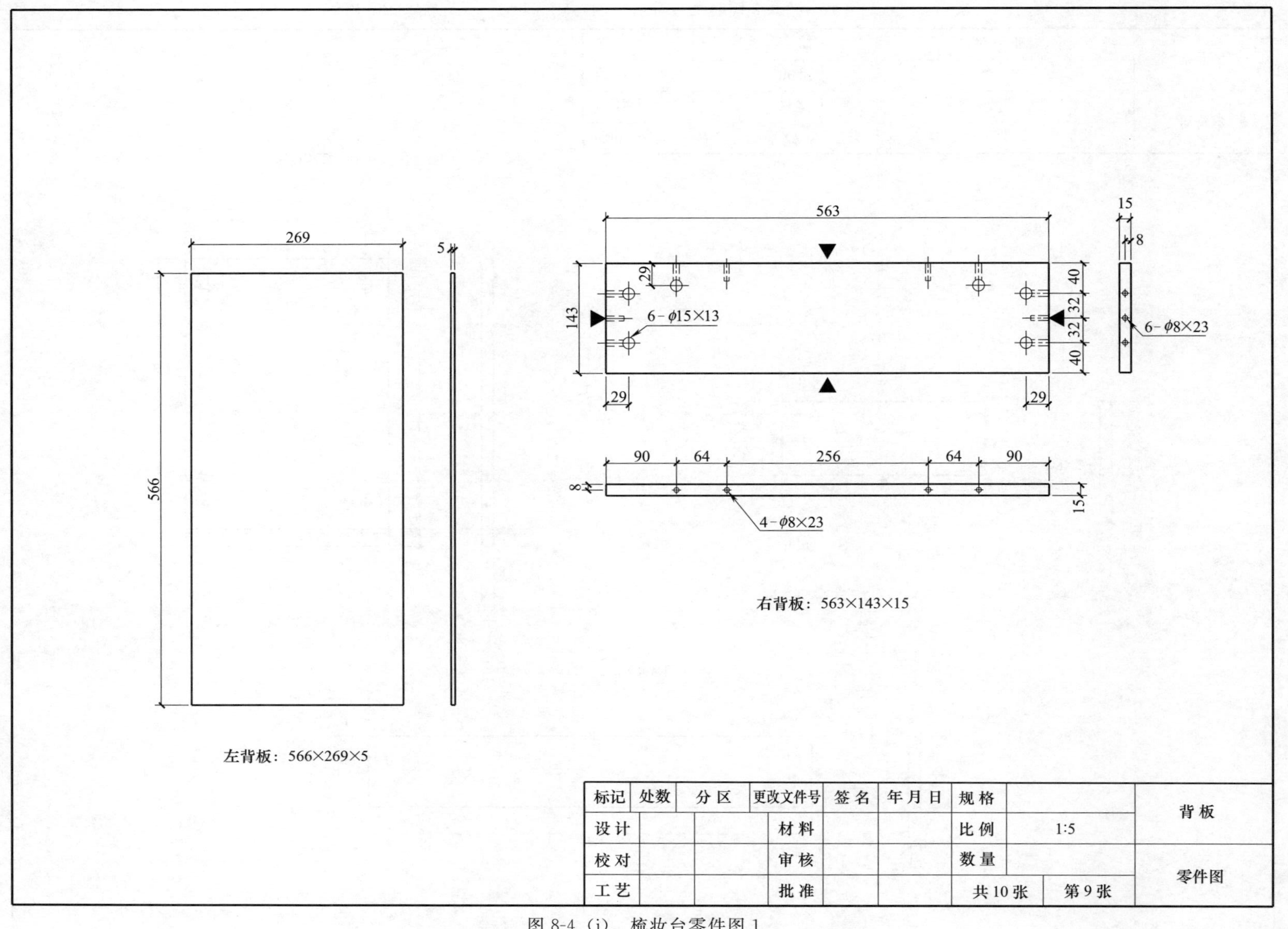

图 8-4（j） 梳妆台零件图 1

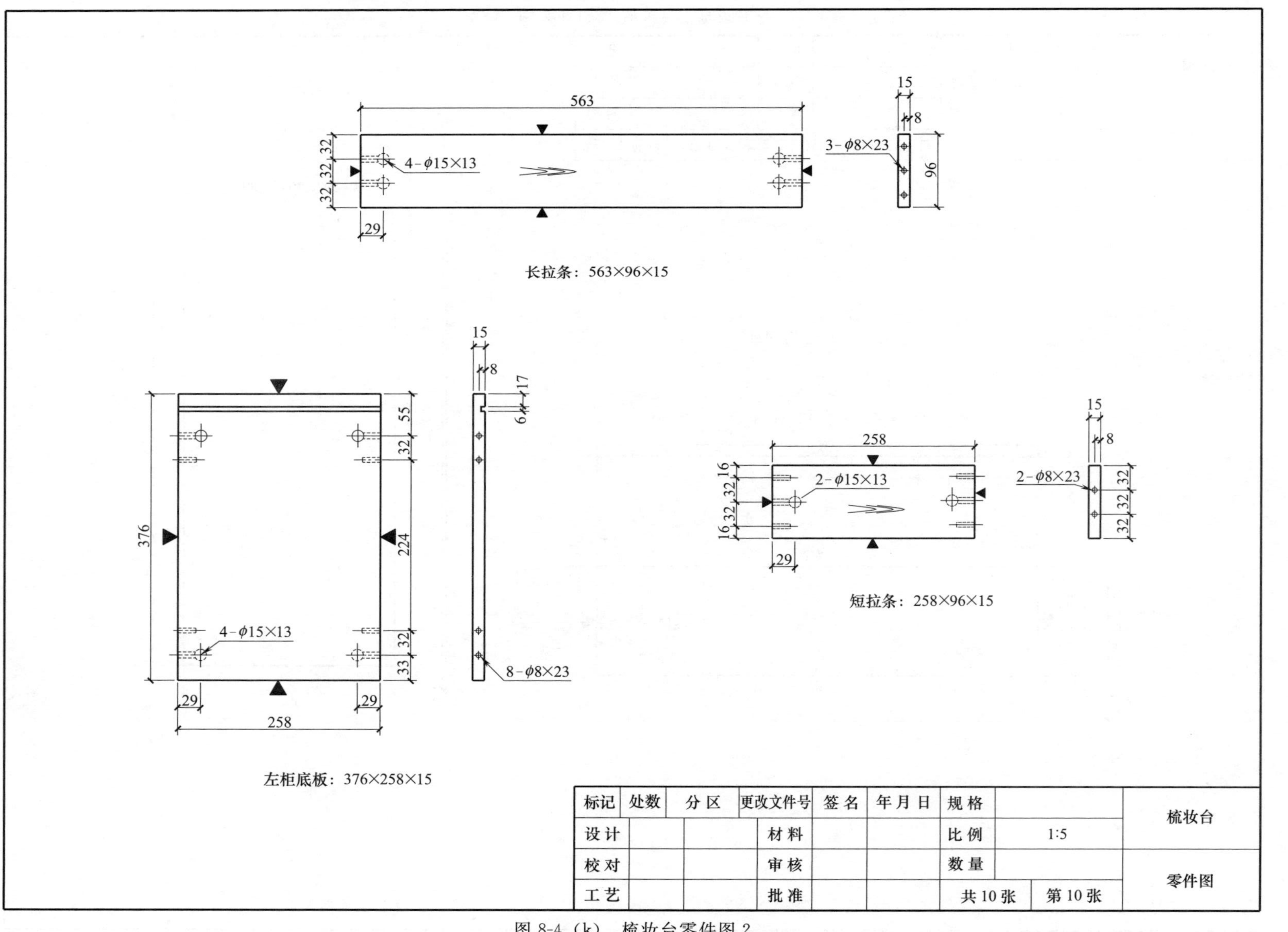

图 8-4（k） 梳妆台零件图 2

第五节
全屋定制家具图样绘制

全屋定制主要是针对当前传统成品家具难以满足消费者多样化的需求而出现的一种定制性家装服务，是集家居设计、定制、生产、安装、售后等服务为一体的家居定制解决方案。定制家具起源于欧美国家，在20世纪80年代末进入中国香港，随后在广东、浙江等地迅速发展，乃至遍布全国各地。2000年后定制家具行业发展迅猛，迎来“黄金十年”；2015年，由全国工商联家具装饰商会发起并联合龙头企业出台行业标准《全屋定制家居产品》（JZ/T 1—2015）。

就我国定制家具的发展而言，定制家具的门类已从最早的推拉门、厨柜等几种较为简单的类型，逐步扩展到定制衣柜、橱柜、书柜、桌几、沙发、床垫等多品类的全屋定制，甚至将集成墙面、楼梯，软装中的布艺、陈设也融入其中，实现家居产品采购的“一站式”服务。全屋定制代表了一个时代、一个行业的发展与进步，是人们追求个性、时尚、便捷和高效的集中体现。全屋定制家具可以根据使用者的空间情况、个人喜好、功能需求、使用习惯等个性化要求，量身打造独一无二的专属家具。在全屋定制家具的设计过程中，使用者可以参与设计师的工作，让设计更符合自己的要求。

一、全屋定制家具设计流程

家具企业在批量生产的模式下，将消费者细分为一个个单独的市场，结合消费者的个性需求完成个人专属家具定制。全屋定制家具的基本特征是：基于规模化生产，结合消费者个性需求，设计全套专属家具的解决方案。家具定制化既满足了不同消费者的需求，又解决了不同空间的布局问题，在家具的尺寸、风格、款式、数量、材料、配件等方面均可以量身定制。由于企业的规模和服务模式不同，定制家具的设计流程也不尽相同，通常包括以下程序（图8-5）。

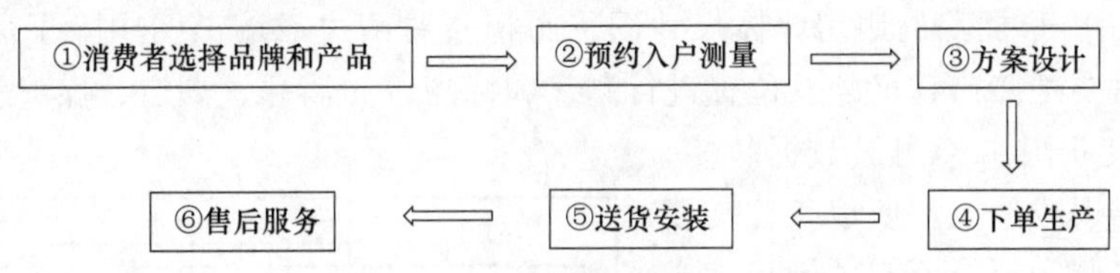

图8-5　全屋定制家具设计流程

① 消费者选择品牌和产品。目前市面上全屋定制的品牌繁多，消费者可根据自己的消费能力、定制空间，结合家装风格和使用要求，选择合适的品牌和家具类型。

② 预约入户测量。消费者确定品牌和家具风格后，定制企业将派员上门测量尺寸，量尺过程中设计师需要对消费者的需求和问题利用手绘草图等方式快速记录，并在现场与消费者进行初步沟通，以便提供解决方案。

③ 方案设计。设计师根据量尺环节获得的信息和消费者提出的需求，结合风格、功能、尺寸、材料等因素进行方案设计，经过与消费者的多次交流和方案修改，最后予以确认。

④ 下单生产。当消费者认可方案并确定签字后，设计师将方案的设计图纸作为订单提交到工厂，工厂开始下单生产。在时间规划方面，要提前预计好生产时间和运货、安装时间。

⑤ 送货安装。订单中所有家具在工厂生产结束后，就可以预约上门安装。工人师傅应参照设计图纸检查产品与图纸是否吻合、五金配件是否齐备等问题，并按照安装规范、相关图纸和质量标准完成各项安装任务。

⑥ 售后服务。企业的售后服务直接影响消费者对产品和服务流程的满意程度。全屋定制的商家一般会自动启动售后服务，提供全屋定制家具的保养方法及终身维护。

二、全屋定制家具图样

全屋定制家具的设计图纸，既是设计师对设计方案构想创意的具体体现，也是消费者、设计师、生产者三者之间沟通的有效工具。下面以整体厨柜为例，说明定制家具的图样类型及要求。

国家对整体厨柜设计图纸并没有统一的标准和要求，各厨柜企业大都是根据自己企业的情况确定图纸形式和要求。目前厨柜企业使用的图纸主要有两类，一类用于终端设计师销售厨柜时与客户的交流，另一类用于企业内部指导生产。终端设计师进行销售设计时，大多采用类似于室内设计的图样来表达，包括测量工况图、厨柜平面布置图、各方向立面图、家具效果图等，这些图纸主要表达整体厨柜的布局、风格、立面分割等内容，对厨房墙面、地面及顶棚的装修则不做表达。

企业生产内部采用的则是家具产品的相关图纸，包括设计图、结构装配图、装配图、零部件图、大样图、开料图等。其绘制方法必须符合国家家具制图的相关规定和要求，可参照本章前四节内容。

1. 厨房墙体尺寸图

按照行业习惯将与终端设计师接触的消费者称为客户。设计师接到派单后，开始预约客户上门量尺，在现场与客户进行比较充分的沟通，了解客户需求，初步确定厨柜的基本布局、水电位置等，通过手绘草图快速提供解决方案。

上门量尺的方法有很多种，激光测距仪加上纸笔就可以上门开展测量工作了，操作简单，容易上手，又能快速记录并储存准确的数字，是全屋定制家具设计中常用的测量手段。目前市场上流行的量尺宝 App 以拍照和标注为核心功能，是很实用的量尺类手机软件。数据获取是设计师必备的附加技能。在测量尺寸时，需要设计师眼、手、心三者同时在线，眼睛看尺寸数据，心里默记尺寸，手在纸上记录，三者协调才能快速完成现场测量工作。

图 8-6（a）为 U 形厨房的厨房墙体尺寸图，厨柜左右两边靠墙。图中除了需要测量两个墙体之间的尺寸，同时要把障碍物尺寸及位置进行测量和标注，如墙柱、烟道、煤气表、进排水口及插座等。厨房墙体尺寸图由于测量数据较多，有些数据可能有错误或遗漏，所以往往需要对关键尺寸进行复测，要求所有关键尺寸必须准确、完整。

2. 设计草图

设计草图是设计师必备的表达技巧，具有快速方便、简单易懂的特点。设计师在上门量尺过程中，需要在短时间内获取客户的户型图、生活习惯、功能需求、风格喜好等信息，并能给出合理的方案设计构思，如厨房空间的布局方式、操作动线、柜体组合方式等内容。为了达到快速、有效的沟通，设计师最好采用设计草图与客户进行交流，手绘表现的图纸更容易修改图示内容和标注文字说明，可以清晰地记录设计师思维转换的过程，让客户在短时间内明白设计的要点。

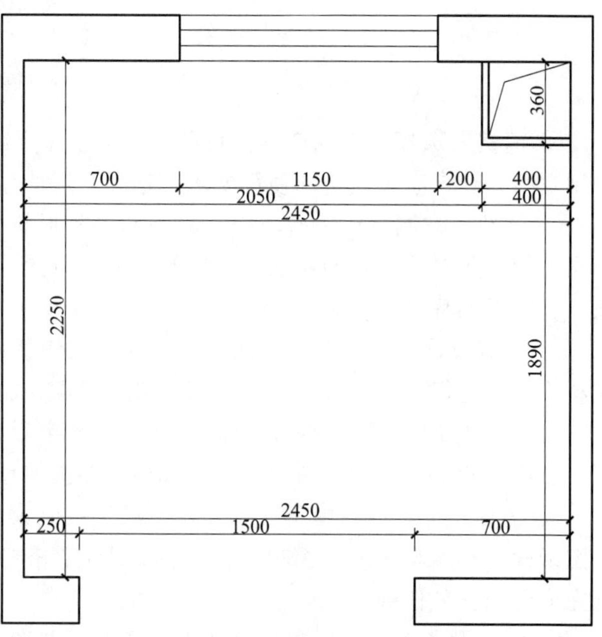

图 8-6（a） U 形厨房墙体尺寸图

好的设计草图不仅能与客户初步交流时

快速表达设计理念，还可以展现设计师的创新意识和自信，让客户感受到设计师深厚的专业能力和艺术素养，获得客户的认可。

3. 平立面展开图

为了全面表达厨房空间的平面布局和各立面的组合关系，初步构思阶段通常采用平立面展开图画法。平立面展开图是指空间形体的表面在平面上摊平后得到的图形。即以建筑空间的平面图为基础，将四个垂直面摊平形成的图纸，由平面图、四个方向的立面图构成。平立面展开图是全屋定制家具行业中独特的手绘表达方式，以便客户对照平面图阅读其他立面，了解各立面中定制家具的设计特点，并结合展开图想象空间实物造型，从而达到设计交流的目的。图 8-6（b）为 U 形厨房平立面展开图，展示了厨房空间的平面布置和操作流程，立面图表达了厨柜的风格、造型、正面划分等信息，同时用引出线补充文字，记录厨柜的功能分区、结构需求等。设计师在绘制平立面展开图时，无需画满整个墙面，也不必拘泥于图纸的规范，可以采用简化的形式灵活绘制，表达出设计重点即可。

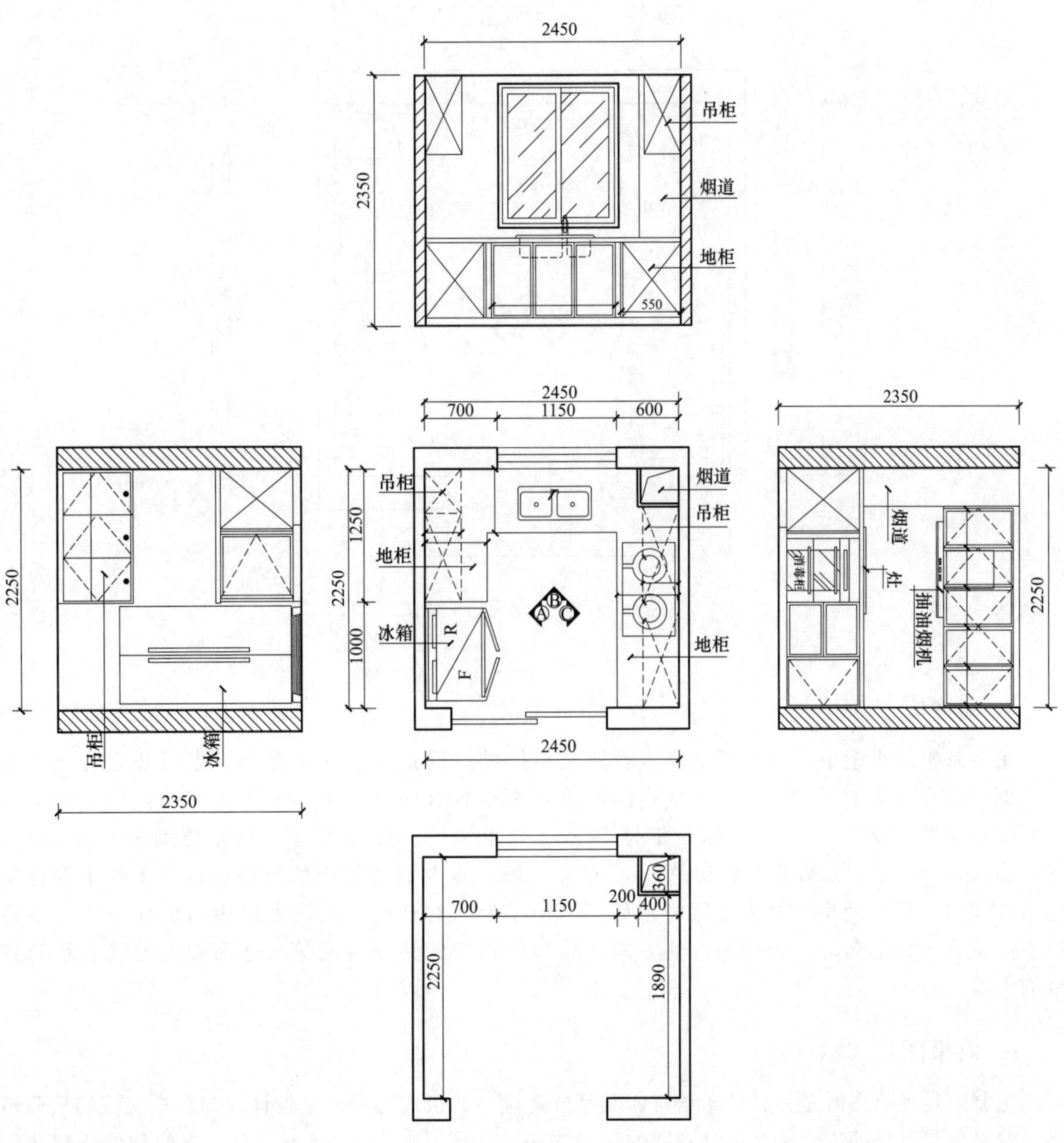

图 8-6（b） U 形厨房平立面展开图

4. 平面布置图

平面布置图是根据客户的需求，在原始平面图的基础上进行布局的图样，也是立面图的重要基础。在定制家具行业里，平面图主要用简单的图例来表达户型空间中家具和陈设的布局。设计师结合现场测量尺寸，在平面图中按步骤绘制出墙体、门洞、窗户的位置。客户从平面图可以看出厨柜功能布局是否合理，动线是否顺畅，家具位置安排是否符合生活习惯等内容。当客户确定好厨柜风格，设计师从图库中选择合适的厨柜模型将需要定制的家具在平面图中绘制出来，如地柜、吊柜、中柜、高柜、岛台等，如图 8-6（c）。在时间有限的情况下，住宅的墙厚、非承重墙等图标皆可简化，简单的图例客户也更容易理解。

平面图表达的尺寸分为两部分：一是标明厨房空间结构及尺寸，包括厨房的建筑尺寸、净空尺寸、门窗位置及尺寸，柱子、烟道位置及尺寸；二是标明地柜、吊柜、冰箱、水槽、灶具等的安放位置及其装修布局的尺寸关系。

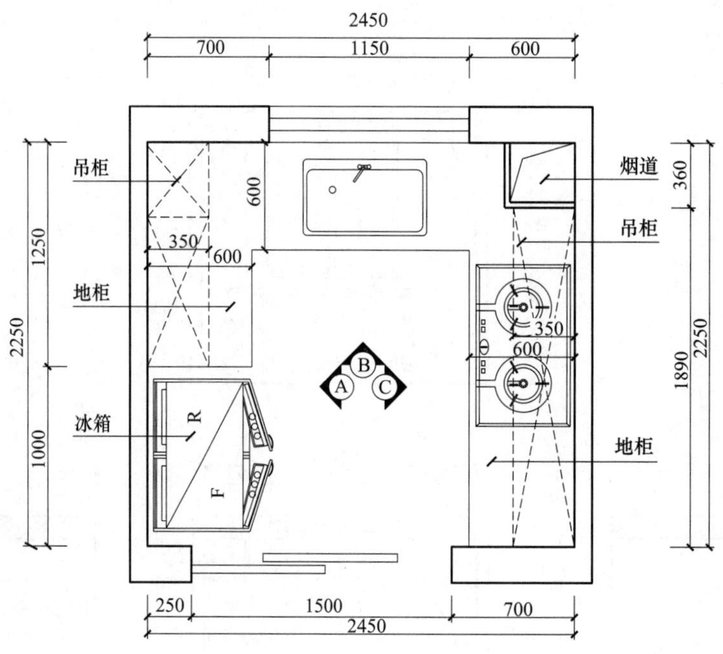

图 8-6（c） U 形厨房平面图

5. 立面图

在定制整体厨柜中，立面图更多体现的是柜体的空间造型、功能布局、柜门开启方向、表面装饰、垂直方向的尺寸。每个建筑空间的垂直面至少有四个，按一定固定方向依序绘制各墙立面图，必要时立面图上需要标注柜体名称、功能作用、五金类型、电器类型及尺寸大小。图 8-6（d）、（e）、（f）分别为厨柜 A、B、C 立面图，主要表达厨柜的风格特征，无拉手设计呈现出现代简约风，地柜分割为抽屉和柜门，吊柜设计成对开门。同时可以用引出线补充文字说明不同位置柜体的名称、柜门的开启方向、转角处封板的使用情况等。立面图中虚线表示门铰链的安装位置。

6. 效果图

定制家具效果图既是一种技术语言，又是方案设计的组成部分，是设计师与客户交流的重要桥梁。效果图是设计师用来表达设计意图的手段之一，如图 8-6（g），具有快速、方便和便于修改的特点。当客户确认最终平面图方案后，设计师就要根据客户的厨房布局、门窗位置、面积大小等内

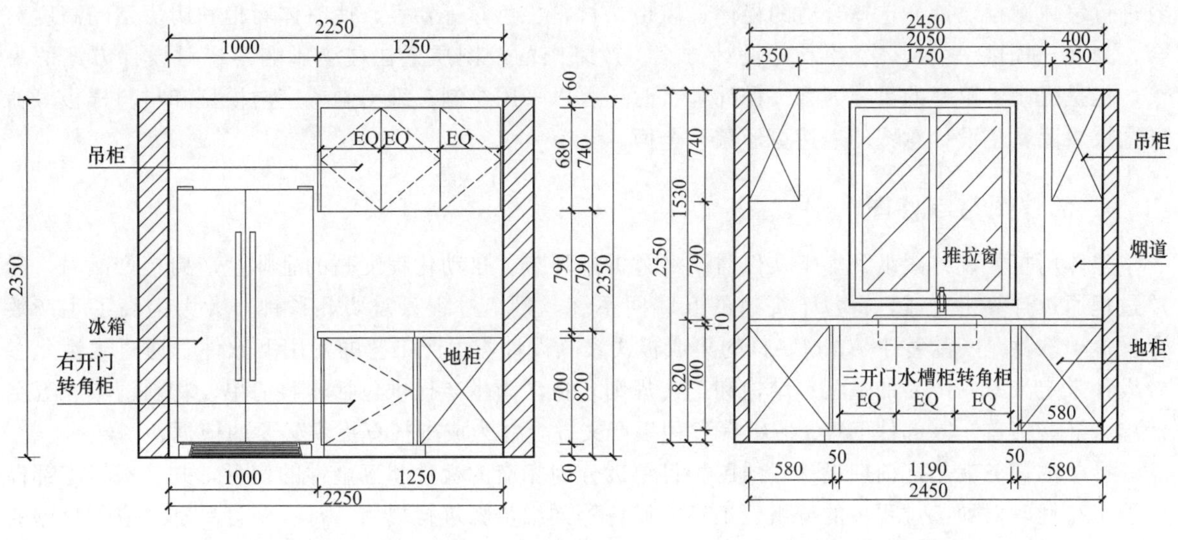

图 8-6（d） 厨柜 A 立面图　　图 8-6（e） 厨柜 B 立面图

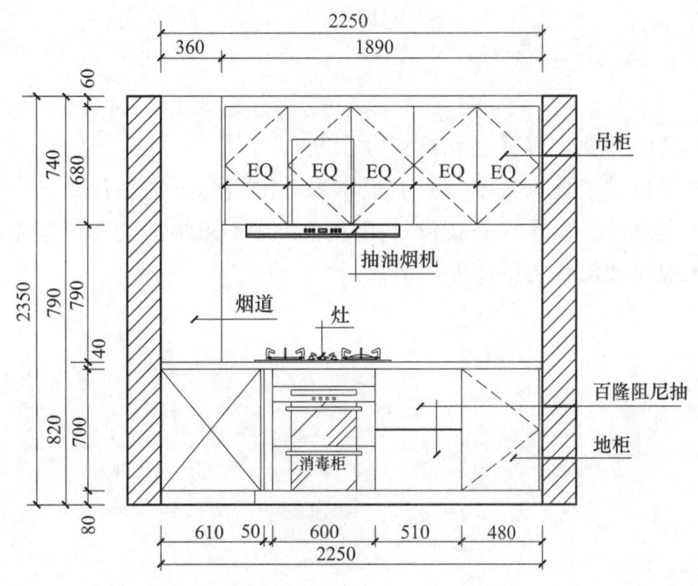

图 8-6（f） 厨柜 C 立面图

图 8-6（g） 厨柜效果图

容进行整体厨柜设计，选择合适的柜体、风格、材料、色彩等要素，使整体厨柜和厨房空间高度契合，为客户提供一个具体、生动的设计方案。效果图的绘图质量往往会影响客户对设计方案的决策，也是提高签单率的重要因素。设计师有时还可以采用绘制三维动画、室内模型和材料样板等辅助主效果图，使设计意图的表达更形象、全面。

7. 部件图与零件图

整体厨柜从设计图纸到加工文件需要经过拆单环节。自动化程度高的企业生产厨柜产品时，拆单过程通过计算机完成，得益于高速的互联网系统，整个过程只需要几秒钟，大大提高了生产效率。拆单软件是一款基于 AutoCAD 的集成板式家具设计与生产工艺的实用型软件。通过柔性化参数设计来定义家具产品的造型、结构和工艺规则，自动为生产提供包括开料清单、物料清单、五金清单、外购清单、零部件 DWG 图纸等各种生产文件，并为成本核算提供必要的依据。

拆单的任务就是把前期设计好的厨柜订单拆分为相应的板件和五金件的信息，并且根据零部件的加工特性，对加工过程中的分组、工序、设备等详细步骤进行规划，每一个订单都对应着自己的生产单号。拆单结果将以生产数据文件的形式保存，内容包括生产环节所需的详细信息，生产系统中的计算机可以识别这些数据，并能够控制加工设备完成加工。

【思考与练习】

① 请简述家具测绘的步骤，其重点和难点分别是什么？

② 国家标准中关于板式家具、实木家具、板木家具的概念分别是什么？

③ 板式家具、实木家具、板木家具在设计图表达和施工图绘制上有哪些差别？

④ 全屋定制家具的设计流程包括哪些内容？

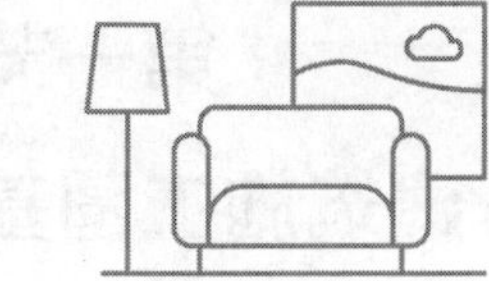

第九章 建筑施工图

【学习目标】

知识目标

① 了解建筑施工图的产生、分类，掌握施工图的图示特点；

② 熟悉建筑平面图、立面图、剖面图的作用、图示方法、内容及读图方法；

③ 掌握建筑详图的作用、比例选择、内容和图示方法。

能力目标

① 知道建筑制图标准中常用的图例符号画法和适用条件，并会正确标注；

② 通过建筑平面图、立面图、剖面图和建筑详图的实例学习和图解分析，全面理解不同施工图的图示内容及其阅读方法；

③ 具备阅读和绘制简单建筑工程图样的能力，为后续课程的学习和将来的设计工作打下良好的基础。

素质目标

① 进一步训练空间想象能力，完善专业相关知识体系；

② 引导学生树立严谨细致的工作态度，精益求精的工匠精神。

第一节 建筑施工图基础知识

建筑一般指建筑物和构筑物的总称，其中供人们进行生产、生活或其他活动的空间场所或房屋都叫作建筑物，习惯上也称之为建筑。按其使用性质通常分为民用建筑、工业建筑和其他行业建筑。民用建筑按使用功能分为居住建筑和公共建筑；按建筑层数可分为单层、多层和高层建筑等。为了做到表达统一、清晰明确、便于识读与技术交流，国家有关部门对图样的画法、线型、图例以及尺寸标注等做了统一的规定，即国家制图标准。

建筑施工图指按照建筑制图国家标准规定，用建筑专业的习惯画法详尽、准确地表达出来，并标注尺寸和文字说明的一套图样，用于指导施工。

一、建筑制图国家标准规定

为了统一房屋建筑制图规则，保证制图质量，提高制图效率，做到图面清晰、简明，符合设计、施工、存档的要求，适应工程建设的需要，制定了建筑制图国家标准。

了解国家建筑制图标准体系，熟悉建筑制图图例、图线、符号、比例等各种规定，以便正确阅读和绘制建筑施工图。

1. 图线的选用标准

在建筑工程图中，为了区分建筑物各个部分的主次以及反映其投影关系，使建筑工程图样清晰美观，绘图时需要使用不同粗细的各种线型，如实线、虚线、单点长画线、双点长画线、折断线、波浪线等，各种线型又有多种线宽，图线的宽度 b 应根据图样的复杂程度和比例，按《房屋建筑制图统一标准》（GB/T 50001—2017）中的（图线）的规定选用。绘制较简单的图样时，可采用两种线宽的线宽组，其宽度比宜为 $b:0.25b$。

2. 定位轴线的规定

定位轴线是确定建筑物或构筑物主要承重构件平面位置的基准线。在建筑施工图中，凡是承重的墙、柱、梁、屋架等主要承重构件，都要画出定位轴线来确定其位置并作为尺寸标注的基准。对于非承重的隔墙、次要构件等，其位置可用附加定位轴线来确定。

国家标准对绘制定位轴线的具体规定，如图 9-1 所示。

① 定位轴线应采用细单点长画线绘制。

② 定位轴线符号采用细实线绘制直径 8～10mm 的圆，圆内注写轴线的编号。轴线圆的圆心应在定位轴线的延长线上。

③ 在较简单或对称的房屋中，定位轴线一般标注在平面图的下方和左侧。横向或横墙的轴线编号是从左到右的顺序，采用阿拉伯数字。竖向或纵墙的轴线编号是自下而上的顺序，采用大写的拉丁字母。注意：大写的拉丁字母 I、O、Z 不能作为轴线编号使用，以免与阿拉伯数字中的 1、0、2 混淆；如字母数量不够，可用 A_A、B_B……或 A_1、B_1……。

④ 附加定位轴线的编号应以分数形式表示，所以也称分轴线。两根轴线间的附加轴线，应以分数形式表示，分母为前一轴线的编号，分子为附加轴线的编号，编号宜用阿拉伯数字顺序编写。

对于 1 号轴线或 A 号轴线之前的附加轴线编号，分母应以 01 或 0A 表示。

详图上的轴线编号，若该详图适用于几根轴线时，应同时标注有关轴线的编号。通用详图中的定位轴线，一般只画圆，不标轴线编号。

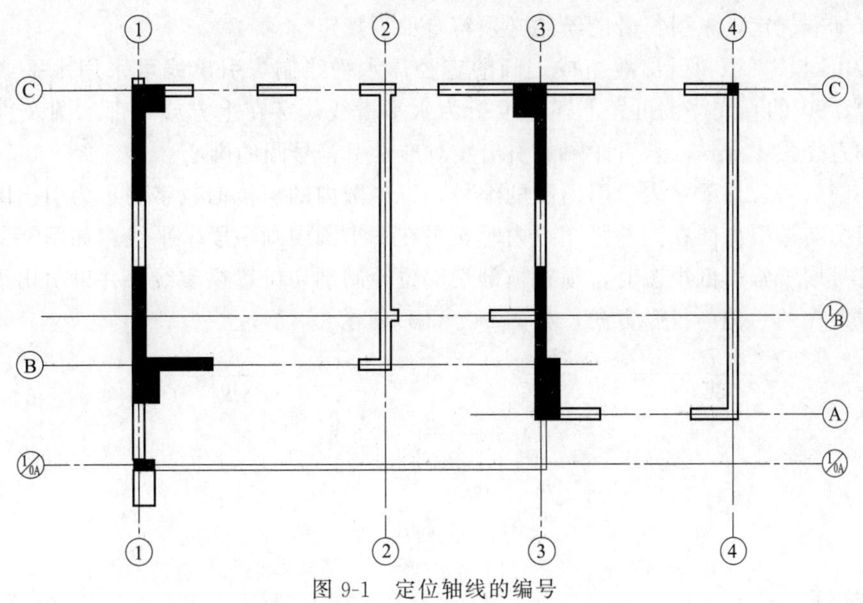

图 9-1 定位轴线的编号

3. 标高

建筑物的某一部位与确定的水准基点的距离，称为该部位的标高。标高有绝对标高和相对标高两种。

(1) 绝对标高

绝对标高是以我国青岛附近黄海的平均海平面为零点，全国各地的标高均以此为基准。

(2) 相对标高

相对标高是以建筑物首层地面为零点，建筑物某处的标高均以此为基准。不同个体建筑物都有本身的相对标高。

(3) 标高的表示方法

标高符号常用高度为 3mm 的等腰直角三角形表示，并以细实线绘制，如图 9-2（a）所示。当标注位置不够时，可采用引出线的方式绘制，如图 9-2（b）所示，引出线可取适当的长度用于书写数字。

对于总平面图中的地坪标高符号，多采用全部涂黑的 45°等腰直角三角形或圆圈表示，大小形状同标高符号，如图 9-2（c）所示。

在标注标高符号时，标高符号的尖端应指至被标高度的位置。尖端一般向下，必要时也可向上。标注单位为“m”，标到小数点后三位（总平面图中可以标到小数点后两位），如图 9-2（d）所示。在标准层平面图中同一位置表示几个不同标高时，数字可按图 9-2（e）的形式注写。

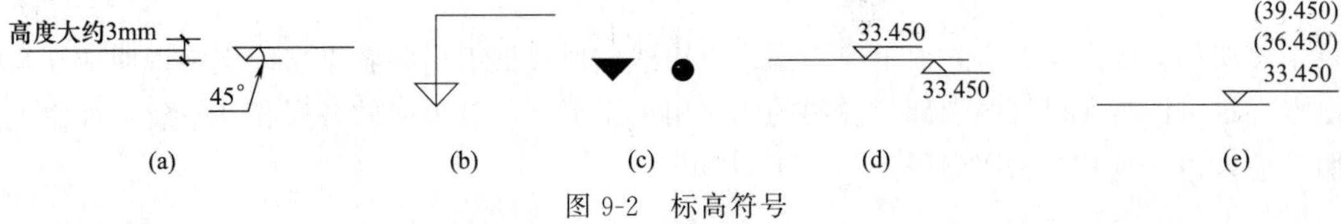

图 9-2 标高符号

4. 索引符号与详图符号的规定

(1) 索引符号的表示

建筑施工图的图形或构件因比例问题或细部构造较复杂而无法在原图上表示清楚时，须将图中该部分用较大的比例另行放大画出。此时应在该部位作一个标记，以方便施工时查阅，该标记称为索引符号。

按照国家标准规定，索引符号的绘制必须符合如下规定。

索引符号由圆、直径和引出线组成。圆的直径需水平绘制，引出线可采用水平或与水平线成30°、45°、60°、90°的直线，也可经上述角度折为水平横线，字在上方或端部。圆及直线均以细实线绘制，圆的直径为10mm，索引详图的引出线对准索引符号圆的圆心。

圆内上半圆的阿拉伯数字表示引出图的编号，下半圆内的阿拉伯数字表示为引出图所在的图纸编号。当引出图与被引出图在同一张图纸内时，只在下半圆内画一段水平线，如图9-3（a）所示。

当索引符号用于索引剖视图时，须在被剖切部位绘制剖切位置粗实线，并以引出线引出索引符号，引出细线所在的一侧为投影方向，如图9-3（b）所示。

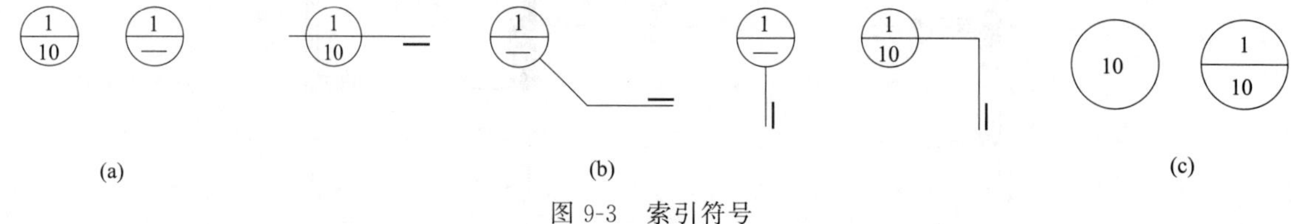

图9-3　索引符号

(2) 详图符号

详图符号是用来注明详图的位置和编号，一般画在详图的下方。详图符号的编号与索引符号中的编号应一致。按照国家标准规定，详图符号的绘制必须符合如下规定。

当详图与被索引图在一张图纸上时，详图符号是一个以粗实线绘制的直径为14mm的圆，圆内用阿拉伯数字注明编号；当详图与被索引图不在一张图纸上时，详图符号是由直径为14mm的圆和水平直径组成，圆以粗实线绘制，直径以细实线绘制。圆的上半部用阿拉伯数字注明编号，下半部用阿拉伯数字注明详图所在的图纸编号，如图9-3（c）所示。

5. 引出线

在建筑施工图中某些部位需用必要的文字加以说明时，常用引出线从该部位引出，用细实线绘制。引出线包含引出部分与文字说明部分。引出线宜采用水平线或与水平方向成30°、45°、60°、90°的直线，文字说明部分的引出线绘制成水平线，文字说明在水平引出线上方或端部，如图9-4（a）所示。

对于几个相同部分的引出线，可以互相平行，也可以画成集中于一点的放射线，如图9-4（b）所示。

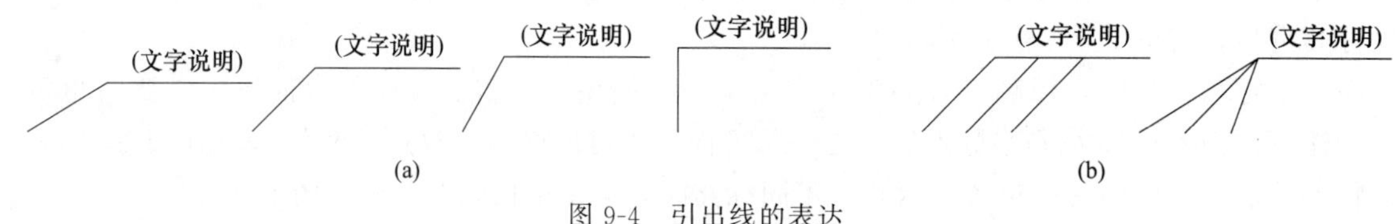

图9-4　引出线的表达

对于多层构造或多层管道的引出线绘制，引出线应通过被引出的各个层，文字说明应注写在横线的上方，也可注写在横线的端部。说明的顺序由上至下，与被说明的各层相互一致，如由上至下的说明顺序或由左至右的层次顺序。

二、施工图的产生及其分类

建筑物在建造前，按照建设任务，把施工过程和使用过程中所存在的或可能发生的问题，事先做好通盘考虑，撰写解决这些问题的办法、方案，用图纸和文件表达出来，作为备料、施工组织工作和各工种在制作、建造工作中互相配合协作的共同依据。便于整个工程得以在预定的投资限额范围内，按照周密考虑的预定方案实施。为了使建筑设计顺利进行，通过长期的实践，建筑设计者创造、积累了一整套科学的方法和手段。基本的设计程序一般分为以下几个工作阶段。

1. 方案设计

建筑方案设计是建筑设计中最为关键的一个环节。它是每一项建筑设计具体化、形象化的表现过程，是一个集工程性、艺术性和经济性于一体的创造性过程。

2. 初步设计

各专业对方案或重大技术问题的解决方案进行综合技术经济分析，论证技术上的适用性、可靠性和经济上的合理性。

3. 技术设计

指重大项目和特殊项目为进一步解决某些具体的技术问题，或确定某些技术方案而进行的设计。一般工程通常将技术设计的一部分工作纳入初步设计阶段，称为扩大初步设计；另一部分工作则留待施工图设计阶段进行。

4. 施工图设计

施工图设计是建筑设计的最后阶段。它的主要任务是服务于施工，即在初步设计或技术设计的基础上综合建筑、结构、设备各工种的相互配合、协调、校核和调整，深入了解材料供应，施工技术、设备等条件，把对工程施工的各项具体要求反映在图纸上，做到整套图纸齐全、准确无误。为施工安装，编制施工图预算，安排材料、设备和非标准构配件的制作提供完整的、正确的图纸依据。

三、建筑施工图简介

建筑施工图主要表示建筑物的规划位置、总体布局、外部造型、内部各房间的布置、内外装修及细部构造和施工要求等。主要包括施工图首页、总平面图、各层平面图、立面图、剖面图及详图等，详图包括墙身、楼梯、门窗、厨厕、屋檐及各种装修、构造的详细做法。

一套完整的建筑工程施工图根据其内容和工种不同，一般由以下几项组成。

① 图纸目录

② 设计总说明

③ 建筑施工图　建筑施工图简称建施，主要表示建筑物的内部布置情况、外部造型以及装修、构造、施工要求等，主要包括总平面图、平面图、立面图、剖面图和详图。

④ 结构施工图　结构施工图简称结施，主要表示承重结构的布置情况，构件类型、大小以及构造做法等，主要包括结构设计说明、结构布置图和各构件的结构详图。

⑤ 设备施工图　设备施工图简称设施，包括给排水施工图、采暖通风施工图和电气照明施工图等。

四、施工图的图示特点

1. 主要用正投影原理绘制，符合正投影规律

施工图中的各图样，主要用正投影原理绘制，所绘图样都应符合正投影的投影规律。

房屋一般有前、后、左、右四个方向的立面外形，而且形状往往不同，一般采用多个方向进行正投影，如图 9-5 所示，用多面视图来表达房屋的外形，通常把反映房屋主要出入口及外貌特征较明显或者艺术处理最美观的那一面选为正立面图，其他方向的外立面图根据需要选择绘制。

房屋的水平投影图称为屋顶平面图，主要表示屋面的排水情况及突出屋面部分的位置，如排水分区、天沟、屋面坡度及方向、下水口、电梯间、楼梯间、水箱间等，屋顶平面图反映不出建筑物

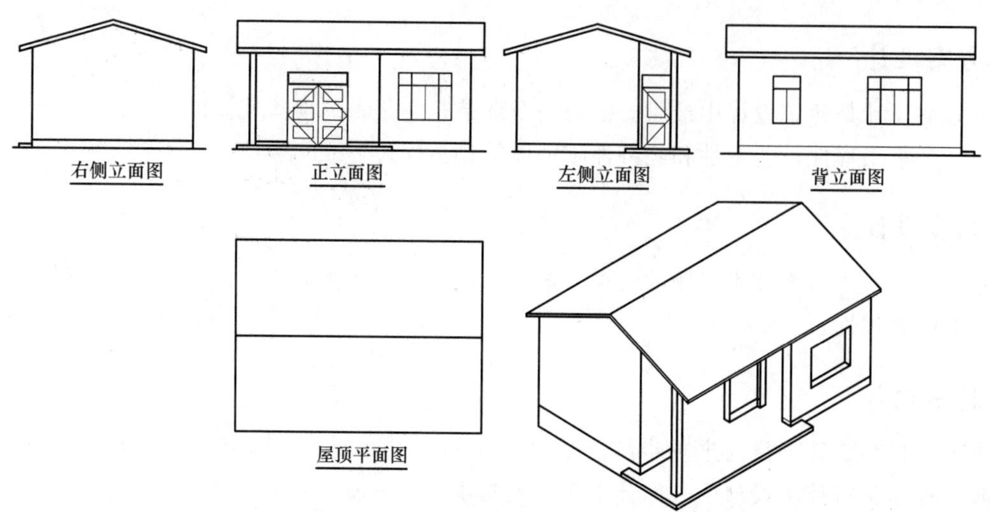

图 9-5 房屋的基本视图

内部的平面结构及布局。因房屋内部有各种房间、走廊、楼梯、门窗、基础等，如果都用虚线来表示这些看不见的部分，必然造成图面虚实线交错，混淆不清，既不便于标注尺寸，也容易产生混乱。

因此用一假想水平面在门窗洞口的位置将房屋剖开，绘制出的剖切面以下部分的水平剖视图称为建筑平面图，简称平面图，如图 9-6 所示。

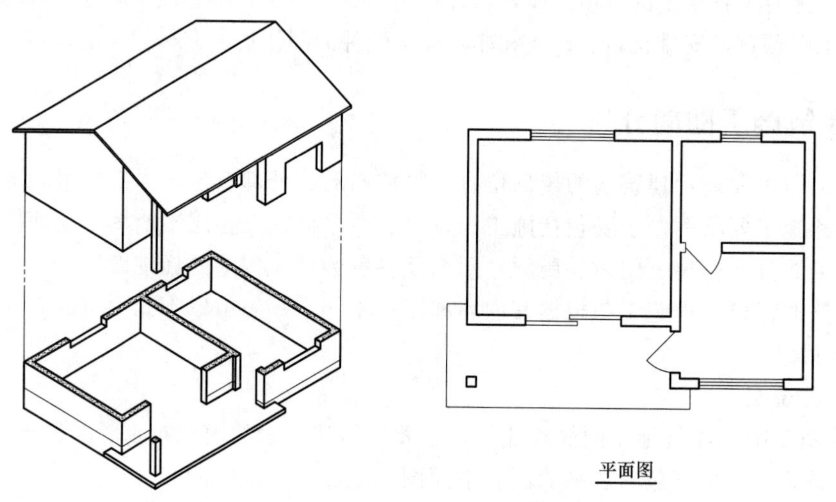

图 9-6 建筑平面图的形成

假想用一铅垂面将房屋剖开，移去观察者与剖面之间的部分后，对剩余部分进行正投影，绘制的剖视图称为建筑剖面图，简称剖面图，如图 9-7 所示。房屋剖面图的剖切位置一般选择建筑内部构造有代表性或空间变化比较复杂的部位，比如楼梯间等。复杂的建筑物常需画出好几个不同位置的剖面图。

平面图、立面图和剖面图都是房屋建筑图中的基本视图，它们表达的内容各不相同，但联系紧密，相互对应，在图幅大小允许下，可将平、立、剖面三个图样，按投影关系画在同一张图纸上，以便于阅读，如图 9-8 所示。如果建筑物形体较大，平、立、剖面图可分别单独画在几张图纸上，按规定要在图形下方注写图名和比例。

2. 不同的图样可根据需要选择不同的比例尺

房屋形体较大，它们的平、立、剖面图一般都用较小比例如 1∶100、1∶200 等绘制。而房屋内各部分构造或某些构件较复杂，在小比例的平、立、剖面图中无法表达清楚，通常将这些图形和构件用较大比例放大画出，因此需要配备大量比例较大的详图。

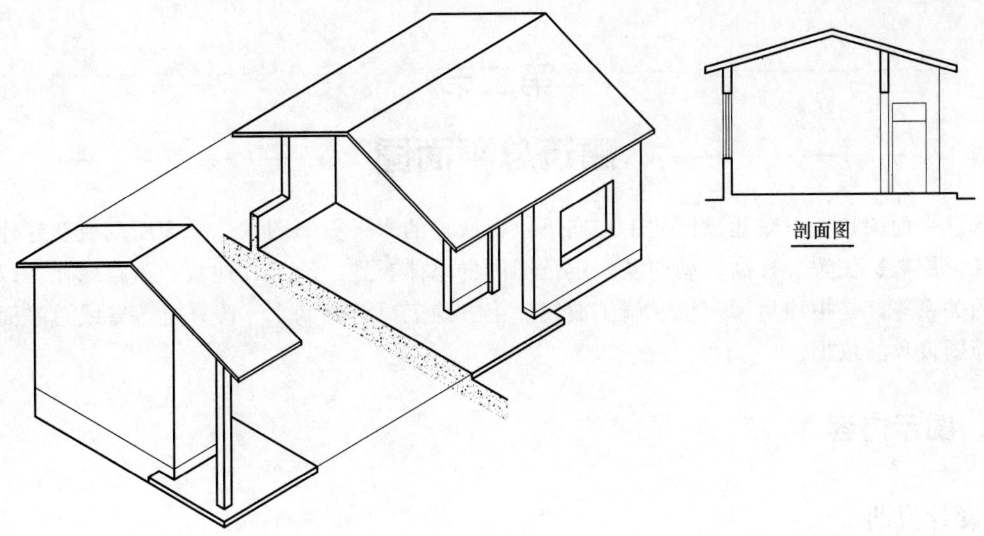

图 9-7 剖面图的形成

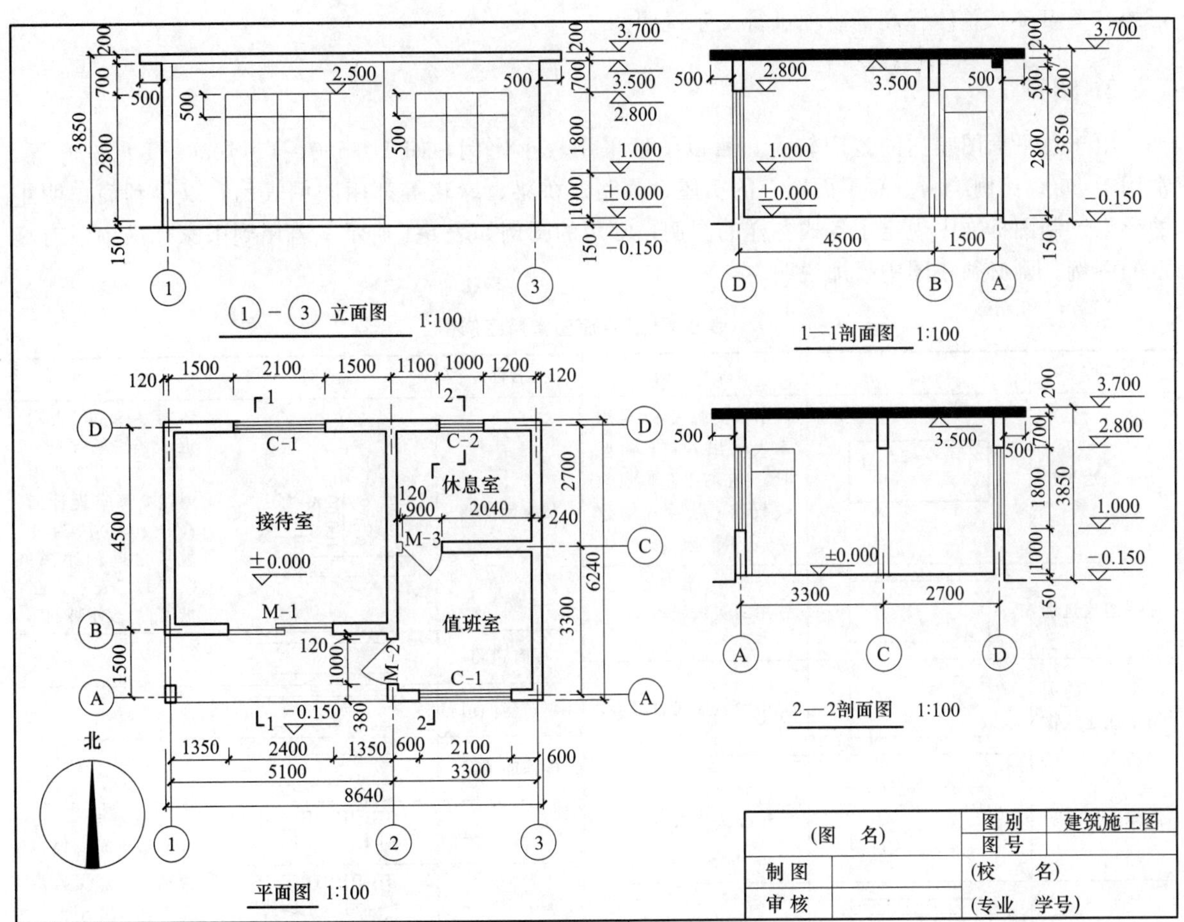

图 9-8 值班室建筑施工图示例

3. 使用符号和图例使图样表达更为简洁

由于建筑物的组成和构造比较复杂，在设计中为了简洁表达设计意图，常用一些规定的符号或记号来表明；房屋的构、配件和材料种类较多，建筑标准规定了一系列的图例来代表建筑构配件、建筑材料及设备等，图例是一种图形符号。在工程图中，为表达方便，还规定了许多标注符号，比如图形折断记号、引出记号等，所以施工图上会出现大量图例和符号。

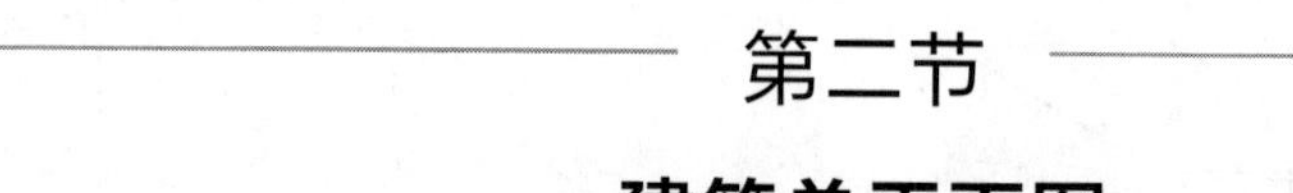

第二节 建筑总平面图

建筑总平面图是假设在建设区的上空向下投影所得的水平投影图。总平面图反映新建建筑物的平面形状、层数、位置、标高、朝向及一定范围内的总体布置、地形、地貌、道路绿化，以及与周围环境的关系等，是拟建房屋定位、施工放线、土方施工以及绘制水、暖、电等管线总平面图和施工总平面图设计的依据。

一、图示内容

1. 设计说明

在建筑总平面图中除了用图形表达外，还对建筑总平面图绘制依据和工程情况、建筑物位置确定的有关事项、总体标高等事项进行文字说明。

2. 图例

由于总平面图表达的范围较大，所以图形采用较小比例，如 1∶500、1∶1000、1∶5000 等，常用 1∶500 比例绘制。总平面图上的房屋、道路、桥梁、绿化等都用图例表示，以得到简单明了的效果。制图标准中规定了各式各样的图例，常用的图例如表 9-1 所示。若用到国家标准中没有规定的图例，则必须在图中另加说明。

表 9-1　总平面图常用图例

名称	图例	说　明
新建的建筑物	7 ▲	用粗实线表示，可用▲表示出入口。需要时，可在右上角以点数或数字（高层宜用数字）表示层数
原有的建筑物		用细实线表示
计划扩建的预留地或建筑物		用中粗虚线表示
拆除的建筑物		用细实线表示
铺砌场地		
雨水口		
消火栓井		
挡土墙		
围墙及大门		上图为实体性质的围墙，下图为通透性质的围墙，如仅表示围墙时不画大门

名称	图例	说　明
新建的道路	0.30% 100.00 R=9.00 150.00	“R＝9.00”表示道路转弯半径；“150.00”为道路中心线交叉点设计标高；“100.00”为变坡点之间的距离；“0.30%”表示道路坡度；→表示坡向
原有道路		
计划扩建的道路		
拆除的道路		
填挖边坡		边坡较长时，可在一端或两端局部表示；下边线为虚线时表示填方
护坡		边坡较长时，可在一端或两端局部表示；下边线为虚线时表示填方
室内地坪标高	151.00	
室外地坪标高	143.00 ▼　● 143.00	室外标高也可采用等高线表示
坐标	X 105.00 Y 425.00 A 105.00 B 425.00	上图为测量坐标，下图为建筑坐标

3. 建筑区和新建工程的位置

建筑物的位置在设计图中是固定的，这个位置和它所处的地理条件、本身的用途、工程总体布局等都有密切关系，因此，它在施工中的位置不能任意改变。对于小型工程项目，其标定方法一般以基地内或相邻的永久固定设施（建筑物、道路等）为依据，引出其相对位置。对于大中型工程项目，由于规模较大，为了确保定位放线准确性，通常用坐标网或规划红线来确定它们的平面位置。

4. 指北针及风向频率玫瑰图

(1) 指北针

总平面图的指北针是用来确定新建筑的朝向，其符号应按国标规定绘制，如图 9-9 (a) 所示，细实线圆的直径一般以 24mm 为宜，指针尾端的宽度 3mm；需用较大直径绘制指北针时，指针尾端的宽度应为直径的 1/8；指针涂成黑色，针尖指向北方，并注“北”或“N”字。

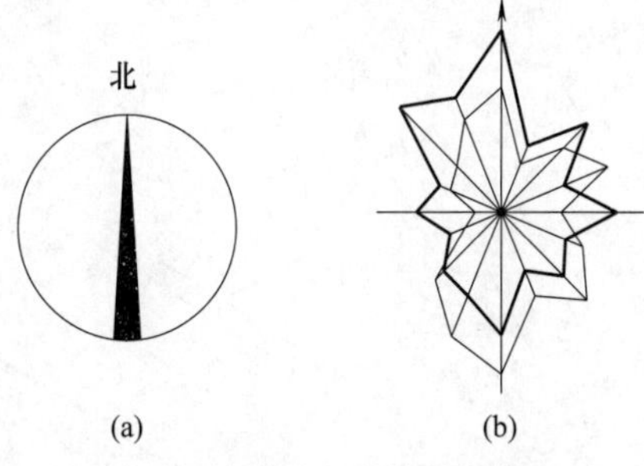

图 9-9 指北针和风向频率玫瑰图

(2) 风向频率玫瑰图

根据某一地区气象台观测的风气象资料将全年中各个不同风向的天数用同一比例画在八个或十六个方位线上，然后将各相邻方向的端点用直线连接起来，绘成一个形式宛如玫瑰的闭合折线，就是风向频率玫瑰图，简称风向玫瑰图，如图 9-9 (b) 所示。在风向玫瑰图中离中间交点最远的实折线表示常年中该风向的吹风天数最多，为该地区的主导风向，细虚线为夏季风向玫瑰图。由于风向玫瑰图也能表明建筑物的朝向，在绘制了风向玫瑰图的图样上一般不再绘制指北针。由于地形、地面情况往往会引起局部气流的变化，使风向、风速改变，因此在进行总平面图设计时，要充分注意到地方小气候的变化，在设计中善于利用地形、地势，综合考虑建筑的布置。

5. 建筑物室内外地面的标高和建筑物的地形

(1) 标高

在总平面图中为了表示每个建筑物与地形之间的高度关系，标注的标高一般是绝对标高，常注写在建筑物的室外地面或室内底层地面处。

(2) 等高线

用波浪线表示地面高低变化的符号。等高线上的数字代表该区域地势位置的绝对标高，等高线之间在图上的水平距离随着地形的变化而不同，等高线间的距离越接近，则表示地面越陡，反之则表示地面平坦。

6. 尺寸标注及楼层情况

(1) 尺寸标注

总平面图上的尺寸应标注新造建筑房屋的外包总尺寸以及与周围房屋或道路的间距，尺寸以米为单位，标注到小数点后两位。

(2) 建筑物的层数标注

在建筑物的平面图例右上角内侧处用小黑点数或数字表示。一般低层、多层用点数表示层数，高层用数字表示。

7. 新造建筑物室外附属设施情况

各种建筑物往往由于使用上的需要而设置各种必要的室外附属设施，如道路、桥梁、围墙、绿化等，这些设施在建筑总平面图上仅表明部分的主要尺寸和位置示意，而有的尺寸要在建造时按实际情况测定。

二、总平面图的阅读

总平面图是用来表示整个建筑基地的总体布局，包括新建房屋的位置、朝向以及周围环境，如道路交通、绿化、地形、风向等情况。建筑总平面图是新建建筑定位、施工放线、土石方施工、施工总平面设计、工程管线设置以及布置施工现场的依据。图 9-10 所示为某消防训练基地总平面图，该基地规划用地面积约 52415.2 平方米，总建筑面积 25580 平方米。该消防训练基地在规划道路设置两个出入口，人流和车辆做了很好的分流，从图中可以看清周围环境状况。总平面图右下角的“主要经济技术指标”标明了设计中的合理用地和相关设计数据等内容。

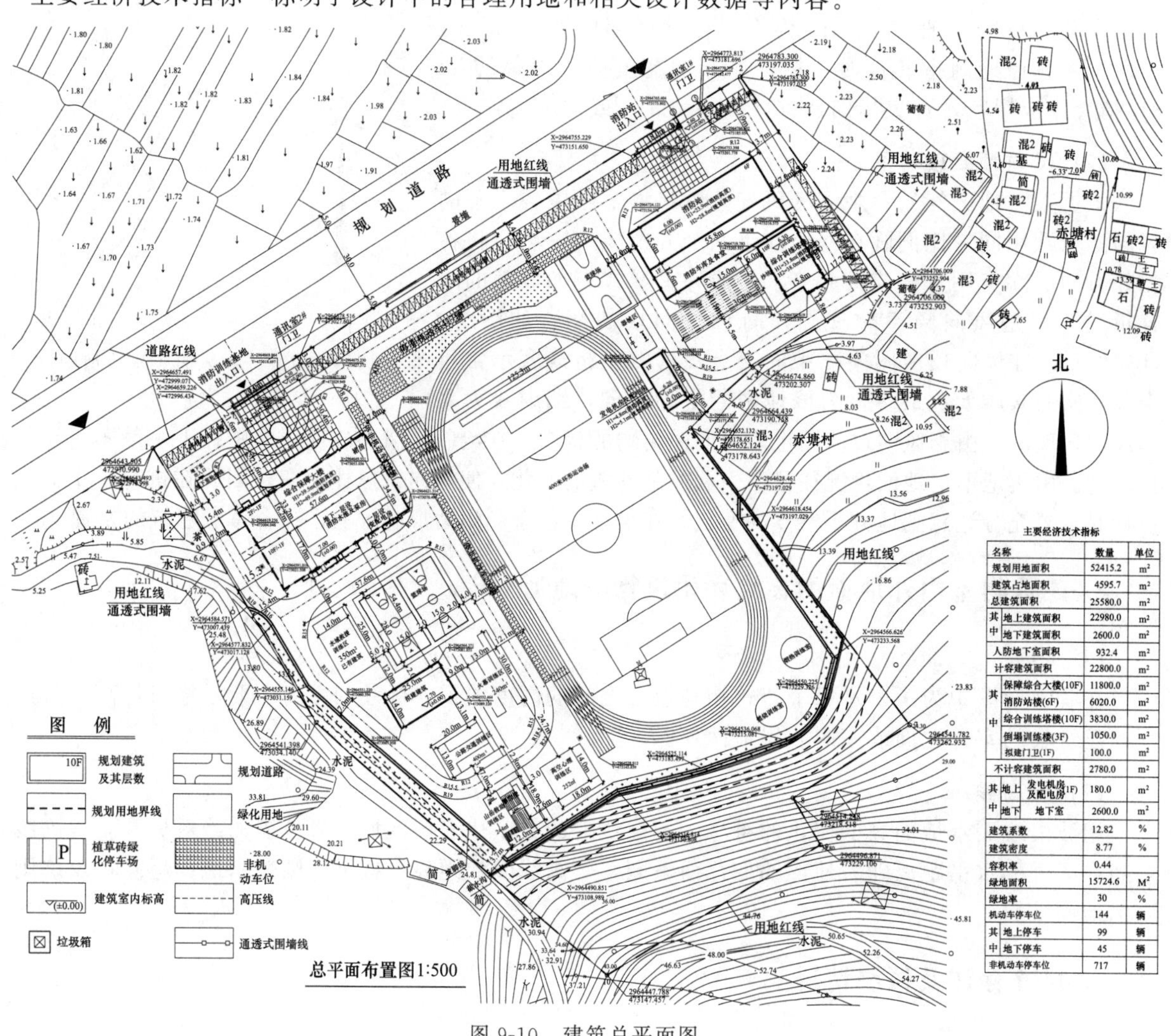

名称			数量	单位
规划用地面积			52415.2	m²
建筑占地面积			4595.7	m²
总建筑面积			25580.0	m²
其中	地上建筑面积		22980.0	m²
	地下建筑面积		2600.0	m²
人防地下室面积			932.4	m²
计容建筑面积			22800.0	m²
其中	保障综合大楼(10F)		11800.0	m²
	消防站楼(6F)		6020.0	m²
	综合训练塔楼(10F)		3830.0	m²
	倒塌训练楼(3F)		1050.0	m²
	拟建门卫(1F)		100.0	m²
不计容建筑面积			2780.0	m²
其中	地上	发电机房及配电房(1F)	180.0	m²
	地下	地下室	2600.0	m²
建筑系数			12.82	%
建筑密度			8.77	%
容积率			0.44	
绿地面积			15724.6	M²
绿地率			30	%
机动车停车位			144	辆
其中	地上停车		99	辆
	地下停车		45	辆
非机动车停车位			717	辆

图 9-10　建筑总平面图

第三节 建筑平面图

用一个假想的水平剖切平面沿门窗洞中间位置剖切房屋后，对剖切面以下部分所作出的水平剖面图，即为建筑平面图，简称平面图。建筑平面图是用于表达房屋建筑的平面形状、房间布置、内外交通联系，以及墙、柱、门窗等构配件的位置、尺寸、材料和做法等内容的图样。它是施工过程中房屋定位放线、砌墙、设备安装、室内装修及编制概预算、备料等工作的重要依据。平面图是建筑施工图的主要图样之一。

一、建筑平面图的图示内容

通常，房屋有几层，就应画出几个平面图，并在图的正下方注明相应的图名，如“底层平面图”“二层平面图”等，最高一层的平面图称为“顶层平面图”。建筑物的图名应注写在平面图的下方，图名下方加画一条粗实线，比例标注在图名右侧。当房屋中间若干层的平面布局、构造情况完全一致时，则可用一个平面图来表达，称为“标准层平面图”。如平面图左右对称时，也可将两层平面合绘在一个图上，左边画出一层的一半平面图，右边画出另一层的一半平面图，中间用对称符号分开，并在图的下方，左右两边分别注明图名。

底层平面图应画出房屋本层相应的水平投影，以及与本栋房屋有关的台阶、花池、散水等的投影；二层平面图除画出房屋二层范围的投影外，还应画出底层平面图无法表达的雨篷、阳台、窗楣等，而对于底层平面图上已经表达清楚的台阶、花池、散水等就不再画出；三层以上的平面图则只需画出本层的投影以及下一层的窗楣、雨篷等。建筑平面图由于比例较小，各层平面图中的卫生间、楼梯间、门窗等投影难以详尽表示，一般采用国标的图例来表示，而相应的详细情况则另用较大比例的详图来表示。具体图例见表 9-2。

表 9-2 建筑平面图部分构造和配件图例（GB/T 50104—2010《建筑制图标准》）

名称	图例	名称	图例
楼梯	顶层 下 中间层 上 下 底层 上	墙预留槽	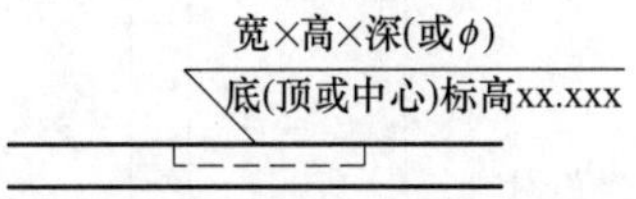 宽×高×深(或ϕ) 底(顶或中心)标高xx.xxx
检查口		电梯	
孔洞		固定窗	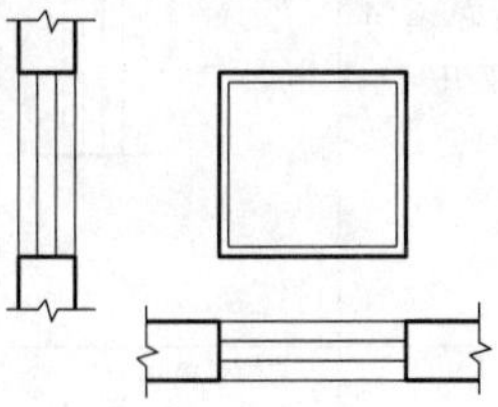
烟道		单层外开平开窗	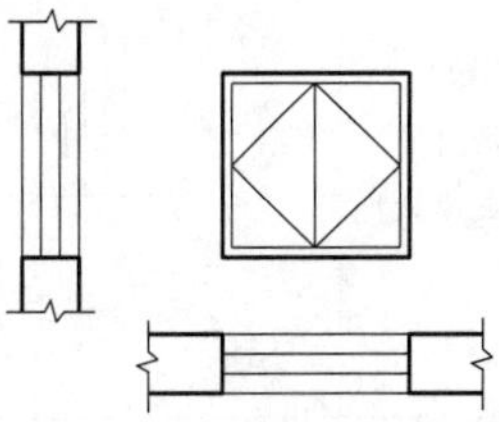
坑槽			
通风道		单层内开平开窗	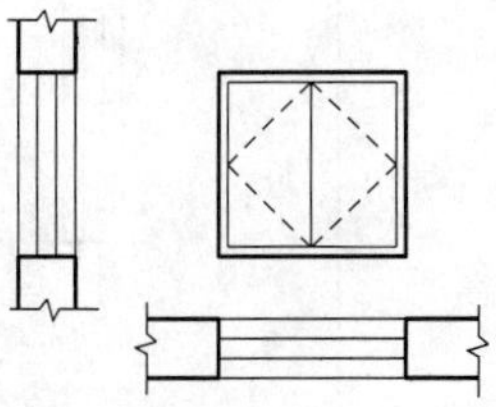
墙预留洞	宽×高(或ϕ) 底(顶或中心)标高xx.xxx		

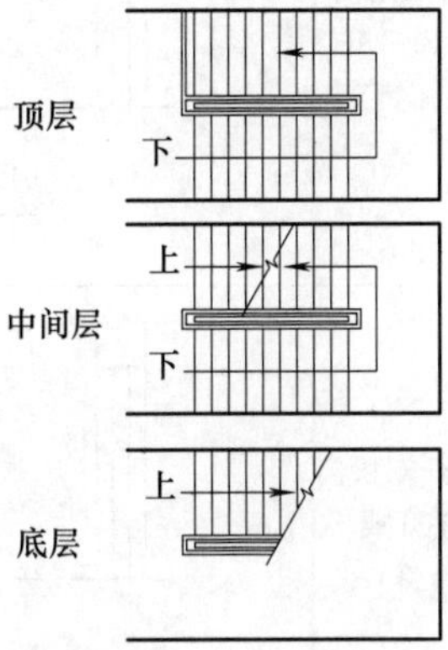

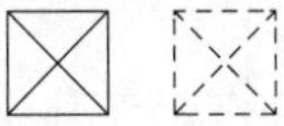

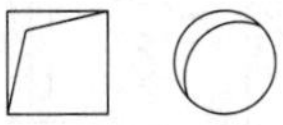

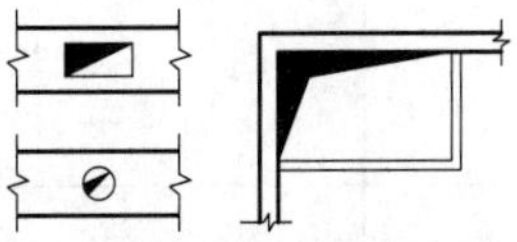

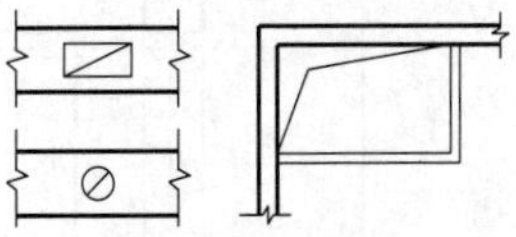

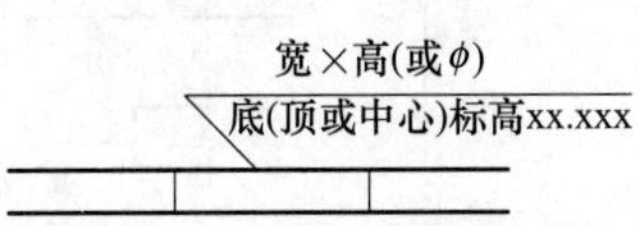

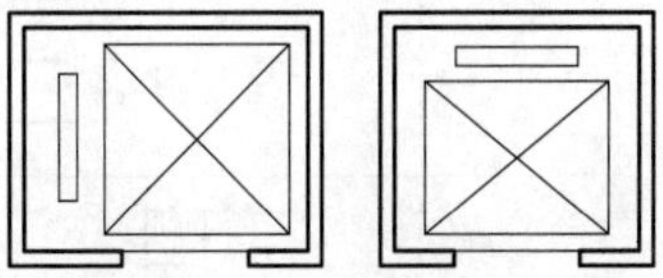

续表

名称	图例	名称	图例
双层内外开平开窗	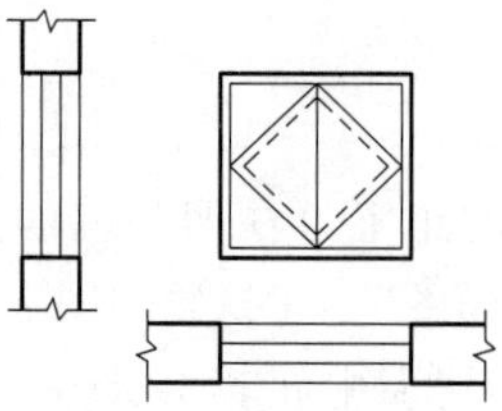	推拉门	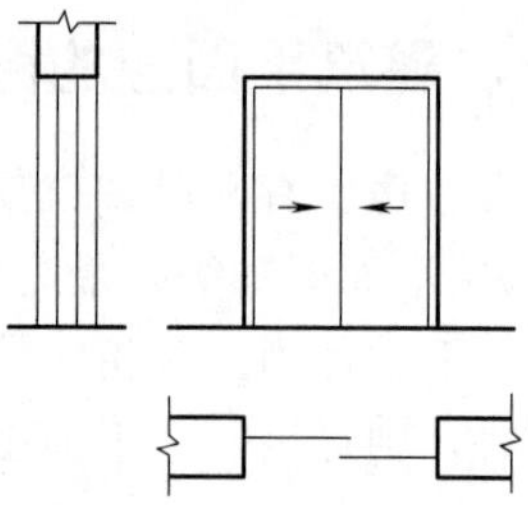
单层推拉窗	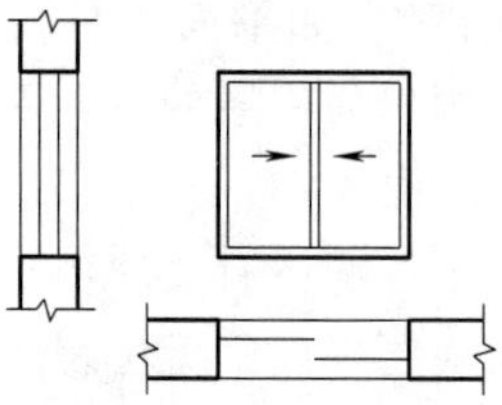	对开折叠门	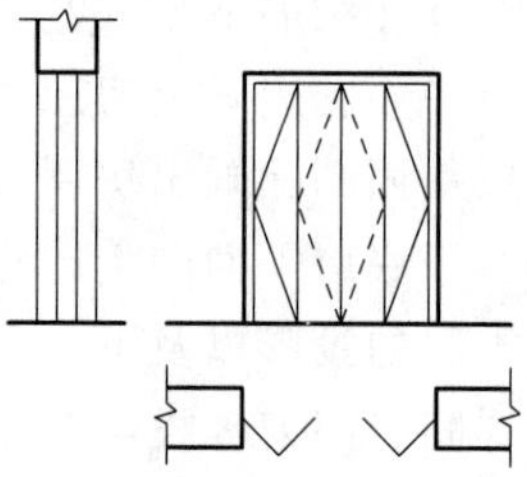
双层推拉窗	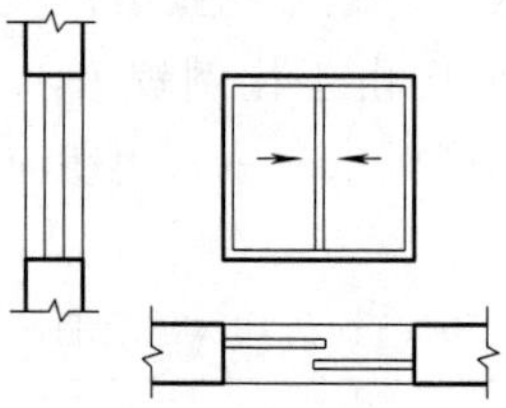	双面开启双扇门（包括双面平开或双面弹簧）	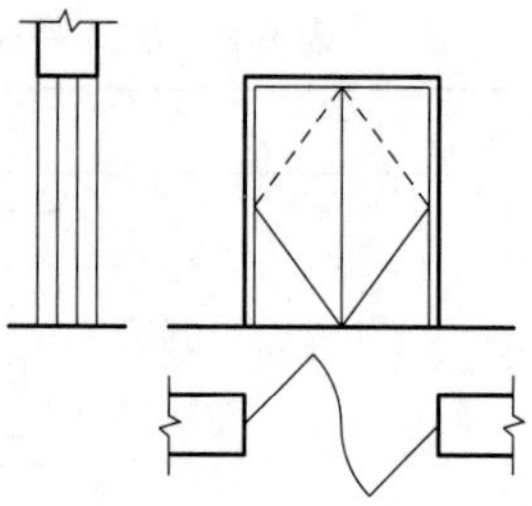
空门洞	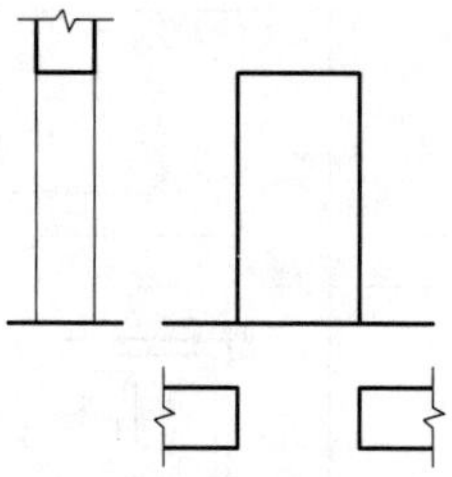	双扇内外开双层门（包括平开或单面弹簧）	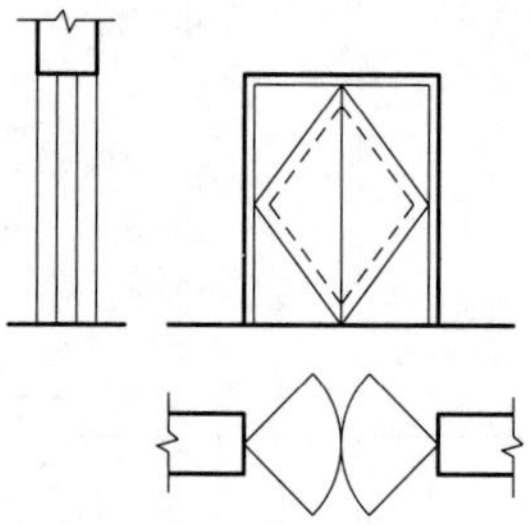
单面开启单扇门（包括平开或单面弹簧）	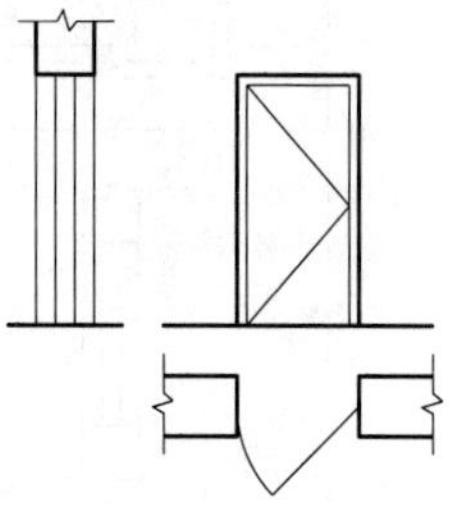	单面开启双扇门（包括平开或单面弹簧）	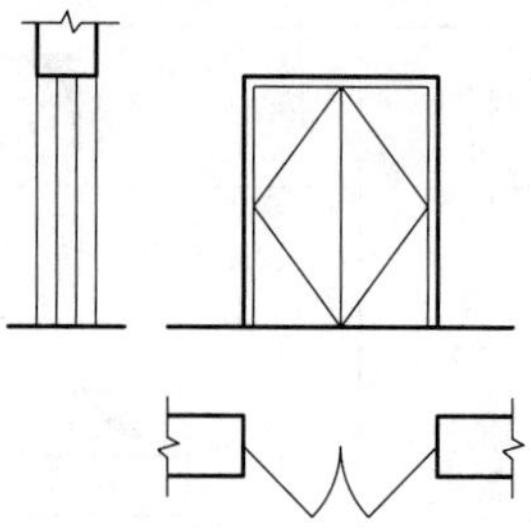
双面开启单扇门（包括双面平开或双面弹簧）	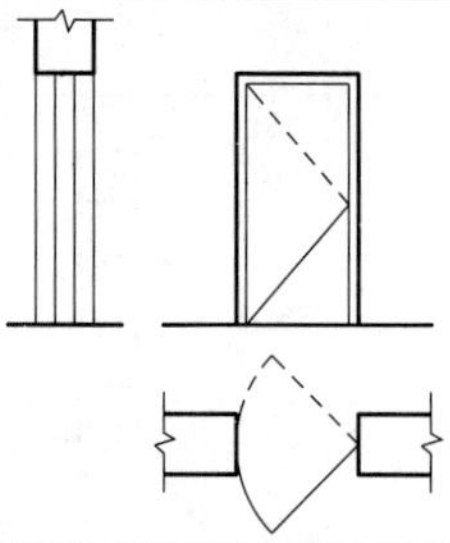	自动门	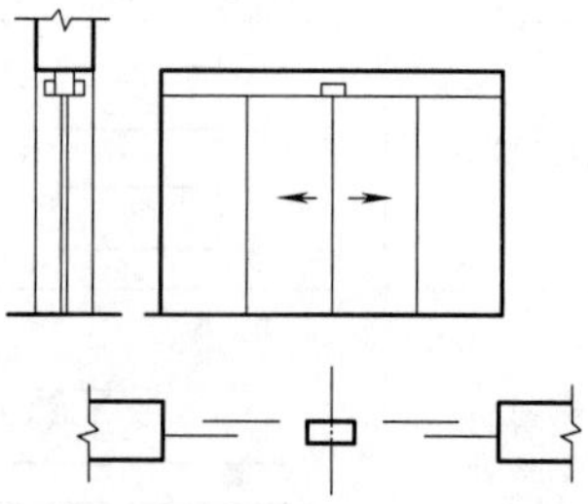
双层单扇平开门	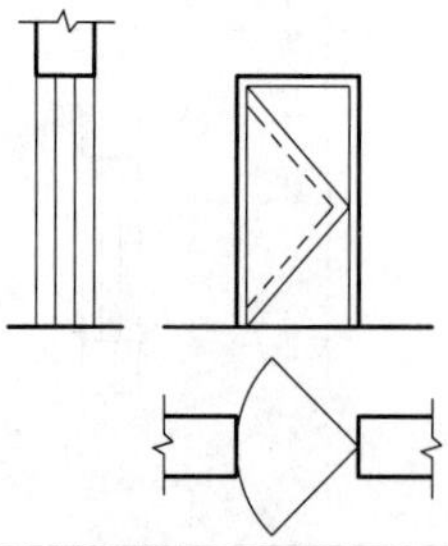		

二、建筑平面图的图示方法和有关规定

1. 比例

建筑平面图多采用1∶50、1∶100、1∶200的比例绘制，在实际工程中常用1∶100比例绘制。

2. 建筑物的平面布置和朝向

建筑平面图可反映建筑物的平面形状和室内各个房间的布置、入口、走道、门窗、楼梯等的平面位置、数量、尺寸以及建筑墙柱承重结构组成和材料等情况。为了更加精确地确定建筑的朝向，在底层平面图中能看到指北针和室外台阶、明沟、雨水管等，一般在总平面图上画风向频率玫瑰图，在底层平面图上画指北针，它们所指方向必须一致。

3. 图线

平面图上所表示的内容较多，为了表明主次和增加图面效果，常选用不同的线宽和线型来表示不同的内容。按国标规定，被剖切到的主要建筑构造（包括构配件），如墙、柱的断面轮廓线，应用粗实线表示；被剖切的次要建筑构造和未剖到的构配件轮廓线，如窗台、阳台、台阶、楼梯、门的开启方向线和散水等均用中粗线表示；其余可见投影则用细实线表示；如需反映高窗、墙体上方洞口等不可见部位，可用中虚线。

4. 定位轴线

定位轴线是指墙、柱和屋架等构件的轴线，可取墙柱中心线或根据需要偏离中心线为轴线，以便于施工时定位和查阅图纸。根据定位轴线的编号及其间距，了解各承重构件的位置和房间的大小。

5. 尺寸标注

在平面图上所标注的尺寸以毫米为单位，但标高以米为单位。平面图上注有外部尺寸和内部尺寸，一般建筑平面图上的尺寸均为未经装饰的结构表面尺寸。从标注的各道尺寸，可了解各房间的开间尺寸（建筑物长度方向上相邻横向两轴线之间的距离）、进深尺寸（建筑物宽度方向上相邻纵向两轴线之间的距离，或同一房间内两纵向轴线间距），外墙、门窗及室内设备的大小和位置。

6. 标高

在建筑平面图中，对于建筑物各组成部分，如地面、楼面、楼梯平台面、室外台阶顶面、阳台面等，由于它们的竖向高度不同，一般都分别标注标高，并且通常都采用相对标高，将建筑的底层室内地平面的标高定为±0.000。

7. 门窗编号

从图中的门窗图例及其编号，可了解到门窗的类型、数量及其位置。门的代号是M，窗的代号是C，MC表示门联窗。在代号后面写上1、2、3等编号，同一编号表示同一类型、构造、尺寸都相同的门窗，从所写的编号可知门窗共有多少种，为了便于施工，一般配有门窗表用于说明门窗规格、型号、数量等。

8. 剖切位置及详图索引

房屋剖面图的剖切部位，应根据图纸的用途或设计深度，在平面图上选择能反映全貌、构造特征以及有代表性的部位剖切，剖切符号应在底层平面图中标注。了解有关部位上节点详图的索引符

号，图中某个部位需要画出详图，则在该部位要标出详图索引标志，表示另有详图。

三、建筑平面图的阅读

图 9-11 所示为某别墅住宅的底层平面图，比例是 1∶100。在平面图右下角，画有指北针，说明该别墅坐北朝南。从一层平面图可以看出该住宅平面为方形独栋别墅，框架结构，图中轴线上涂黑的部分是钢筋混凝土柱。从图中墙的分隔情况和房间的名称可了解到房屋内部各房间的配置、用途，主出入口设在②③轴线之间，上 5 级台阶进入客厅，入口左边设置接待室。该别墅的底层室内地坪标高为±0.000，室外地坪标高为−0.750。房屋后区抬高 4 个步级至标高 0.600，东北角布置一客卧室，以方便来客和供保姆居住。厨房和餐厅均在一楼，并且设置在客卧室的隔壁。垂直交通设施楼梯间布置在中间，通过楼梯间可上至二层和以上各楼层，一层楼梯间还设置与户外交通的北向出入口，图中表示出 5 级室外台阶。

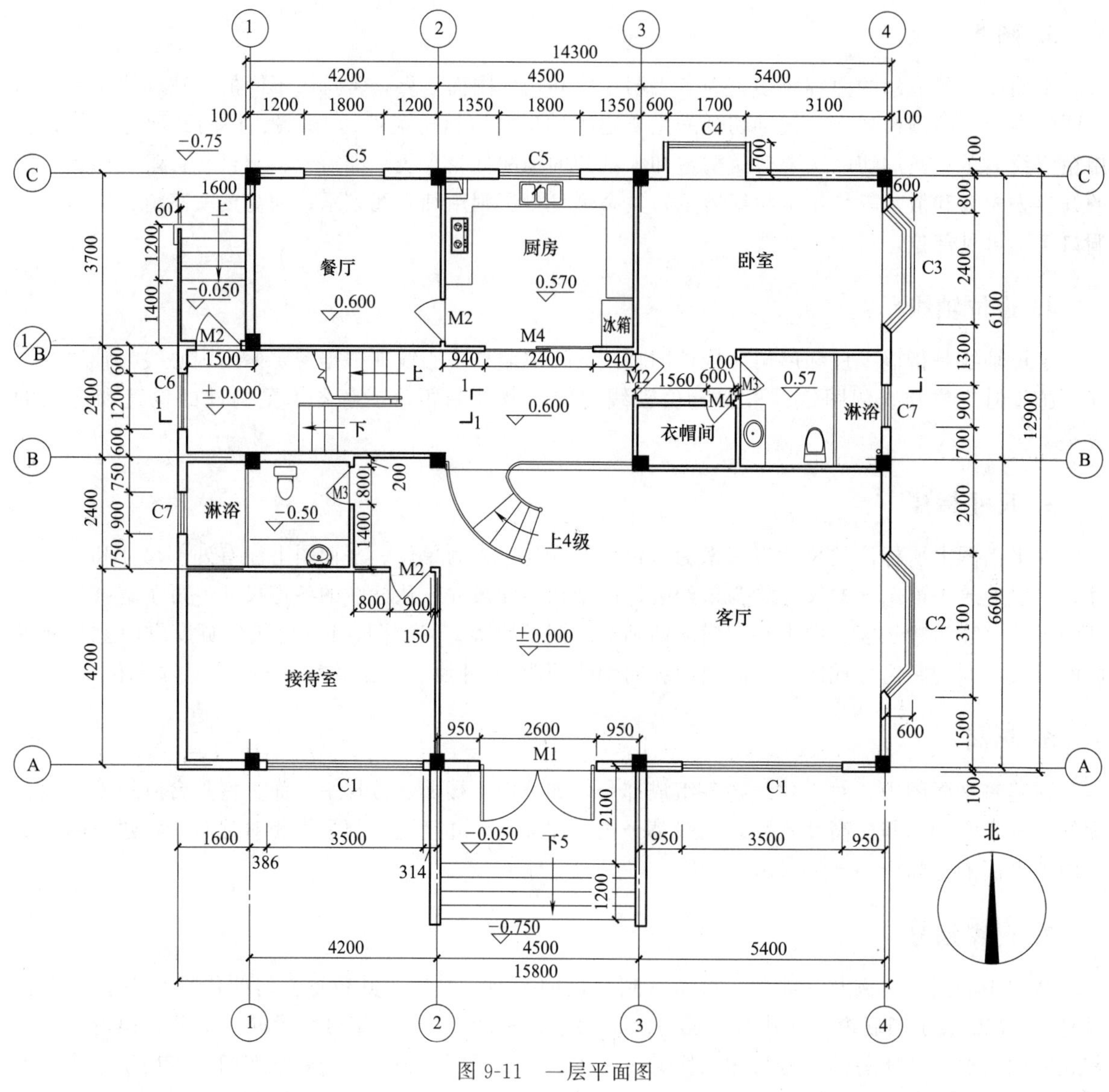

图 9-11 一层平面图

图中注有外部和内部尺寸。从最外轮廓总长为 15.8 米，总宽为 12.9 米，可了解该别墅的平面大小。从各道尺寸可了解各房间的开间和进深、门窗洞的宽度和位置、墙柱及室内设备的大小和位置等。门窗用图例配合编号表示，但门窗洞的大小及其形式仍按投影关系画出，如 C2、C3、C4 为飘窗，在图例上画出了窗台的投影。

在一层平面图中，还画出了建筑剖面图的剖切符号1—1，以便了解剖面图的剖视方向，方便剖面图与平面图对照查阅。

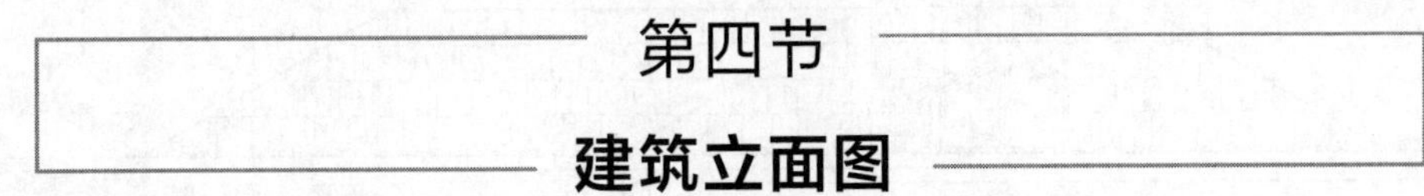

第四节 建筑立面图

将建筑的各个立面按正投影法投射到与之平行的投影面上，得到的投影图称为建筑立面图，简称立面图。建筑立面图主要表示建筑的外貌特征和立面上的艺术处理，主要为室外装修所用。房屋立面如果有一部分不平行于投影面，例如呈圆弧形、折线形、曲线形等，可绘制展开立面图，在图名后注写“展开”两字。

一、建筑立面图的图示内容

1. 图名

建筑立面图的图名称呼一般有三种情况。按立面图所表明的朝向来命名，如东立面图、南立面图、西立面图、北立面图；按建筑墙面的特征命名，常把建筑主要出入口所在墙面的立面图称为正立面图，其余立面相应地称为背立面图、侧立面图等；按立面图中的建筑两端的定位轴线编号来命名，如①—⑧立面图等。

2. 线型

为使立面图外形更清晰，主次更分明，通常用粗实线表示立面图的最外轮廓线，室外地坪用宽1.4b的加粗线绘制；而凸出墙面的雨篷、阳台、柱子、窗台、窗楣、台阶、花池等投影用中实线画出；雨水管、门、窗扇、墙面分格线、材料符号引出线、说明引出线等用细实线画出；其余图线按有关规定绘制。

3. 建筑物外形、外部装饰及所用材料情况

通过立面图我们可以了解建筑物的外貌，建筑物外立面各部位，如屋面、檐口、腰线、窗台、雨篷、阳台、勒脚等处的用料和线脚等构造做法，在建筑立面图中一般都用图例和文字表明。

4. 尺寸和标高标注

建筑立面图中可不注写竖向尺寸，如需注写时一般可按下列方法进行：靠近墙边第一道尺寸是注写门窗等各细部的高度尺寸；第二道尺寸是注写每个楼层间的高度尺寸；第三道尺寸是建筑物总高尺寸。除此之外，在立面图中有的还会标注局部小尺寸，如雨篷和檐口挑出部分的宽度及勒脚的高度等。

建筑立面图宜标注各主要部位完成面的标高，一般注写在立面图的轮廓线以外，分两侧就近注写，注写时要上下对齐，并尽量使它们位于同一条铅垂线上。但对于一些建筑物中部的结构，为了表达更为清楚，在不影响图面清晰的前提下，也可就近标注在轮廓线以内。标高的标注部位主要有室外地面及各层楼面、建筑物顶部、窗顶、窗台、阳台、雨篷、女儿墙顶、楼梯间等。

二、建筑立面图的阅读

从图名或轴线的编号并对照平面图可知，图9-12是房屋南向的立面图，比例与平面图相同，

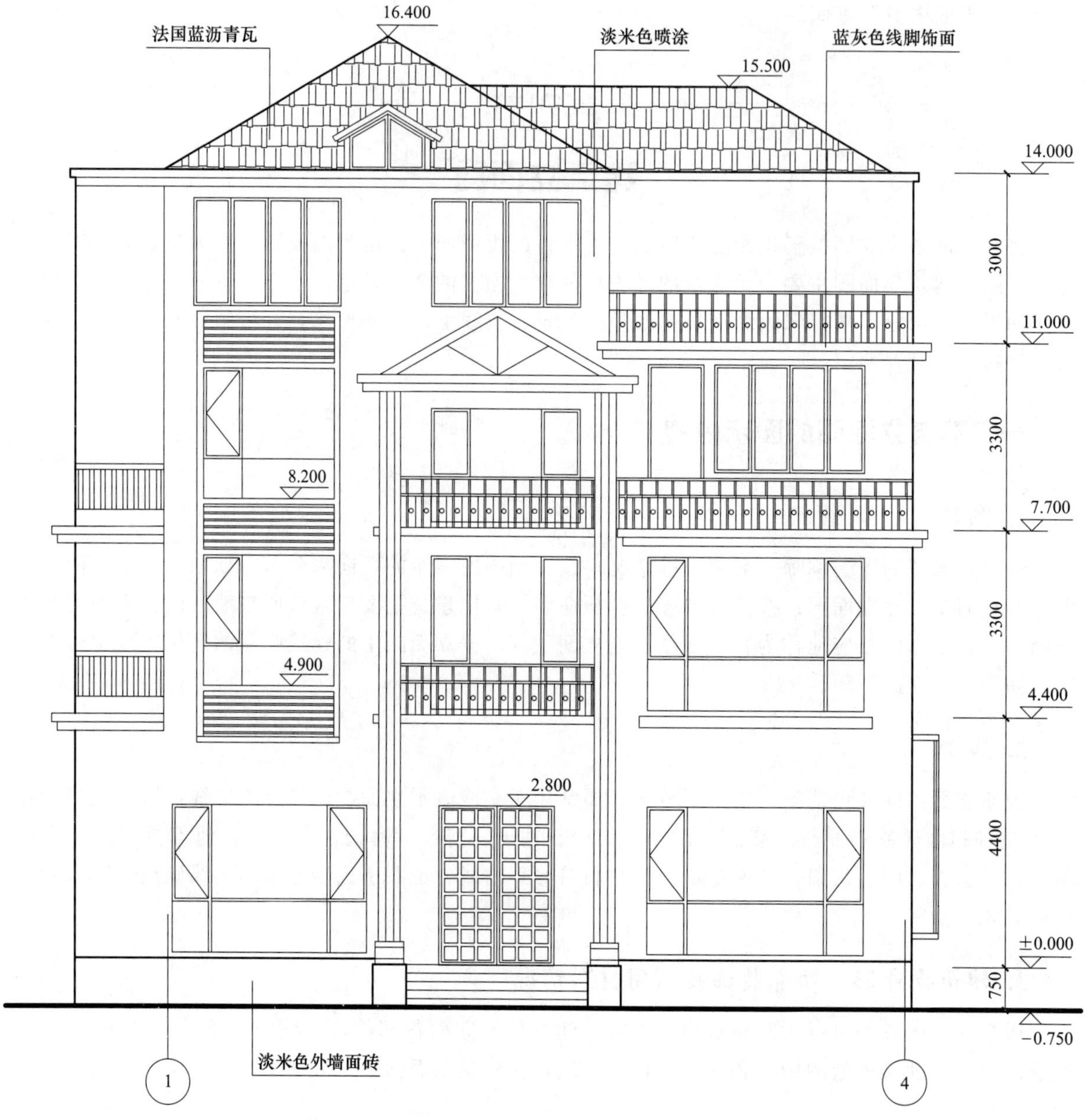

图 9-12 南立面图

为 1∶100，方便与平面图对照阅读。从图中可看出，该别墅共四层，为欧式建筑风格，外墙面主体采用淡米色外墙涂料，整体立面明快、大方。建筑一层层高 4.4m，二、三层层高为 3.3m，四层层高 3m，东面为大露台，室内外高差为 0.75m，通过 5 级台阶进入室内。立面图上通常只标注标高尺寸，所注标高为外墙各主要部位的标高，通过读立面图上的这些标高尺寸，可知此别墅的外墙总高度为 14m，坡屋面最高处为 16.4m。由于比例较小，立面图上的门、窗等构件也用图例表示。相同装修、构造做法的门窗、阳台、外檐等复杂的装修细部，往往难以在同一张图上详细表示出来，它们的构造和做法都另有详图或文字说明。因此，习惯上可完整地画出其中一两个作为代表，其他都可简化，只需画出轮廓线。

本图中的室外地坪线用宽 1.4*b* 的加粗线，外轮廓用粗实线，门窗洞口和阳台轮廓等用中粗实线，其余用中实线或细实线绘制，汉字和标高排列整齐，使整个图面构图均衡、稳重，以获得良好的立面效果。

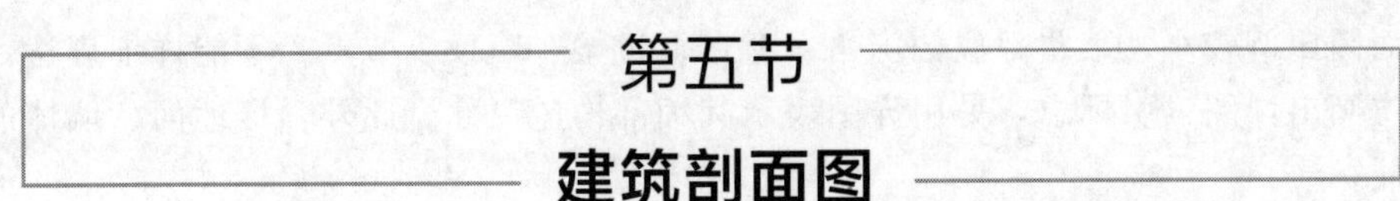

第五节 建筑剖面图

假想用一个或多个垂直于外墙轴线的铅垂剖切面将房屋剖开，移去观察者与剖面之间的部分后，所得的投影图称为建筑剖面图，简称剖面图。剖面图主要用来表达房屋内部结构形式、分层情况、各层之间的联系及构造做法等。剖面图的数量根据建筑物的复杂程度而定，剖切位置通常选在房屋内部构造比较复杂和有代表性的部位，如通过门窗洞、楼梯间等剖切，多层房屋的剖面图中至少有一张剖面要通过楼梯间。看剖面图应与平面图相结合并对照立面图一起看。

一、建筑剖面图的图示内容

1. 图名

剖面图的图名应与底层平面图上所注剖切符号的编号一致，一般以数字编号表示，如 1—1 剖面图、2—2 剖面图等。

2. 比例

剖面图的比例一般与平面图、立面图的比例一致，由于比例较小，剖面图中门窗等构件可采用国标标定的图例来表示。为了清楚地表达建筑各部分的材料及构造层次，当剖面图比例大于 1∶50 时，应画出构配件的材料图例。当剖面图比例小于 1∶50 时，可不画具体材料图例，而用简化的材料图例表示其构件断面的材料，如钢筋混凝土构件可在断面涂黑以区别砖墙和其他材料。

3. 线型

剖面图的线型按国标规定，凡是剖到的墙、板、梁等构件的轮廓线用粗实线表示，而没剖到的其他构件的投影，则用中实线或细实线表示。

4. 定位轴线

剖面图中被剖到的墙柱的定位轴线应标出，定位轴线的编号要和平面图相对应，注写与平面图相同的编号。剖面图与平面图、立面图之间的联系也是通过定位轴线来实现的。

5. 剖面图的标注

(1) 尺寸

竖直方向一般标注三道尺寸，靠墙的第一道尺寸是从室外地坪开始到建筑物外墙结构最高处之间的各部分细部尺寸，标注墙段及门窗洞口尺寸等。第二道尺寸是标注各楼层间的高度尺寸，如室外地坪面到底层地面，各层的楼面到其上一层的楼面之间的尺寸，各层楼面到该层顶棚底面的尺寸等。第三道尺寸是标注建筑物的总高尺寸，从室外地坪起标注建筑物的总高度。

水平方向常标注剖切到的墙、柱及剖面图两端的轴线编号及轴线间距，并在图的下方注写图名和比例。

(2) 标高

剖面图应标注出各部位完成面的标高。标高一般注在室内地台、室外地坪、各层楼地面、屋面或顶棚底、楼梯休息平台、门顶、窗台、窗顶、雨篷底以及建筑轮廓变化的部位等。

(3) 其他标注

由于剖面图比例较小，某些部位如墙角、窗台、过梁、墙顶等节点，不能详细表达，可在剖面图上的该部位画出详图索引标志，另用详图表示其细部构造尺寸。此外，楼地面、墙体的内外装修可用文字分层标注。

二、建筑剖面图的阅读

从图名和轴线编号与平面图上的剖切符号位置和轴线编号相对照，可知图 9-13 的 1—1 剖面图为剖切平面通过楼梯间、过道、卫生间剖切后向后进行投射所得的纵向剖面图。剖面图的比例与平面图、立面图一致，即 1∶100。按《建筑制图标准》的规定，在 1∶100 的剖面图中抹面层可不画，剖切到的室外地坪线及构配件轮廓线如内外墙线等用粗实线绘制，钢筋混凝土断面涂黑。剖面图上反映了被剖到处的结构形式为坡屋顶，建筑总高为 17.15m。从左边的外部尺寸可以看出，楼梯间除底层设高窗外，其余各层窗台至地面高度为 0.8m，窗洞口高 2m。右边的外部尺寸可看出卧室卫生间窗户都设为高窗。

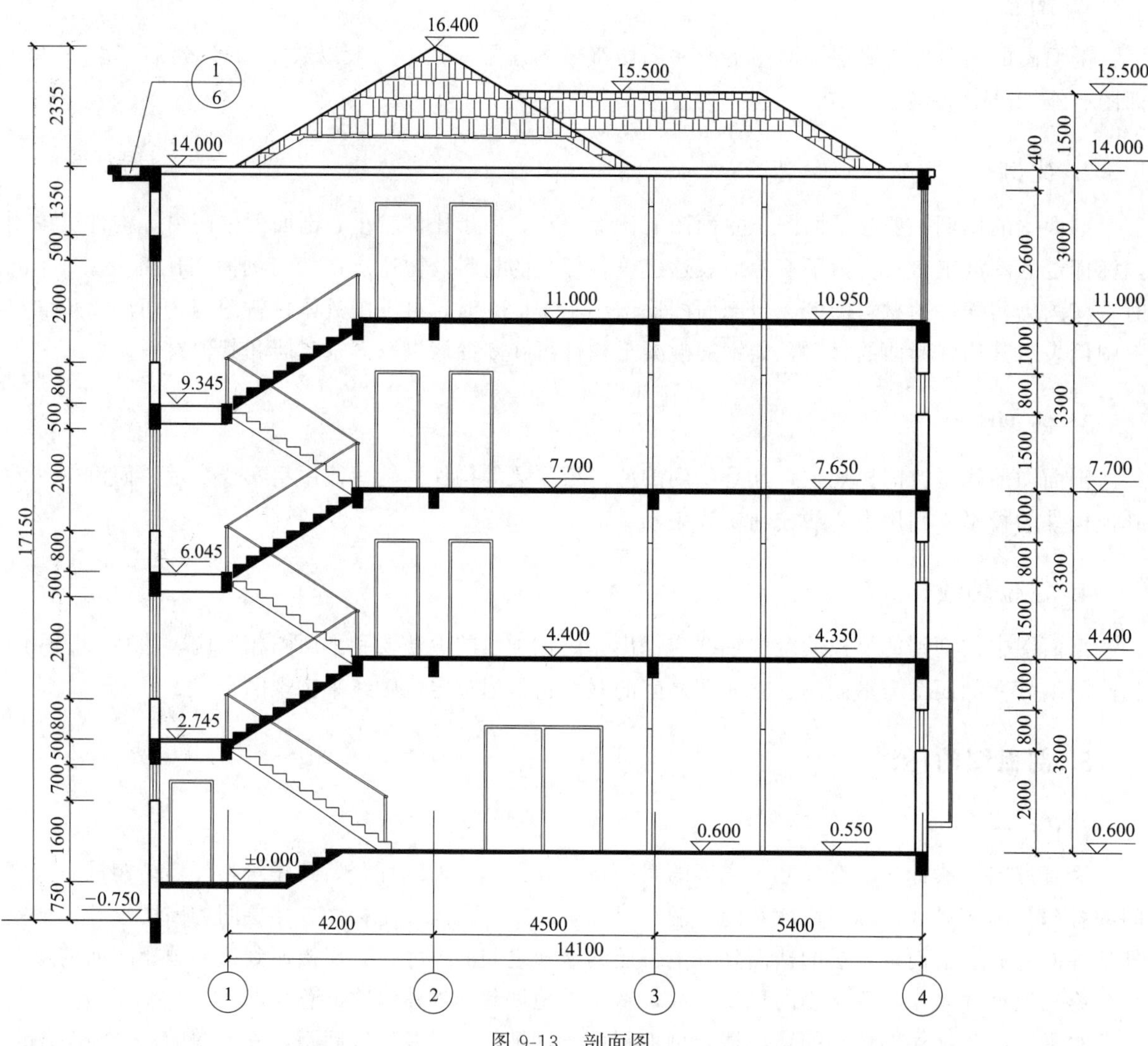

图 9-13 剖面图

从上图可知楼梯的形式和构造为双跑式平行楼梯，楼梯梯段为板式楼梯，其休息平台和楼梯均为现浇钢筋混凝土结构。本图为纵剖面图，所以剖面图下方注有开间尺寸即横向轴线之间的尺寸，如图中的 4200mm、4500mm、5400mm。内部标高标出各层楼地面尺寸，卧室卫生间地面比卧室地面低 50mm。

考虑排水的需要，檐口处设排水沟。因剖面图比例较小，檐口构造标注了索引符号，另有详图更为详细地表达该部位的结构。

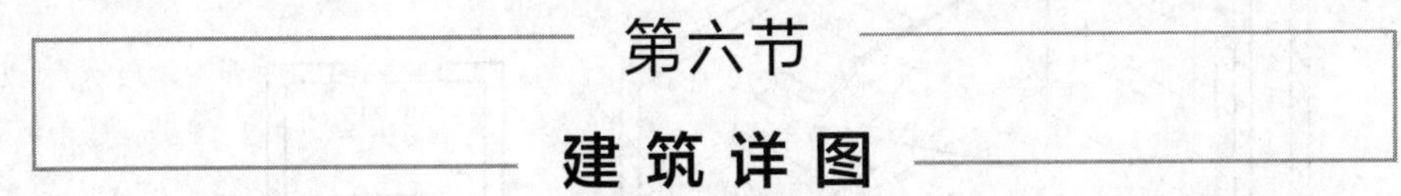

第六节 建筑详图

建筑详图是建筑细部的施工图。房屋建筑的总平面图及平面图、立面图和剖面图，都是建筑物全局性的图样，都是用较小的比例绘制，对于建筑节点及建筑构、配件的形状、用料、详细尺寸、做法等无法表达清楚。根据施工需要而采用较大比例绘制的建筑细部的图样，称为建筑详图或大样图。

建筑详图表示方法依据需要而定，例如对于墙身详图通常只需用一个剖面详图表示即可，而对于细部构造较复杂的楼梯详图则需要画出楼梯平面详图及剖面详图。详图是施工放样的重要依据，建筑图通常需要绘制如墙身、楼梯间、卫生间、阳台、厨房、门窗、雨篷等详图，由于各地区都编有标准图集，故在实际工程中，有的详图可直接套用标准图集中的详图。

详图的特点是比例较大、图示详尽和尺寸齐全。详图数量的选择，与房屋的复杂程度及平、立、剖面图的内容和比例有关，本节以楼梯详图为例。

楼梯间详图包括楼梯平面图、剖面图、踏步、栏杆等详图，主要表示楼梯的类型、结构形式、构造和装修等。楼梯间详图应尽量安排在同一张图纸上，方便阅读。

楼梯是多层房屋上下交通的主要设施，除了要满足行走方便和人流疏散畅通外，还应有足够的坚固耐久度和安全性。楼梯由楼梯段、平台和防护栏杆等组成，目前多采用现浇钢筋混凝土楼梯。

一、楼梯平面图

楼梯平面图是采用略高于地面或楼面处，并在门窗洞处作水平剖切并向下投影而形成的投影图。建筑物中各层楼梯的布置和构造等情况不一定相同，一般每一楼层都要画出楼梯平面图。三层以上的房屋，若中间各层的楼梯位置及其梯段数、各梯段踏步数都相同时，通常只画出首层、中间层和顶层三个平面图就可以了。如图 9-14（a）所示，底层楼梯平面图是假设用一水平面将楼梯从第一梯段剖开，画出它剩余梯段的平面投影，并用折断线表示剖切位置，在图上只用一个箭头表明向上的走向。如图 9-14（b）所示，中间层楼梯平面图是假设剖切位置在该层往上走的第一梯段中间，以折断线来分界的不完整梯段和一个楼梯平台的投影，完整的梯段表示向下走的那一段，它能直观反映出总踏步数。如图 9-14（c）所示，顶层楼梯平面图是假设剖切位置在顶层楼面安全栏板之上，因没有剖到梯段，所以不画折断线，可表达出两个完整的梯段，只有一个箭头表示方向。

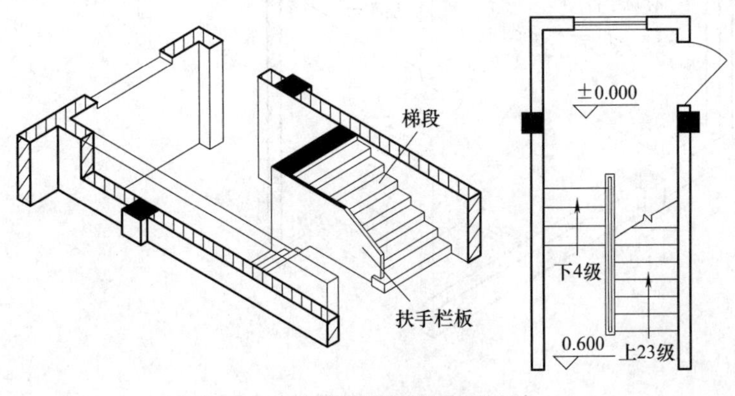

(a) 底层楼梯平面图的形成

图 9-14

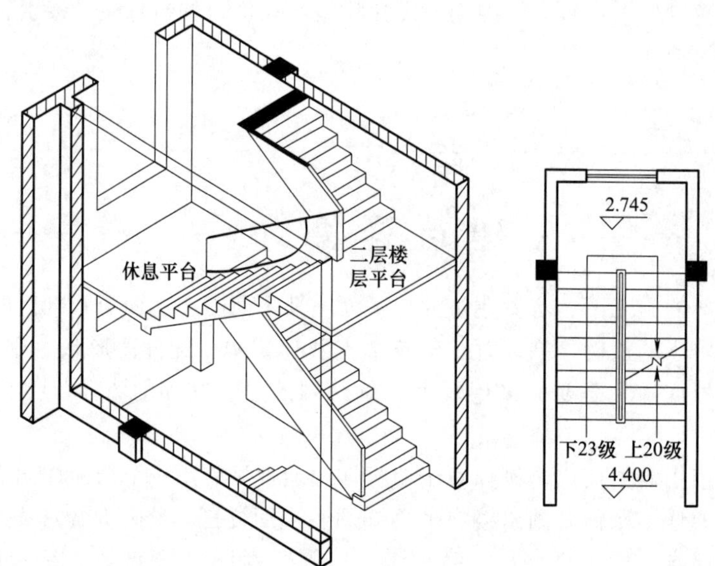

(b) 中间层楼梯平面图的形成

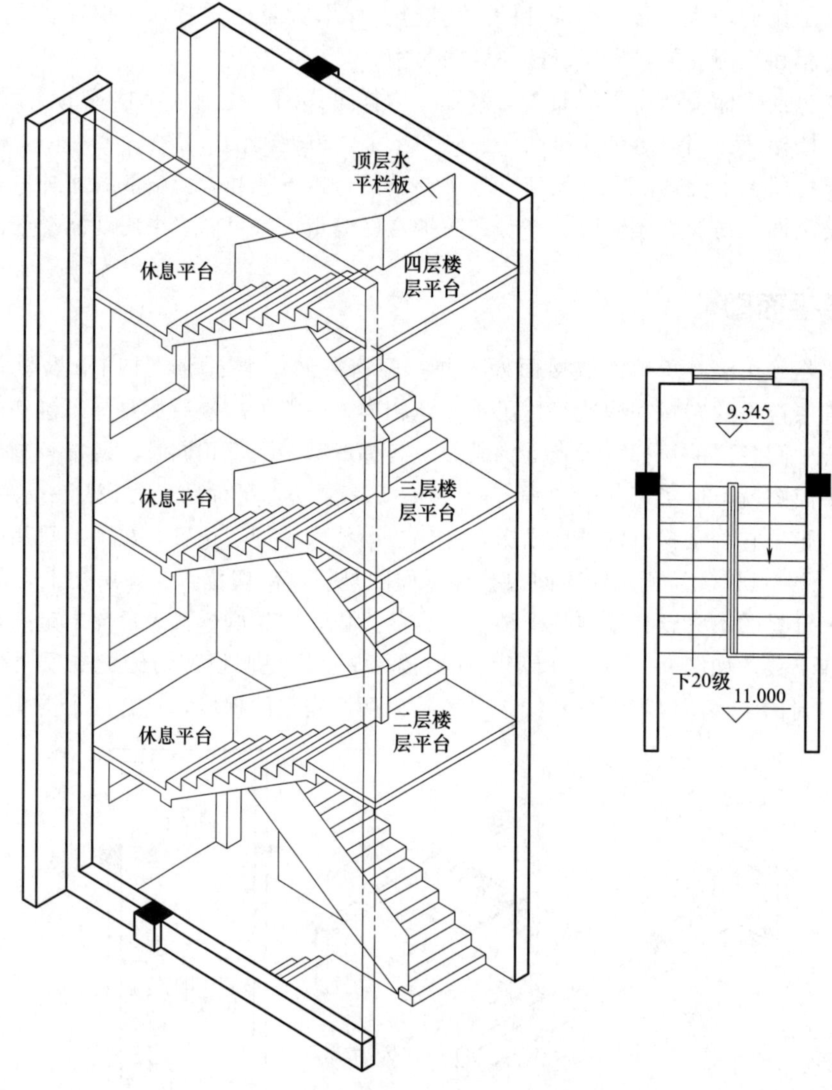

(c) 顶层楼梯平面图的形成

图 9-14　楼梯平面图的形成

各层楼梯平面图宜上下对齐或左右对齐，这样既便于阅读又便于尺寸标注和省略重复尺寸，如图 9-15 所示。图上应标注该楼梯间的轴线编号、开间和进深尺寸，楼地面和中间平台的标高，以及梯段长、平台宽等细部尺寸。

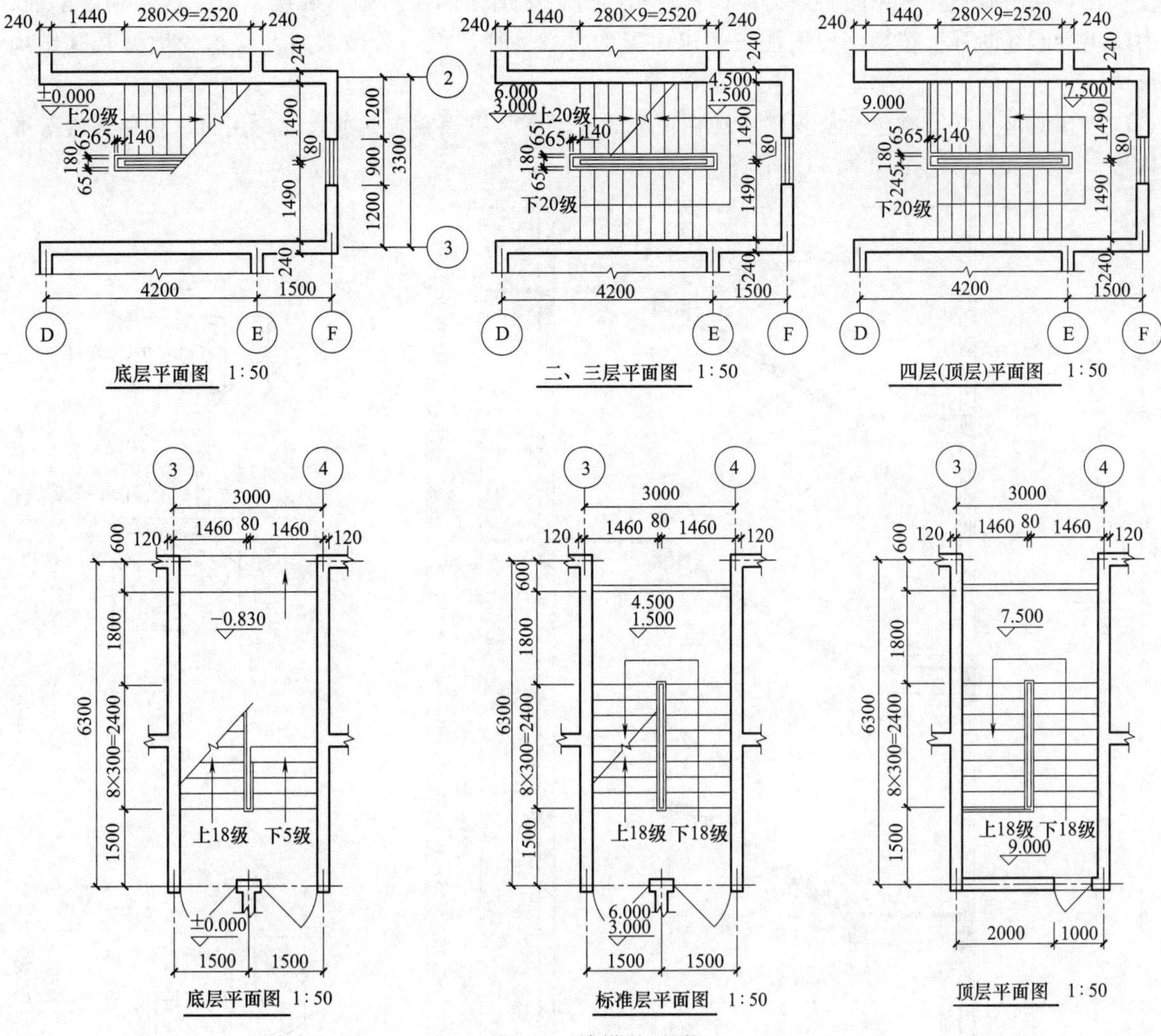

图 9-15　楼梯平面图

楼梯平面图的识读要点如下。

① 了解楼梯或楼梯间在建筑中的平面位置及有关轴线的布置。

② 了解楼梯间、斜梯段、楼梯井和休息平台等的平面形式、尺寸以及楼梯踏步的宽度和踏步数。

③ 了解楼梯处（间）的墙、柱、门窗平面位置和尺寸。

④ 了解楼梯的走向和栏杆（板）设置及楼梯上下起步的位置。

⑤ 了解楼梯间内的夹层、梯下小间等设施布置。

⑥ 了解楼梯邻近各层楼地面和休息平台面的标高。

⑦ 在底层楼梯平面图中了解楼梯垂直剖面图的剖切位置和剖视投影方向。

⑧ 了解楼梯间内各种管道和设施，如留孔槽等的布置情况。

二、楼梯剖面图

楼梯剖面图常用 1∶50 的比例画出。其剖切位置一般选择在通过各层的一个梯段和门窗洞口，将楼梯剖开，向另一未剖到的梯段方向投影，所作的剖面图即为楼梯剖面图。在选择剖切位置时应使剖面图能完整地、清晰地表示出各梯段、休息平台、楼梯间各层楼面栏杆等的构造及它们的相互关系，如图 9-16 所示。本例楼梯是一现浇钢筋混凝土板式楼梯，基本上每层有两个梯段，称为双跑式楼梯。习惯上，若楼梯间的屋面没有特殊之处，一般可不画出。

在多层房屋中，若中间各层的楼梯构造相同时，则剖面图可只画出底层、中间层和顶层剖面，中间用折断线断开。楼梯剖面图能表达出房屋的层数、梯段数、步级数以及楼梯的类型及其结构形式。

楼梯的节点详图常包括楼梯踏步和栏杆等的大样图，以表明它们的尺寸、用料、构件连接等的构造，如图 9-16 所示的 1 号和 2 号详图。

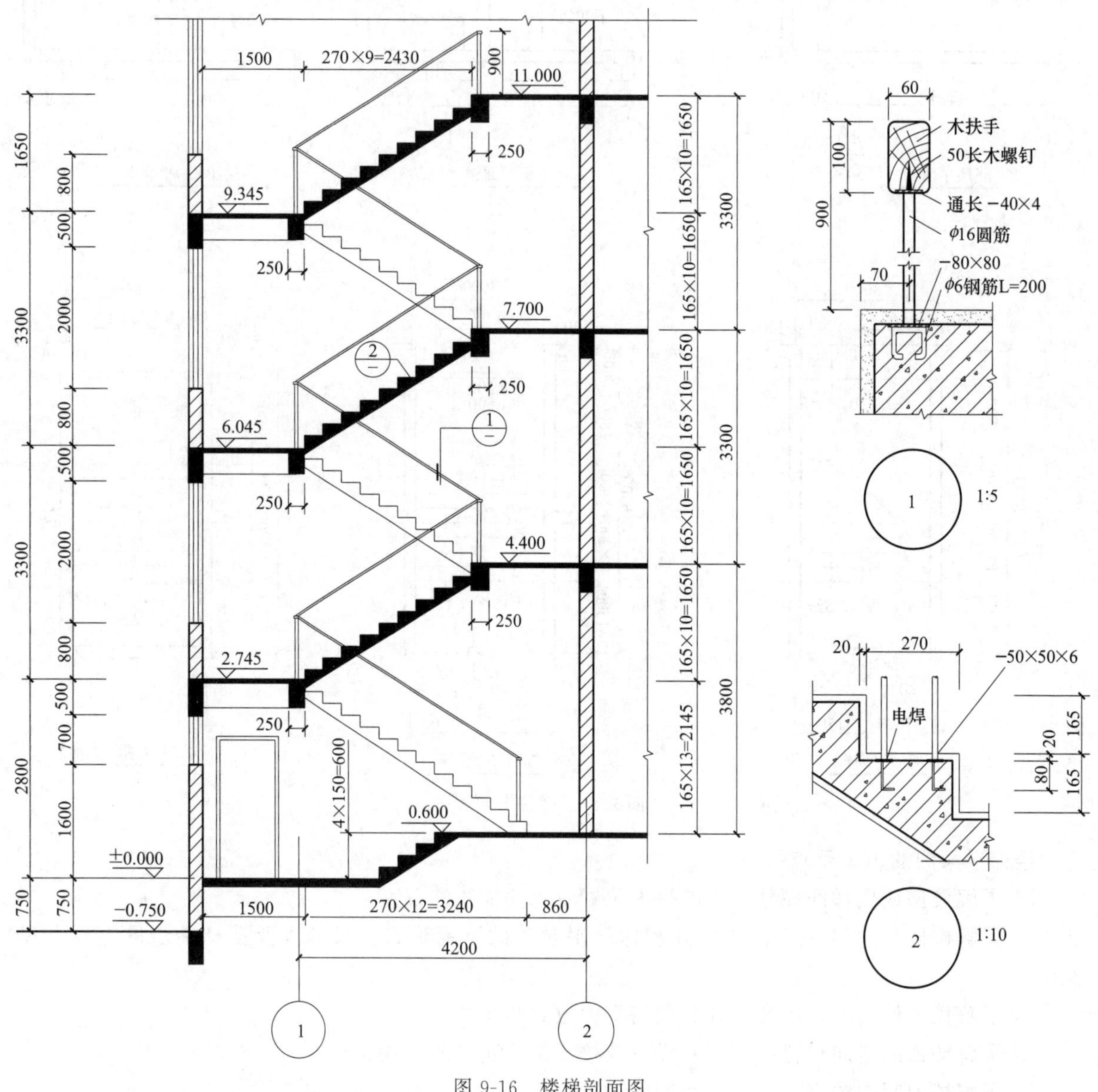

图 9-16 楼梯剖面图

楼梯剖面图的识读要点如下。

① 了解楼梯在竖向和进深方向的有关标高和尺寸，比如各楼层的休息平台的标高和竖向尺寸及楼梯段水平投影长度等。

② 了解楼梯间墙身的轴线号与轴线间距尺寸，以及墙柱结构与楼梯结构的连接情况。

③ 了解梯段、平台、栏杆、扶手等构造情况和用料说明。

④ 了解踏步的宽度、高度及栏杆的高度，了解休息平台的宽度。

⑤ 从图中的索引符号可知，踏步、扶手和栏杆另有详图，要从详图中了解踏步、栏杆、扶手

等的细部构造以及它们的尺寸和做法。

【思考与练习】

① 一套完整的建筑施工图一般包含哪些部分？
② 为什么要熟悉国标规定的图例和符号？施工图中常用的图例和符号有哪些？
③ 建筑平面图是如何形成的？其图示内容有哪些？它的轴线是如何编号的？
④ 建筑立面图有哪些命名方式？在图中哪些部位要注写标高？
⑤ 建筑立面图与建筑剖面图在表达内容和表达方法上有哪些异同点？
⑥ 建筑详图有什么特点？楼梯的首层、中间层和顶层平面图有什么不同？

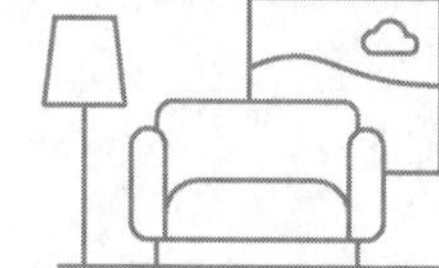

第十章 室内设计图

【学习目标】

知识目标

① 熟悉《房屋建筑室内装饰装修制图标准》中的基本规定和图样的画法要求；

② 掌握室内设计图中常用图样的图示内容及画图步骤；

③ 熟悉室内设计工程图样的特点和技术要求。

能力目标

① 能熟练识读室内设计工程图纸，理解国家标准与相关规范要求；

② 能根据使用功能、人体工程学及用户需求对室内空间进行划分和布局，并选择合适图例进行表达；

③ 能综合运用制图知识与技能，完成室内设计相关课程设计。

素质目标

① 培养学生的观察能力和实践能力；

② 引导学生不断吸收新的设计理念和设计方法进行室内设计创新与应用。

第一节 室内设计图基础知识

习近平总书记在党的二十大报告中提出："必须坚持在发展中保障和改善民生，鼓励共同奋斗创造美好生活，不断实现人民对美好生活的向往"。人的一生有大量时间在不同功能的空间中活动，室内环境直接影响人们的生活质量和生产效益，也必然关系人们最基本的安全、健康和舒适的体验。室内设计的目的是以人为中心，创造满足人们物质和精神生活需要的室内空间环境，以成就广大民众对美好生活的向往。

室内设计制图是室内设计的重要组成部分，也是室内装修施工的重要技术文件。室内设计作为建筑设计的延续和再创作，室内设计制图与建筑制图的图示原理是相同的，在表现内容和方法上有自身的特点。

室内设计图是表述设计构思和指导装饰施工的图样，是装修施工和验收的依据，是设计师进行室内设计表达的深化阶段及最终阶段，也是建筑施工图的延续和深入。

室内设计图主要展现室内空间的布局、各构配件的形状大小及相互位置关系、各界面（墙面、地面、天花）的表面装饰、家具的布置、固定设施的安放及细部构造做法和施工要求等，是用来表现室内设计效果，作为装饰施工的依据。

一、室内设计图的类别

室内设计图一般包括平面布置图、地面铺装图、顶棚平面图、室内立面图、构造剖面图、局部详图和施工图设计说明书。其中平面布置图、地面铺装图、顶棚平面图、室内立面图为基本图样，构造剖面图和局部详图为施工的详细图样，表达施工的细部尺寸、凹凸变化、工艺做法等，用于指导室内设计工程的施工环节。

二、室内设计图的作用与要求

室内平面图是用于反映建筑平面布局、装饰空间及功能区域的划分、家具设备的布置、绿化及陈设的安排等内容的图样，是确定室内空间平面尺度及装饰形体定位的主要依据。

室内平面图的绘制要根据建筑物的规模和设计内容确定图幅和比例，根据建筑设计图和现场踏勘结果绘制建筑图，要注意对于不可变动的建筑结构、管道间、管道、配电房、消防设施一定要毫无遗漏地绘制出来，这样才能比较清楚地表达出室内空间的结构关系，然后根据设计要求、设计构想完成室内空间的划分、布局、陈设和说明。

室内顶棚图包括顶棚的造型、灯具的式样、空调风口、消防设备、安防设施的位置和大小等内容，同时材料说明和造型的高度变化也要标写清楚。

室内立面图用于反映室内空间垂直方向的装饰设计形式、尺寸与做法、材料与色彩的选用等内容，是室内设计的主要图样之一。室内立面图应绘制出包括立面装饰构造、门窗、构配件、固定家具、灯具等内容的图样。

局部详图是对室内平面、顶棚、立面、剖面图内容的补充，由于上述图样的比例一般较小，很多装饰造型、构造做法、材料详情、细部尺寸等无法反映或反映不清晰，满足不了装饰施工、制作的需要，故需放大画出详细图样。绘制详图要求符合规范和详尽反映需表达的部位。

三、常用房屋建筑室内装饰装修材料和设备图例

房屋建筑室内装饰装修常用材料的图例如表 10-1 所示。

表 10-1　室内装饰装修常用材料图例

序号	名称	符号	备注
1	石材	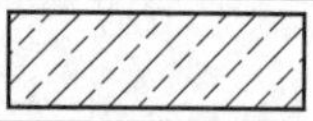	包括岩体、砌体、铺地、贴面等材料
2	普通砖	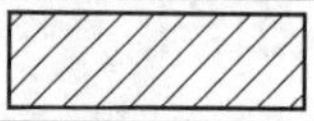	包括砌体、砌块
3	轻质砖	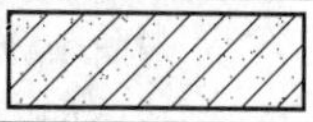	包括砌体、砌块，如断面较窄，可不画
4	混凝土	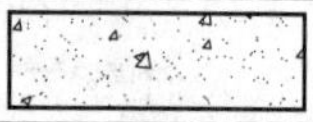	①包括各种标号、骨料、添加剂的混凝土 ②在剖面图上画出钢筋时，不画图例线 ③如断面太窄，不易画出图例线，可改为涂黑
5	钢筋混凝土	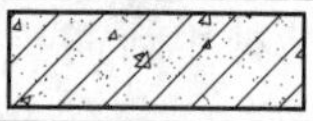	
6	多孔材料	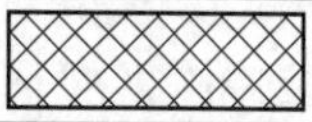	包括泡沫混凝土、加气混凝土、泡沫塑料、软木等
7	木材		左为横断面，右为纵断面
8	纤维板		应注明 * mm 纤维板
9	胶合板	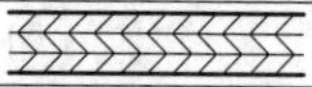	应注明 * 层胶合板
10	刨花板	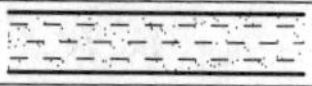	
11	细木工板	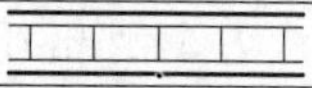	应注明 * mm 细木工板
12	金属	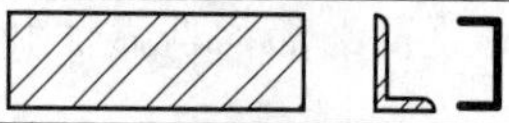	包括各种金属，图形小时，可涂黑
13	玻璃		包括磨砂玻璃、夹丝玻璃、钢化玻璃等

房屋建筑室内装饰装修施工图常用图例如表 10-2 所示。

表 10-2　室内装饰装修施工图常用图例

序号	图例	名称	说明
1		燃气灶	一般图例示意性即可
2	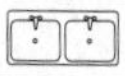	洗菜池	一般图例示意性即可
3		洗衣机	一般图例示意性即可
4		洗脸盆	一般图例示意性即可
5	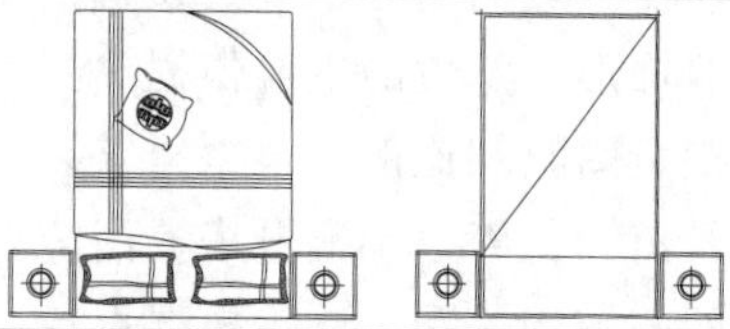	床及床头柜	左为双人床，右为单人床 图例须以实际尺度，按比例绘制
6	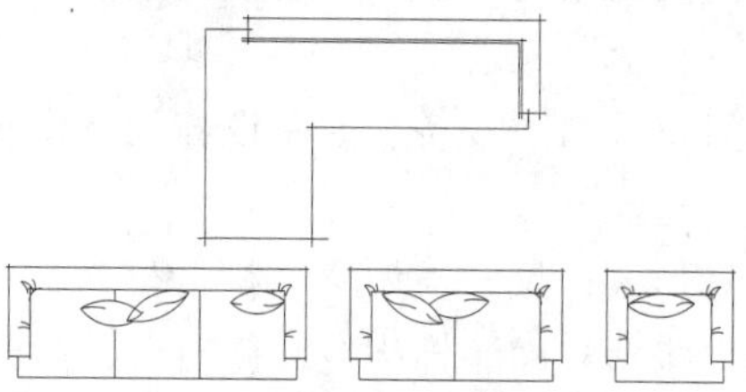	沙发	图例须以实际尺度，按比例绘制
7	 F　R	冰箱	左为双门冰箱，右为单门冰箱
8		马桶	一般图例示意性即可
9		卫生间蹲位	一般图例示意性即可
10	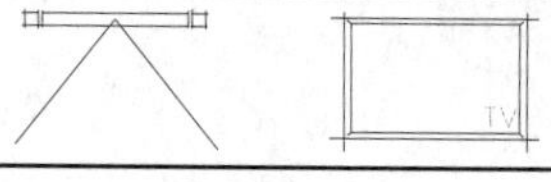 TV	电视	一般图例示意性即可

（续）

序号	图例	名称	说明
11		餐桌	左为六人圆桌，右为四人方桌 图例须以实际尺度，按比例绘制
12		浴缸	图例须以实际尺度，按比例绘制

第二节 室内设计平面图

无论是建筑设计还是室内设计，一般都是从建筑平面设计或室内平面布置入手。

平面图是室内设计施工图中最基本、最主要的图纸，其他图纸（顶棚图、立面图、剖面图及详图）是在它的基础上深化得到的，平面图也是相关工种（结构、水电、暖通、消防等）进行分项设计与制图的重要依据。

一、室内设计平面图的概念

室内设计平面图主要反映建筑物和建筑物空间的平面形状和大小、各室在水平方向的相对位置、各室的相对组合关系，室内家具布置、景观设计以及室内的交通尺度等；能清楚表达室内空间中各组成部分的铺装、陈设、家具、灯饰、绿化和设备等的摆放位置和要求；地面标高的变化及坡道、台阶、楼梯和电梯等。总之，平面图是室内设计是功能要求、艺术要求、技术要求以及经济要求总的体现。

作平面布置分析和绘制设计平面图时，一般在已有建筑平面图的基础上进行。如果没有现成的建筑平面图，就必须对现场进行测绘，掌握该现场的主要使用面积、辅助使用面积和交通联系部分的面积。清楚该建筑物在水平方向上各个部分的组合关系之后，才能进一步绘制室内设计平面图。

室内设计平面图一般包含以下内容。

① 建筑平面的基本结构和尺寸。如墙柱与定位轴线、房间布局与名称、门窗位置及编号、门的开启方向等；改造后确定下来的墙、柱、隔断、门、窗、楼梯、电梯、自动扶梯、管道井、阳台和各个房间的名称。

② 装饰结构的平面形式和位置。如需要表明楼地面、门窗和门窗套、护壁板或墙裙、隔断、装饰柱等装饰结构的平面形式和位置。

③ 室内配套装饰设置的平面形状和位置。室内设计平面图要标明室内家具、陈设、绿化、配套产品的平面形状、数量和位置。通常以图例符号按实际比例绘制。

④ 装饰结构与配套布置的尺寸标注要明确装饰结构和配套布置在建筑空间内的具体位置和大小，以及室内楼（地）面标高等的相互关系。

⑤ 室内立面图的索引投影符号，以及剖切符号、图名、比例及必要的说明、编号等。

二、室内设计平面图画法

室内设计平面图是假想用一水平剖切平面，将建筑物或建筑空间，经门窗洞口沿水平方向切开，移去上面部分，对下面部分作正投影，所得到的水平剖视图。剖切面位置选择要把门窗及室内外家具摆设物品清楚地表现出来。

沿底层门窗洞口剖切得到的平面图称为底层平面图或一层平面图，用同样办法可得二层平面图、三层平面图……顶层平面图。如果中间若干层平面布置一样，则相同楼层可用一张平面图表示，否则每一层都要画出平面图。图 10-1（a）、（b）分别是某住宅的一层平面图和二层平面图。

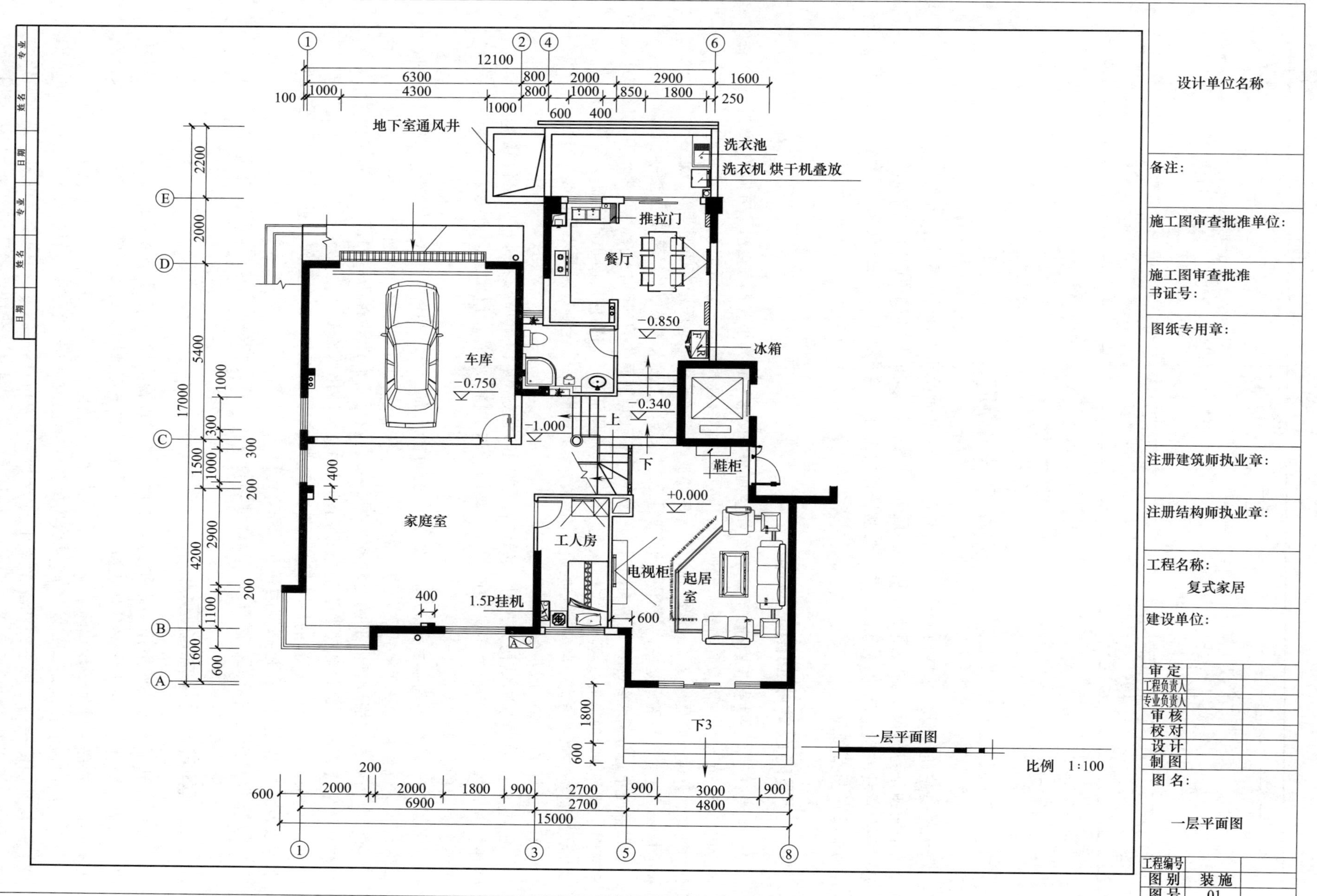
设计单位名称
备注：
施工图审查批准单位：
施工图审查批准书证号：
图纸专用章：
注册建筑师执业章：
注册结构师执业章：
工程名称：
复式家居
建设单位：
审定
工程负责人
专业负责人
审核
校对
设计
制图
图名：
一层平面图
工程编号
图别
装施
图号
01
地下室通风井
洗衣池
洗衣机 烘干机叠放
推拉门
餐厅
冰箱
车库
−0.750
−0.850
−0.340
−1.000
上
下
鞋柜
+0.000
家庭室
工人房
电视柜
起居室
1.5P挂机
下3
一层平面图
比例 1:100
12100
17000
15000

图 10-1（a） 一层平面图

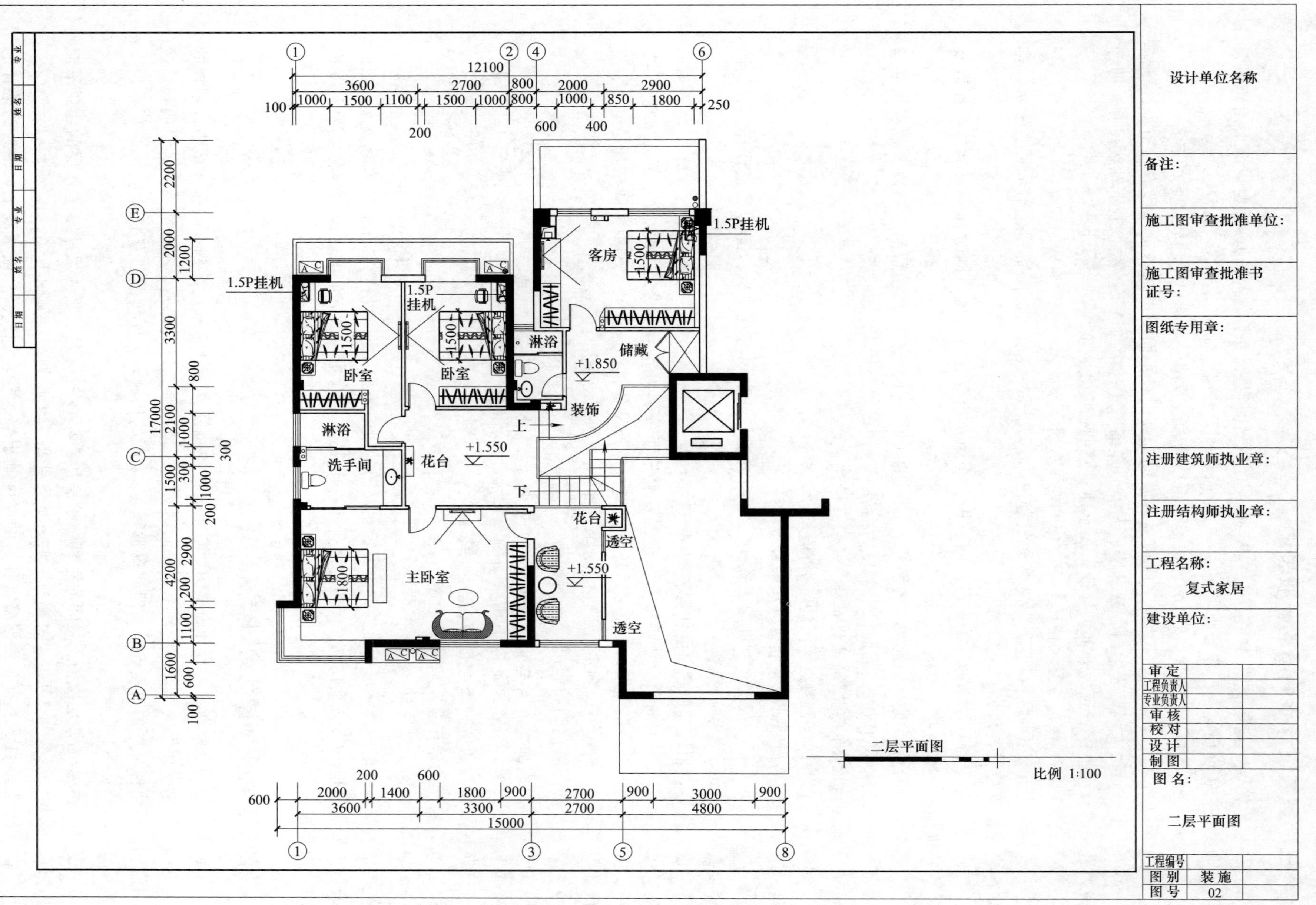
设计单位名称
备注：
施工图审查批准单位：
施工图审查批准书证号：
图纸专用章：
注册建筑师执业章：
注册结构师执业章：
工程名称：
复式家居
建设单位：
审定
工程负责人
专业负责人
审核
校对
设计
制图
图名：
二层平面图
工程编号
图别 装施
图号 02
二层平面图
比例 1:100
客房
储藏
装饰
淋浴
卧室
花台
洗手间
主卧室
透空
1.5P挂机
+1.850
+1.550
上
下

图 10-1（b） 二层平面图

三、室内设计平面图的一般表达

① 表示图名、比例。图名一般为“某某平面图”，比例通常采用1∶100，主要依据平面面积大小和布置复杂程度而定。面积较小可用1∶50，面积较大可用1∶200。

② 标明定位轴线及编号。标出墙、柱等承重结构轴线及编号，标出各功能区域的名称。

③ 标注出室内外的相关尺寸及室内楼、地面的标高。在平面图中基本尺寸线有三道标注：第一道为最里一道尺寸线，表示门、窗、墙、洞等的详细尺寸；第二道尺寸线，表示轴线尺寸，即开间和进深的尺寸；第三道为外部尺寸线，表示建筑总的长度或宽度。

④ 表示电梯、楼梯位置及楼梯上下方向和主要尺寸。

⑤ 表示阳台、雨篷、踏步、斜坡、通气竖道、管线竖井、烟囱、消防梯、雨水管、散水、排水沟、花池等位置与尺寸。

⑥ 标出卫生器具、水池、工作台、橱、柜、隔断及重要设备位置，同时标明家具的摆放以及一些装饰物品，如植物、地毯等。

⑦ 表示地下室、地坑、地沟、各种平台、阁楼（板）、检查孔、墙上留洞、高窗等位置尺寸与标高。如果是隐蔽的或在剖切面以上部位的内容，应用虚线表示。

⑧ 画出剖面图的剖切符号及编号（一般只标注在底层平面）。

⑨ 标注有关部位上节点详图的索引符号。

⑩ 在底层平面图画出指北针（一般取上北下南）。

⑪ 屋面平面图一般有：女儿墙、檐沟、屋面坡度、分水线与落水口、变形缝、楼梯间、消防梯及其他构筑物、索引符号等。

以上内容，根据具体项目的实际情况进行取舍。

图10-1为某住宅的两层平面图，图样主要表达了家具及绿化布置，如沙发、茶几、床、桌、椅、柜以及地毯、盆景和水体布置等；还包括室内各种设备、设施设计，如卫生间洁具、电视、空调、电话等；同时还考虑到室内平面的图案、材料、纹理、质感及色彩设计。

另外，剖面图剖切符号及立面图编号应在平面图中表达。为了表示室内立面在平面图中的位置，应在平面图上用索引符号注明视点位置、方向及立面编号。如图10-2（a）所示为单面索引符号，如图10-2（b）所示为四面索引符号。

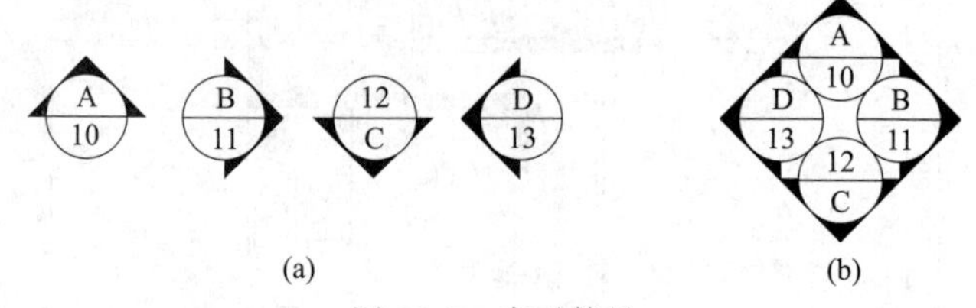

图10-2　索引符号

索引符号中箭头和字母所在的方向表示立面图的投影方向，同时相应字母也被作为该立面图的编号。如箭头指向A方向的立面图被称之为A立面图，箭头指向B方向的立面图被称之为B立面图。数字则表示该立面图所在的图纸号。

四、室内平面图的绘制步骤

室内平面图是整套室内设计施工图中最重要的单幅图样，通常独立绘制在一张图纸中。图样的大小取决于绘图比例的选择。绘制室内平面图必须选择一个合适的比例，不仅能够充分说明要传达的信息，还要保证图的可读性。一般建议选择1∶100的比例，方便读图和量取尺寸。

具体步骤如下。

① 首先根据墙体定位轴线之间的距离，绘制所有墙体的位置（具体尺寸参考该层的建筑平面图）。轴线要比该室内空间的尺寸略长一些，而且线型为细点划线，见图10-3（a）所示。

② 以定位轴线为基准，根据墙（柱）的厚度画出墙、柱轮廓线。一般情况下，轴线为墙体的中心线，如图10-3（b）所示。

③ 确定外墙门窗洞口的位置，对于其他建筑构件（如楼梯、台阶、阳台、散水、花池等）需要表现的应一并画出，同时要画出室内各空间的隔墙及门窗，如图 10-3（c）所示。

④ 画出家具及各设施等室内布置，如图 10-3（d）所示。

⑤ 标注尺寸及文字说明，如图 10-3（e）所示。

⑥ 检查图纸和图面效果，按线型加深图线线条。最后，在平面图下方写出图名、图号及比例等，绘制图框线及标题栏，如图 10-3（f）所示。

因客厅贯穿两层，其吊顶造型在二层顶棚图上，该处附上该家居二层平面图，如图 10-4 所示。

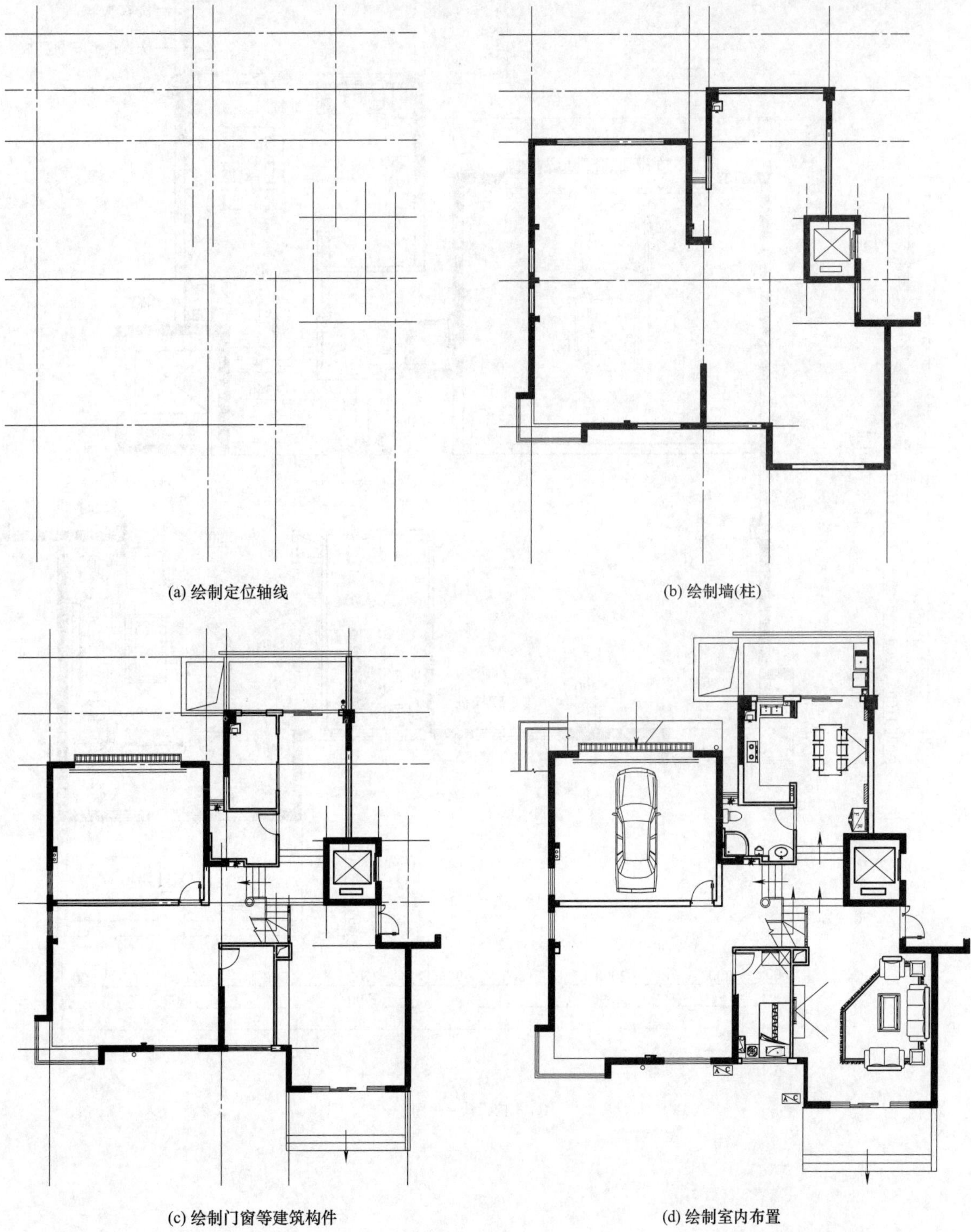

(a) 绘制定位轴线　(b) 绘制墙(柱)

(c) 绘制门窗等建筑构件　(d) 绘制室内布置

图 10-3

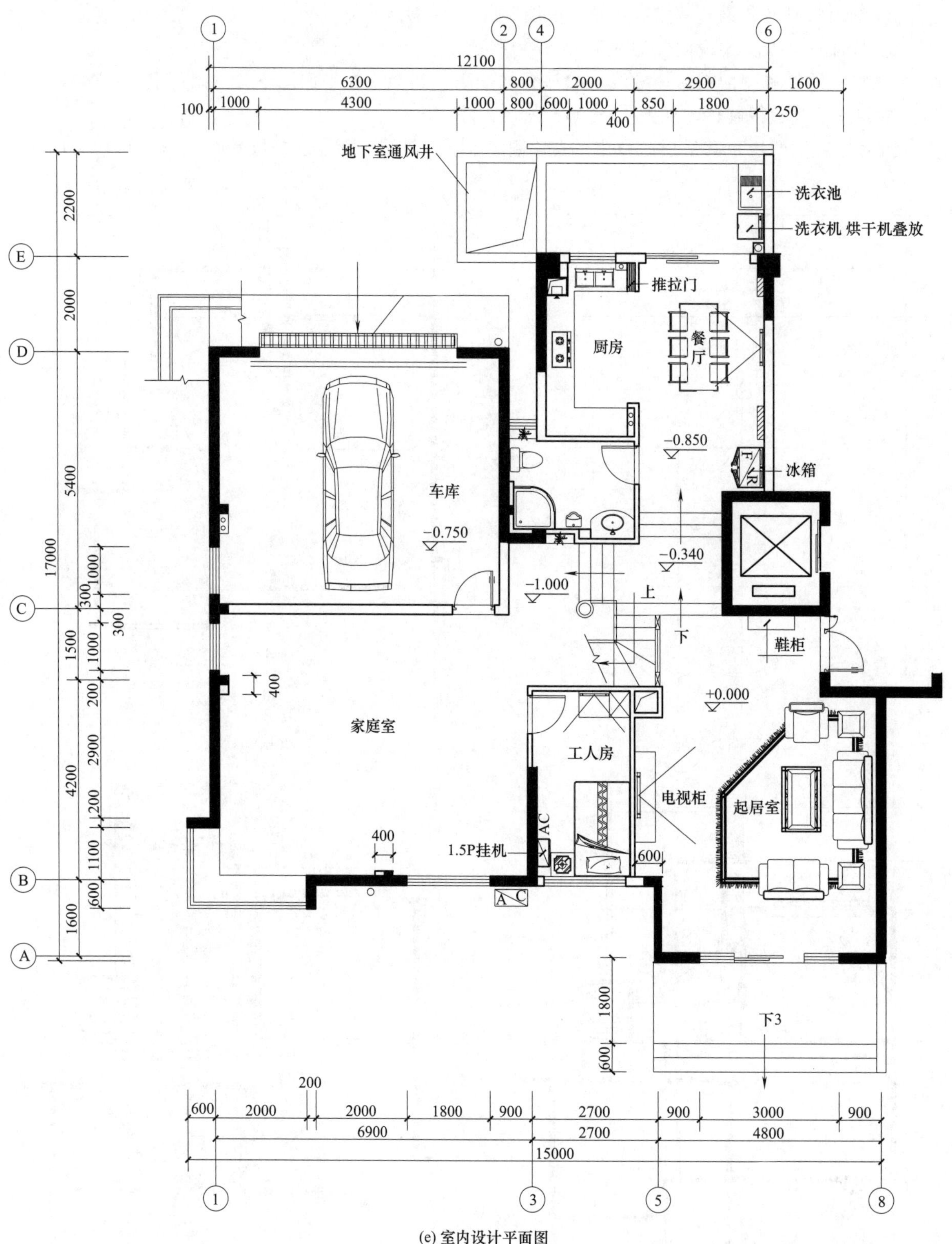
地下室通风井
洗衣池
洗衣机 烘干机叠放
推拉门
厨房
餐厅
冰箱
车库
-0.750
-0.850
-0.340
-1.000
上
下
鞋柜
+0.000
家庭室
工人房
电视柜
起居室
1.5P挂机
AC
下3
12100
6300
800
2000
2900
1600
17000
15000
6900
2700
4800

(e) 室内设计平面图

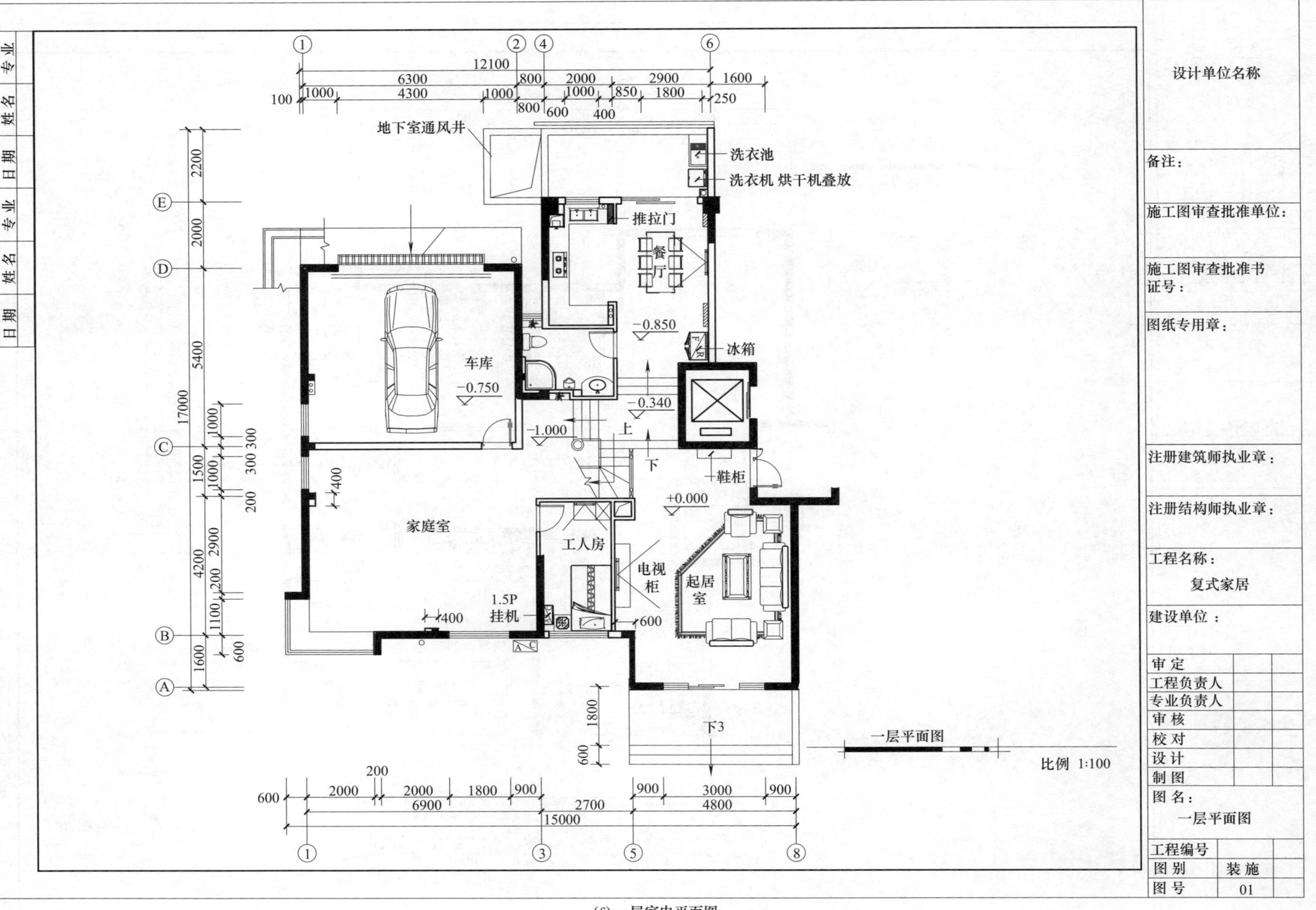

(f) 一层室内平面图

图 10-3　一层室内平面图绘制过程

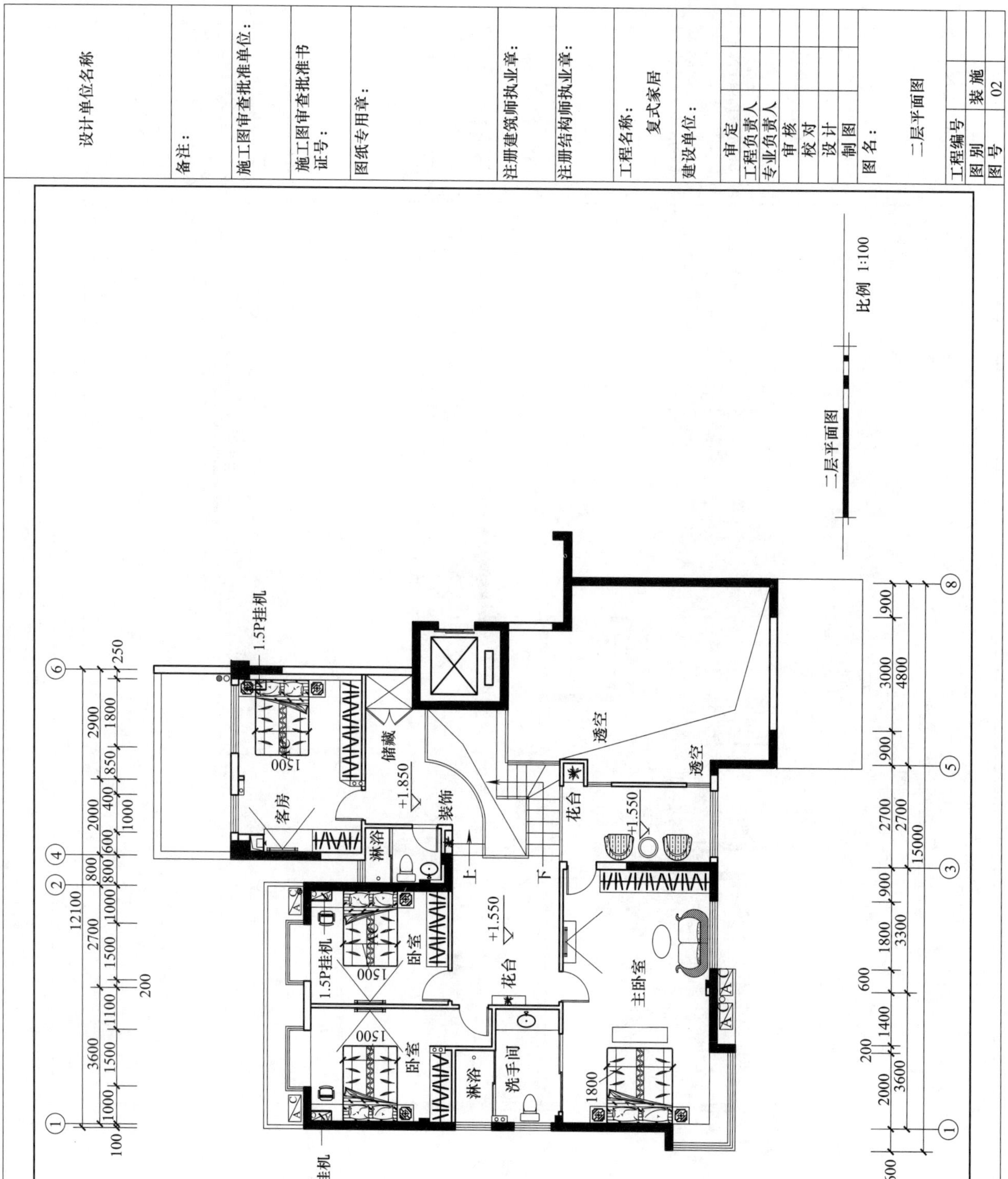

设计单位名称

备注：

施工图审查批准单位：

施工图审查批准书证号：

图纸专用章：

注册建筑师执业章：

注册结构师执业章：

工程名称：复式家居

建设单位：

审定	
工程负责人	
专业负责人	
审核	
校对	
设计	
制图	

图名：二层平面图

工程编号	
图别	装施
图号	02

二层平面图

比例 1:100

客房 储藏 装饰 淋浴 卧室 花台 洗手间 主卧室 透空 1.5P挂机 上 下 +1.550 +1.850

专业	姓名	日期	专业	姓名	日期

图 10-4　二层室内平面图

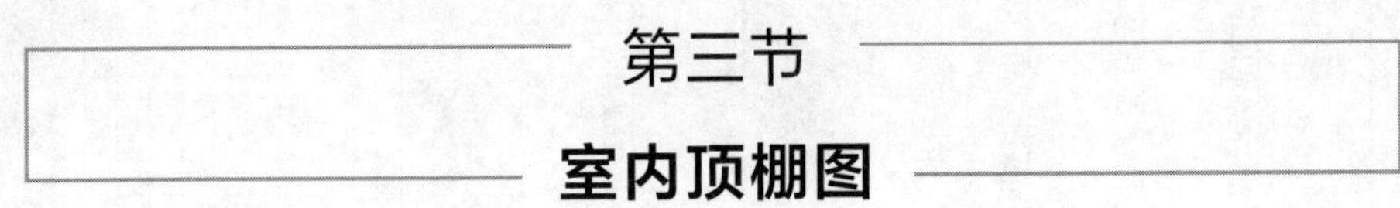

第三节 室内顶棚图

一、室内顶棚图的概念

顶棚又称天花，是指楼板层的下面部分，室内顶棚图实质上是楼板层底面的装修图。顶棚的装修一般要求表面光洁、美观，且能起到一定的反射光线作用。

顶棚形式多样，依其构造方式不同，分为直接式顶棚和悬吊式顶棚两种。

室内顶棚图有两种形成方法：第一种方法是以一个假想水平剖切平面沿顶棚下方门窗洞口位置进行剖切，移去下面部分后对上面的物体、顶棚所作投影图；第二种方法是采用镜像投影法，将地面视为镜面，对镜中顶棚的形象作正投影而成。

室内顶棚图一般采用镜像投影法，将地面视为镜面，对镜中顶棚的形象进行正投影。室内顶棚图主要利用该层的平面图改画而成，所绘制图样的纵、横轴线与平面图完全一致，易于识读，便于施工。

绘制室内顶棚图的依据是室内平面图、建筑结构图和相关的设备设计图，有条件的应取得第一手现场资料。对于现场情况应该掌握建筑各种梁的位置和尺寸，现有各种设备管线的位置、走向、高度以及消防设施的位置等。

图 10-5 所示为本章第二节平面图对应的顶棚图，图中标注了图名与比例，主要表达顶棚的造型式样与尺寸、材料与规格、灯具的式样及位置、空调风口等，并由标高表现顶棚造型的凹凸变化。有时吊顶剖面图的剖切位置及剖面图的编号也在室内顶棚图中标出。

二、室内顶棚图的一般表达

① 为方便尺寸量取，室内顶棚图的比例一般为 1∶50、1∶100 等。

② 原建筑平面图中被剖到的墙、柱等构件在室内顶棚图中仍为粗实线，钢筋混凝土的墙、柱等可涂黑。

③ 室内顶棚图中顶棚造型层次变化应标注标高。

④ 室内顶棚图中应反映顶棚造型、材料、色彩、灯光、空调设备、消防设施等主要内容。

三、室内顶棚图的绘制步骤

室内顶棚图主要利用该层的平面图改画而成，由于顶棚图采用镜像投影法，所以顶棚图的纵、横轴线与平面图完全一致。具体绘制步骤如下。

① 在平面图的基础上去除地面布置，画顶棚建筑平面图，如图 10-6（a）所示。

② 结合建筑各种梁的位置和尺寸及各种设备的位置等，设计顶棚造型、装饰线脚、灯光布置、空调设备及消防设备的布点定位，如图 10-6（b）所示。

③ 标注尺寸、注写标高以及文字说明等，如图 10-6（c）所示。

④ 检查图纸和图面效果处理，按线型加深图线，在顶棚图下方写出图名、图号及比例等，绘制图框线及标题栏，如图 10-6（d）所示。

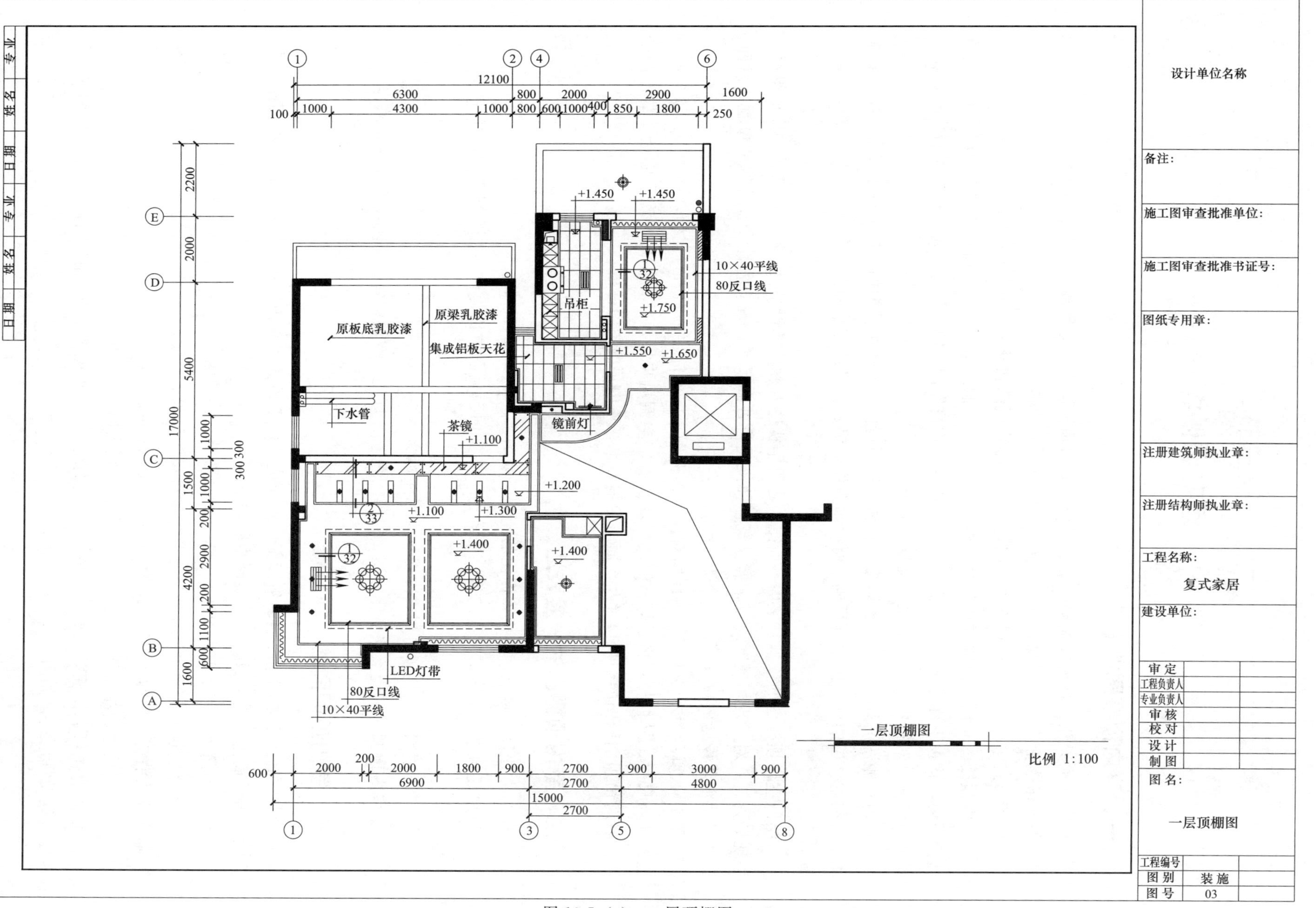

设计单位名称
备注:
施工图审查批准单位:
施工图审查批准书证号:
图纸专用章:
注册建筑师执业章:
注册结构师执业章:
工程名称:
复式家居
建设单位:
审定
工程负责人
专业负责人
审核
校对
设计
制图
图名:
一层顶棚图
工程编号
图别 装施
图号 03
一层顶棚图
比例 1:100
10×40平线
80反口线
吊柜
镜前灯
原板底乳胶漆
原梁乳胶漆
集成铝板天花
下水管
茶镜
LED灯带
专业 姓名 日期 专业 姓名 日期

图 10-5（a） 一层顶棚图

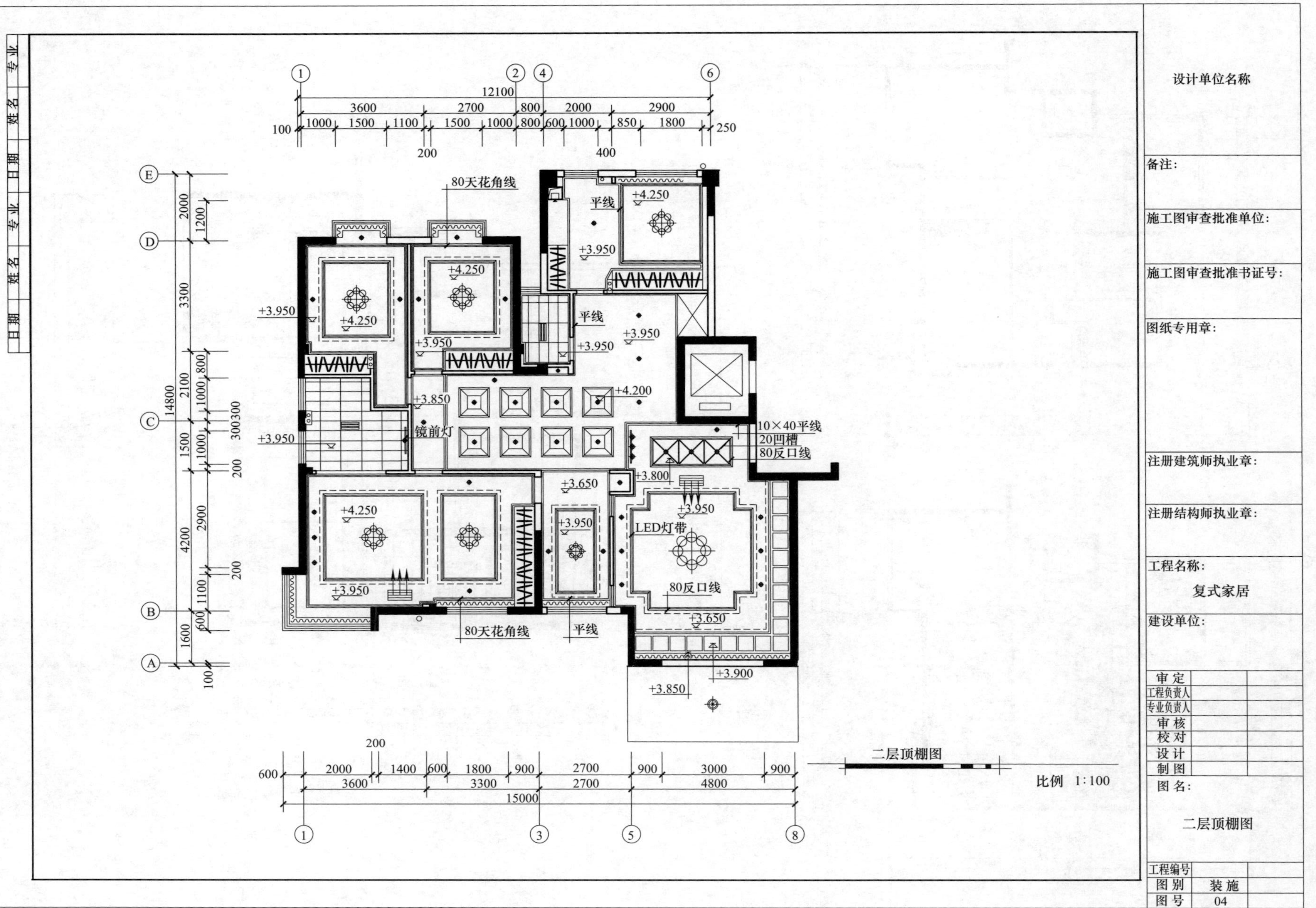
80天花角线
平线
镜前灯
10×40平线
20凹槽
80反口线
LED灯带
80反口线
80天花角线
平线
二层顶棚图
比例 1:100
设计单位名称
备注：
施工图审查批准单位：
施工图审查批准书证号：
图纸专用章：
注册建筑师执业章：
注册结构师执业章：
工程名称：
复式家居
建设单位：
审定
工程负责人
专业负责人
审核
校对
设计
制图
图名：
二层顶棚图
工程编号
图别 装施
图号 04
日期
姓名
专业

图 10-5（b）　二层顶棚图

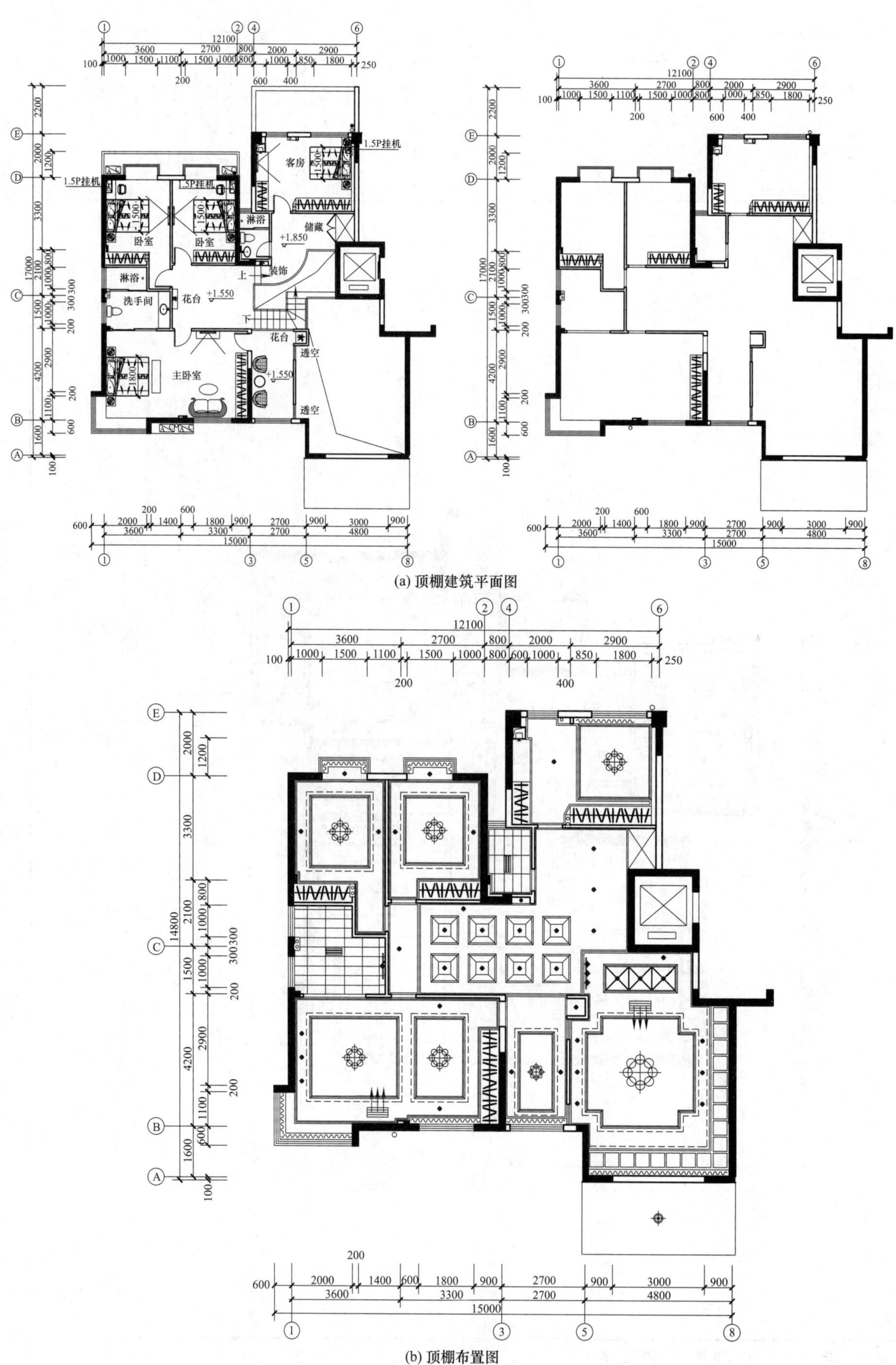

(a) 顶棚建筑平面图

(b) 顶棚布置图

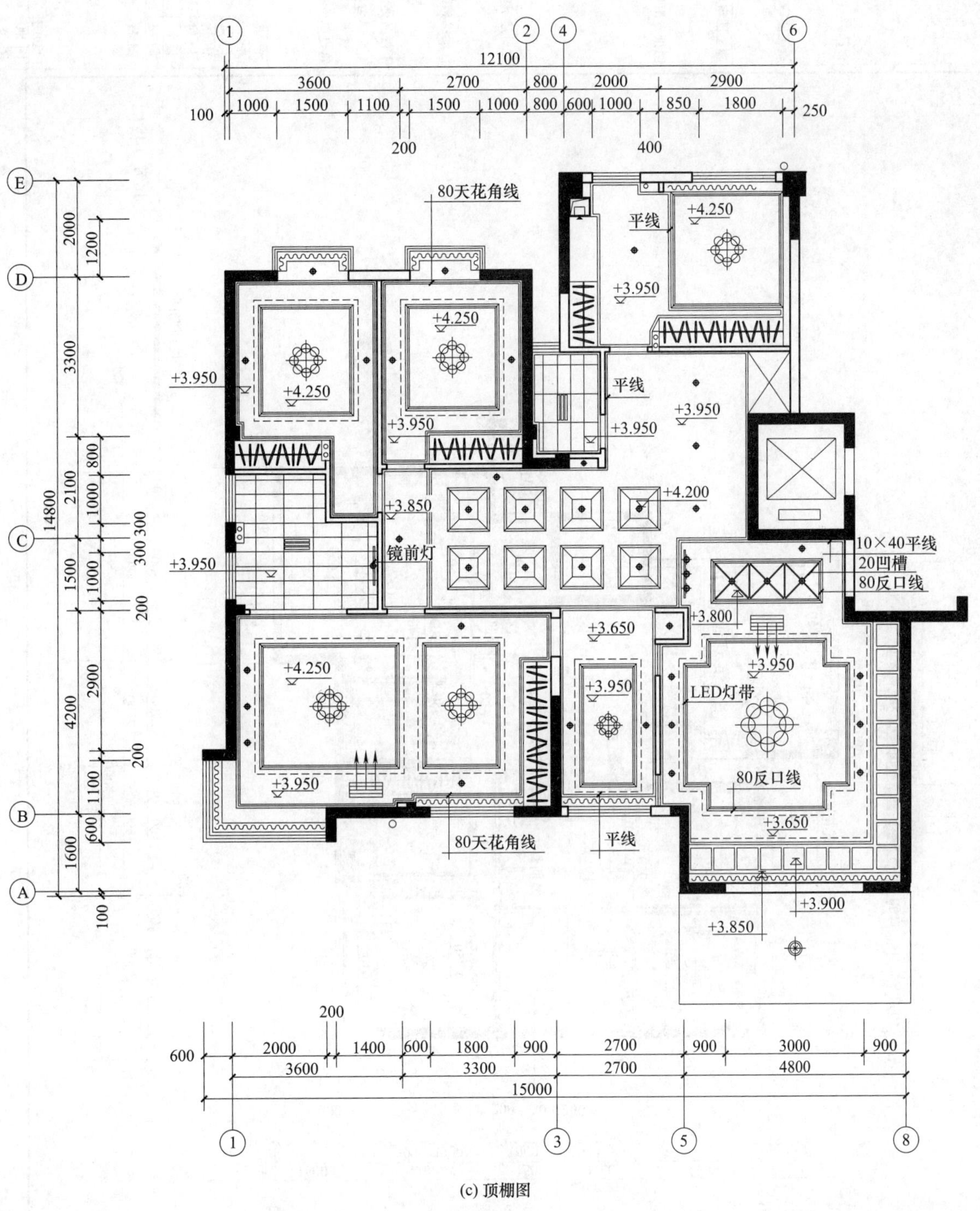
12100
3600
2700
800
2000
2900
100
1000
1500
1100
1500
1000
800
600
1000
850
1800
250
200
400
80天花角线
平线
+4.250
+3.950
+3.950
+4.250
+4.250
+3.950
平线
+3.950
+3.950
+3.850
+4.200
镜前灯
+3.950
10×40平线
20凹槽
80反口线
+3.800
+3.650
+4.250
+3.950
+3.950
LED灯带
80反口线
+3.950
+3.650
80天花角线
平线
+3.900
+3.850
2000
1200
3300
14800
800
2100
1000
300 300
1500
1000
200
4200
2900
200
1100
1600
600
100
200
600
2000
1400
600
1800
900
2700
900
3000
900
3600
3300
2700
4800
15000

(c) 顶棚图

图 10-6

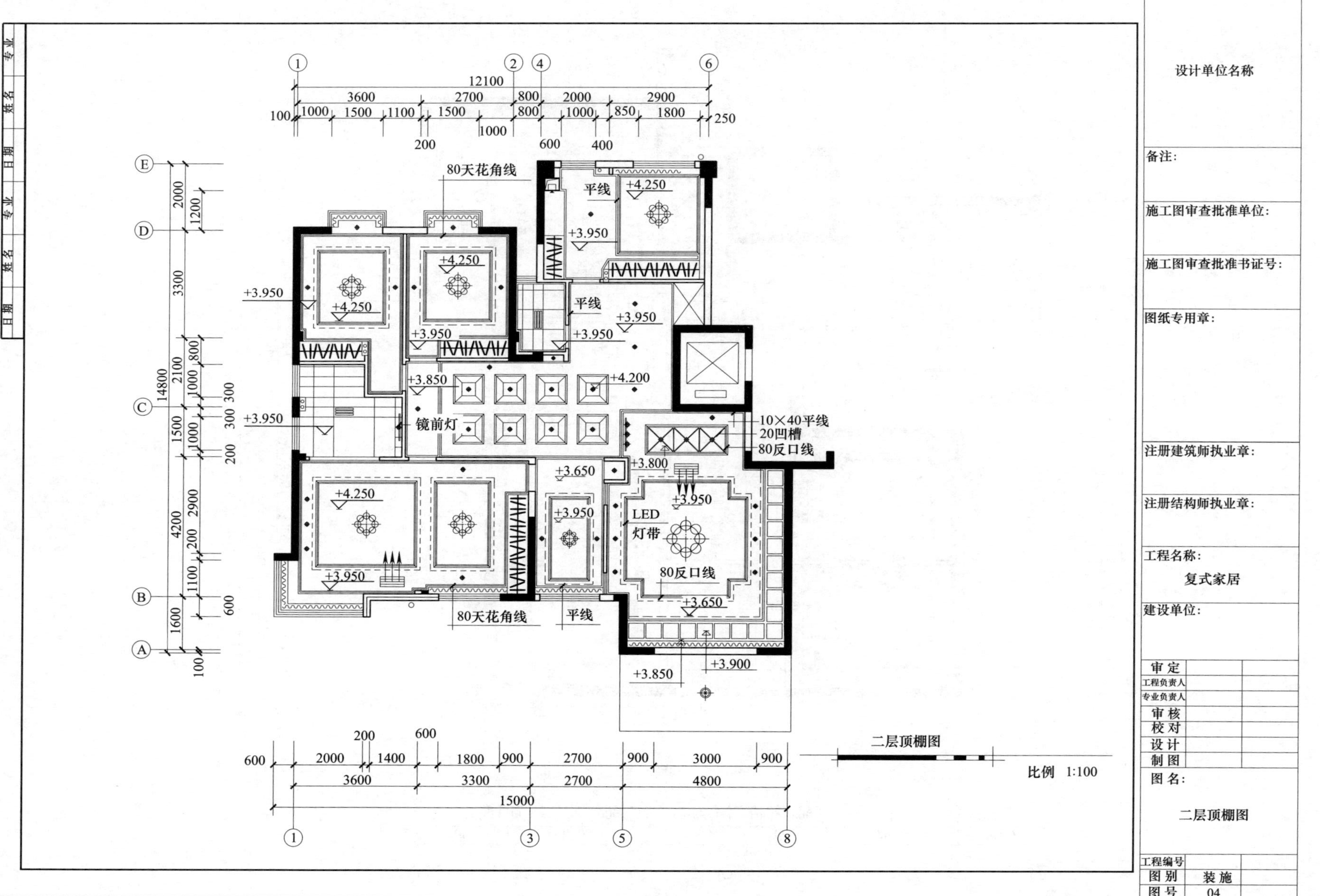

(d) 二层顶棚图

图 10-6 顶棚平面图绘制过程

第四节
室内设计立面图

一、室内设计立面图的概念

室内设计立面图一般指内墙的装饰立面图，也称为剖立面图。它的准确定义是在室内设计中，平行于某空间立面方向假设有一个竖直平面从顶至地将该空间剖切后所得到的正投影图，当用剖面图去表现室内立面时，由于顶棚部分也被剖切到，所以它也可同时作为表达顶棚装修用的剖面图。

一般情况下，室内设计立面图只画内墙的装饰立面图，是墙以及建筑内部各种部件表面的垂直投影，主要用来表示室内四周竖直立面的装修、装饰做法。一般包括房间的四个立面、剖面和壁柜壁饰等装饰件的详图等。立面图能清楚反映出室内立面的装修和装修构造，如门窗、壁橱、间隔、壁面、装饰物以及它们的设计形式、尺度、构件间的位置关系、装修材料、色彩运用等。

绘制立面图时，只用粗实线表示此房间周边结构构件的内缘。为了突出该立面内的装修情况，应像平面图一样尽量用简洁的图例说明各处的装修要求，必要时再用引出线作一些附加说明。位于室内立面前方的构件和陈设物可省去不画。

二、室内设计立面图的一般表达

室内设计立面图主要表达的范围是各墙面：自室内空间的左墙内角到右墙内角，高度是自地面到天花板底的距离，其内容如下。

① 投影方向可见的室内立面轮廓、装修造型以及墙面装饰的工艺要求等。

② 墙面装饰材料名称、规格、颜色及工艺做法。

③ 门窗及构配件的位置及造型。

④ 靠墙的固定家具、灯具与需要表达的靠墙非固定家具、灯具的形状及位置。

⑤ 室内的装饰构件（如悬挂物、艺术品等）的形状及位置关系。

⑥ 各种必要的尺寸和标高。

图 10-7 所示为某复式家居的一个室内立面图，主要表达了一、二层 A 立面的装修与装饰造型设计，并用引出线表明了各造型所用材料及工艺。

室内设计立面图具体包括以下内容。

① 室内立面图所用比例。常用比例为 1∶25 与 1∶50。

② 室内立面图的名称，图名应根据平面图索引符号中的字母确定（如 A 立面、B 立面等），如图 10-8 所示。

③ 室内顶棚轮廓的形状，可根据具体情况只表达吊平顶或同时表达吊平顶与结构顶棚。

④ 门、窗的投影形状，并注明大小及位置。

⑤ 立面造型及需要表达的家具等物品的投影形状，并用引出线和文字说明个别部位所用材料的名称、规格、颜色及工艺做法。

对于平面形状曲折的建筑物可绘制展开室内立面图；圆形或多边形平面的建筑物可分段展开绘制室内立面图，但均应在图名后加注“展开”二字；对需要详细表达的部位，应画出详图索引符号；室内立面图中的附加物品应用图例或投影轮廓简图表示。

三、室内设计立面图的绘制步骤

立面图的尺寸参照图 10-3（f）、图 10-4 的平面图及相应的顶棚图，绘制出垂直和水平的内墙

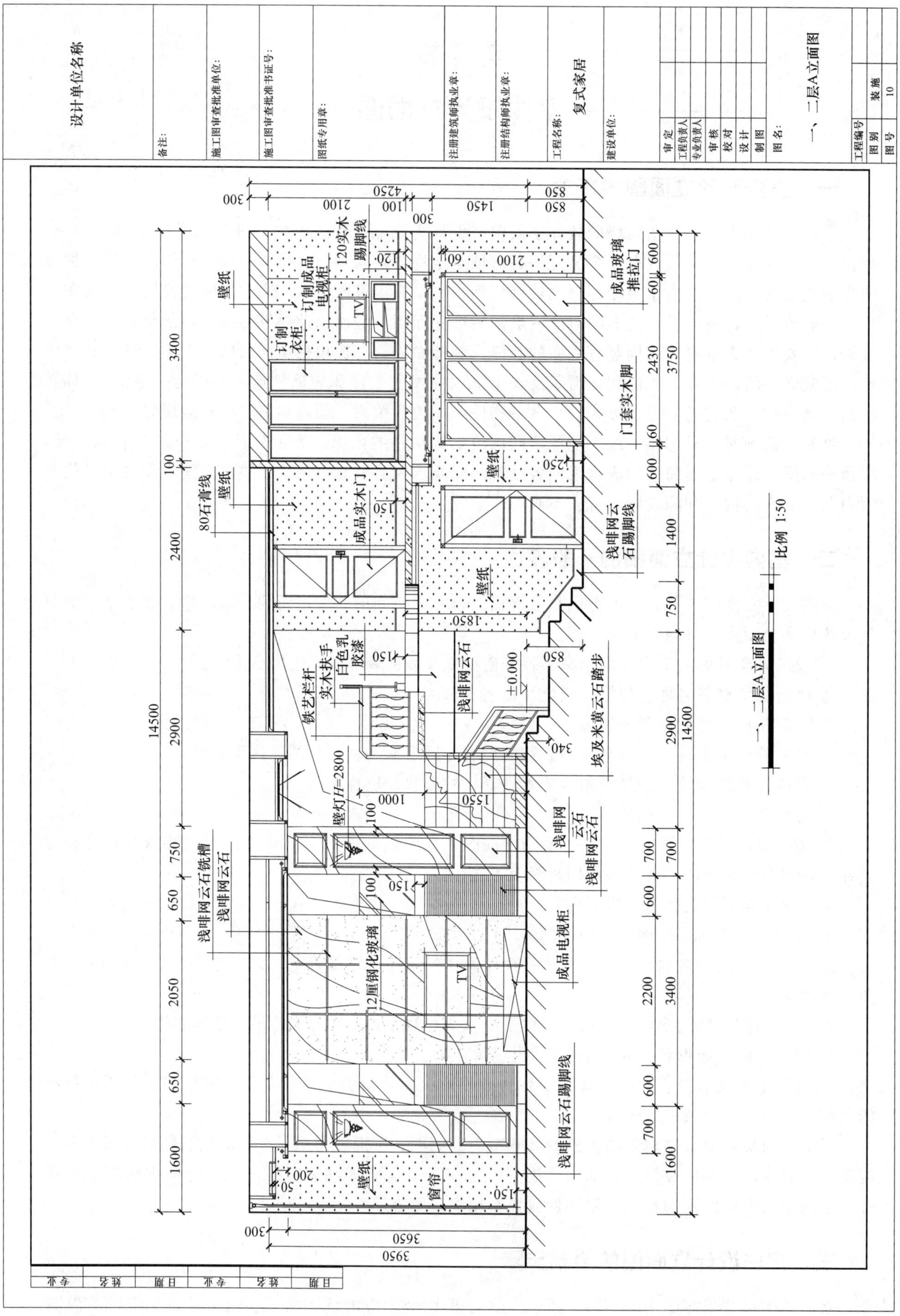

浅啡网云石铣槽

浅啡网云石

80石膏线

壁纸

壁纸

订制衣柜

订制成品电视柜

120实木踢脚线

铁艺栏杆

实木扶手

白色乳胶漆

壁灯H=2800

壁纸

12厘钢化玻璃

成品实木门

TV

窗帘

TV

浅啡网云石

壁纸

壁纸

±0.000

浅啡网云石踢脚线

成品电视柜

浅啡网云石

浅啡网云石

埃及米黄云石踏步

浅啡网云石踢脚线

门套实木脚

成品玻璃推拉门

一、二层A立面图

比例 1:50

设计单位名称

备注:

施工图审查批准单位:

施工图审查批准书证号:

图纸专用章:

注册建筑师执业章:

注册结构师执业章:

工程名称: 复式家居

建设单位:

审定

工程负责人

专业负责人

审核

校对

设计

制图

图名: 一、二层A立面图

工程编号

图别 装施

图号 10

专业 姓名 日期 专业 姓名 日期

图 10-7 某复式家居室内立面图

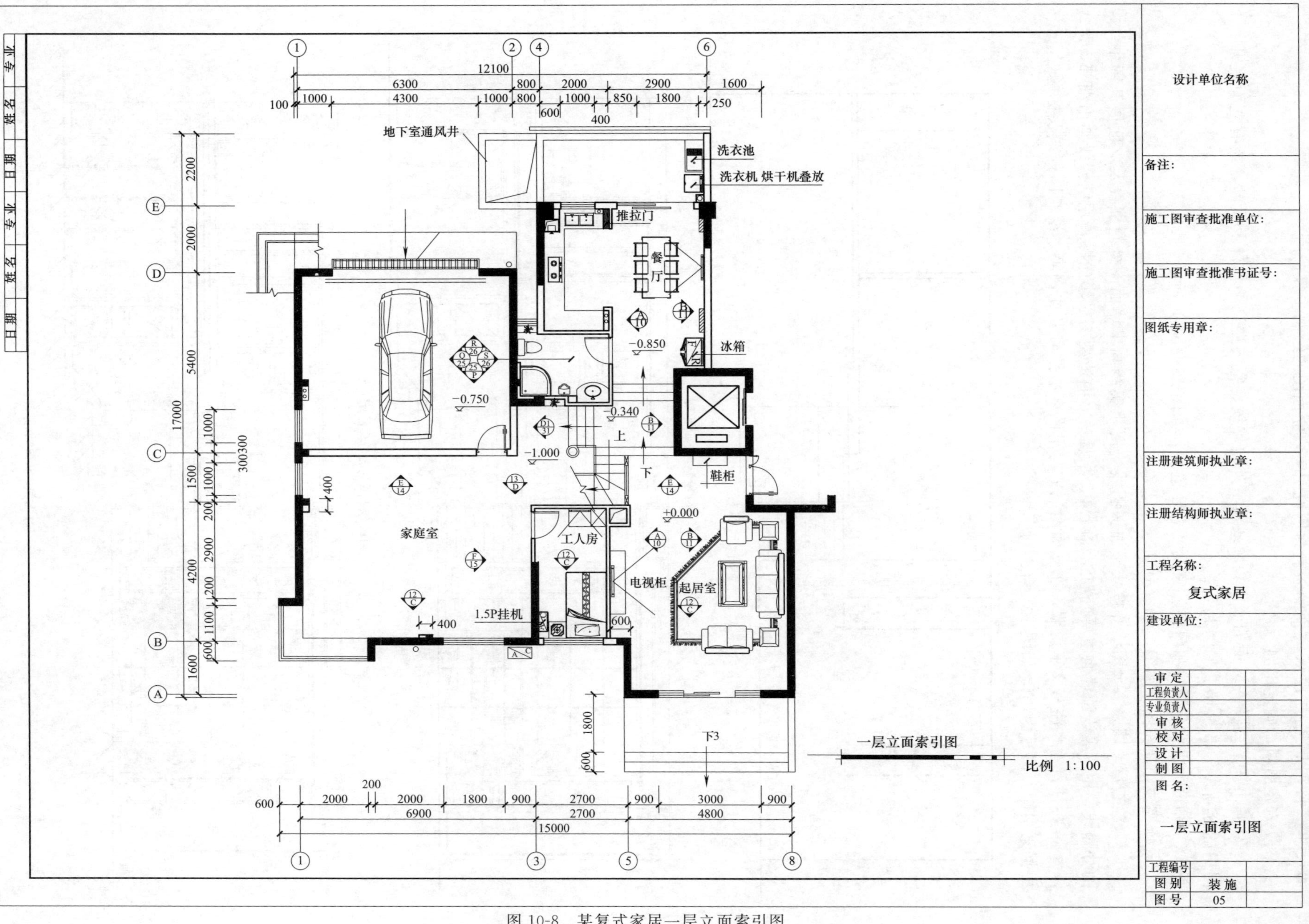

图 10-8 某复式家居一层立面索引图

面尺寸。下面以一、二层 A 立面的绘制为例说明室内立面图的绘制步骤。

① 选定图幅，确定比例。

② 画出一、二层 A 立面的墙面轮廓线及室外地坪线、室内层高、构件及屋高，还有立面展开图中的分隔线，如图 10-9（a）所示。

③ 画墙面主要分隔线和门窗、家具及立面造型，如图 10-9（b）所示。

④ 完成细部作图，如图 10-9（c）所示。

⑤ 检查后，擦去多余图线并按线型加深图线：用粗实线画出墙面的外轮廓线及立面展开图中的分隔线，用中实线画墙面主要分隔线和门窗、家具及立面造型的投影轮廓，用细实线画出细部。

⑥ 标注尺寸，注写文字说明，在立面图下方写出图名、图号及比例等。绘制图框线及标题栏，根据索引图，图号为 10，如图 10-9（d）所示。

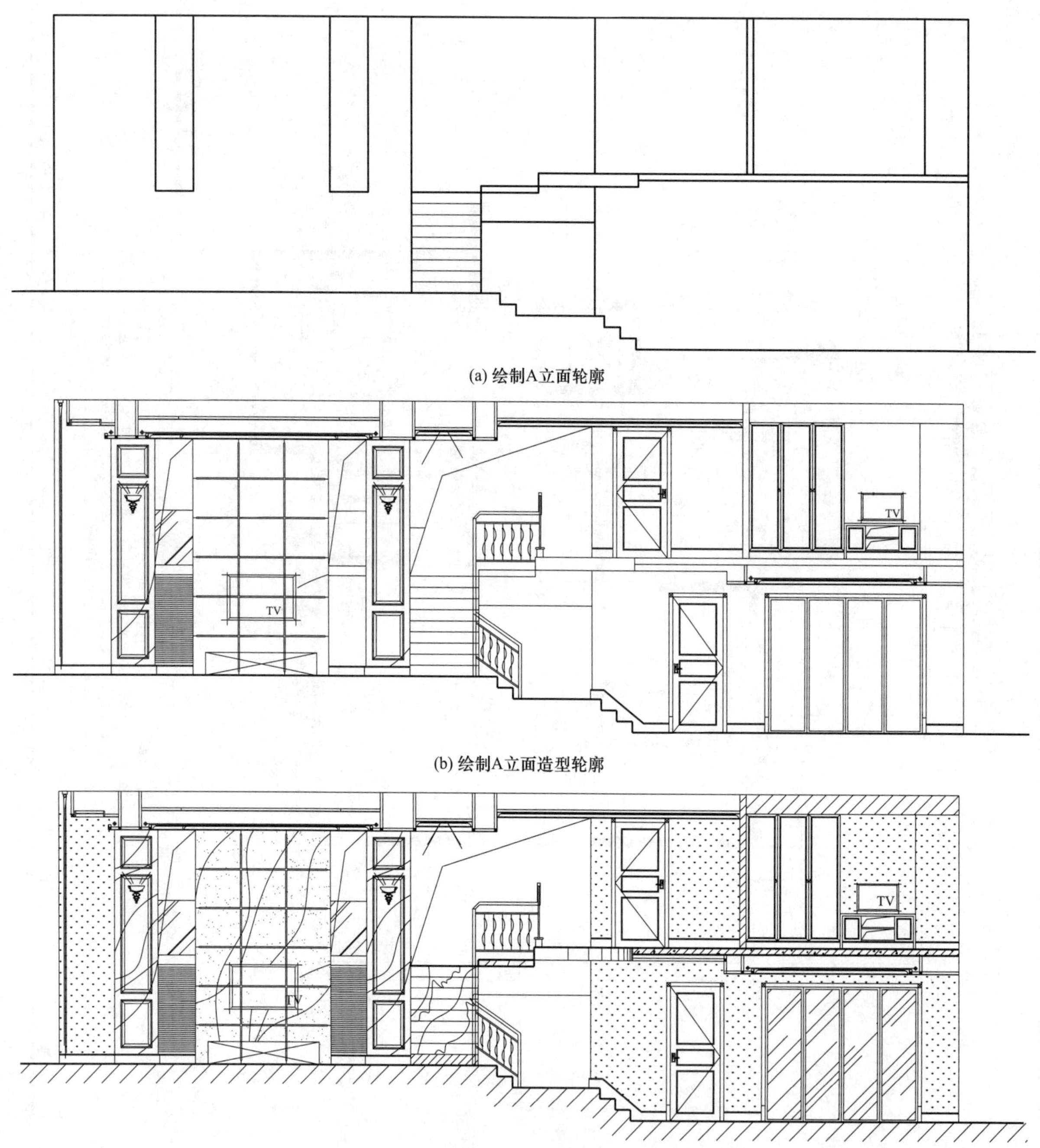

(a) 绘制A立面轮廓

(b) 绘制A立面造型轮廓

(c) 绘制A立面细部

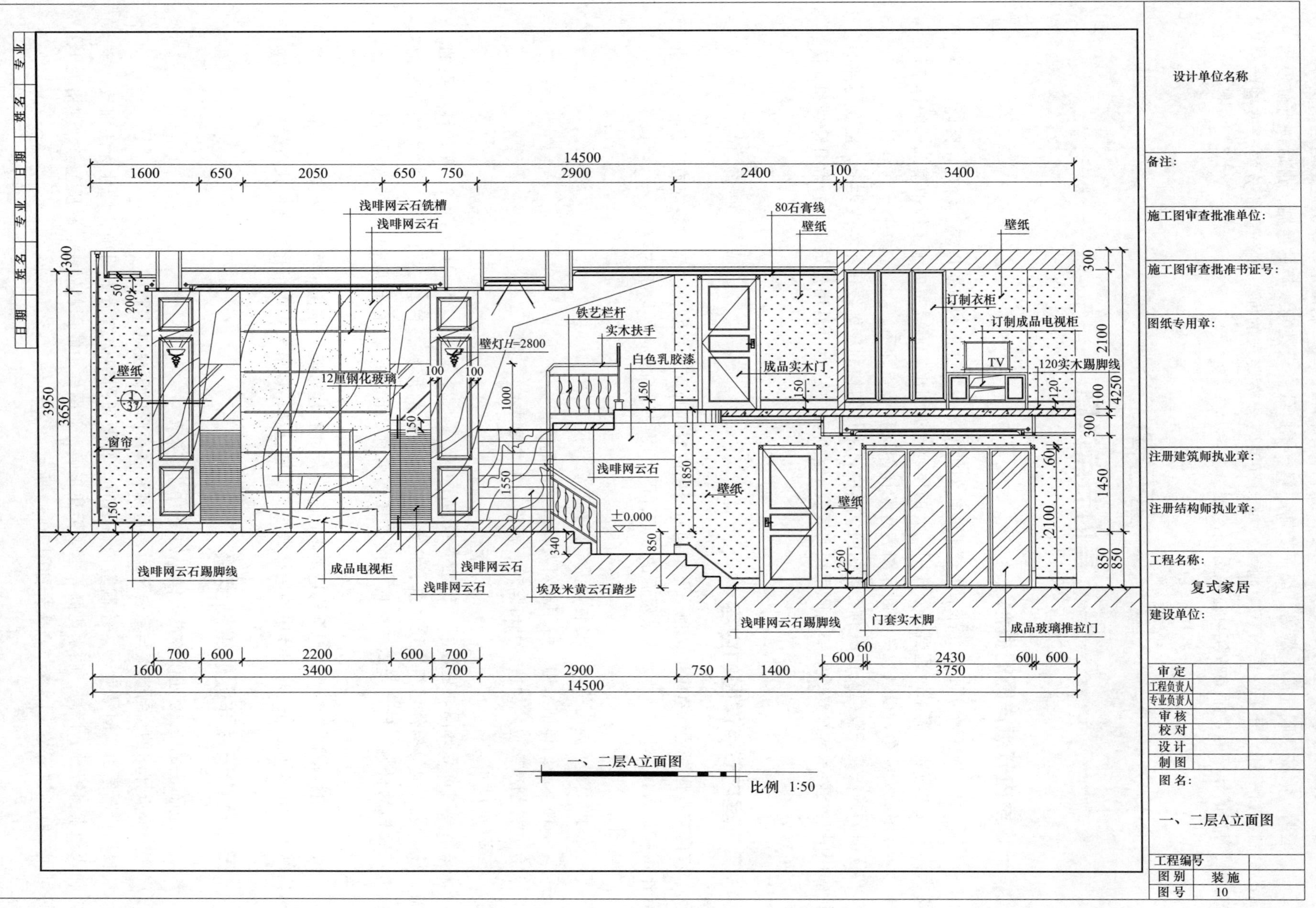

(d) A立面图

图 10-9　A立面图绘制过程

一般来说首先按顺序把墙体按该面的范围和相关的门窗洞口绘制出来；其次进行固定的构件如门窗、壁橱、墙柱、暖气罩、墙裙、墙面装饰装修、踢脚线、天花角线等的绘制；最后进行陈设物品的绘制，如壁灯、开关、窗帘、配画等。对于有铺装分格要求的面，如石材的分格、玻璃的分格、装饰物的分格等，都要按实际铺装分格绘制。

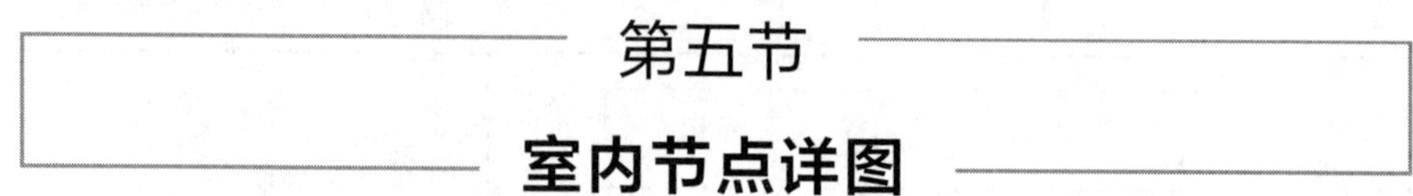

第五节 室内节点详图

一、室内节点详图的概念

室内平面、顶棚及立面图大都采用较小的比例画出，一些细部构造难以表达清楚，因此，一些要求详细表达的部位需采用适当的方式用较大的比例单独画出，形成室内施工图中某部位的详细图样，即详图或大样图，以剖视图和断面图表达的详图又称节点详图。

详图的画法与一般建筑详图的要求相同。其中，主体结构的轮廓线用粗实线表示，主要构件的轮廓用中实线表示，次要的细部轮廓用细实线表示。标注方法也可沿用建筑详图的索引符号和详图符号来表示。

二、室内节点详图的内容

室内节点详图是对室内平、顶、立、剖面图中内容的补充，特别是对室内装饰施工有重要的指导作用和意义。图 10-10 所示为某墙面的节点详图，图中详细表达了以下内容。

① 图名与比例。

② 室内配套设施的位置、安装与固定方式及安装尺寸等。

③ 墙面本身的详细结构、所用材料及构件之间的连接关系。

④ 构件细节部位的构造、材料名称、规格及工艺要求。

⑤ 详细尺寸。

绘制室内节点详图时应注意：比例一般为 1∶1、1∶2、1∶5、1∶10、1∶20 等；被剖到的墙、柱、梁、板等构件用粗实线绘制；应清楚表达构件的形状、材料、尺寸及连接方法和某部位节点大样的材料、尺寸及做法；应标明详图的名称、比例，并在相应的平、顶、立面图中标明索引符号。

绘制室内详图时，要做到图例构造清晰明确、尺寸标注细致，定位轴线、索引符号、标高、图示比例等也应标注正确。对图样中的用材做法、材质色彩、规格大小等可用文字标注清楚。

三、室内节点详图的绘制步骤

以 A 立面图的 1、2 处作节点大样，如图 10-11 所示。

室内节点详图的绘制步骤与室内平面、顶棚和立面图的画法基本相同。

根据详图索引，图号为 37，绘制室内详图时，要做到图例构造清晰明确、尺寸标注细致，定位轴线、索引符号、标高、图示比例等也应标注正确。对图样中的用材做法、材质色彩、规格大小等可用文字标注清楚。1、2 节点大样如图 10-12 所示。

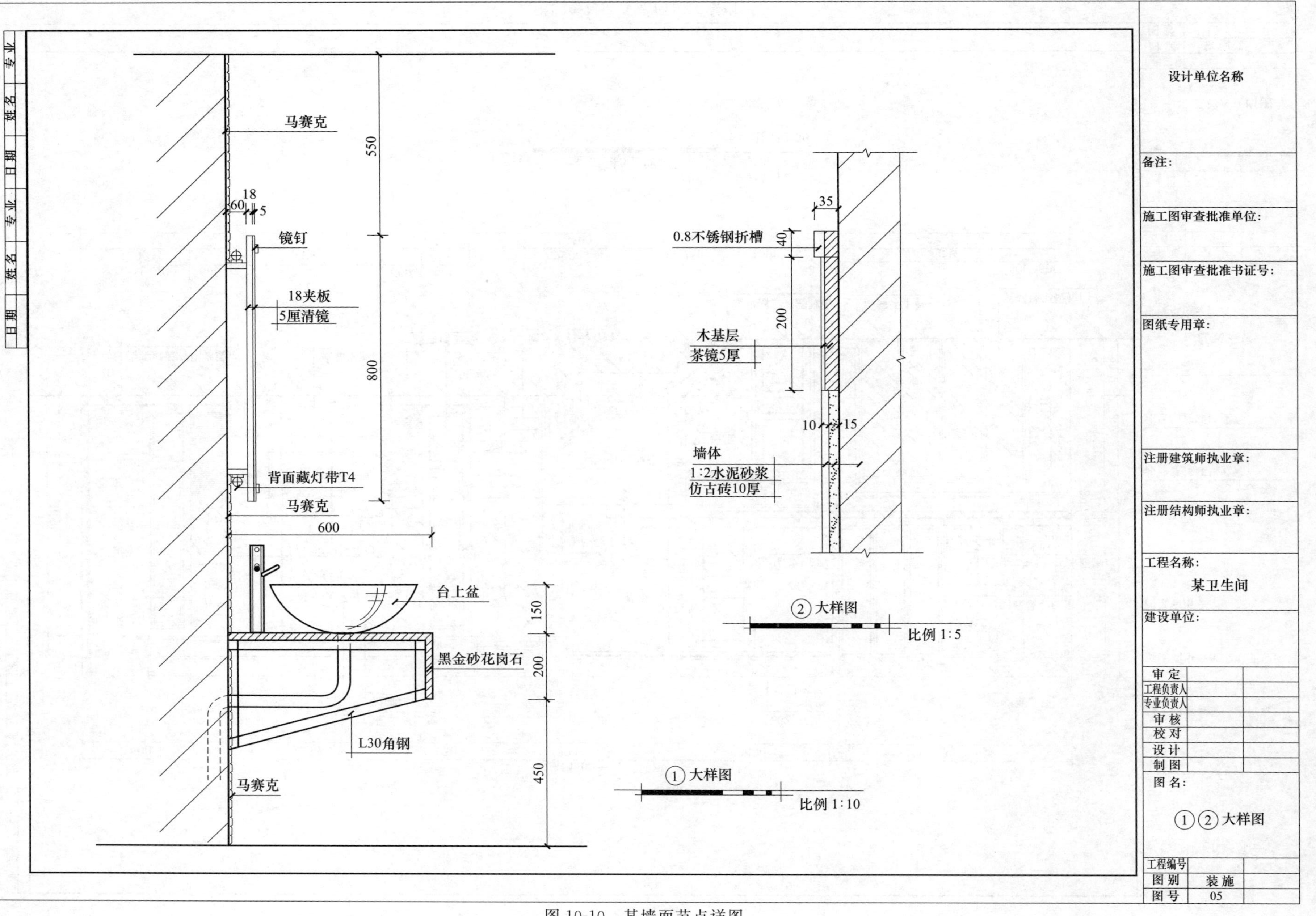

图 10-10 某墙面节点详图

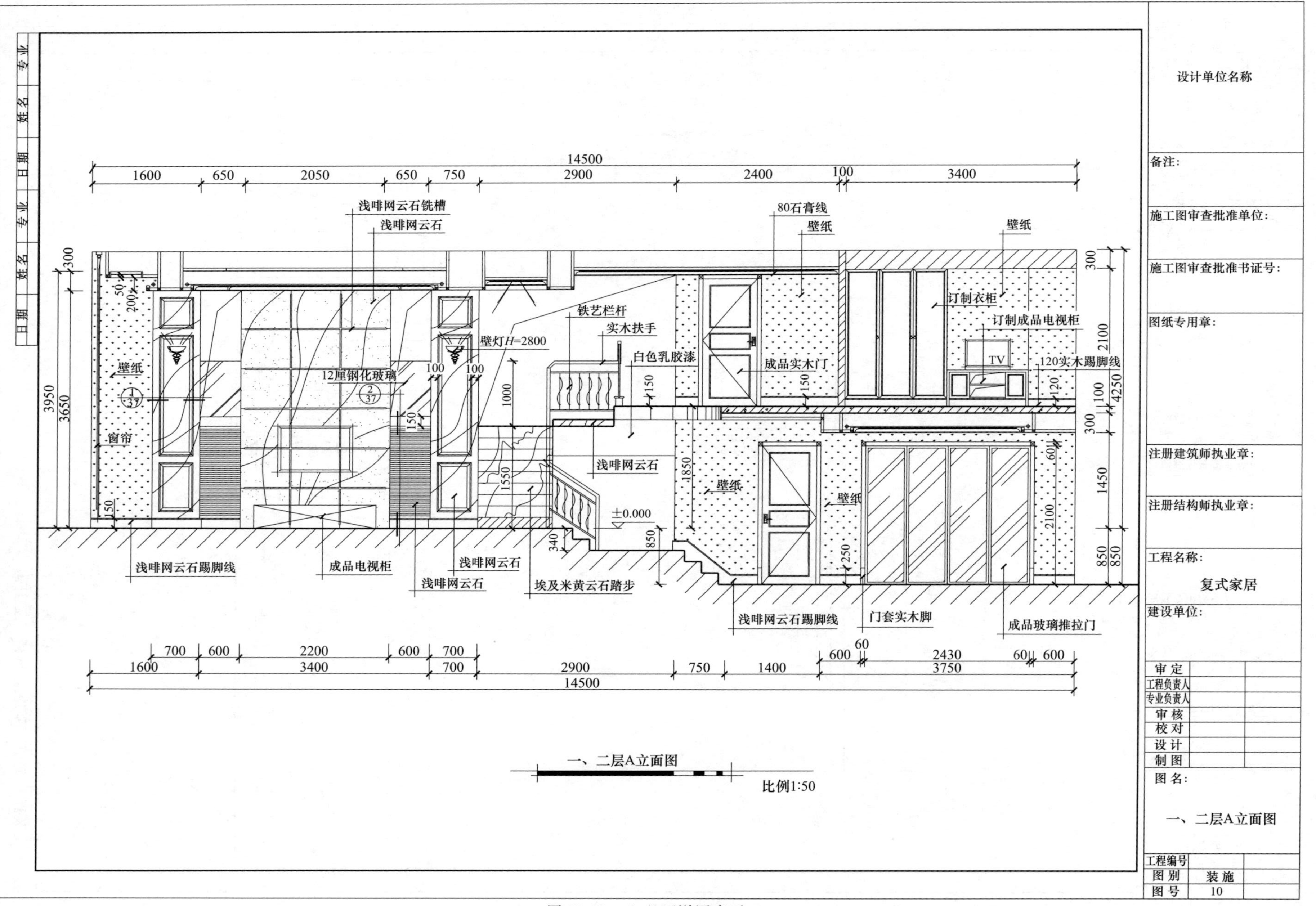

图 10-11　A 立面详图索引

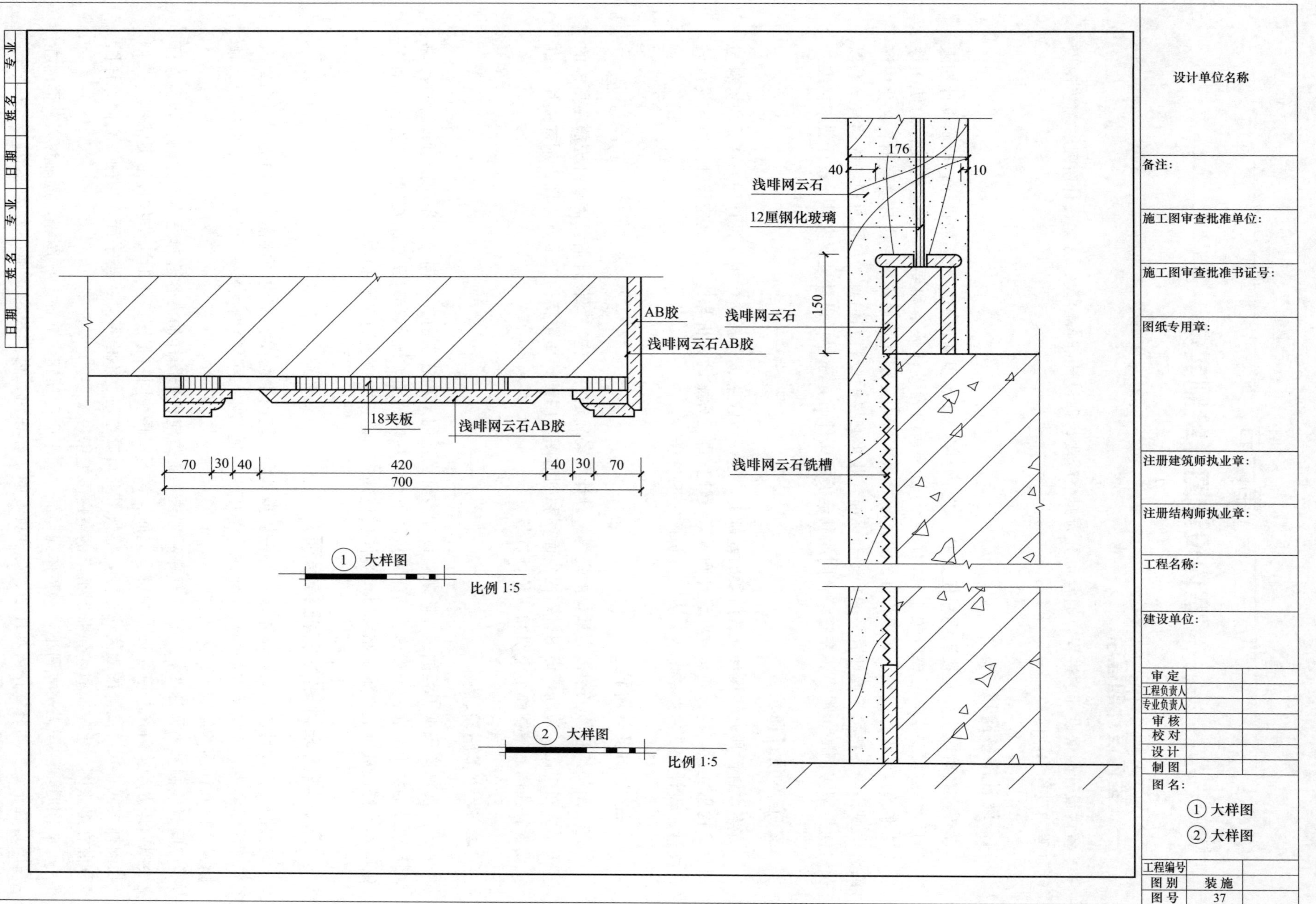

图 10-12　1、2 节点详图图纸

第六节 室内设计图样绘制实务

一、室内设计的程序

室内设计根据设计的进程，通常可分为四个阶段，即设计准备阶段、方案设计阶段、施工图设计阶段和设计实施阶段。

1. 设计准备阶段

设计准备阶段主要是接受委托任务书，签订合同，或者根据标书要求参加投标；明确设计期限并制订设计进度要求，考虑有关工种的配合与协调；明确设计任务和要求，如室内设计的使用性质、功能特点、设计规模、等级标准、总造价，根据室内使用性质确定的室内环境氛围、文化内涵或艺术风格等；熟悉与设计有关的规范和标准，收集必要的资料和信息，包括对现场的调查踏勘以及对同类型实例的参观等。在签订合同或制定投标文件时，还包括设计进度安排、设计费率标准。

2. 方案设计阶段

方案设计阶段是在设计准备阶段的基础上，进一步收集、分析、运用与设计任务有关的资料与信息，构思立意，进行初步方案设计和深入设计，进行方案的分析与比较。确定设计方案，提供设计文件。设计方案需经审定后，方可进行施工图设计。

3. 施工图设计阶段

施工图是工程施工中最为重要的资料。设计方案确定后，施工图设计阶段需要补充施工所需的有关平面布置图、顶棚平面图、室内立面图和剖面图等图纸，还包括构造节点详图、细部大样图以及设备管线图，编制施工说明和造价预算等。

4. 设计实施阶段

设计实施阶段即工程的施工阶段。设计人员在室内工程施工前，应向施工单位进行设计意图说明及图纸的技术交底；工程施工期间需按图纸要求核对施工实况，有时还需根据现场实况提出对图纸的局部修改或补充；施工结束时，会同质检部门和建设单位进行工程验收。

二、室内设计图绘制注意事项

绘制室内设计图是一种基本技能，在初步掌握了室内平面图、室内顶棚图、室内立面图和室内节点详图的内容、图示方法和尺寸标注的基础上，通过必要的绘图实践，才能熟练掌握平面、顶棚、立面和详图的绘制。

同时绘制室内设计图有一定的程序和方法，首先应根据图样的内容选择适当的比例。其次进行绘图布局，当多种图样（平面、顶棚、立面、详图）画在同一张图纸上时，应按投影关系排列，并且图样之间、尺寸之间的距离应适当，整张图纸布局均匀、不松不紧；当平面、顶棚、立面、详图分散在多张图纸上绘制时，每张图纸上的空白不能留得太多。

画图时，顺序是从大到小，从整体到局部，先平面后顶棚、立面、详图等，逐渐深入。同时在绘图过程中，要始终保持认真仔细、高度负责的工作作风，做到投影正确、表达清楚、尺寸齐全、字体工整、图面整洁。

室内设计图纸全部绘制完毕后，还需对图纸进行编制，一般一套完整的室内设计图纸需有以下内容。

① 封面——写明项目名称、设计组织、设计日期。

② 文件目录——根据设计文件的内容按顺序编写。

③ 设计说明——一般有通用说明和特征说明两部分。

④ 设计图纸——包括室内设计图纸、专业工程设计图纸、标准图集、配套产品图表等。

【思考与练习】

① 室内设计图一般包括哪些图样？

② 请简述室内设计平面图的图示内容及画图步骤。

③ 什么是镜像投影法？用镜像投影法画出的天花平面图与地面装修图有什么异同点？

④ 室内设计平面图与建筑平面图有哪些区别？

⑤ 室内节点详图的概念是什么？其图示内容有哪些？

参考文献

[1] 游普元. 建筑制图 [M]. 2 版. 重庆：重庆大学出版社，2022.

[2] 周雅南，周佳秋. 家具制图 [M]. 2 版. 北京：中国轻工业出版社，2016.

[3] 何斌，陈锦昌，陈炽坤. 建筑制图 [M]. 北京：高等教育出版社，2020.

[4] 孙庆武. 建筑制图与识图 [M]. 哈尔滨：哈尔滨工程大学出版社，2018.

[5] 王毅. 建筑工程制图与识图 [M]. 北京：清华大学出版社，2020.

[6] 唐蕾，孙冬梅，林英博. 产品设计图学 [M]. 北京：人民美术出版社，2011.

[7] 彭红，陆步云. 设计制图 [M]. 北京：中国林业出版社，2003.

[8] 李克忠. 家具与室内设计制图 [M]. 北京：中国轻工业出版社，2013.

[9] 殷光宇. 透视 [M]. 北京：中国美术学院出版社，1999.

[10] 刘亚兰. 家具识图 [M]. 北京：化学工业出版社，2009.

[11] 陈苑，洛齐. 设计制图规范与技能训练 [M]. 杭州：西泠印社出版社，2006.

[12] 李琦，苏欣颖. 工业设计制图 [M]. 重庆：西南师范大学出版社，2009.

[13] 王强，张俊霞. 园林景观设计制图 [M]. 北京：中国水利水电出版社，2012.

[14] 张继娟，张绍明. 整体橱柜设计与制造 [M]. 北京：中国林业出版社，2016.

[15] 郭琼，宋杰. 定制家居终端设计师手册 [M]. 北京：化学工业出版社，2020.

[16] 汤池明. 全屋定制设计与风格 [M]. 南京：江苏凤凰科学出版社，2021.

[17] 理想·宅. 全屋定制柜体设计全书 [M]. 北京：化学工业出版社，2023.

[18] 何斌，陈锦昌，王枫红. 建筑制图 [M]. 5 版. 北京：高等教育出版社，2005.

[19] 中华人民共和国轻工行业标准. 家具制图：QB/T 1338—2012 [S]. 北京：中国轻工业出版社，2012.

[20] 中华人民共和国住房和城乡建设部. 建筑制图标准：GB/T 50104—2010 [S]. 北京：中国建筑工业出版社，2011.

[21] 中华人民共和国住房和城乡建设部. 房屋建筑制图统一标准：GB/T 50001—2017 [S]. 北京：中国建筑工业出版社，2017.

[22] 中华人民共和国住房和城乡建设部. 总图制图标准：GB/T 50103—2010 [S]. 北京：中国建筑工业出版社，2010.